贵州水力发电论文集

（2020）

贵州省水力发电工程学会
贵州乌江水电开发有限责任公司 ◎编

西南交通大学出版社
·成 都·

图书在版编目（CIP）数据

贵州水力发电论文集. 2020 / 贵州省水力发电工程学会，贵州乌江水电开发有限责任公司编. —成都：西南交通大学出版社，2021.6
ISBN 978-7-5643-8046-5

Ⅰ. ①贵… Ⅱ. ①贵… ②贵… Ⅲ. ①水力发电工程－贵州－文集 Ⅳ. ①TV752.73-53

中国版本图书馆 CIP 数据核字（2021）第 103807 号

Guizhou Shuili Fadian Lunwenji（2020）
贵州水力发电论文集（2020）

贵州省水力发电工程学会
贵州乌江水电开发有限责任公司 编

责任编辑 李晓辉
封面设计 何东琳设计工作室

出版发行 西南交通大学出版社
（四川省成都市二环路北一段 111 号
西南交通大学创新大厦 21 楼）
发行部电话 028-87600564 028-87600533
邮政编码 610031
网址 http://www.xnjdcbs.com
印刷 四川煤田地质制图印刷厂
成品尺寸 210 mm × 297 mm
印张 17
字数 574 千
版次 2021 年 6 月第 1 版
印次 2021 年 6 月第 1 次
书号 ISBN 978-7-5643-8046-5
定价 150.00 元

编委会

前　言

贵州省水力发电工程学会是贵州省水力发电科技工作者自发组成的学术团体。学会的重要任务之一是构筑贵州水电领域理论研讨和技术交流的学术平台——《贵州水力发电》杂志。

《贵州水力水电》杂志于 1986 年 7 月创刊，当时为内刊，每季度发行 1 期。1996 年第 1 期以后为公开发行的水电科技刊物，仍为季刊。2003 年后，改为双月刊出版发行。2012 年 10 月因故停刊。2014 年 11 月 3 日，学会第六次会员代表大会决定恢复本刊，从 2015 年第 1 期后，其便改为内部资料性水力发电技术刊物，是学会会刊，每季度发行 1 期。

《贵州水力发电》自创刊以来，大力宣传国家的水电方针、政策，反映水力发电建设成就，交流水电建设与管理经验，传播水力发电科技成果，推广与水电有关的新技术、新工艺、新材料，促进了贵州的水力资源开发与建设，助力水电科技水平提高与进步，推动水电学术交流与人才成长，深得贵州水电工作者的喜爱。本书是 2020 年贵州省水电工作理论联系实践的优秀成果，在编印过程中也得到了各会员单位的大力支持与配合，谨表谢忱，并希望继续得到你们的理解、重视、支持。

贵州省水力发电工程学会

2021 年 3 月

目录

·试验与研究·

·移民与环保·

·水库调度·

·地质与勘测·

·设计与施工·

·运行与管理·

·试验与研究·

流域梯级水电开发水温观测及调控联动技术研究

常理，王火云，王翔宇，杨桃萍

（中国电建集团贵阳勘测设计研究院有限公司　贵州贵阳　550081）

摘要：水电开发带来的水温影响问题已成为业界普遍关注的重点，单个水电工程水温观测及减缓措施实施运行的技术体系已初步形成，但在流域梯级水电开发水温观测及调控联动等方面的认识较为缺乏。以北盘江流域光照、马马崖一级及董箐等3个梯级电站为研究对象，历时近10 a分阶段探索了北盘江梯级水电开发水温原型观测一调控联动技术。研究表明叠梁门、前置挡墙等水温影响减缓措施会对坝前垂向水温分布产生明显影响，改变取水高程、调整运行工况也会间接影响分层取水效果，下泄水温在经过沿程混合及外界气温等综合影响下，也会有不同程度的恢复，基本能够满足河段鱼类繁殖水温需求，并站在流域水电开发角度，提出了流域梯级水电开发水温观测及调控的建议。

关键词：流域；水电工程；叠梁门；前置挡墙；水温；观测

0　引言

水电是清洁可再生能源，改革开放40年来，我国水电发展取得了巨大成就，为我国经济社会发展提供了重要的能源支撑。目前，我国各流域水电开发格局逐步形成，梯级水电开发在带来巨大经济、社会效益的同时，也会造成一定的不利生态影响，其中，水库下泄水温影响问题已成为业界关注重点[1-2]。如郭文献等[3]指出了三峡和葛洲坝水库下泄水温会对下游中华鲟及4大家鱼的产卵繁殖产生影响，邓云等[4]也指出了水库下泄的低温水会对下游水生生物等造成不良影响。

我国目前已初步形成了水电工程水温预测、观测及减缓措施实施、效果评估技术体系，但水温原型观测与水温影响减缓措施运行、水库群水温调度相分离，单个水电工程与流域水电梯级水温研究未能有效衔接，不利于我国后续流域水电工程水温影响问题的有效解决。作者根据北盘江流域光照、马马崖一级及董箐等3个梯级电站历时近10年(2009年9月—2019年5月)水温观测成果，分析研究了不同类型水温影响减缓措施的运行及工程水温调控效果，分阶段探索了梯级水电开发水温观测一调控联动技术，可为我国后续梯级水电工程下泄水温调控提供一定参考。

1　研究流域简况及总体思路

(1) 研究流域概况。北盘江属珠江流域西江水系，是红水河上游左岸最大支流，共规划布置了9个梯级水电站，总装机3 396.5 MW。作者主要以北盘江干流光照、马马崖一级、董箐等3个梯级电站为研究对象，其中光照水电站为北盘江干流的龙头水库，具有不完全多年调节性能，电站装机容量1 040 MW，采用叠梁门分层取水设施减缓下泄低温水影响。马马崖一级水电站位于光照下游64 km，为日调节完全混合型水库，装机容量558 MW。董箐水电站位于光照水电站下游87 km，日调节水库，装机容量880 MW，水库水位与马马崖一级坝址重叠，设置有前置挡墙减缓水库下泄低温水影响。

(2) 总体研究思路。作者以北盘江梯级水电开发涉及的生态环境敏感保护对象水温需求为目标导向，在前期已有的保护对象调查评估、水温影响模型试验、水温影响预测、减缓措施实施等工作的基础上，通过进一步严格落实水温原型观测与水温恢复效果评估，并将其有效反馈至梯级水电开发水温影响减缓措施优化运行及水电工程群水温调度，分3个阶段探索北盘江梯级水电开发水温观测一调控联动技术。

2　初步间接联动技术研究

本阶段涉及的研究时段为2009年9月至2010年10月，受限于当时的研究思路及技术水平，主要通过对比工况来分析研究水温调控效果。

2.1　光照叠梁门及下泄水温原型观测一调控联动

由于进水口流场较为复杂，为简化分析采用叠梁门顶高程处水温近似作为下泄水温，将进水口中

收稿日期：2020-07-23.

作者简介：常理，贵州贵阳人，高级工程师，研究方向为环境水力学.

心线高程水温作为未设置叠梁门时下泄水温。根据研究数据，叠梁门顶处于水下 18 m 高程对应水温要高于原进水口中心线高程对应水温(差值在 2.2～4.5 ℃)，实际下泄水温基本大于或等于实际叠梁门顶高程处水温，表明下泄水主要为叠梁门顶上层表层水。其次，根据机组冷却水供水水温差别和 2 个叠梁门单独泄水水温差别分别进行了进一步的对比分析，2009 年 9 月实测 1 号引水洞(叠梁门高程 709 m)单独泄水时下泄水温 22.1 ℃，2 号引水洞(叠梁门高程 682 m)单独泄水时下泄水温 21.3 ℃，温差 0.8 ℃；2010 年 10 月实测 1 号叠梁门顶高程 679 m 供水水温 21.3 ℃，2 号叠梁门顶高程 697 m 供水水温 22.4～22.5 ℃，温差 1.1 ℃，说明抬高叠梁门可以取上层水，起到了减缓低温水下泄的作用。另外，本阶段还观测了光照下游20 km盘江桥断面水温恢复情况，在经马马崖一级库区混合调节，以及受气温等外界条件综合作用影响后，光照坝下水温均有不同程度恢复，最大温升达到了 2.5 ℃。

2.2 董箐前置挡墙及下泄水温原型观测—调控联动

董箐水电站主要通过对比前置挡墙墙顶高程、进水口中心线高程对应水温差别来看挡墙水温调控效果。根据表 1 给出的数据，2010 年 7 月至 10 月坝前垂向水温分布有一定差别，底层水温要明显低于上层水温，挡墙顶高程对应水温要高于原进水口中心线高程对应水温(差值 0.3～0.5 ℃)，表明前置挡墙提高下泄水温 0.3～0.5 ℃。其次，7 月和 10 月的实测下泄水温均大于挡墙顶高程处水温，表明下泄水主要为挡墙顶上层表层水，用挡墙顶高程处水温作为下泄水温值偏小。另外，本阶段还观测了董箐坝下 17 km 白层断面水温恢复情况，因董箐水库与下游龙滩水库首尾相接，董箐下泄水温恢复距离问题已不凸显。

表 1 董箐水电站下泄水温对比

监测时间	水库水位/m	下泄水温/℃	前置挡墙顶 475 m		前置挡墙顶 470 m		进水口中心	
			深度/m	对应水温/℃	深度/m	对应水温/℃	深度/m	对应水温/℃
2009-12-10	484.94	19.7	9.9	20.4	14.9	20.4	25.4	20.5
2010-03-11	483.8	16.9	8.8	17.1	13.8	17.1	24.3	17
2010-07-29	487.7	22.5	12.7	21.4	17.7	21.1	28.2	20.6
2010-10-19	484.07	21.7	9.1	20.9	14.1	20.5	24.6	20.2

3 进一步间接联动技术研究

本阶段涉及的研究时段为 2011 年 11 月至 2017 年 9 月，根据第 1 阶段经验与教训，不断改进了研究思路，更加注重水温观测—调控联动的匹配性，在对叠梁门频繁调度时同步开展了针对性的水温观测，较为系统地掌握了调控效果。

3.1 光照叠梁门及下泄水温原型观测—调控联动

本阶段选取了水温原型观测、水库及叠梁门运行资料较完整、匹配时段(2014 年、2015 年)开展研究。根据叠梁门调度期坝前水温分布，在开启叠梁门时，下泄水温对应的坝前垂向水温高程平均在叠梁门顶以上 10 m，说明下泄水体多来自于叠梁门顶上方区域。其次根据表 2 数据，由于叠梁门频繁调度，下泄水温变幅较大，而取水口中心高程处由于水流流动性较弱，水温稳定在 14.8 ℃ 左右，说明叠梁门调度期间下泄水温提高 0.3～2.1 ℃。表 3 给出的 2015 年观测数据也进一步说明了在叠梁门调度期间可提高下泄水温，但由于不同时段调度方式等差别，其改善效果也存在一定差异。

表 2 光照水电站 2014 年叠梁门调控效果分析

日期	水库水位/m	下泄流量/(m^3/s)	叠梁门顶高程/m	叠梁门顶水深/m	叠梁门运行层数	下泄水温/℃	单层取水深度/m	温升值/℃
2014-03-25	727.3	218.6	709.0	18.3	13	14.9	14.6	52.3
2014-03-29	726.0	194.4	709.0	17.0	13	15.1	14.8	51.0
2014-03-31	725.6	112.3	706.0	19.6	12	15.8	14.9	50.6
2014-04-01	725.4	227.7	706.0	19.4	12	15.5	14.8	50.4
2014-04-03	724.7	226.6	703.0	21.7	11	15.6	14.8	49.7
2014-04-08	724.3	229.2	703.0	21.3	11	15.7	14.8	49.3
2014-04-10	723.7	261.8	700.0	23.7	10	15.5	14.8	48.7
2014-04-16	721.1	329.1	700.0	21.1	10	15.6	14.8	46.1
2014-04-18	719.9	334.2	697.0	22.9	9	15.8	14.8	44.9
2014-04-22	717.4	339.0	694.0	23.4	8	16.3	14.8	42.4
2014-04-29	713.8	210.6	694.0	19.8	8	16.9	14.8	38.8

表 3　光照水电站 2015 年叠梁门调控效果分析

日期	水库水位/m	下泄流量/(m^3/s)	叠梁门顶高程/m	叠梁门顶水深/m	叠梁门运行层数	下泄水温/℃	进水口中心高程水温/℃	单层取水深度/m	温升值/℃
2015-03-07	731.9	397.0	715.0	16.9	15	15.3	15.1	56.86	0.2
2015-03-09	730.4	423.0	712.0	18.4	14	15.4	15.0	55.43	0.4
2015-03-13	727.5	475.0	712.0	15.5	14	15.3	15.1	52.51	0.2
2015-03-15	726.1	449.0	709.0	17.1	13	15.3	15.1	51.12	0.2
2015-03-17	724.4	549.0	709.0	15.4	13	15.4	15.1	49.41	0.3
2015-03-19	723.8	315.0	703.0	17.8	12	15.4	15.1	48.76	0.3
2015-04-02	709.2	553.0	685.0	24.2	5	16.2	15.0	34.19	1.2
2015-04-06	705.7	366.0	767.0	29.7	2	16.1	15.1	30.73	1.0

研究还表明，当坝前水温差别较小、分层较弱时，坝前垂向接近同温，改变取水高度对下泄水温影响小，下泄水温提高幅度较小，如 3 月 25 日及 3 月 29 日，715 m 以下水体基本同温，叠梁门的使用对下泄水温提升仅 0.3 ℃。当坝前垂向水温分层较强时提高取水高度作用明显，高温水体更加靠近叠梁门顶，分层取水效果显著。总体来看，叠梁门起到了提高下泄水温作用[5]，与进水口中心线高程处对应的坝前水温相比较，提高了 0.2～2.1 ℃，且坝前水温分层越明显，对下泄低温水的改善效果越好。

3.2　董箐前置挡墙及下泄水温原型观测—调控联动

本阶段在 2016 年 12 月至 2017 年 9 月对董箐上下游进行了水温原型观测，根据图 1 显示，受挡墙影响，2017 年 4—8 月坝前垂向水温分布差异较明显，其中 2019 年 7—8 月坝前垂向水温呈明显双温跃层结构，而无挡墙情况下表层为温跃层，往下为斜温层，底部为同温层。其次在有无挡墙的下泄水温对比方面，根据表 4 给出的观测数据分析，有挡墙时下泄水温比无挡墙平均提高 0.4 ℃，而与坝址天然水温相比，有挡墙时下泄水温存在冬季高温水、春夏季低温水效应，其中高温水较低温水突出，其下泄水温在挡墙调控作用下，3—6 月下泄水温升高 0.4～1.0 ℃，升温幅度最大为 4 月、5 月，平均约 1.0 ℃，一定程度减缓了董箐水库的春夏季低温水影响。

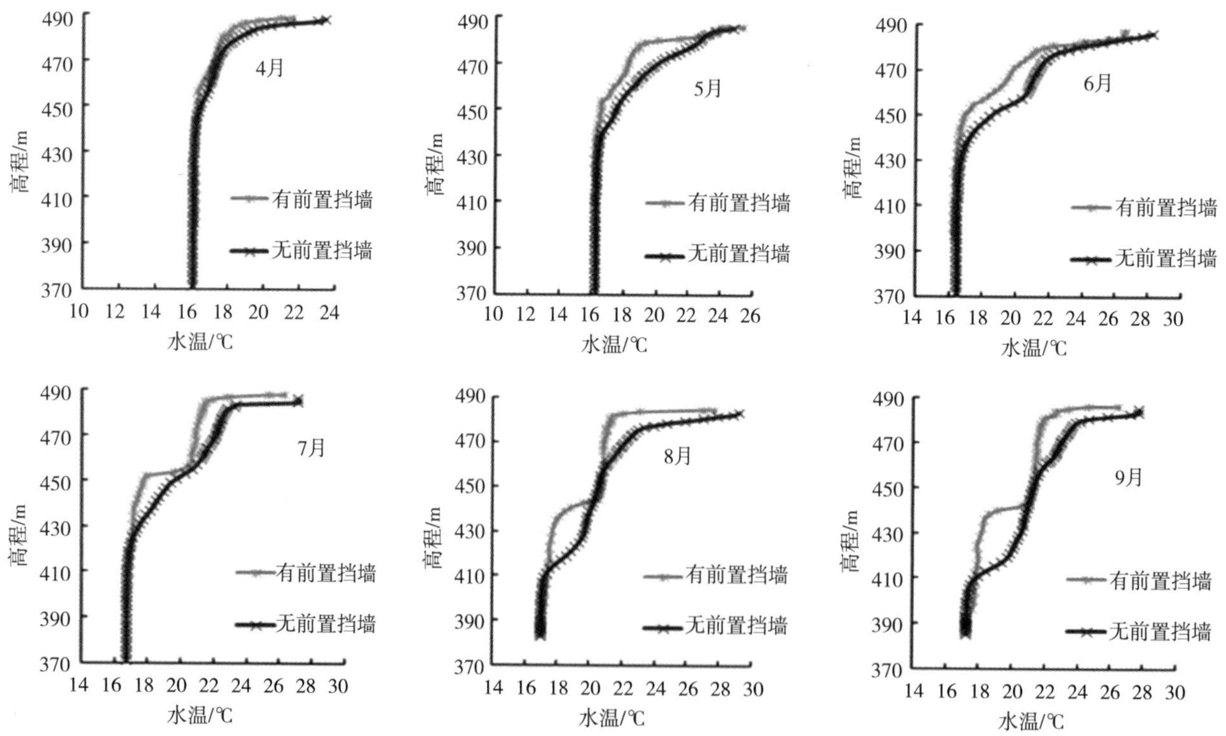

图 1　董箐水电站有无前置挡墙 4—9 月坝前垂向水温对比观测

表 4　董箐水电站有无挡墙下泄水温与坝址天然水温对比　℃

月份	坝址天然水温 A	2017 年下泄水温 B	无挡墙模拟下泄水温 C	水温差异		
				建坝影响（有挡墙 $B-A$）	建坝影响（无挡墙 $C-A$）	挡墙效果 $C-B$
1	13	17.4	17.3	4.4	4.3	−0.1
2	13.8	16.5	16.3	2.7	2.5	−0.2
3	17.0	16.5	16.1	−0.5	−0.9	−0.4
4	20.7	17.8	16.9	−2.9	−3.8	−0.9
5	22.6	19.2	18.2	−3.4	−4.4	−1
6	22	20.8	20.3	−1.2	−1.7	−0.5
7	23.1	21	20.8	−2.1	−2.3	−0.2
8	23.3	21.4	21	−1.9	−2.3	−0.4
9	22	22.2	22	0.2	0	−0.2
10	20	—	—	—	—	—
11	17.3	—	—	—	—	—
12	14.3	—	—	—	—	—
平均	19.1	19.2	18.8	−0.5	−1	−0.4

4　深层次直接联动技术研究

结合前两阶段情况，基于流域鱼类保护核心要求，重点开展了鱼类产卵繁殖期（2018 年 4—6 月）深层次、直接性的联动技术研究，以不同引水道采取不同取水方式的水温对比工况进行详细研究，即：1 号引水道（1 号、2 号机组）进水口前按下放 5 层叠梁门进行分层取水，2 号引水道（3 号、4 号机组）进水口前按单层取水方式取水（不采用分层取水，提起已经下放的叠梁门）。

4.1　坝前垂向水温演变情况及下泄水温改善效果

研究表明，在叠梁门调度运行期间，垂向水温结构发生显著变化，由初期单温跃层结构（表层温跃层）逐渐演变为表层、库中温跃层同时存在的双温跃层结构，叠梁门调度运行一定程度上会对坝前水温分层结构产生影响。其次根据不同取水方式下泄水温对比（详见图 2），结合其对应的高程和水温特征值，在 5 层叠梁门运行期间（4 月 12 日—5 月 10 日）、4 层叠梁门运行期间（5 月 11 日—5 月 17 日）及 3 层叠梁门运行期间（5 月 18 日—3 月 30 日），有叠梁门的 1 号、2 号机组下泄水温较无叠梁门的 3 号、4 号机组下泄水温平均温升分别为 1.0 ℃、0.4 ℃、0.4 ℃。

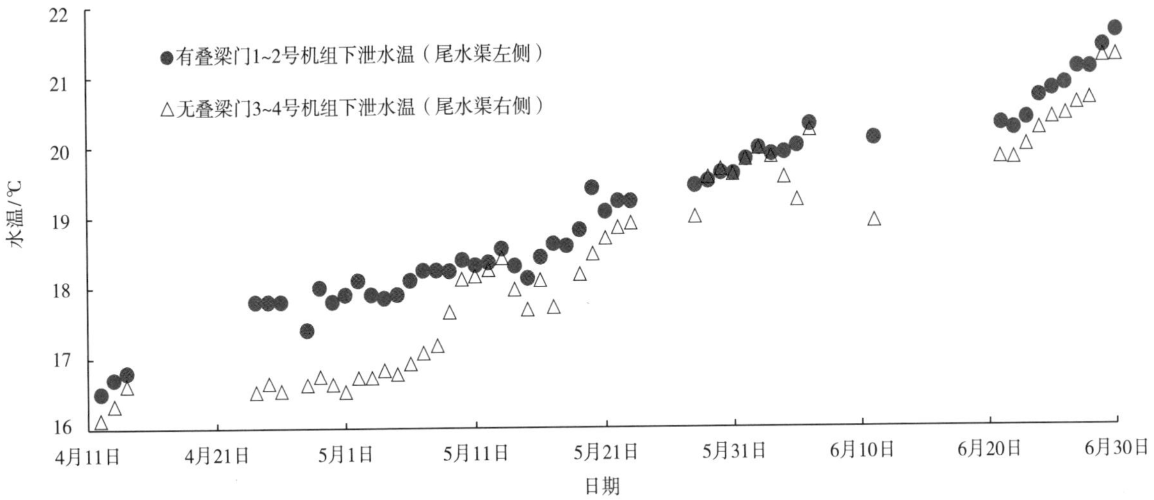

图 2　光照水电站第 3 阶段联动研究期间叠梁门水温原型观测—调控效果分析图

研究还发现，不同机组运行方式对下泄水温有一定影响，也间接影响到分层取水效果。有叠梁门 1 台机组较无叠梁门 1 台机组下泄水温平均温升效果为 0.7 ℃，有叠梁门 2 台机组较无叠梁门 1 台机组下泄水温平均温升效果为 1.1 ℃，而有叠梁门 1 台机组较无叠梁门 2 台机组下泄水温平均温升效果为 0.1 ℃，有叠梁门 2 台机组较无叠梁门 2 台机组下泄水温平均温升效果为 0.3 ℃。同一取水方式机组台数的增加，相应增加了坝前的取水流量，由此可能产生局部的抽吸作用，进而抬高取水高程。总体来看，本阶段研究期间，光照叠梁门分层取水具有较好的水温改善效果，电站下泄水温平均提升 0.6 ℃。

4.2 下泄水温与河段鱼类繁殖水温对比情况

由表5可知，在观测一调控联动期与河段鱼类繁殖季节重叠时段，虽下泄最低日均水温均未达到河段鱼卵孵化最低水温要求，但下泄最高日均水温基本达到了河段鱼卵孵化最低水温要求，仅刺鲃鱼卵孵化最低水温未达到，下泄最低、最高日均水温均处于河段主要鱼类水温适应限值范围以内。考虑河段大部分鱼类将在7月、8月进入主要繁殖季节，且光照水电站4台机组全部采用叠梁门分层取水后的下泄水温应能满足河段鱼类繁殖水温要求。

表5 本阶段叠梁门分层取水下泄水温与河段鱼类繁殖水温对比情况

鱼类名称	保护类别	鱼卵孵化最低水温/°C	繁殖季节	研究期下泄最低日均水温/°C	研究期下泄最高日均水温/°C
青鱼	经济鱼类	21.0	5—7月	17.9(5月1日)	21.6(6月30日)
鲢鱼	经济鱼类	18.0	4—7月	16.5(4月12日)	21.6(6月30日)
鳙鱼	经济鱼类	19.0	5—7月	17.9(5月1日)	21.6(6月30日)
刺鱼	土著鱼类	24.0	5—6月	17.9(5月1日)	21.6(6月30日)
云南光唇鱼	土著鱼类	20.0	4—7月	16.5(5月1日)	21.6(6月30日)
白甲鱼	土著鱼类	18.0	4—6月	16.5(4月12日)	21.6(6月30日)
鲤	经济鱼类	18.0	4—8月	16.5(4月12日)	21.6(6月30日)
斑鳠	土著鱼类	18.0	4—8月	16.5(4月12日)	21.6(6月30日)
卷口鱼	特有鱼类	18.0	4—5月	16.5(4月12日)	19.6(5月30日)
叶结鱼	特有鱼类	18.0	3—4月	16.5(4月12日)	18.0(4月29日)
乌原鲤	濒危鱼类	18.0	11—1月	—	—

5 联动技术的相关思考及建议

(1) 本研究除促进了水温观测技术提升、掌握水温分布及变化规律外，还进一步优化了工程分层取水设施的运行调度及生态调度。但水电工程调度涉及层面较广，后续水电工程尤其是流域控制性工程的水温原型观测工作，仍需要紧密结合工程及所在流域特性针对性的展开。

(2) 对流域存在龙头水库等控制性工程时，除考虑其自身实施分层取水设施外，还可根据条件设置不同高层取水口进行取水发电，并配套相应生态调度措施与长系列水温原型观测及调控工作，最大程度减缓流域控制性工程对下游的不利水温影响。

(3) 对尚未开发的流域，当有龙头水库且为水温分层结构稳定、对下游水温产生影响时，除考虑其自身实施分层取水设施外，还可根据条件在其下游适当提前或同步布置若干水温混合型或过渡型水库，并配套相应生态调度措施与长系列水温原型观测及调控工作，形成“工程措施减缓＋梯级水温调度”相结合的水温变化影响减缓措施与效果评估体系，最大程度减缓下泄低温水的不利影响。

(4) 对于流域干、支流协同开发的河流，应首先考虑在主要支流进行科学合理的水电梯级布局，并配套相应水温不利影响减缓措施与长系列水温原型观测及调控工作，将支流的水温影响在支流汇入前最大程度的减缓或减免，避免支流水电开发对干流及其控制性工程产生更加不利的水温叠加影响。

参考文献：

[1] 脱友才，等. 丰满水库水温的原型观测及分析 [J]. 水科学进展，2014，25 (5)：731-738.

[2] 魏浪，安瑞冬，常理，等. 水库坝前水温结构日变化规律研究 [J]. 四川大学学报（工程科学版），2016，48 (4)：25-31.

[3] 郭文献，王鸿翔，夏自强，等. 三峡一葛洲坝梯级水库水温影响研究 [J]. 水力发电学报，2009，28 (119)：182-187.

[4] 邓云. 大型水库的水温预测研究 [D]. 成都：四川大学，2003.

[5] 傅菁菁，李嘉，芮建良，等. 叠梁门分层取水对下泄水温的改善效果 [J]. 天津大学学报（自然科学与工程技术版），2014，47 (7)：589-595.

薄壁结构断筋修复工艺试验效果分析

蔡华和
（中国水利水电第九工程局有限公司一公司　贵州贵阳　550008）

摘要：在薄壁钢筋混凝土结构施工过程中，由于钢模台车拉杆与竖向受力主筋有部分冲突，操作工人为方便施工将内部有冲突的受力钢筋割断破坏，部分受力钢筋被割断部位的抗裂、限裂不能满足设计要求，因此对破坏后的钢筋采取修复弥补措施。

关键词：薄壁结构；渡槽；钢筋；割断；修复；试验

1　概述

某超高薄壁钢筋混凝土结构渡槽设计流量 320 m^3/s，加大流量 380 m^3/s。槽身采用矩形槽布置形式，槽身侧墙净高 7.8～8.1 m，侧墙底部厚 1.2～1.25 m，顶部厚 0.5 m。渡槽混凝土标号为 C30W8F150，受力钢筋直径分别为 25 mm 和 28 mm，水平分布钢筋直径为 18 mm，钢筋保护层厚为50 mm。渡槽侧墙采用钢模台车浇筑施工，由于钢模台车拉杆与竖向受力主筋发生冲突，现场工人私自将有冲突的钢筋割断，方便穿插钢模台车拉杆，导致质量问题。针对该质量问题采取事后弥补措施，在修复方案施工前进行工艺性试验，确认开槽尺寸、钢筋焊接方法、补强回填补强材料选择和施工方法。

2　试验目的及内容

（1）通过现场焊接试验形成一套适应现场焊接工作面、操作性强、成熟实用并能保证焊接质量焊接方案、工序与焊接工艺，以规范操作、指导后续大面积焊接施工。

（2）通过焊接试验，在满足焊接质量的前提下选择合适的加固处理焊接开洞空间，包括断筋两侧与背后的空间；了解焊接高温对周边混凝土影响情况，为填补孔洞前对周边混凝土的处理提供参考依据；通过试验提出减小焊接高温对周边混凝土与焊接面外钢筋影响的措施。

（3）通过现场补洞填充加固材料试验，优选填充材料，选择能够填充密实、与老混凝土能够结合好、与钢筋粘结紧密的材料；选择适宜的材料配比；通过试验提出 1 套保证填充质量的施工方案、工序与工艺，以规范操作、指导后续大面积填充加固施工。

3　施工技术难点

（1）割断钢筋的两主筋断开间距较大，约为 50～150 mm不等，帮条焊接时不能满足规范要求两主筋端面的间隙为 2～5 mm。

（2）钢筋在施焊过程中温度过高对钢筋与老混凝土结合的握裹力产生不利，如：钢筋与老混凝土脱开现象、老混凝土可能产生裂缝、炸开等破坏。

（3）割断钢筋修复只能帮条单位面焊接，焊接修复后，有 3 根同直径的钢筋拼成 1 排，其钢筋内部补强材料进料困难，且不容易振捣，内部填充密实难度较大。

（4）补强回填材料与钢筋结合主要为钢筋内侧的回填与钢筋的结合，补强回填材料与钢筋结合不好，严重影响钢筋与周边填充材料的握裹力，导致钢筋不能发挥正常作用。

（5）新补强回填材料与老混凝土结合面、特别是过水面的新老混凝土结合面出现裂缝可能导致过水渗透将内部钢筋生锈，关系建筑物耐久性和安全问题。

4　构件布置特征及开槽尺寸施工

4.1　构件布置特征

工艺试验构件每个构件可利用 4 个面开槽，模仿现场断筋情况事先预埋割断钢筋，断筋布置在试件正中间位置，断筋间断距离为 150 mm。具体参数如下：

构件尺寸：400 mm×300 mm×1 500 mm；

混凝土标号：C30W8F150；

钢筋型号：Ⅱ级钢筋，直径为 28 mm、25 mm，

收稿日期：2020-02-24.
作者简介：蔡华和，高级工程师，从事水利水电工程施工技术管理工作.

钢筋保护层厚 50 mm(与渡槽侧墙相同)；

施工方法：混凝土浇筑、钢筋绑扎与渡槽混凝土施工质量控制要求相同。

4.2 开槽尺寸施工

试件凝期达到 28 天以上，对试件每个面进行开槽处理。开槽原则：槽宽 120 mm(以竖向钢筋为中心，两侧各 60 mm 宽)、高度根据竖向钢筋有效帮条焊接长度不小于 12 d 和中间空隙的总和(高度H=12 d+中间空隙距离 150 mm)、深度 95 mm (钢筋 3 个面外露及钢筋背后凿除 15 mm)。凿槽之前，沿条形槽轮廓线采用切割机切成 4 cm 深的缝隙，以免凿除槽内混凝土时损坏条形槽周边的混凝土。人工凿除条形槽内包裹钢筋的混凝土，混凝土凿除到钢筋完全外露并满足帮条单面焊接和方便钢筋背后回填施工要求为止，钢筋背后凿除混凝土为15 mm。

5 钢筋焊接施工

5.1 焊接方式

割断破坏的钢筋开槽后根据现场情况只能进行帮条单面焊接方式修复。根据规范要求，帮条单面焊接方式帮条长度应大于或等于 10 倍直径的钢筋，帮条直径与主筋相同的，两主筋端面的间隙为 2～5 mm。而现场割断钢筋的两主筋断开间距较大，约为 50～150 mm 不等，帮条焊接有效长度不小于 12 d，帮条总长度 H=12 d+中间空隙距离 150 mm，即 Φ28 mm 钢筋帮条焊接长度不小于 340 mm+150 mm=490 mm，Φ25 mm 钢筋帮条焊接长度不小于 300 mm+150 mm=450 mm，Φ22 mm 钢筋帮条焊接长度不小于 270 mm+150 mm=420 mm。3 组试件钢筋帮条记录见表 1。

表 1 钢筋帮条焊缝记录

mm

试件编号	窗口编号	窗口尺寸(长×宽×深)	钢筋规格	上露长度	下露长度	上部焊缝长	下部焊缝长	焊缝厚度 s	焊缝宽度 b
试件 1	1-1	440×120×85	22	145	135	135	128	7	18.3
	1-2	457×150×100	25	151	153	150	150	7.7	22.4
	1-3	470×130×100	25	152	155	150	150	7.9	23.5
	1-4	500×145×110	28	180	170	168	165	8.7	24.2
试件 2	2-1	560×145×100	22	250	160	200	150	6.9	18.8
	2-2	480×150×100	25	160	170	155	155	7.7	21.1
	2-3	488×140×100	28	167	170	165	168	8.9	23.1
	2-4	474×140×100	25	170	153	155	145	8	20.9
试件 3	3-1	440×130×100	22	150	140	135	130	7.2	18.3
	3-2	480×140×100	25	170	160	150	145	7.8	21.7
	3-3	520×140×100	25	180	175	160	150	8.1	21.4
	3-4	490×140×90	28	180	160	168	168	9.2	24.6

5.2 焊接施工

焊接前将槽内杂物清理干净，并用水冲洗、风吹干。焊接过程中，在焊接钢筋的周围用硬纸等物体将钢筋焊接部位与混凝土分隔，以防在施焊过程中火花对周边混凝土浇伤和污染。帮条焊时，帮条与主筋之间用 4 点定位焊固定；定位焊缝与帮条端部的距离宜大于或等于 20 mm；焊接时，在帮条焊形成焊缝中引弧；在端头收弧前填满弧坑，并应使主焊缝与定位焊缝的始端和终端熔合。采用红外线温度测控仪进行观测，温控记录见表 2。

表 2 施焊温度统计

钢筋直径/mm	施焊部位	混凝土表面温度/℃	钢筋温度/℃	空气温度/℃	焊接时长/min	施焊后最近端部混凝土表面温度/℃	钢筋最近端部温度/℃
22	上端	15.4	15.2	19	1	34.1	48.4
22	中部	15.4	15.2	19	1	27.3	36.6
22	下端	15.4	15.2	19	1	34.4	50.1
25	上端	15.4	15.2	19	1	35.2	53
25	中部	15.4	15.2	19	1	27.6	41.5
25	下端	15.4	15.2	19	1	34.9	49.7
28	上端	15.4	15.2	19	1	36	50.5
28	中部	15.4	15.2	19	1	28	45
28	下端	15.4	15.2	19	1	37.5	52.3

持续将单个帮条焊接完成时，检查周边混凝土及混凝土与钢筋的结合部位，均未发现裂缝、炸开等异常现象。

6 补强材料回填施工

每个试件槽内分别回填水泥基(凯顿百森KB)、细石混凝土、预缩砂浆、水泥基(凯顿百森KB)和预缩砂浆综合回填等3种材料进行补强回填施工。回填补强前，将槽内杂物、焊渣清理干净，并用水冲洗、风吹干后进行回填补强施工。

6.1 水泥基(凯顿百森 KB)施工

水泥基由厂家调配好，现场直接添加饮用水拌制成有一定塑性即可。每次拌制的用量应在初凝之前使用完，一次拌制用量不得过多。

施工前，先充分湿润凿毛的混凝土面，层面多余的积水用抹布吸干，然后从钢筋侧面和钢筋缝隙位置将具有一定柔性的水泥基挤压至钢筋背部填充密实。钢筋正面(外侧)以整个平面分层夯填密实，分层厚度 2 cm，每层填筑需待上层无流动且保证在未初凝时进行下一层施工。表面与周边老混凝土面平顺相接，表面抹光；施工完成后表面涂刷1层凯顿百森 T1(用量 1 kg/m^2)，刷完待凯顿百森 T1 表面涂层初凝达到足够硬后及时在表面上再涂刷养护剂，保证涂层处于润湿状态；在表面上粘贴薄膜，防止水泥基表面水分散发，采取保温与隔热措施。

6.2 细石混凝土浇筑

细石混凝土拌制采用现场人工拌和，现场配备称量装置，严格按照配合比进行控制拌和，每次拌制的混凝土用量应在初凝之前使用完，1 次拌制用量不得过多。

施工前，先充分湿润凿毛的混凝土面，层面多余的积水用抹布吸干。从钢筋侧面和钢筋中间部位的缝隙将细石混凝土倒入和挤压，把混凝土钢筋背部填充压实，借助导棒夯实混凝土，并采用木锤击打钢筋和钢筋两侧缝隙部位辅助捣实混凝土。钢筋正面(外侧)将混凝土直接铲入槽，混凝土下料时用捣棍辅助入槽，采用人工分层夯筑密实，每层填筑厚度 4～5 cm，外侧采用方木临时支挡，边支挡边上升夯筑，每层槽内混凝土装灌饱满后采用木锤击实，泛出浆液后，并压实抹光。表面与周边老混凝土面平顺相接，最后表面进行抹光。

混凝土初凝后进行保温和保护工作，在补强的细石混凝土初凝后表面上刷养护剂，并在表面上粘贴薄膜，防止细石混凝土表面水分散发，养护时间不少于 14 d，并采取保温与隔热。

6.3 预缩砂浆施工

预缩砂浆拌制采用现场人工拌和，现场配备称量装置，严格按照配合比进行控制拌和(配合比见表 3)。每次拌制的用量应在初凝之前使用完，1 次拌制用量不得过多。

表 3 填筑材料配合比 kg

名称	P. MH42.5 水泥	砂	小石	水	减水剂
细石混凝土	389	725	1 088	148	3.5
预缩砂浆	728	1 456	—	218	—

施工前，先充分湿润凿毛的混凝土面，层面多余的积水用抹布吸干，砂浆填筑前应进行预缩 30 min，然后从钢筋侧面和钢筋中间缝隙部位将砂将挤压至钢筋背部填充密实，采用木锤击打钢筋和钢筋两侧缝隙部位捣实砂浆。钢筋正面(外侧)每层填筑厚度 2～3 cm，外侧采用方木临时支挡，边支挡边上升填筑，并用木锤击实，泛出少量浆液后压实抹光。表面与周边老混凝土面平顺相接，表面抹光；施工后及时在补强的砂浆表面上刷养护剂，在表面上粘贴薄膜，防止砂浆表面水分散发，采取保温与隔热措施。

6.4 水泥基(凯顿百森 KB)和预缩砂浆混合施工

将槽内分 2 部分回填 2 种不同材料施工，即钢筋背面采用水泥基回填，钢筋正面(外侧)采用预缩砂浆回填补强。

施工前，先充分湿润凿毛的混凝土面，层面多余的积水用抹布吸干，然后从钢筋侧面和钢筋缝隙部位将水泥基挤压至钢筋背部填充密实。钢筋正面(外侧)采用预缩砂浆分层填筑，填筑厚度 2～3 cm，外侧采用方木临时支挡，边支挡边上升填筑，并采用木锤击实，泛出少量浆液后，压实抹光。表面与周边老混凝土面平顺相接，表面抹光；施工后及时在补强的砂浆表面上刷养护剂，在表面上粘贴薄膜，防止砂浆表面水分散发，采取保温与隔热措施。

6.5 填筑材料配合比及强度试验

6.5.1 填筑材料配合比

细石混凝土、预缩砂浆配合比见表 3，水泥基(凯顿百森 KB) 主要用于混凝土表面凹坑、裂缝、峰窝、麻面等缺陷和渗水处的修补，由厂家直接调配，现场直接加入用水即可。

6.5.2　回填修补材料强度试验情况

在3组试件回填修补施工时，每种回填材料现场取样，经过17天凝期后，其抗压强度指标均能满足比渡槽C30混凝土高一等级(大于35 MPa以上)，预缩砂浆抗压强度平均值（17天）为47.6 MPa、水泥基(凯顿百森KB)抗压强度平均值(17天)为37.2 MPa、细石混凝土抗压强度平均值(17天)为35.8 MPa。

7　现场工艺试验效果分析

7.1　开槽尺寸确定

7.1.1　开槽高度(长度)

除应满足帮条安装之外，还应注意帮条钢筋两头端部距离老混凝土面有一定距离，预留距离不应小于20～30 mm。在钢筋施焊时产生温度，距离老混凝土面最近的帮条钢筋焊接时，对钢筋与老混凝土结合的握裹力产生不利，如靠得太近，钢筋与老混凝土可能出现脱开、老混凝土产生裂缝、炸开等破坏，留有一定距离也对钢筋内部补强材料回填施工进料有一定帮助。

7.1.2　开槽宽度

帮条边缘至老混凝土边缘留应有足够的缝隙，主要考虑钢筋内部补强材料回填施工时的入料便利，一般为20～30 mm即可，宽度不宜过大，以免对老混凝土进一步扩大破坏。

7.1.3　开槽深度(厚度)

凿除槽内包裹钢筋的混凝土，凿除到钢筋完全外露并满足帮条单面焊接和便于钢筋内部补强材料回填施工要求为止。钢筋内部空隙一般不应小于回填材料的最大骨料颗粒二分之三的空隙，以保证补强材料填充密实，新回填材料与钢筋结合有良好的空间条件。即开槽深度为：钢筋保护层厚度＋钢筋直径＋钢筋内部的空隙。

7.2　开槽施工

凿槽之前，可沿开槽轮廓线周边用切割机切成一道周边缝隙，可保护凿除槽内混凝土时槽外周边的混凝土不被损坏，缝隙深度不应大于钢筋保护层厚度，以免伤害内部钢筋。

7.3　钢筋焊接施工工艺

焊接形式：帮条单面焊接。

帮条长度：竖向钢筋有效帮条焊接长度不小于12d，即Φ28 mm钢筋帮条焊接长度不小于340 mm，Φ25 mm钢筋帮条焊接长度不小于300 mm，Φ22 mm钢筋帮条焊接长度不小于270 mm。上述帮条长度参数根据钢筋焊接试验报告能够满足规范及设计要求。

焊缝厚度(s)：帮条焊接接头的焊缝厚度不应小于主筋直径的0.3倍。

焊缝宽度(b)：焊缝宽度不应小于主筋直径的0.8倍。

焊条规格：J502焊条。

施焊前准备：焊接过程中，在焊接钢筋的周围用硬纸等物体将钢筋焊接部位与混凝土分隔，以防在施焊过程中火花对周边混凝土浇伤和污染。

为防止焊接钢筋时产生的高温利用钢筋导热至原混凝土内部，避免原钢筋与混凝土之间的粘结性造成影响和对原混凝土产生破坏，采用红外线温度测控仪进行观测混凝土及钢筋温度，主要采取主要措施有3种方法：采用冰水浸泡的湿毛巾多层包裹外露钢筋的根部，阻止高温侵入原混凝土内；从帮条两端向中间部位逐渐完成焊接施工，温度过高时采取分段间隔一定时间后再进行施焊；对开槽尺寸适当扩大，使原钢筋外露长度增加，保证钢筋施焊部位与原混凝土有一定距离。

施焊方法：帮条与主筋之间用4点定位焊固定；定位焊缝与帮条端部的距离宜大于或等于20 mm；焊接时，在帮条焊形成焊缝中引弧；在端头收弧前填满弧坑，并应使主焊缝与定位焊缝的始端和终端熔合。

施焊注意如下：

(1) 焊缝有效长度不小于12 d。

(2) 钢筋焊接接头的焊缝厚度不应小于主筋直径的0.3倍，焊缝宽度不应小于主筋直径的0.8倍。

(3) 焊接时，引弧应在形成焊缝的部位进行，不得烧伤主筋。

(4) 焊接过程中应及时清渣，焊缝表面应光滑，焊缝余高应平缓过渡，弧坑应填满。

(5) 钢筋焊接前应将断筋处的开槽内杂物、灰尘及松动混凝土块清理干净。

(6) 钢筋端面应切平，钢筋边角毛刺及端面上铁锈、油污和氧化膜应清除干净，并经打磨露出金属光泽，不得有氧化现象。

(7) 焊接时应做好周边混凝土的降温工作，焊接顺序为从开槽内钢筋固定端向自由端焊接，控制好焊接温度及速度。

(8) 雨天、大风天气不宜在现场进行施焊，必须施焊时，应采取有效遮蔽措施、防风，焊后未冷却接头不得碰到雨雪。

(9) 操作焊接的焊工必须经过专门的培训，达到一定的级别。

(10) 焊接施工其他要求：符合《钢筋焊接及验

收规程》《混凝土结构工程施工及验收规范》《水工混凝土钢筋施工规范》等规范、规程要求。

7.4 修补回填材料

7.4.1 回填材料施工效果比较总结

通过3组试件分别回填预缩砂浆、细石混凝土、水泥基(凯顿百森 KB)3种材料，剖开后对钢筋背后回填密实、新老混凝土结合和与钢筋结合等情况分析，结果如下：

(1) 水泥基(凯顿百森 KB)。与钢筋内、外结合良好、钢筋背部及外部回填较密实，但表面新老混凝土收缩严重，出理较多裂缝。截面部位靠外侧新老混凝土结合一般，有明显裂缝张开。一般情况下凯顿百森 KB 实用于 3 cm 以内厚度的坑洞修补，其防水效果尤佳，但凯顿百森 KB 材料较为昂贵。

(2) 预缩砂浆。钢筋直径为 25 mm、22 mm 的槽，钢筋背后砂浆填充较为密实，其强度欠佳，钢筋直径 28 mm 的背后填充不够密实，出现孔洞现象。外部填充密实，与钢筋结合良好，新老混凝土结合面良好，无裂缝现象。根据施工经验，对预缩砂浆补强、修补缺陷有丰富的施工经验，施工质量能得到一定保证。

(3) 内部(钢筋背部)填充凯顿百森 KB，外部(钢筋以外部分)填充预缩砂浆。钢筋背部回填密实，与混凝土面、钢筋结合良好。外部的外表面、剖开截面的新老混凝土结合良好，填充砂浆密实，无裂缝，与钢筋结合良好。

(4) 细石混凝土。钢筋背部混凝土不够密实、欠振，与钢筋结合一般。外部与新老混凝土、钢筋结合良好，混凝土填充较密实，局部有裂缝。

7.4.2 经济比较

回填预缩砂浆、细石混凝土、水泥基(凯顿百森 KB)、水泥基(凯顿百森 KB)和预缩砂浆综合等材料修补施工的方法基本相同，对施工人工费用、机具使用费用也基本相同。因此只对材料作简单的分析比较，全部采用凯顿百森 KB 回填修补费用最高。

7.4.3 回填材料推荐

从各种材料回填试验的密实程度、新老混凝土结合以及与钢筋结合等情况的效果分析，以及从各种材料经济简单比较，推荐采用内部(钢筋背部)填充凯顿百森 KB、外部(钢筋以外部分)填充预缩砂浆是比较合理。

8 推荐回填材料施工工艺

水泥基(凯顿百森 KB)和预缩砂浆混合施工，将槽内分2部分和回填2种不同材料施工，即钢筋背面采用水泥基(凯顿百森 KB)回填，钢筋正面(外侧)采用预缩砂浆回填补强。

8.1 槽内验收

回填补强前，将槽内杂物、焊渣清理干净，并用水冲洗、风吹干，经三检合格后，申请监理工程师验收，经专业监理工程师同意后进行回填补强施工。

8.2 回填材料拌制

水泥基(凯顿百森 KB)材料直接加入饮用水，经不断多次加水，使凯顿百森 KB 拌制后无流动性和有一定柔性即可。预缩砂浆拌制采用现场人工拌和，现场配备称量装置，预缩砂浆严格按照配合比进行控制拌和，拌制后进行预缩 30 min 后方可回填修补施工。水泥基(凯顿百森 KB)和预缩砂浆拌制每次拌制的用量应在初凝之前使用完，一次拌制用量不得过多。

8.3 施工前准备

施工前，先充分湿润混凝土界面，层面多余的积水用抹布吸干。

8.4 回填施工

先用凯顿百森 KB 回填钢筋背后部位施工，拌制好的水泥基(凯顿百森 KB)材料从钢筋侧面和钢筋缝隙部位挤压至钢筋背部填充密实。钢筋背部回填完成后，采用预缩砂浆分层填筑钢筋正面(外侧)，外侧采用方木临时支挡，边支挡边上升填筑，填筑厚度 2～3 cm，每层采用木锤击实，泛出少量浆液后即可，表面与周边老混凝土面平顺相接，最后表面砂浆应进行压实抹光。施工后及时在补强的砂浆表面上刷养护剂，在表面上粘贴薄膜，防止砂浆表面水分散发，并采取保温与隔热措施，养护时间不少于14天。

·移民与环保·

技施阶段移民综合设代的工作内容
——以贵州省夹岩水利枢纽及黔西北供水工程为例

刘流，曹靖夫，龙忠胜
（贵州省水利水电勘测设计研究院　贵州贵阳　550002）

摘要：贵州省夹岩水利枢纽及黔西北工程是贵州省移民工作中安置人口最多、涉及专项最全、影响县区最广、投资概算最高的一项水利工程，贵州省高度重视，从2015年开始开展了实施工作。本文从设代工作各个方面进行了介绍，对其他设计单位在贵州省开展大中型水利工程的技施阶段移民设代工作提供参考。

关键词：移民；技施阶段；设代；水利枢纽

1　概况

1.1　工程概况

贵州省夹岩水利枢纽及黔西北工程（以下简称夹岩水利枢纽工程）的开发任务是以供水和灌溉为主，兼顾发电，并为区域扶贫开发及改善生态环境创造条件的综合水利工程。建设征地区需永久征收土地总面积54 042亩（1亩≈666.667平方米），临时征用土地1 385亩；调查年搬迁人口24 284人，拆迁各类房屋766 105 m^2，工业企业涉及19家，复建大中型桥梁11座，人行桥11座，复建公路（汽车便道）39 km，10 kV输电线路40.64 km，补偿小水电站10座，小型水利设施15处，通讯光揽118.99 km，小学6座，宗教场所3处，文物保护8处，水文站1座，压覆矿产11处，是贵州省水利工程移民工作中安置人口最多、涉及专项最全、影响范围最广、投资概算最高的一项水利工程。

贵州省高度重视，省委书记、省长亲临工程现场进行指导，并数次召开专题会，对夹岩水利枢纽工程相关移民工作进行具体布置。

1.2　技施阶段设代工作概况

2015年，夹岩水利枢纽工程移民工作进入了技施阶段，贵州省水库和生态移民局（以下简称省移民局）对夹岩水利枢纽工程技施阶段移民设代工作进行了公开招标，贵州省水利水电勘测设计研究院（以下简称省院）中标并承担了此项工作。

进入技施设代工作以来，在省移民局、省水投公司的关心和支持下，在征地涉及市、县（区、新区）政府及移民部门的积极配合下，省院按时编制完成了实施规划报告，并协调相关部门、单位编制完成了交通专项复建施工图设计、集中安置点修建详细规划和施工图纸设计，总体上满足了省移民局下达的各项工作。实施规划批准后，省院随即成立了以移民专业为主体的移民综合设代部（以下简称设代部），派驻了综合设计代表，认真履行设代职责，完成技施阶段设计单位负责的各项工作。

2　移民综合设代工作开展情况

2.1　设代部组建情况

在机构组织方面，夹岩水利枢纽工程征地移民技施阶段勘测设计工作合同签订后，省院高度重视，于2015年9月20日向省移民局报送了《关于成立夹岩水利枢纽及黔西北供水工程建设征地移民安置综合设代部的函》（黔水设〔2015〕116号文），成立了夹岩水利枢纽工程征地移民综合设代部，负责实施中的各项移民设计工作。设代部由副院长分管，院副总工程师、环保移民处处长担任设代部主任，另下设6个设代部副主任分别负责各项工作。设计代表分四大类：征地移民综合设代7名、土地分解测绘设代5名、安置点单体设代11名、交通专项单体设代6名，另根据现场工作安排，适时派院、处其他人员共同参与设代工作，在人员上保障了工作的开展。

2.2　设计交底

设代部成立后，为使地方政府更好进行实施工作，更彻底地了解前期工作和实施规划报告的设计意图，省院分别于7月、8月和10月向毕节市政府、移民局及各县（区）移民局、监督评估单位等进行技术交底，进行了实施规划报告的汇总讲解、解答疑问，并对设计思路、各项费用组成、审批情

收稿日期：2020-01-06.
作者简介：刘流，贵州贵阳人，高级工程师，农业硕士，从事水利水电工程移民及管理工作.

况等进行了说明，向相关单位提交了实施规划报告。

2.3 工作方案和制度

在工作方案方面，省院编制了《夹岩水利枢纽及黔西北供水工程征地移民现场服务方案大纲》，用于指导设代部各专业在现场办公，并对相关人员、安全、规范、廉洁、考核等相关管理措施进行了细化，明确了设代部主任、副主任及各专业设代人员的岗位职责、设计代表工作制度、现场设计文件签发流程、设计变更处理程序、设计技术交底内容、设计代表日志编写、工程大事记记录、安全文明管理、设代人员值班及工作交接、文件收发、文件归档管理等管理措施，对相关设代工作进行了细化，明确了责任，确保项目目标完成奠定了坚实的基础。

2.4 档案管理工作

在档案管理方面，设代部进行了专门的档案管理和收发文制度，对省、市、县等单位或部门的相关往来文件进行了电子档和纸质文件分类管理。对人口、房屋及附属建筑物、零星树木、专业项目工业企业、复核申请等原始调查表和相关资料也进行分类管理，对所有原始调查资料均进行了电子化信息管理，纸质资料移交地方政府后，对复印件进行封装留存，平时工作中使用电子文档，方便携带、查询和检索。

2.5 实施规划报告编制

为了确保夹岩水利枢纽工程建设征地区移民的安置搬迁建设工作科学有序地进行，根据水利部对初步设计报告的批复意见和贵州省移民局《关于做好夹岩水利枢纽及黔西北供水工程建设征地移民安置实施工作的意见(黔移函〔2015〕28号)》的精神，省院会同建设征地涉及县(区)人民政府于2014年4月启动了库区土地分解到户、实施规划报告编制、集中安置点和专业项目技施设计等工作。在各方共同努力下，于2015年6月编制完成《贵州省夹岩水利枢纽及黔西北供水工程建设征地移民安置实施规划报告》(以下简称“实施规划报告”)。2015年7月，通过了水利部水利水电规划设计总院会同省移民局的审查。省移民局于7月6日印发了《贵州省夹岩水利枢纽及黔西北供水工程建设征地移民安置实施规划报告审核意见》(黔移函〔2015〕2号)，得到了省政府认可后，7月14日以《关于批准贵州省夹岩水利枢纽及黔西北供水工程建设征地移民安置实施规划的通知》(黔移发〔2015〕39号)对实施规划报告进行了批复，实施规划报告是指导实施工作的重要文件、重要依据之一，该报告的批复对实施工作开展奠定了坚实的基础。

2.6 阶段性移民报告

根据移民和工程的建设进度，阶段性任务开展前，省院将编制阶段性的移民报告，如截流、度汛、蓄水验收、竣工等，根据2016年的建设进度，省院于2015年11月编制完成《夹岩水利枢纽及黔西北供水工程截流、度汛建设征地移民安置报告》，明确了截流、度汛的范围、移民工作所需要开展的内容，也作为开展截流、度汛移民工作的依据之一。

2.7 设计变更处理

由于实施过程中的变化，设计单位的一项重要工作即是处理设计变更，对前期工作考虑不周及在实施阶段出现的问题进行设计变更的处理。2015年，省院在夹岩水利枢纽工程现场处理了数十项设计变更，并提出设代对设计更变的意见，如工程范围调整新增的实物、原设计考虑不周的安置规划、工程征地范围内边角地的处理、专业项目的方案变更等情况。设计变更的原则主要依循实事求是、方案对比、经济合理、不引起波动进行处理。

2.8 参加各方组织会议和调研

设代部成立以来，先后多次参加省、市、县移民局的协调、沟通、座谈、审查会等，以及省、市移民局组织的有关调研工作，并按会议要求落实开展了有关工作。

2.9 其他事情处理情况

在实施过程中，设代部还及时响应省移民局和地方政府要求，积极配合做好相关现场核实调研处理等工作。

3 结语

进入技施设代工作以来，省院按时编制完成了实施规划报告，并协调相关部门、单位编制完成了交通专项复建施工图设计、集中安置点修建的详细规划和施工图设计，总体上满足了省移民局下达的各项工作，为其他设计单位在贵州省开展大中型水利工程的技施阶段移民设代工作提供参考。

· 水库调度 ·

大数据技术在水库运行管理中的应用

张国庆，田毛

（贵州乌江水电开发有限责任公司　贵州贵阳　550002）

摘要：大数据技术是以数据为本质的新一代革命性的信息技术，在数据挖潜过程中带动理念、模式、技术及应用实践的创新。水库运行管理作为技术成熟化工作，内容比较具体，问题也具有普遍性。本文旨在浅析大数据技术在水库运行管理中的作用，如何真正应用好水库运行数据，发掘数据背后的价值和意义，更好服务于水库运行管理工作。

关键词：大数据；水库；管理；应用

1　概述

大数据技术是以数据为本质的新一代革命性的信息技术，在数据挖潜过程中，带动理念、模式、技术及应用实践的创新。2015 年 8 月，国务院印发了《促进大数据发展行动纲要》，将大数据产业提高到国家战略高度。贵州省积极推进大数据综合试验区建设工作，并在数字经济、数据治理创新、大数据保障和改善民生、大数据助力乡村振兴等方面取得了丰硕成果。

贵州乌江水电开发有限责任公司(以下简称乌江公司)是我国第一家流域水电开发公司，按照“流域、梯级、滚动、综合”的开发方针，经营管理、开发建设乌江干流贵州境内河段梯级电站，干流水电站有洪家渡、东风、索风营、乌江渡、构皮滩、思林、沙沱 7 座，支流清水河流域水电站有大花水、格里桥 2 座，已于 2013 年全部建成投运。大数据技术蓬勃发展的背景下，乌江公司立足打造“贵州能源与大数据融合创新示范基地”，在大数据与智慧调度、监视控制、经营决策、信息安全的“四融合”方面取得显著成效。

水库运行管理作为技术成熟化工作，工作内容涵盖了水资源、水工建筑物、库岸边坡、防汛管理等，内容比较具体，问题也具有普遍性。本文旨在浅析大数据技术在水库运行管理中的作用，如何真正应用好水库运行数据，发掘数据背后的价值和意义，更好服务于水库运行管理工作。

2　大数据技术与水库运行管理工作融合的背景和意义

2.1　数据来源有保障

乌江公司所属各水库建成以来，积累了大量的水库运行数据。以最后投产的沙沱水电站为例，沙沱水电站被称为乌江梯级开发的“圆梦工程”，2013 年 6 月实现 4 台机组全部投产发电。投产以来，沙沱水电站积累了全部的水情、雨情、汛情、水工建筑物运行等数据，且基于科学的收集、存储技术，数据的准确性、及时性、有效性等均能得到有效的保障。

2.2　技术支撑显作用

通过对大量水库运行数据的收集、整理、分析，可以为水库管理技术工作、领导决策部署等提供数据支撑。如根据尾水位和出库流量数据，可以为坝址水位流量关系曲线复核提供保障，同时，也可以通过数据分析，判断尾水区域是否存在淤积或冲刷等问题。同等流量下尾水水位降低，说明水流对尾水断面有所冲刷，可能影响下游岸坡的稳定；同等流量下尾水水位抬高，说明尾水河道有淤积现象，影响机组的发电效率，造成电量损失。通过这样的数据分析，可以为水库运行管理提供依据。

2.3　价值分析有成效

在大数据的分析和应用的研究过程中，可以不断提高水库管理人员的专业技术水平和能力，对培养人才资源作用明显；基于对大数据的认识、推广，可以促进管理理念、模式和技术手段的不断革新，为水库管理工作注入新的活力，推动水库管理工作水平的提高；对大数据研究成果的运用，可以有效减少对外来技术的依赖，不断缩减技术咨询费用，降低水库运行管理成本。

收稿日期：2019-11-08.

作者简介：张国庆，辽宁昌图人，工程师，从事水电厂防汛管理工作；田毛，贵州松桃人，高级工程师，从事企业防汛管理工作.

3 大数据技术在水库管理工作中的研究与应用

3.1 水工建筑物运行

水工建筑物作为水库的主体之一，其安全稳定运行对水库自身以及上下游人民群众的生命财产安全责任重大。安全监测是水工建筑物管理工作的耳目，是必不可少的重要组成部分。乌江公司梯级各水电站已全面建成水工建筑物安全监测系统，基于对大量巡视检查、环境量监测、变形监测、渗流渗压监测、应力应变及温度监测等记录和数据的分析，可以有效掌握水工建筑物的状态变化，及时发现不正常的迹象，分析原因采取措施，确保其安全；了解水工建筑物在各种状态下的安全程度，为正确运行提供依据，确保运行方案科学合理，发挥工程最大效益；分析判断水工建筑物的运行和变化规律，验证设计数据，鉴定工程质量，为提高设计施工和科研工作水平提供准确、翔实资料。

3.2 水库优化调度运行

乌江梯级水库已建设覆盖整个流域的水情测报系统，用于实时采集水库水情、雨情数据。依托于水情测报系统，乌江公司相继建成了水库调度自动化系统、发电优化系统、防洪优化系统等，通过理论研究，基于海量数据的分析，研究出了乌江梯级集中调度的优化模型和算法，并获得了国家发明专利。通过先进的算法将数据资源转化为生产力，按周期对流域水文进行预测和分析，根据水文预报结果制定发电调度方案、防洪调度方案。通过这种信息化与大数据的结合运行，对电站的经济运行及上下游人民群众的生命财产安全意义重大，实现了乌江公司“能耗最低、效益最大”的调度目标。截止2018年，乌江公司水电优化增加发电量累计达110.88亿kW·h，直接经济效益29.85亿元。

3.3 水位流量关系复核

水库投运之后，受泄洪及河道泥沙淤积的影响，可能造成大坝尾水区域冲刷或淤积，对尾水水位流量关系曲线的准确性造成影响。通过对大量水库尾水水位、出库流量以及下游电站的运行数据的收集、整理、分析，可以对其进行复核，为调整运行期水库设计资料提供保障。同时，也可以通过数据分析，判断尾水区域的淤积或冲刷情况，更好指导水库运行管理工作的开展。

3.4 水库防洪报汛信息

防洪是水库承担的重要作用之一，防洪信息的及时、准确报送，对水库及上下游地区防汛决策至关重要。以沙沱水电站为例，电站位于贵州省沿河县城上游约7 km处，主要的防洪保护对象是电站自身以及库区的思南县塘头粮产区、思南县城和下游的沿河县城等，遇较大洪水时与构皮滩、思林、彭水等水库联合调度，配合三峡水库分担长江中下游防洪任务。电站投产以来，先后经历了“20140717”“20170701”等特大洪水，洪水期间，报汛信息的及时性堪比金贵，电站将报汛信息的发布进行流程化，统计各操作环节消耗的时间，通过对大量统计数据的分析，对耗时长的环节进行重点改进，并组织专业力量研发了水库防洪报汛软件，该软件获得国家计算机软件著权。水库报汛信息发布耗时由改进前的35.8 min降低至8.7 min，为水电站所辖区域防汛工作提供了准确、及时的雨情和水情信息。

3.5 水务计算数据改进

水务计算就是采用水量平衡原理，在一定时段内利用机组发电、泄洪、库容变化等因子反推水库入库流量(水量)，并对各因子的变化情况进行分析统计，用以指导生产实际。水务计算的过程中，经常发现入库流量数值骤升骤降的情况，甚至个别时段出现负值。在综合考虑区间支流来水、库区取水情况，排除降雨产流、上游电站来水的影响因素外，这与水文学规律不符，此类入库流量数值存在较大误差。通过对大量入库流量、出库流量、机组负荷以及降雨情况的数据分析，在实际运行中发现入库流量在机组负荷调整及泄洪闸门开度调整后的确会出现明显波动。通过数据分析，采用“趋势判断法”“延长计算时段法”“引用误差调整系数”等办法消减误差，使入库流量过程线趋于平顺，有效改善入库流量骤升骤降的情况，尽量还原真实的入库流量值，这对指导水库运行具有很强的现实意义。

4 大数据技术与水库运行管理工作的融合

4.1 数据质量需保障

数据资料作为大数据的核心，其质量直接关系到最终的数据分析结果及运用，数据质量可以用准确性、完整性等指标衡量。在数据收集的过程中，若数据准确性出现问题，就无法真实反映实际情况，数据分析会出现较大的偏差，甚至是出现误导性的结论；若数据的完整性出现问题，一般会得出较为片面的结论。如果采用了这些数据分析结果，不仅不能有效指导水库运行管理工作，而且会误导工作的开展，造成经济损失，严重的更会威胁人民群众的生命财产安全，因此，数据质量重要性不言而喻。

4.2 数据整理分析专业化

人员专业化，在系统内建立一支专业化、高素质的数据分析人才队伍，深度挖掘数据的价值和意义；设备水平再提高，可以通过更新设备、外部技术服务等方式提高现有设备技术水平，以此提高数据的分析和计算能力。可以在系统内拟建数据分析中心，集中这部分资源，专业开展大数据收集、整理、分析工作，共享数据分析成果。通过这种方式，提高数据的“加工能力”，使基础的、粗糙的数据通过“加工”实现增值。

4.3 扩大成果运用的范围

水库运行管理可以进一步扩大数据收集的范围，将一些定性指标量化，也就是信息数据化的转变，在实际防汛工作中，经常遇到此类信息或命令：如“遇较大降雨时，某某地质灾害隐患点应采取……措施”，针对此类信息，可以运用大数据技术，基于对历史情况的分析，将“较大降雨”进行量化，具体明确降雨量的数值，在此基础上，细化措施，如：“降雨量达到50 mm时，该地质灾害隐患点采取加强巡视措施；降雨量达到100 mm时，该地质灾害隐患点采取撤离措施”。扩大大数据技术在电站机组运行、安全管理等方面的运用。

5 结语

本文浅析大数据技术与水库管理工作融合的意义和运用成果，如何运用好大数据技术，发掘水库运行数据背后的价值和意义，提高数据的“加工能力”，使基础的、粗糙的数据通过“加工”实现增值，更好服务于水库运行管理工作。本文仅在宏观层面上进行初步探讨，相关内容有待进行更为全面、细致和深层次的研究。

参考文献：

[1] 钟玲. 努力打造贵州能源与大数据融合创新示范基地：数字乌江建设的四融合成效 [J]. 能源乌江，2019(03)：47-49.

“产流系数洪量预报”工作法在乌江梯级水电站的应用

徐伟

（贵州乌江水电开发有限责任公司远程集控中心　贵州贵阳　550002）

摘要：乌江流域汇流面积广，地势高差大，年内径流量分配极不均。在乌江梯级9座电站全部建成后，复杂的来水条件影响了洪水预报精度。为了进一步提高乌江梯级流域洪水调度工作水平，通过2012年以来的多场洪水进行分析，总结部分场次洪水预报精度及准确性不足的原因，结合洪水预报系统实际运用情况，抓住关键的影响因素，形成乌江梯级水电站“产流系数洪量预报”工作法，能够提高乌江流域各电站区间来水预测精度，对流域洪水预报起到了实用性的作用。

关键词：乌江；梯级水库；洪水预报；产流系数

1　概述

乌江是贵州第一大河，也是长江上游南岸最大的支流，发源于乌蒙山麓。河源有南源、北源两支，汇合于黔西、清镇、织金三县交界处化屋基，河流横穿贵州省中部，在东北部入重庆，于涪陵市汇入长江。乌江干流全长1 037 km（其中贵州辖802 km），天然落差2 124 m，流域面积87 920 km^2，为降水补给河流，径流量与黄河相当[1−2]。流域除高程2 000 m以上的西部河源地区属暖温带气候外，大部分地区属中亚热带季风气候，洪水主要由暴雨形成，降雨集中在5—10月，以6—7月出现面积广、强度大的暴雨机会最多[3]。汛期多暴雨和阵雨，1次暴雨持续时间一般为1～3 d，洪峰主要是由1日暴雨造成，1次洪水过程以3日洪量为主，3 d洪量占7日洪量的65%左右。贵州境内乌江干流规划的主要电站已经全部开发完成，梯级11座电站中的7座属于贵州乌江水电开发有限责任公司（以下简称乌江公司）经营管理，主要包括洪家渡、东风、索风营、乌江渡、构皮滩、思林、沙沱以及支流清水河上的大花水、格里桥共9座电站，总装机容量8 695 MW。

针对乌江流域暴雨急骤、汇流迅速、洪水涨落快、峰形尖瘦、洪量集中的特点，为有效利用洪水资源多发电创造价值，同时对洪水提前预控，降低洪水对流域沿岸人民生命财产造成的损失，乌江集控中心努力提高洪水预报精度和效益，逐步建立了乌江梯级水电站“产流系数洪量预报”工作法。

2　实施背景

乌江梯级电站逐步纳入集控后，电站各流域降雨由集控中心统一监控。集控中心成立之初就对流域降雨高度重视，特别是降雨对梯级各电站运行方式产生的影响。由于降雨后产流过程中受前期乌江流域气候、下垫面等主要因素的影响，造成乌江流域在不同的降雨过程中，各水库区间产汇流形成的流量具有不同的特性，完全依赖洪水预报系统测算结果进行流域降雨后来水分析难以保证预报高精度的目标，应该在充分利用水调自动化系统科学技术的基础上，进一步正确识别乌江流域各区间某场降雨的产流模式，通过考虑影响产流过程的系数来进行综合性分析，提升乌江流域降雨产流的预报精度。

2.1　梯级电站洪水预报预见期较短

乌江梯级形成后，各电厂洪水预报预见期仅3～6 h，超过12 h的洪水预报成果的参考性不足，导致无法提供整场洪水的洪量预报成果，不能直接应用于梯级电站发电计划编制和优化调度水位控制管理。

2.2　多套模型的洪水预报成果差异较大

乌江梯级现有2套洪水预报系统，共采用马斯京根汇流模型、新安江三水源模型和API（前期雨量指数）3套较为常用的洪水预报模型。由于预报机理不同，各模型适用的降雨分布情况、产汇流原理等不一致，对于同一场洪水的洪水过程线差异性较大，导致调度人员针对洪水会商决策困难，对洪水整体把握难度大。

收稿日期：2019-10-09.

作者简介：徐伟，贵州贵阳人，工程师，从事梯级水电站水库调度工作.

2.3 调度员经验方法转化为数字化应用

乌江梯级首座水库乌江渡于20世纪70年代末期蓄水，自1994年到2013年乌江梯级陆续投运8座水库，水库调度人员对单座水库的降雨产流关系、汇流情况、洪水过程等形成了较为完整的预报经验方法。需要通过结合流域水调自动化系统将经验预报方法转化为系统会商工具软件，确保经验预报与实时信息有机结合，提高洪水预报精度。

3 乌江流域梯级水库洪水预报形式复杂

乌江梯级流域电站群干流7座水库与清水河2座水库连续首尾相连，需要做好乌江梯级洪水预报工作难度很大。根据流域各水库区间的水情、汛情，要确保满足梯级电站经济运行、沿岸人民生活取水、生态流量问题，还需要积极配合电网调度对电力电量的平衡。

4 工作法的主要技术环节

以目前乌江公司水调自动化系统为中心，扩充建设“水情快报”1个板块，主要是综合乌江全流域的降雨情况，分析较强降雨区域的降雨成因、降雨时空分布、降雨强度对产流的影响以及影响产流的因素，利用产流系数设定和日水量占比系数的调整来预计降雨对流域产流的情况。根据乌江流域洪水预报调度特点，其中重点对产流系数洪量预报方法如下：

(1) 3日预报产流量确定。首先确定理论产流总量，采用公式：区间产流总量=降雨量×区间面积($W_{理}=P\times S$)；然后确定产流系数，采用公式：预报产流量=区间产流总量×产流系数($W_{预}=W_{理}\times\eta$)得到该次洪水的3日预报产流总量。

(2) 3日水量占比分配。根据经验，乌江梯级洪水一般3日洪水居多，首日洪水大约占3日洪量的50%～60%，次日洪量占20%～30%，3日洪量占10%～20%；调度人员根据前期土壤饱和程度分析确定。

(3) 来水发电能力计算和泄洪风险分析。根据各区间3日洪量，通过当前梯级水位计算来水发电能力，安排未来3日发电计划，计算各水库水位变化情况，明确泄洪风险。

5 应用情况

“产流系数洪量预报法”形成以后，随着集控中心通过历年来洪水调度的工作成果，对乌江流域上产流、汇流过程有了进一步的深入认识，特别在汛期乌江流域产生明显降雨后，通过水情会商设定产流系数，能快速、准确预测各电站区间来水，对流域洪水预报起到了实用性的作用。

5.1 提高了洪量预报精度和计算速度

通过对有关的技术环节进行软件化处理，在流域水调自动化系统中，建立了乌江梯级水库降雨洪水分析计算表，预报人员全面掌握流域降雨情况下，根据前期土壤含水量和产汇流情况，只需在报表中调整相应产流系数和日水量占比系数，每次大约10 min内即可生成梯级各区间未来3日洪量和洪水总量。

5.2 提升了水情会商工作效率

建立了水情会商模板，自动抽取乌江梯级水库降雨洪水分析计算表中有关数据和气象预报信息，形成完整的“水情快报”底稿，会商人员进行数据核对与调整，大约在15 min内完成水情快报的编制。

5.3 增加了洪水资源利用效益

会商人员采用洪水预报结论成果，根据未来3日梯级来水和水位控制要求，制定当日和未来一段时间的梯级运行方式和发电计划安排，报送贵州中调和南网总调，并协调安排实施，在执行中予以跟踪协调调整，整体实现了乌江梯级优化调度意图，提高了经济效益。

6 实施效果

“产流系数洪量预报法”目的很明确，就是要通过专业技术和经验分析来提高乌江梯级洪水预报的精度，从而提升洪水资源利用效率，实现节水增发电并通过清洁能源多发电减少化石能源发电，减少碳排放污染，为“绿水青山”做出贡献。

自该方法2012年应用以来，乌江梯级通过“产流系数洪量预报”工作法，洪水资源化增发电量达24.08亿kW·h，直接经济效益6.98亿元。按照相同的煤电进行对比计算，则对环保的贡献相当于节约标煤253.14万t，减少CO_2排放673.36万t，减少SO_2排放4.18 t，减少氮氧化物排放3.95 t。

参考文献：

[1] 戴建炜. 乌江干流梯级水电站群远程集控系统研究与实施 [J]. 贵州水力发电，2005，19 (5)：69-72.

[2] 庞峰. 乌江梯级水电站在贵州西电东送中的作用 [J]. 水利水电技术，2005 (9)：62-65.

[3] 熊金和，郭丽娟，同斌，等. 受水利工程影响的乌江流域洪水预报方法浅析 [J]. 人民长江，2011，42 (6)：35-37.

天生桥一级水电站水调自动化系统改造

李恒，林广洪，刘建华

（广东省能源集团天生桥一级水电开发有限责任公司水力发电厂　贵州兴义　562400）

摘要：天生桥一级水电站水调自动化系统已运行多年，针对系统目前存在的一系列问题，对系统进行改造。本文主要阐述了硬件设备以及通信方式等方面的改造，从而达到系统可靠、功能实用、组网合理、通信畅通、维护方便、操作简单的目的。

关键词：水情系统；改造；通信；畅通率；可靠度

1　概述

天生桥一级水电站是红水河梯级电站的第 1 级，位于南盘江干流上，工程以发电为主。水库总库容 102.6 亿 m^3，调节库容 57.96 亿 m^3，坝址以上流域面积 50 139 km^2，多年平均流量 612 m^3/s，年径流量 193 亿 m^3，为不完全多年调节水库。电站装机容量 1 200 MW(4×300 MW)，电站建成后，送电贵州、广西和广东。

天生桥一级水电站水情自动测报系统由 1 个中心站、1 个气象站、1 个水位站、6 个水位雨量站、17 个雨量站以及天生桥二级水电站水情自动测报系统、鲁布革水电站水情自动测报系统组成。目前采用卫星或短信方式进行通信，重要的站点采用双信道方式。

2　改造背景

天生桥一级水电站水调决策支持系统软件于 2006 年建设，硬件于 2007 年升级改造完成，至 2016 年已运行近 10 年。由于运行时间较长，目前已出现以下问题：

(1) 目前软件系统只能提供基本的水情信息功能，硬件设备则与当前社会科学技术水平相距较远。

(2) 水情用户数量大量增多，存在大量的数据读写操作，服务器安全稳定性受到威胁。

(3) 大部分服务器都出现过硬件故障，经维修后再投入运行，一些应用程序同时运行在 1 台服务器上，造成服务器不堪重负，出现死机现象[1]。

为保证后期水调自动化系统稳定运行，故需要对其进行改造。

3　改造内容

天生桥一级水电站现有水调自动化系统已运行多年，首先考虑更换新的服务器及网络设备，并将原系统上现有功能全部移植至新设备，针对运行中出现的问题优化完善。根据现场设备运行情况，将更换主数据服务器、通信服务器、应用服务器、部分网络设备、部分通信方式的改造以及将设备与通信从旧水调大楼转移到新水调楼。

3.1　通信设备改造

本次改造主要是在原水调系统网络架构下，更换新的服务器及网络设备，并将原系统上现有软件功能全部移植至新设备。根据现场设备运行情况，将更换二区设备有：主数据服务器、南网通信服务器、机组通信服务器、数据采集服务器、隔离通信服务器、防火墙以及二区交换机。三区更换设备有：WEB 兼数据库服务器、通信服务器、正向隔离装置(含程序)、防火墙以及三区交换机。

通过本次水调决策支持系统硬件改造，使系统能够满足水调决策支持系统运行的硬件要求，同时为下一次整个集团水调自动化系统升级做准备。

3.2　新旧系统数据同步通信

目前新旧大楼之间已有光纤通道，需要在两端增加光纤收发器将光纤转换成以太网。两端分别连接内网数据库服务器的 1 个未使用的网口，配置同一网段的 IP 地址。通信方式如图 1 所示。

测试网络通后，在旧大楼内网数据库服务器上部署数据同步程序，将机组与水情实时数据同步到旧大楼水调系统中。即新旧系统的 3 张实时数据表(RTSQ、RTDB、RTEMS)数据保持同步。以上阶段没有更改旧系统的相关配置，不影响系统的正常运行。

收稿日期：2019-12-27.

作者简介：李恒，湖北宜昌人，助理工程师，主要从事水库调度工作；林广洪，广西桂林人，工程师，主要从事水库调度工作.

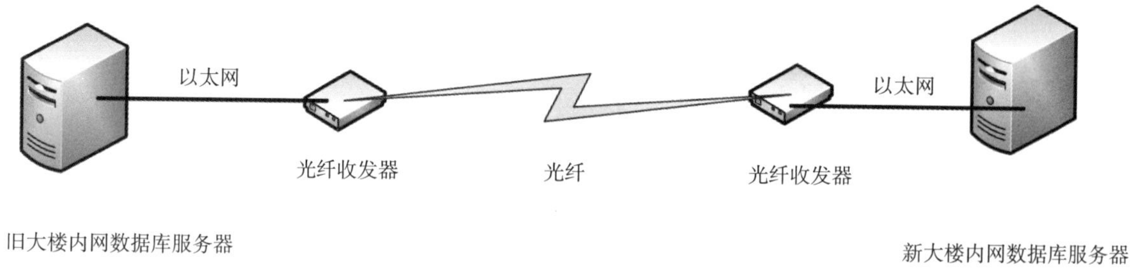

图1　新旧大楼通信方式

3.3　监控通信切换

监控通信的切换实现包含2个方面，第一是完成新旧监控采集服务器的切换，第二是完成新监控采集服务器与新旧系统通信的切换。

3.3.1　新旧采集服务器切换

将新的监控采集服务器(配有显示器、鼠标、键盘)布置到厂房，以便于调试新的监控采集服务器。由于该服务器在厂内没有调试过，需要将原有监控采集服务器程序复制过来，相关的IP配置也按照原有的进行更新。配置完成后，替换原有的监控采集服务器(防止出现异常情况，新旧服务器切换时，只需要将网线切换，旧机器保持开机状态不要搬离)。新旧监控采集服务器切换期间，监控数据中断时间确保在半小时内。新监控采集服务器与旧大楼水调系统通信稳定后，进行将数据传输方式修改为到新大楼水调系统的工作[2]。

3.3.2　新旧系统监控通信切换

监控通信新旧系统切换前，需要确保新系统的机组数据通信接收端程序启动以及厂房与新大楼的网络通信均为正常。由于通信调试，需要两端都有监测系统。为了确保新系统接收端正常，需要1台服务器当做监控采集服务器模拟与新系统的通信。厂房监控采集服务器与旧大楼水调系统之前是通过光纤通信，两端配有光纤收发器进行光纤与以太网的转换。厂房与新大楼之间光纤通道已经部署完毕，光纤收发器仍利用原来的。确认数据能够正常接入新系统数据库服务器，然后再通过数据抽取程序将监控采集的实时数据发送到老数据库服务器。

3.4　遥测系统切换

将遥测短信猫和北斗终端从旧系统上断开，接到新系统服务器上，确认数据能够正常入新数据库服务器，然后再通过数据抽取程序将遥测站的实时数据发送到老数据库服务器。遥测采集系统切换前，在新系统上确保遥测采集平台程序正常启动。采集平台正常启动后，将短信猫和北斗终端接上，通过遥测采集平台召测若干数据，若成功召测到数据，说明切换成功。

3.5　南网通信切换

新老系统并行运行一段时间(7 d)，观察新系统相关计算数据是否与老系统计算数据一致。如果不一致，则检查新系统，分析故障原因。如果一致，则将新系统南网服务器接入南网专网，启动程序发送南网要求数据，将老系统南网服务器断开专网。

南网系统通过2 M专线接入到旧大楼1楼中转机柜，再通过E1转换器将2 M转换成以太网接入到6楼南网防火墙，然后接入水调系统。与南网通信方式切换到新大楼水调系统通信模式见图2。

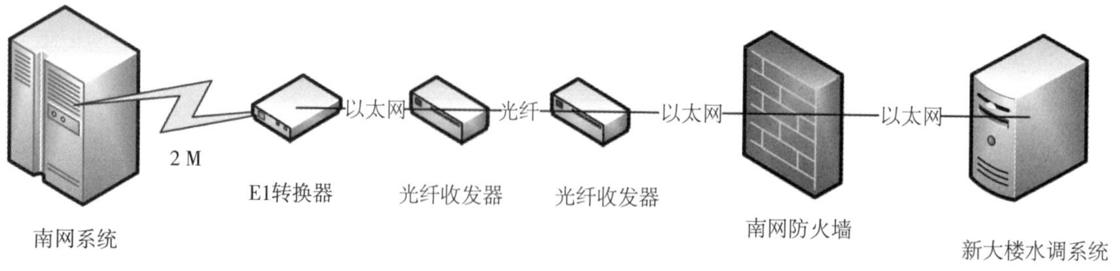

图2　现南网通信方式

通道部署完成后，在旧大楼1楼中转站将南网通信通道切换到新大楼上。网络连接成功后，测试与南网通信的网络是否通畅。网络没有问题后，进行通信的程序的切换。与南网通信的切换过程涉及通道的变化，期间需要调试好通道，通道变更需要增加的网络设备也可以加快完成。

3.6 外网通信切换

正向隔离装置到位后，需要进行新系统的内外网的数据通信调试工作。新系统外网数据完善后，进行 web 功能的调试已经与集团系统的调试工作。内网与外网传输数据，数据流程图见图 3。

图 3 内外网数据传输方式

内网数据库的数据表通过触发器将数据触发到转发用户下，正向隔离程序客户端程序扫描转发用户，将表中数据生成 ETF 文件并删除表中数据。通过正向隔离装置将生成的 ETF 文件发送到外网服务器上，正向隔离程序服务端将这些 ETF 文件解析入库。

外网系统正常接收数据后且运行稳定后，调试外网的相关程序。与外网通信主要是集团系统，与其通信的网络通道新大楼要部署完毕并测试通畅。完工后保证外网系统数据实时更新、集团系统准时收到天一电厂数据以及 web 浏览功能可以正常使用。

4 改造后情况

水情系统改造后，整个系统运行稳定，对比改造前后水情系统运行畅通率和可靠度，改造前平均每年畅通率和可靠度分别为 97.23%和 95.01%，改造后分别为 99.53%和 99.38%，相比改造前畅通率和可靠度分别提高了 2.4%和 4.6%。改造后，各年月度数据均未出现特低畅通率和可靠度。

改造后的水情系统网络结构见图 4。

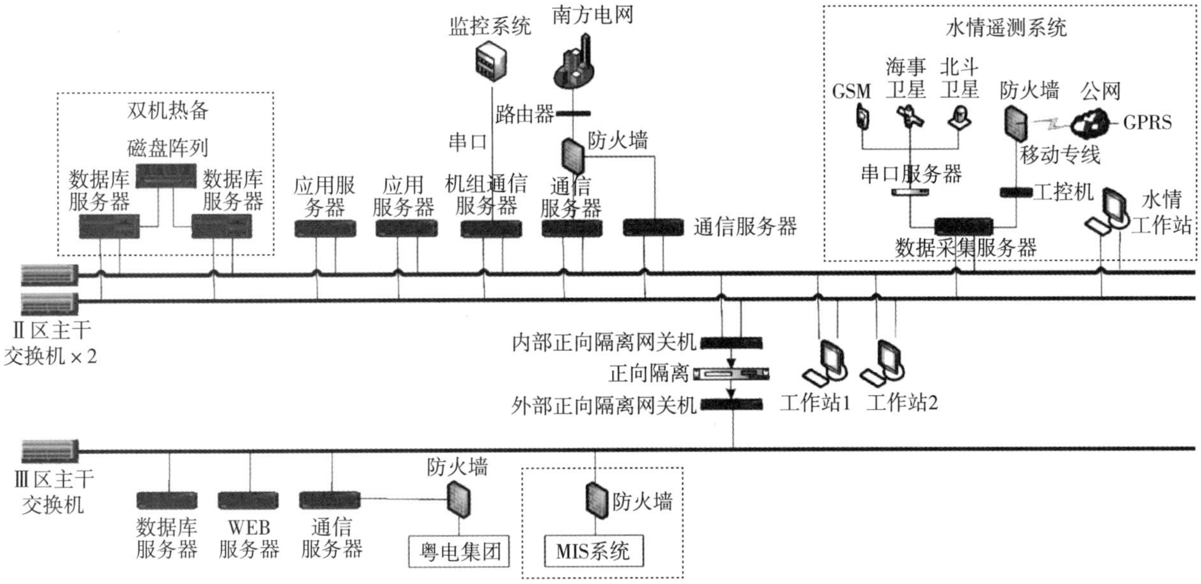

图 4 改造后网络结构示意图

南网通信方面，未改造前与南网通信中断次数较多，甚至每年多达 10 次以上，系统改造后中断次数控制在每年 3 次以内，大大提高了与南网通信的稳定性，为水情系统稳定运行提供了保证。

5 总结

天生桥一级水电站水调决策支持系统硬件技术改造后运行正常，应用便捷。目前，系统的建设工作已经全部完成，各项功能均满足当前使用要求。水调系统的相关人员在系统试运行的过程中也逐步掌握了系统的各个方面功能，并正在应用与日常生产调度工作中，系统正式运行以后较大程度地发挥水调系统的作用，提高了天生桥一级水电站的整体经济调度水平，也为其他水电厂水情系统改造提供了一定的借鉴作用[3]。

参考文献：

[1] 李茂斌. 贵州省万坝水库水情测报系统设计浅析 [J]. 陕西水利，2019 (09)：69-70，72.

[2] 黄钟云. 水情自动测报系统的研究与应用 [J]. 科技创新与应用，2018 (28)：167-168.

[3] 史文海. 龙滩水情自动测报系统改造 [J]. 陕西水利，2013 (05)：142-143.

构皮滩水库在乌江梯级水库常遇洪水联合调度中的实践研究

朱喜

（贵州乌江水电开发有限责任公司水电站远程集控中心　贵州贵阳　550002）

摘要：通过2014—2019年乌江梯级水库常遇洪水中下游联合调度，结合构皮滩、思林、沙沱水库常遇洪水实时预报预泄调度，结果表明，当构皮滩水库水位低于620 m，下游发生常遇洪水时，利用构皮滩水库空库容进行调蓄，可有效为下游削峰和错峰，利用思林、沙沱防洪库容拦蓄区间洪水，可在确保水库大坝安全、自身防洪安全和下游防护对象防洪安全的前提下，最大限度利用洪水资源，提高水库防洪、发电、生态等综合效益。

关键词：水库；常遇洪水；联合调度；综合效益；构皮滩

1　概况

1.1　乌江梯级水库群

乌江为长江上游南岸最大的1条支流，全长1 037 km，流域集水面积87 920 km^2。

乌江干流共有普定、引子渡、洪家渡、东风、索风营、乌江渡、构皮滩、思林、沙沱、彭水、银盘和白马12级电站，开发任务主要为发电、防洪、航运，除最下游的一级白马外，其余各梯级均已建成，河道已渠化。乌江梯级水库库容大、调节性能较强或设有防洪库容的梯级有引子渡、洪家渡、东风、乌江渡、构皮滩、思林、沙沱、彭水。上述水库群的特征值见表1。

表1　乌江流域主要水库特征值

水库	河流	集水面积/km^2	正常蓄水位/m	死水位/m	调节库容/亿 m^3	调节性能	汛限水位/m	防洪库容/亿 m^3
引子渡	三岔河	6 422	1 086	1 052	3.22	季调节		
洪家渡	六冲河	9 900	1 140	1 076	33.61	多年调节	1 138	1.55
东风	乌江	18 161	970	936	4.90	季调节		
乌江渡	乌江	27 790	760	720	13.60	季调节		
构皮滩	乌江	43 250	630	590	29.02	多年调节	626.24(6—7月) 628.12(8月)	4(6—7月) 2(8月)
思林	乌江	48 558	440	431	3.17	日调节	435	1.89
沙沱	乌江	54 508	365	353.5	2.87	日调节	357	2.09
彭水	乌江	69 000	293	278	5.18	年调节	287	2.32

乌江梯级贵州境内9座水电站（含清水河支流大花水、格里桥）调度工作由贵州乌江水电开发有限责任公司水电站远程集控中心（以下简称“乌江集控中心”）负责统一管理，主要承担乌江公司梯级水电站群洪水联合调度、梯级优化调度、水电远程集控和通信自动化及信息化专业管理等工作。普定、引子渡水电站调度工作由贵州黔源电力股份有限公司库坝中心负责。

1.2　构皮滩水电站

构皮滩水电站位于贵州省中部余庆县境内，是乌江干流的第7级，距上游乌江渡水电站137 km，距下游思林水电站89 km、沙沱水电站203 km，是乌江干流最大的控制性工程。工程开发任务是发电，兼顾航运、防洪等综合利用。工程于2003年11月开工，2009年全部机组发电，2011年工程完建。工程为一等大(1)型，永久性主要水工建筑物级别为1级；挡水、泄水建筑物洪水标准采用500年一遇洪水设计、5 000年一遇洪水校核。其中，混凝土双曲拱坝坝顶高程640.5 m，最大坝高230.5 m。电站总装机容量3 000 MW(5×600 MW)，

收稿日期：2020-10-27.

作者简介：朱喜，贵州安顺人，工程硕士，工程师，长期从事水电站运维管理工作.

保证出力 746.4 MW，多年平均发电量 96.82 亿 kW·h。

水库正常蓄水位为 630.00 m，死水位为 590.00 m，6、7 月防洪限制水位为 626.24 m，8 月防洪限制水位为 628.12 m，设计洪水位为 632.89 m，校核洪水位为 638.36 m。水库调节库容 29.02 亿 m^3，水库单独运行时，具有年调节能力，与上游水库联合运行时，具有多年调节能力。

2 构皮滩洪水调度

2.1 防洪任务

构皮滩水电站的防洪任务是确保枢纽自身防洪安全，分担乌江中下游防洪任务，配合三峡水库分担长江中下游的防洪任务。

6 月 1 日—7 月 31 日的防洪限制水位为 626.24 m，8 月 1 日—8 月 31 日的防洪限制水位为 628.12 m，9 月 1 日之后可逐步蓄水至正常蓄水位 630.0 m。

2.2 防洪调度原则

(1) 汛期在不实施防洪调度情况下，构皮滩水电站库水位按防洪限制水位控制运行。6—7 月维持防洪限制水位 626.24 m，8 月维持防洪限制水位 628.12 m。

(2) 汛期在实施防洪调度情况下，当库水位未超 630 m 时，若乌江洪水不大，长江中下游发生大水，应按三峡水库要求，适时减少进入三峡水库的洪量，配合三峡水库对长江中下游进行补偿调节，削减长江中下游超额洪量(分洪量)；当长江中下游洪水不大，乌江发生大水，应按乌江中下游防洪要求确定下泄量，以尽量减免乌江中下游防护对象的洪灾损失；当乌江中下游和长江中下游同期发生大水，应仍按乌江中下游防洪要求确定下泄量，因减少了进入三峡水库的洪量，同样起到了配合三峡水库运用、削减长江中下游超额洪量的作用。

(3) 当库水位达到或超过 630 m，实施保枢纽安全的防洪调度方式，即水库按“敞泄”方式工作。从库区乌江铁路桥防洪安全出发，遭遇 50 年一遇洪水时，控制库水位不超过 630 m。

(4) 工程防洪对电站机组运行的限制条件。当遭遇 20 年一遇以下各级入库洪水(入库洪峰流量 ≤16 900 m^3/s)时，不限制机组运行台数；当遭遇 20 年一遇以上 500 年一遇以下各级入库洪水(入库洪峰流量 ≤27 900 m^3/s，最高库水位 632.89 m)时，电站厂房部分机组参与发电泄洪，厂房参与泄洪的流量按不小于 1 050 m^3/s 控制；当遭遇 500 年一遇以上(入库洪峰流量 >27 900 m^3/s)入库洪水时，机组不参与泄洪；当遭遇 1 000 年一遇以上(入库洪峰流量 ≥30 300 m^3/s)，全部机组停机。

3 技术路线

乌江梯级洪水调度空间上注重分段协调，根据电站调节性能和地理分布，抓好上游电站“洪东索乌”和下游电站“构思沙”2 个分段，通过“构思沙”汛期联合调度，构皮滩为思林沙沱错峰拦蓄确保少弃水，保障“思沙”防汛安全。

4 常遇洪水识别及预见期

结合各电站设计洪水成果和水库特性，在乌江下游“构思沙”联合调度工作，构皮滩至思林区间、思林至沙沱区间，研究小于 4 000 m^3/s 的洪水，考虑下游思南、沿河县城、塘头粮产区的防洪安全，构皮滩、思林、沙沱常遇洪水主要研究入库流量小于 8 000 m^3/s 的洪水。

乌江梯级电站运行多年，预报水平和技术都相当成熟，洪水平均预见期为 24 h[1]。

5 常遇洪水联合调度研究

乌江下游电站“构思沙”联合调度常遇洪水从沙沱 2013 年投产发电后开始统计。2014—2019 年乌江下游常遇洪水统计见表 2。

从表 2 可以看出，在 2014—2019 年期间，乌江下游遭遇区间常遇洪水，开展构皮滩、思林、沙沱水库联合调度，构皮滩水库多年调节能力得到充分发挥，确保了思林、沙沱 2 个水库不弃水，防洪效益、经济效益显著。具体如下：

(1)20160720 号洪水。19 日，构皮滩以下流域发生 1 次强降雨过程，雨量中到大雨，局地暴雨，个别站点大暴雨，其中思林坝上 328 mm。受降雨影响，思林区间、沙沱区间产生了洪水，思林洪峰区间洪峰流量于 20 日 7 时出现，峰值 2 520 m^3/s；沙沱区间洪峰流量于 20 日 9 时出现，峰值 4 540 m^3/s。在该场次洪水调度过程中，构皮滩水库水位 613.80 m，距正常蓄水位相应库容有 13.68 亿 m^3，有足够空库容用于该场次洪水拦蓄，最大限度减轻下游防洪压力。20 日按照长防总、贵州省防办要求，考虑乌江中下游防洪要求，决定实施构皮滩、思林、沙沱水库联合调度，构皮滩、思林减少出库流量，沙沱水库不开闸，维持 4 台机满发。乌江集控中心协调电网调度部门将构皮滩 20 日 03：00—21 日 08：00 出力由 2 700 MW 减至 110 MW、思林 20 日 12：00—20 日 0：00 调减负荷至 200 MW、21 日 0：00—06：00 时夜间低谷全停。调洪过程中构皮滩最高水位 617.68 m，库水

表 2　2014—2019 年乌江下游常遇洪水统计

洪号	电站	实测区间洪峰/(m^3/s)	实测峰现时间/(月日时)	预报区间洪峰/(m^3/s)	预报峰现时间/(月日时)	预报峰值精度/%	滞时/h	实测入库洪峰/(m^3/s)	泄量/亿 m^3
20150603	构皮滩	3 500	060305	3 200	060306	91.43	1	4 270	—
	沙 沱	3 240	060307	3 150	060306	97.22	−1	4120	—
20150610	构皮滩	2 170	061014	2 100	061014	96.77	0	3 570	—
	思 林	2 180	061110	2 100	061111	96.33	1	3 200	—
20160720	思 林	2 520	072007	2 500	072006	99.21	1 h	4 410	—
	沙 沱	4 540	072009	4 500	072012	99.12	3 h	6 300	—
20170627	构皮滩	2 870	062714	3 100	062712	92.6	2	4 160	—
	思 林	1 900	062709	2 000	062711	94.8	−2	2 690	—
	构皮滩	3 170	062220	3 000	062221	94.6	−1	4 360	—
20190622	思 林	2 730	062313	2 700	062314	98.9	−1	3 570	—
	沙 沱	3 830	062215	4 000	062216	95.6	−1	5 580	—

位上涨 3.88 m，拦蓄上游来水 3.0 亿 m^3，思林最高水位 435.96 m，拦蓄洪水 0.65 亿 m^3，沙沱最高水位 362.42 m，拦蓄洪水 2.05 亿 m^3。洪水退后，思林、沙沱通过发电降水位降至汛限水位以下运行，思林于 7 月 21 日 18：00 降至 435 m 以下、沙沱于 7 月 28 日 10：00 降至 357 m 以下。20 日以来累计减少弃水折合电量 0.58 亿 kW·h。

(2)20190622 号洪水。22 日，乌江流域发生 1 次降雨过程，降雨主要集中在乌江渡以下流域，雨量中到大雨，局地大暴雨，此次降雨持续时间短，短时降雨强度大，最强降雨集中在 22 日中午时段，沙沱坝上降雨累计达 139 mm。受降雨影响，构皮滩区间、思林区间、沙沱区间产生了洪水，构皮滩区间洪峰流量于 22 日 20：00 出现，峰值 3 170 m^3/s；思林洪峰受区间小水电泄洪影响，区间洪峰流量于 23 日 13：00 出现，峰值 2 730 m^3/s；沙沱区间洪峰流量于 22 日 15：00 出现，峰值 3 830 m^3/s。构皮滩超 2 年一遇洪水、思林 5 年一遇洪水、沙沱近 10 年一遇洪水，洪水历时短、洪量大。在该场次洪水调度过程中，构皮滩水库水位 617.22 m，距正常蓄水位相应库容有 9.0 亿 m^3，有足够空库容用于该场次洪水拦蓄，最大限度减轻下游防洪压力。22 日按照长防总、贵州省防办要求，考虑乌江中下游防洪形势和重庆防洪要求，决定实施构皮滩、思林、沙沱与彭水水库联合调度，构皮滩、思林减少出库流量，沙沱水库不开闸，维持 4 台机满发。乌江集控中心协调电网调度部门将构皮滩 22 日 20：00—23 日 10：00 出力由 2 700 MW 减至 55 MW、思林 22 日 20：00—23 日 10：00 四台机全停。调洪过程中构皮滩最高水位 619.99 m，拦蓄洪水 2.04 亿 m^3；思林最高水位 437.77 m，拦蓄洪水 1.12 亿 m^3；沙沱最高水位 360.01 m，拦蓄洪水 0.76 亿 m^3。洪水退后，思林、沙沱通过发电将水位降至汛限水位以下运行，思林于 6 月 29 日06：00降至 435 m 以下、沙沱于 6 月 30 日 06：00 降至 357 m 以下。22 日以来累计减少弃水折合电量 0.52 亿 kW·h。

6　结语

2014 年构皮滩、思林、沙沱水库常遇洪水实时预报预泄调度研究，在不降水库防洪标准、不增加下游防洪压力和防洪风险完全可控的前提下，按照构皮滩水库水位为 620 m 和 615 m 两个量级划分控制，提出了思林和沙沱水库常遇洪水实时预报调度的启动条件及操作控制指标，合理利用洪水资源[2]。

通过 2014—2019 年乌江下游常遇洪水调度分析，结果表明：当构皮滩水库水位低于 620 m、下游发生常遇洪水时，通过实时预报预泄调度，利用构皮滩水库空库容进行调蓄，可有效为下游削峰和错峰，利用思林、沙沱防洪库容拦蓄区间洪水，可在确保水库大坝安全、自身防洪安全和下游防护对象防洪安全的前提下，利用水文气象预报成果，最大限度利用洪水资源，提高水库防洪、发电、生态等综合效益。

参考文献：

[1] 王世平，等. 构皮滩、思林水库常遇洪水联合预泄调度研究 [J]. 人民长江，2014，45 (13)：1-5.

[2] 张娜，等. 乌江构皮滩、思林、沙沱水库常遇洪水实时预报预泄调度研究 [R]. 湖北：方科技发展有限责任公司，2014.

·地质与勘测·

贵州某山区河道灾害分析及防治

明成涛

（中国电建集团贵阳勘测设计研究院有限公司　贵州贵阳　550081）

摘要：贵州省山区河道众多，山洪灾害频发。以者告河为案例，研究认为灾害特征为洪水和地质灾害的并发，泥石流具有群发性，且灾害源头隐蔽性强；降雨及不利地质环境条件是灾害发生的诱因，不合理的人类活动增加了损害程度。分析认为灾害治理需统筹主河道防洪和各冲沟滑坡、泥石流治理，提出上游稳固拦挡沙源，中游停淤、减沙、减势，下游排导、护岸的防治措施。

关键词：山洪；泥石流；灾害；特征；成因；防治

0　引言

贵州整体地形为山地，山区地形起伏较大，地质结构复杂，气候差异悬殊，各方面条件都十分恶劣[1]。其特殊的地质条件致使山区河道两侧多冲沟分布，组成了主河道＋两岸山洪沟的河道形式。而山区受地形影响，河道及冲沟两岸多为村镇、农田分布，在汛期易受到山洪灾害的侵扰。该灾害形式多以主河道水毁、山洪沟泥石流及滑坡的并发为特点，并非单一的山洪灾害。

对此，本文通过对黔西南巧马镇的典型山区河道——者告河为案列，通过调查分析其受灾类型、成灾特征对其灾害成因进行研究，最后对其防治措施提出建议，以期为类似山区河道的防治规划提供参考。

1　地质环境条件

1.1　地形地貌

者告河位于贵州省西南部册亨县的巧马镇境内，地处云贵高原向广西丘陵过渡的斜坡地带，北盘江～红水河深切河谷北岸坡。受地质、构造、气候、水文等因素的综合影响，区内地貌以侵蚀、剥蚀中低山地貌为主，山势陡峭，山脊单薄如刀锋。者告河为南盘江一级支流，发源于巧马镇纳贤村附近，由东向西于者干处汇入南盘江左岸，河道全长21.92 km，全流域面积 96.4 km^2，主河道加权平均比降 22‰。主河道两岸冲沟密布，根据调查，两岸冲沟共计约 33 条。冲沟地形陡峭，平均坡度20°～40°，两岸山体植被覆盖量一般，见大量经济林木桉树分布。主河道两岸及沟口地势平坦，多为村寨聚集，下游为巧马镇工业园区所在地。

1.2　气象水文

研究区地处中亚热带，属亚热带温暖湿润季风气候，气候特点是冬无严寒，夏季炎热，夏湿春干，雨热同季，春暖早、秋凉迟。年平均气温19.2 °C，极端高温气温 39.3 °C，极端最低气温－23 °C，年平均相对湿度 80％，多年平均雾日天数为 8.6 d。多年平均降雨量 1 286.5 mm，降水量年际变化不大，年内分配不均，一般 5 月中下旬即进入雨季，降水量集中在 5～9 月，占年总量的66％。者告河流域属典型的山区雨源型河流，洪水主要由暴雨汇流形成，洪水季节性变化大，具有明显的山溪河流特点，岸坡陡，水力坡降大，汇流时间快。因流域河道比较陡，汇流集中，因而洪水具有洪峰陡峻、洪量集中、上涨历时较短等山区性河流特点。

1.3　地质条件

本区大地构造单元属扬子准地台→黔南台陷→望谟北西向构造变形区南西侧，安龙北西向构造带与隆林东西向构造带交接部位。本区展布多种构造体系，构造形式复杂多样，晚二叠系至晚三叠系的坡坪、坝索同生古断层将测区分成三大块，形成了安龙北西向构造带，隆林东西向构造带。受其影响，研究区断裂构造和褶皱发育、地形坡度大。区内出露基岩主要为三叠系中统边阳组（T_2b）、三叠系中统新苑组（T_2x）和第四系，岩性多为砂岩、泥岩等黏土岩。这些岩层受岩性和构造影响，表层易风化，节理裂隙极为发育，在重力作用下易产生贯通性裂隙面，发生楔形体破坏。在强降雨条件下易形成崩塌、滑坡及泥石流等地质灾害。

者告河流域水系见图 1。

收稿日期：2020-06-22.

作者简介：明成涛，湖北宜昌人，工程师，从事岩土工程及地质工程设计工作.

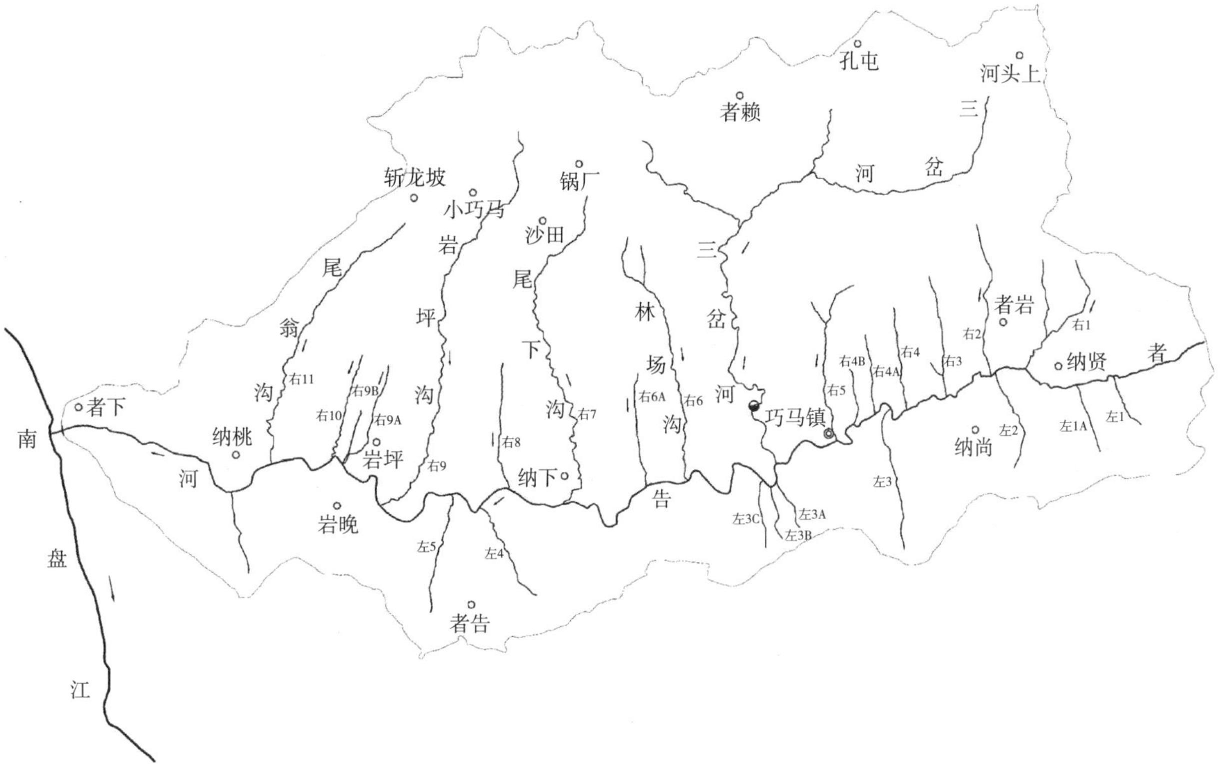

图 1　者告河流域水系示意图

2　灾害特征

根据实地调查及统计资料显示，者告河流域多年频繁发生山地灾害，主要为汛期由降雨引起的洪水灾害及山洪诱发的滑坡、泥石流等自然地质灾害。特别是近年来发生过 2 次特大山洪灾害，分别是 2017 年“9・06”特大洪灾(见图 2)及 2019 年“9・09”(见图 3)特大洪灾，给者告河流域内的巧马镇造成了巨大的经济财产损失。总结其灾害特征主要为以下几个方面：

图 2　“9・06”山洪主河道水毁情况

图 3　“9・09”山洪引发泥石流淹没隧道

2.1　洪涝灾害与地质灾害并发

洪水灾害常伴随山洪沟的泥石流及滑坡等地质灾害共同发生，在集中降雨作用后主河道汇水集中，洪水致主河道两岸农田村镇淹没、河堤岸坡掏蚀破坏、桥梁及公路冲毁。同时，山洪引起两岸冲沟内泥石流及滑坡启动，泥石流夹杂大量固体物质，冲击力大，淹没冲毁沿岸的村社。汇入主河后其物源淤积，抬高河床，进一步对者告河的行洪造成影响，对中下游造成更大危害。

2.2　泥石流群发性

两岸冲沟众多，致使泥石流具有群发性[2]，且各山洪沟内泥石流启动方式各不相同，主要以沟道型泥石流为主，滑坡型、溃决型泥石流为辅。大多数冲沟常年淤积，物源丰富，沟底覆盖大量碎块石等覆盖层。暴雨径流揭底山洪沟内松散覆盖层并强烈掏蚀沟谷两侧的松散崩坡积物，为沟道启动泥石流提供了必要条件[3]。在汛期，群发的泥石流单体规模小，但总量大，多集中在者告河上游，集中爆发对整个流域危害严重。

2.3 灾害源头隐蔽

者告河流域的灾害表现为链式作用，源头隐蔽性强。汛期降雨引起山洪，山洪又诱发泥石流及滑坡等灾害。滑坡泥石流等在众多的冲沟群发，带来大量的物源在水动力作用下汇入主河，沿河向下[4]，对主河流域造成破坏。其表现为主河流中下游因水毁致灾、河道淤积，但根源在于上游各冲沟的山洪泥石流引发的松散固体物质剧增。因此，者告河流域内的灾害防治往往以中下游主河道治理为主，而忽视了上游各小流域山洪沟的泥石流排查。

3 灾害成因分析

者告河流域的灾害成因包括了特定自然条件和人类社会活动等诸多因素，具体表现在以下几个方面：

3.1 强降雨影响

者告河流域所在的册亨县位于贵州三大暴雨高值区之一的黔西南分散暴雨区边缘，流域内雨量大，且年内分配不均，降水量集中在5～9月。近些年，者告河流域单日最大降雨量持续突破新高，如2017年“9·06”特大山洪，单日雨量高达229.5 mm，突破历史极值；2019年“9·09”洪灾，连续降雨时间长达19 h，最大降雨量高达273.3 mm，再次突破历史极值，为册亨县历史新高。即该流域类特殊的降雨条件正是山洪常年爆发的诱发因素。

3.2 不利地质条件

如前所述，者告河流域属于典型的山区河道，其山高、坡降陡、河道狭窄，两岸冲沟众多。一旦遭遇高强度的密集降雨，山洪沟大量汇水会在极端的时间内形成较高洪水[5]，并沿着较陡河床向下游激流，冲击河道两岸而造成重大山洪灾害。其次，该区以断裂及褶皱构造为主，裂隙极为发育；岩性以砂、泥岩等软岩为主，易风化、易破碎，加之地形陡峭，遇降雨及山洪冲刷极易造成滑坡、泥石流等地质灾害。滑坡、泥石流等灾害携带大量物源淤积主河道，抬高河床，进一步减小主河道行洪能力。即不利的地质条件致使山洪灾害和地质灾害叠加，导致了灾害的加剧。

3.3 人类活动影响

者告河流域两岸山高谷深，可利用的土地少[6]。城镇的建设发展多侵占河道(见图4)，如房屋破堤而建，以河床为地基，房屋充当了防洪堤，增加隐患。其次，路堤沿河而建，部分区域挤占行洪断面，影响行洪安全。再者部分桥梁过水断面不足，汛期易阻碍行洪，易被冲毁。

图4 房屋侵占河道

为发展林业，河流两岸种植了大量桉树。桉树林的连栽会影响土壤的渗透性能，导致土壤板结。此外，桉树在经营过程中的炼山、挖坑、追肥、除草、采伐等人为干扰后地表土疏松，容易受到降水冲刷而形成较明显的水土流失(见图5)。

图5 山地水土流失

根据调查，者告河所在区域内有余册高速、汕昆高速公路通过，密集修建了巧马林场隧道、云盘山隧道、燕尾山隧道和众多桥梁。工程建设形成的大量弃渣堆填于河流两侧沟谷之中，部分渣场防护措施不足，在雨季山洪暴发时，大量的松散弃渣作为物源和山洪形成泥石流冲向主河道，阻塞行洪措施，引起村寨集镇的内涝及泥石流灾害。

3.4 防灾措施薄弱

者告河流域防洪设施少，仅在主河道局部地段设置防洪挡墙，且设防标准较低。其河道蜿蜒曲折，过水断面小，行洪不畅，多年常遭受山洪泥石流等灾害，致使河道淤积严重。因受灾面积广，仅对集镇区主河道进了清淤，上游河段及众多冲沟未及时清淤，所以在后续洪水期，河道水位抬升，产生累积影响加重了灾害损失。说明者告河流域防洪措施薄弱，且忽略了泥石流等地质灾害的治理，防灾措施缺乏系统性规划，造成了常年反复受灾的被动局面。

4 防治建议

对于者告河流域特殊的灾害形式，治理工作应统筹主河道防洪和各冲沟滑坡、泥石流治理，兼顾水利、地灾防治同步规划为原则。在此原则上治理思路可考虑上游稳固拦挡沙源；中游停淤、减沙、减势；下游的排导、护岸工程。具体防治措施如下：

4.1 地质灾害治理

首先，合理清除冲沟内淤积物源，在上游河道和冲沟建造谷坊坝群、拦渣坝等，对流通区泥石流进行削峰减流，实现水砂分离、拦渣停淤，避免对下游河道造成淤积。同时，对不稳定的滑坡或堆积体进行必要的支护或削坡减载，避免发生滑塌而导致淤积。此外，减少桉树林的种植，合理耕牧，采用乔、灌、草等植物进行科学地配置营造，充分发挥其保持水土、调节径流等功能，从而达到减小泥石流规模，从源头上降低河道淤积和山洪的风险。

4.2 河道清淤护底

为消除者告河的堵塞、淤积，应对河道内的淤积物进行疏浚，加大河床过洪断面。特别是在谷坊坝、拦渣坝的修筑后，坝内渣体滞留，应根据拦渣的实际情况，制定常年疏浚的措施，洪水后立即清淤，以确保拦渣系统正常运行。清淤后，在行洪断面窄、流速大及冲刷严重的河段，进行护底防护。

4.3 碍洪建筑物拆除

部分河道两岸被建筑物挤占，跨河桥梁和涵洞（涵管）建设等级低，过洪断面太小。为保证行洪安全，必要时应拆除两岸建筑，拓宽河道。对于生活生产确有需要的建筑物，拆除后根据相关规程规范标准进行恢复重建。

4.4 护岸工程

根据水文计算，对行洪河道进行必要拓宽。主河道中下游集镇和工业园区两岸水毁严重，应恢复或增加中下游两岸的护岸挡墙，对于主要冲沟沟口沿线也应设置必要的护岸工程。河道下游地势平坦区域或低洼处应设置必要的防洪堤工程以保护两岸村镇的安全[7]。

4.5 完善监测预警

该流域灾害频发，既有水患又多发地质灾害。应建立完善较为全面的灾害监测预警系统，汛期采取群测群防的防灾措施，将暴雨预警系统和地灾预警有机结合，制定出一套行之有效的指挥预警系统。

5 结语

通过本文分析可得到以下结论：

（1）者告河为典型的山区河流类型，其山高坡陡，多年来在强降雨条件下易诱发山洪灾害。而山洪又引发两岸冲沟滑坡、泥石流群发。因此，短时间内在者告河流域内形成了山洪＋泥石流的灾害，致河道淤积，两岸洪水泛滥，城镇设施水毁。

（2）流域内不利的地质条件加剧了灾害的程度，不合理的人类社会活动又促进了灾害的发生。而者告河流域防洪措施薄弱，地质灾害的防治又被忽略，防灾措施缺乏系统性规划，造成了常年反复受灾的被动局面。

（3）分析认为该流域的防治应统筹主河道防洪和各冲沟地质灾害治理；以兼顾水利规划、地灾防治同步为原则。在此原则上可采用上游稳固拦挡沙源；中游停淤、减沙、减势；下游排导、护岸工程的治理思路，真正将灾害降到最低。

参考文献：

[1] 丁慧峰. 山区河道的规划与治理 [J]. 山西水利科技，2009 (01)：62-63，67.

[2] 亓星，余斌，马煜，王涛. 贵州省望谟县“6·6”典型泥石流灾害特征及防治建议 [J]. 水土保持通报，2013，33 (02)：256-260.

[3] 刘玉国. 贵州望谟“6·6”山洪灾害成因、特征和防治 [J]. 四川建筑，2015，35 (02)：119-120，123.

[4] 郭维祥，刘金洋. 贵州西南山区泥石流灾害特点及治理思路 [J]. 水利水电技术，2013，44 (08)：78-80，83.

[5] 陈小洪，韦耀东，马华安. 浅析高原山区河道治理的对策与措施 [J]. 水利建设与管理，2016，36 (01)：38-40，47.

[6] 陈川，刘洋. 贵州望谟县“6. 06”特大山洪泥石流灾害成因及防治 [J]. 地质灾害与环境保护，2012，23 (04)：26-30.

[7] 么振东，等. 山区中小河流治理的典型工程措施探讨 [J]. 中国农村水利水电，2017 (01)：156-159.

·设计与施工·

西藏高海拔寒冷地区碾压混凝土筑坝影响因素及温控特点

苏鹏，王荣荣，王晓峰，陈敬

（中国电建集团贵阳勘测设计研究院有限公司　贵州贵阳　550081）

摘要：果多水电站位于西藏自治区昌都市境内，为扎曲西藏段水电规划“两库五级”中的第2个梯级电站，坝址距昌都市公路里程59 km。大坝采用碾压混凝土筑坝技术，是西藏地区目前已建成的第1座碾压混凝土重力坝。设计及施工过程中通过研究西藏高原寒冷气候条件对碾压混凝土浇筑的不利影响、施工重难点控制以及低温季节施工关键措施等内容进行了总结，最终形成了藏区碾压混凝土施工的诸多特点。

关键词：果多水电站；高原寒冷气候；碾压混凝土；施工；温控；特点

1　西藏高原寒冷地区气候环境及特点

西藏高原独特的地形、地貌和高空大气环境[1-2]形成了复杂多样的高原气候带，尤其是高原垂直气候十分明显，是全国气候类型最多的地区之一。西藏地区主要气候特点是干湿分明；冬长夏短，夏季气温低、高温少，冬季寒冷、历时较长；年温差小、日温差大；太阳辐射强；降雨量少；冬春风大、降雪较多。

1.1　总体气温偏低、年温差小、日温差大

西藏大部分地区海拔在3 000～4 000 m，平均温度较低，一般在10 ℃以内，尤其是冬季，可达零下20 ℃。极端最低气温小于0 ℃的日数，在西部和北部地区高达250～280 d以上，雅鲁藏布江地区约在100～200 d，东南部地区则在100 d以下。在如此低温条件下开展碾压混凝土施工，对混凝土的温控是个极大的考验。

1.2　降水量偏少且分布极不平衡

西藏大部分地区一年之中没有明显的四季变化，只有冬半年和夏半年之分。每年的10月至次年4月，风力最强，空气干燥，降水稀少。每年的5月至9月，印度洋湿润的气流给西藏地区带来大量的降水，降水量占全年降水总量的80%～90%。西藏地区海拔高，降水的主要形式是雪和冰雹。

西藏地区的气候特点决定了水电工程的施工期，根据气候特点，施工期一般处于夏半年，而冬半年由于严寒一般处于窝工状态，即使冬半年安排施工，其施工成本将大幅提高，甚至影响施工质量。因此，不同于内地，藏区年施工期相对较短，因而延长了工程建设期，延缓了其发电日期，间接增加了施工成本。

1.3　空气稀薄、太阳辐射强、日照较长

西藏高原所处纬度较低，但由于海拔高，空气稀薄，所含尘埃和水汽少，干季云量少，雨季白天也很少云层密布，太阳辐射强，日照较长，是我国太阳辐射高值的中心区，光能资源居全国第一，是东部沿海地区的1.5～2倍。太阳辐射透过率随海拔高度增加而增大，且在白天相同条件下，向阳面较热而背阳面往往较冷，即同一天也可出现2个“季节”。

强紫外线和太阳辐射的影响将加速碾压混凝土建筑物的老化，大大降低其使用寿命。

1.4　西藏扎曲果多水电站坝址气象资料

扎曲河段地处澜沧江上游，属高原寒冷地区，日照时间长，昼夜温差大，空气干燥，冬季寒冷。

昌都气象站距离坝址较近，台站高程3 306 m。根据气象站资料统计，极端最高气温33.4 ℃（1972年7月8日），极端最低气温－20.7 ℃（1982年12月26日），多年平均气温7.7 ℃。该区域昼夜温差较大，最大月平均日温差达18.8 ℃，年平均日温差达16 ℃。最大冻土深度90 cm，最大积雪厚度15 cm。最大风速15 m/s，风向NW或W。年日照小时数为2 289 h，多年平均降水量499.5 mm，多年平均蒸发量1 637 mm。

根据果多与昌都气象站同步观测气温的差值，将昌都站多年各月平均气温修正至果多坝址。水温资料采用昌都水文站实测资料，修正多年平均气温

收稿日期：2019-11-23.

作者简介：苏鹏，陕西三原人，高级工程师，从事水工建筑物设计、项目管理及岩土工程数值模拟等工作；王荣荣，陕西武功人，高级工程师，从事水工建筑物设计等工作.

为 5.6 ℃，多年平均水温为 7.1 ℃。

冷空气侵袭造成的降温，1 d 之内达到 10 ℃以上，且最低气温在 5 ℃以下，称之为 1 次“寒潮”过程。昌都站近 10 年日平均气温在 2～6 d 内下降幅度超过 5 ℃的变幅统计见表 1，坝址各类型气温差统计见表 2。

表 1　昌都气象站平均气温在 2～6 d 内下降幅度超过 5 ℃变幅统计

年份	出现日期		日平均温度/℃		降温幅度/℃	年极端最低/℃
	起	止	起	止		
2000	11 月 28 日	12 月 3 日	4.7	−6.0	10.7	−16.4
2001	5 月 16 日	5 月 19 日	16.9	6.9	10.0	−15.5
2002	3 月 3 日	3 月 5 日	6.1	−2.7	8.8	−15.9
2003	4 月 23 日	4 月 27 日	14.7	5.1	9.6	−14.4
2004	3 月 25 日	3 月 30 日	13.1	1.2	11.9	−14.8
2005	1 月 3 日	1 月 9 日	5.1	−5.2	10.3	−15.3
2006	5 月 10 日	5 月 13 日	14.4	3.9	10.5	−13.3
2007	5 月 10 日	5 月 15 日	17.1	6.4	10.7	−14.4
2008	8 月 25 日	8 月 30 日	17.2	7.3	9.9	−17.4
2009	11 月 16 日	11 月 21 日	10.2	−2.9	13.1	−14.1

表 2　果多坝址各类型气温差统计

类型	时间	温度		降温幅度/℃
		最高	最低	
2 日型	2014—06—01	27.5	5.1	22.4
3 日型	2014—11—11	17.7	−7.0	24.7
4 日型	2014—11—10	18.8	−7.0	25.8
5 日型	2014—11—10	18.8	−7.3	26.1
6 日型	2014—11—09	19.0	−7.3	26.3

根据昌都气象站观测的 1 月、3 月、7 月、11 月各月日平均气温变幅情况分析，日气温平均变幅介于 15.9～18.3 ℃。可见该区域温度日变幅较大，施工期需考虑表面保温措施。

2　高原寒冷气候对碾压混凝土施工的影响

2.1　冻融循环对混凝土结构的不利影响

混凝土拌和物的用水量多于水泥水化作用的所需量，如普通硅酸盐水泥一般只与相当于水泥重量的 20%～25%的水结合[3]。多余的水分在混凝土硬化成型后，一部分以水的形态留存于混凝土之中，一部分蒸发出来，在混凝土中形成了若干孔隙和毛细管道。

由于留存在孔隙中的水冻结成冰时体积将膨胀约 9%，孔壁受到很大的压力且超过临界值时将产生裂缝。除了水的冻胀会引起压应力外，当毛细孔内存留的暂态水结冰时，水处于过冷的状态，过冷水的蒸汽压比同温度下冰的蒸汽压要高，将发生凝胶水向毛细孔中冰的界面渗透，直至达到平稳状态[4]。

当膨胀压力和渗透压力超过混凝土的抗拉强度时，就会产生微裂缝，在遭受反复冻融后，破坏作用不断累积，裂缝将不断扩大和深入，直至混凝土破坏。

2.2　干燥大温差环境对混凝土结构的影响

水泥基复合材料是由水泥、集料、矿物掺合料、外加剂和水等共同组成的复合体。

为了满足一定的施工要求，混凝土拌和物的用水量一般都大于水泥水化所需要的水量。混凝土在硬化成型的过程中水分逐渐蒸发，使水泥石中的胶凝体干燥收缩产生微变形。在气候干燥地区，混凝土养护期间若不能有效地保持水分，就会加速混凝土的干缩。当干缩应力超过混凝土的极限抗拉强度时，就会出现干缩裂缝。干缩裂缝多在表面，呈网状无规律分布。

此外，水泥水化过程是一个放热的过程，在水化过程中混凝土内部和表面之间会形成温度梯度，由此产生温度应力[5]。当温度应力超过混凝土的极限抗拉强度时，就会产生温度裂缝。在昼夜温差大的地区，混凝土内部与表面更容易形成较大的温度梯度，进一步增加了结构开裂的机率。

大温差可引起材料的热胀冷缩、冻融循环、干湿循环等过程，并由此带来材料或结构的疲劳和损伤。

2.3　温度骤降和昼夜温差的不利影响

大体积混凝土所产生的裂缝，绝大多数都是表面裂缝，其中部分裂缝可能发展为沿短边的深层或贯穿性裂缝。引起混凝土表面裂缝的原因是干缩和温度应力。干缩主要依靠养护保湿来解决，温度应力主要通过减小混凝土浇筑时的内外温差来控制。

引起混凝土表面拉应力的因素有气温变化、水化热和初始温差。气温变化主要有寒潮、气温年变幅和日变幅[6]。寒潮是引起混凝土表面裂缝的重要原因。寒潮期间，混凝土的温度变化只限于浅表层，温度变形受到完全约束，会产生较大的拉应力；而气温昼夜变化由于变化周期较短，影响范围小，一般对混凝土表面的应力影响也不大。

2.3.1 寒潮的影响

分析寒潮对混凝土表面应力的影响，以及保温措施对削减温度骤降产生拉应力的效果。

表 3 为碾压混凝土在不同龄期(3 d、7 d、14 d、28 d、90 d)气温 2 d 降低 9 ℃降温情况下，浇筑块表面的最大拉应力计算值。

表 3 寒潮引起的混凝土表面拉应力 MPa

	温度骤降	表面保护措施	开始降温时的龄期/d				
			3	7	14	28	90
$C_{90}20$ 碾压混凝土	2 d 降 9 ℃	无保温	1.06	1.34	1.61	1.88	2.20
	2 d 降 9 ℃	10 kJ/(m²·h·℃)	0.63	0.75	0.84	0.94	1.11
	2 d 降 9 ℃	4.38 kJ/(m²·h·℃)	0.42	0.50	0.56	0.63	0.74

注：表中 10 kJ/(m²·h·℃)表示保温后等效放热系数。

由表 3 可知，表面保温对削减混凝土表面拉应力有明显效果，其中等效放热系数为 10 kJ/(m²·h·℃)时，90 d 龄期混凝土表面最大拉应力降为 1.11 MPa，削减幅度 50%。

2.3.2 昼夜温差的影响

分析昼夜温差对混凝土表面拉应力水平的影响。表 4 分别为不同昼夜温差情况下混凝土表面应力的计算结果。从产生的最大拉应力可见，混凝土在昼夜温差的影响下，距表面 0.2 m 深度内的混凝土都保持了一个相对较高的应力水平。

采取表面保温后，温度应力大幅度降低，以 28 d 龄期遭遇 28 ℃昼夜温差为例，无保温时温度应力为 1.32 MPa，采取等效放热系数为 10 kJ/(m²·h·℃)的保温措施后，温度应力降为 0.48 MPa，降幅达 64%。这说明采取保温措施能有效降低昼夜温差产生的拉应力，从而降低表面开裂风险。

表 4 昼夜温差引起的混凝土表面拉应力($C_{90}20$ 碾压混凝土) MPa

昼夜温差/℃	表面保护措施	开始降温时的龄期/d				
		3	7	14	28	90
17	无保温	0.57	0.68	0.71	0.83	0.96
20	无保温	0.64	0.75	0.87	0.98	1.12
28	无保温	0.91	1.13	1.24	1.32	1.59
17	10 kJ/(m²·h·℃)	0.18	0.25	0.27	0.31	0.36
20	10 kJ/(m²·h·℃)	0.25	0.28	0.30	0.35	0.41
28	10 kJ/(m²·h·℃)	0.30	0.35	0.39	0.48	0.53

果多坝址区昼夜温差较大。结合计算成果，温度骤降对混凝土表面拉应力的影响深度一般为 1.5～2 m；昼夜温差对混凝土表面拉应力的影响深度一般为 0.5 m。应对短周期温度荷载产生的开裂风险予以充分重视。

3 高海拔寒冷地区碾压混凝土工艺控制难点

3.1 寒冷地区温度、湿度特点对层面结构的影响

环境条件对混凝土的凝结状态有明显影响，而初凝时间是影响碾压混凝土层间结合质量的关键指标。因此，环境条件对层面结构的影响是非常重要的。环境条件主要包含温度和湿度。

温度是影响混凝土拌和物初凝时间的主要因素之一。环境温度的变化改变了混凝土的温度，从而影响胶凝材料的水化速度，也影响混凝土拌和物与空气的湿度交换。当其他环境条件不变时，拌和物的初凝时间随环境温度的提高而缩短。

相对湿度也是影响混凝土初凝时间的主要因素之一。相对湿度较大时，混凝土拌和物中的水分蒸发损失量较小，此时混凝土拌和物的初凝时间较长。相反，当拌和物周围相对湿度较低时，拌和物中所含水分蒸发较快，其初凝时间明显缩短。

果多地处高原寒冷地区，空气湿度低、太阳辐射强，导致混凝土表面温升较快，内部水化作用同样加快，凝结时间缩短，不利于混凝土层间结合。

3.2 机械及人工降效对层间结合质量的影响

随着海拔的升高大气压逐渐下降，空气中的氧含量也随之减少，这对内燃机的影响十分突出。试验表明，海拔每升高 1 000 m，内燃机的功率、扭

矩下降 8%～13%，油耗上升 6%～9%，热强度增加 2%～5%。当海拔达到 4 000 m 时其功率降低 45%左右[7]。这是由于缸内充气量减小、散热性能下降、热负荷增加、燃烧不充分等原因所致。因此，高原环境对发动机动力性能的影响十分严重。

另一方面，海拔在 2 000～3 000 m 之间大气氧分压为 80%，人体血氧饱和度为正常人的 91%左右，人工效率丧失 25%；海拔在 3 000～4 000 m 之间大气氧分压为 70%，人体血氧饱和度为正常人的 88%左右，人工效率丧失 50%；海拔在 4 000～5 000 m 大气氧分压为 60%，人体血氧饱和度为正常人的 80%，人工效率已丧失 75%左右；海拔在 5 000 m 以上大气氧分压为 50%以下，人体血氧饱和度为正常人的 75%以下，人工效率已丧失 90%[8,9]。

碾压混凝土经拌和、运输、入仓后，必须要做到及时摊铺、碾压、喷雾保湿及覆盖。而机械和人工降效则会增加现场的指挥调度时间，这些都会导致碾压混凝土的凝结性状发生改变，对混凝土层间结合质量造成不利影响。

4 果多碾压混凝土坝低温季节施工温控方案

水电工程受工期等控制性因素制约，冬季混凝土施工已越来越普遍。经过羊卓雍湖、金河、直孔等几个水电项目的探索，冬季混凝土施工技术已逐渐成熟。果多水电站由于工期紧，也采取了类似的措施进行冬季施工，成果可为类似工程借鉴。

4.1 入仓温度控制

本工程低温季节拌制的混凝土从出机口至仓面入仓温度回落约在 3 ℃以内。浇筑时对入仓混凝土温度进行检测，发现不合格的混凝土不予接收。

各月允许出机口温度见表 5。

表 5 各月允许出机口温度 ℃

部位	11 月—次年 3 月	4 月，10 月	5—9 月
强约束区(0～0.2 L)	≥10	≤月均气温+2	≤10
弱约束区(0.2～0.4 L)	≥10	≤月均气温+2	≤12
自由区(0.4 L 以上)	≥10	≤月均气温+2	≤月均气温+3

4.2 运输保温控制

混凝土运输过程中，在自卸汽车外侧贴 5 cm 厚聚苯乙烯保温被，车厢顶部加帆布遮盖；加强洗车平台洗车，增加洗车人员，尽量控制在 2 min 之内，严禁洗车时将水灌入车厢内；在运输过程中尽量缩短运输时间，减少混凝土在运输过程中的热量损失。

4.3 混凝土表面处理与清基

在低温季节，混凝土表面冲毛及清基采用高压水枪冲洗，要求必须在白天正温时段进行。混凝土浇筑前，检查老混凝土表面及基岩面上有无结冰现场，如有结冰，则人工凿除干净，并采用碘钨灯加热至正温。混凝土表面冲毛及建基面冲洗完成后，及时用风枪将仓面残留水分吹干，以防结冰。

4.4 钢模板保温方式

采用钢模板内贴 5 cm 厚聚苯乙烯保温板和 1 层保温、保湿材料(宜采用土工膜或土工布)；对于组合钢模板直接采用模板拉杆连接混凝土和模板内贴材料。若保温措施仍未满足要求，则在钢模板外侧加贴聚苯乙烯保温被。

模板保温图片见图 1。

图 1 模板保温

4.5 浇筑期间仓面保温

混凝土的浇筑温度不能低于 5 ℃。在基岩面上或老混凝土面上新浇筑混凝土前，应检测表面温度，如为负温，应加热至正温，且深度不小于 10 cm；对于小结构部位采取搭设简易工棚，内置蜂窝煤炉进行加热并保温，确保工棚内浇筑环境温度不低于 5 ℃；对于大仓面采取工程电热毯加热。

碾压仓面应合理规划仓面大小，缩短混凝土在低温环境下的暴露时间，碾压混凝土从出料到碾压完毕的时间必须控制在 2 h 之内。若自卸汽车倒入混凝土仓面后摊铺、碾压不及时，则必须及时覆盖临时保温被(必要时覆盖工程电热毯)，以减少混凝土的温度回落。对于变态混凝土区，采用碘钨灯间距 3 m 布置保温系统，确保环境温度不小于5 ℃。

4.6 浇筑后仓面保温

(1) 每层混凝土浇筑完成后，在其上表面首先铺设 1 层土工膜进行保湿，之后立即采用 5 cm 厚聚苯乙烯保温被进行覆盖，直至进行下一仓混凝土浇筑前为止。

(2)适当推迟拆模时间，寒潮期间不允许拆模。

(3)上下游面拆模后直接将其内贴保温材料紧贴混凝土面，对棱角部位需采取加厚 5 cm 以及向四周加宽 20 cm 的加强措施。

4.7 大坝通水冷却

低温季节浇筑基础约束区的混凝土应预埋冷却水管但不直接通水，在来年 5 月份之后对该区域混凝土进行通河水冷却，以满足坝体高度范围内约束应力的要求。高温季节需要在浇筑混凝土的过程中全断面埋设冷却水管，并结合温度监测值进行通水冷却，以及时削减混凝土的水化热温升。

水管冷却方式：小温差、早冷却、缓慢冷却。避免大温差、快速冷却造成混凝土的内部开裂，对碾压混凝土的危害是极大的。具体可通过温度监测数据进行水温的动态调整。

果多碾压混凝土考虑一期(中期)和二期通水冷却。一期通水主要以削减水化热峰值为主，中期通水主要为了减少越冬期混凝土的内外温差，二期通水主要为了满足接触灌浆及坝体蓄水要求。

4.7.1 一期(中期)通水冷却

一期(中期)通水时间 1 个月左右，要求最大日降温速率不大于 0.5 ℃/d，通水温度与混凝土内部温度之差不大于 15 ℃。

一期(中期)冷却目标：削减基础约束区混凝土内部的最高温度和控制冷却结束后混凝土温度的回升。在每年 10 月下旬入冬之前，一期（中期）通水结束时混凝土内部温度不大于 20 ℃。

4.7.2 二期通水冷却

二期冷却降温开始时，混凝土的龄期不小于 120 d。通水温度与混凝土内部温度之差不大于 15 ℃，日降温速率不大于 0.5 ℃/d。二期冷却通水结束时，坝体混凝土温度不大于 12 ℃。

降温过程中，根据温度测量数据及时调整通水水温和流量，并设定二期冷却目标温度预警值，在确保降温速率满足要求的情况下，减少降温速率过低对施工工期的影响。

5 结语

(1) 果多水电站施工过程中采取了一系列温控措施，包括控制出机口温度、缩短运输时间、表面覆盖保温板等，温控效果总体良好，降低了因温度过低、骤降等因素对坝体结构造成的各种不利影响。

(2) 结合计算成果，温度骤降对混凝土表面的影响深度一般为 1.5～2 m；昼夜温差对混凝土表面的影响深度一般为 0.5 m 左右。采取保温措施能有效降低温差产生的拉应力，从而降低表面开裂的风险。

(3) 根据现场实际研究表明，当通水温度与坝体内部温度温差大于 25 ℃时，将造成坝体内部混凝土的“冷击”，形成混凝土深部裂缝。因此，应重视通水温差与裂缝产生的关系，动态控制通水温度。

参考文献：

[1] 赵国庆. 关于旅游业作为西藏经济主导产业的探讨 [J]. 中国藏学，2004 (8).

[2] 万明，黄艳梅. 浅析西藏高寒地区水工混凝土裂缝成因及控制技术 [J]. 水利水电施工，2018 (12).

[3] 庄宇. 混凝土冻融破坏机理及防治措施 [J]. 中国西部科技 (学术)，2007 (10).

[4] 蔡保平. 浅析渠道冰冻破坏的原因及修复措施 [J]. 甘肃农业，2011 (11).

[5] 张雷，谷利剑. 隧道衬砌混凝土裂缝的分析与防治 [J]. 市政技术，2009 (07).

[6] 张柱国，王海泉，刘书卓. 浅议商品混凝土的生产质量问题 [J]. 科技信息，2010 (11).

[7] 李凯，胡志国. 高寒地区工程概预算定额人工机械施工效率探讨 [J]. 四川水力发电，2014 (4).

[8] 王晓峰，王洪军，王飞. 果多水电站大坝碾压混凝土温控防裂措施 [J]. 红水河，2016 (4).

[9] 朱伯芳. 体积混凝土温度应力与温度控制 [M]. 北京：中国电力出版社，2012.

海外在建项目风险管理研究

周绍桦

（中国水利水电第九工程局有限公司国际公司　贵州贵阳　550008）

摘要：如今越来越多的中资企业走向国际市场。国际市场中机遇和风险并存，企业、项目的风险管理水平对于在当地"走下去"有着至关重要的作用。本文以毛里求斯阿诺德大坝项目为例，具体分析该项目所遇的风险因素、风险因素权重、风险导致的后果以及应对措施，为海外的其他在建项目提供参考和借鉴。

关键词：海外；阿诺德大坝；风险管理；研究

1　研究背景和意义

国家对外发展战略的提出和深入推进，为中资企业"走出去"提供了政策上和资金上的支持和保障，越来越多的中资企业选择走出国门，走向国际市场。

海外市场的巨大需求，为"走出去"的企业提供了大量的机会，但随着世界格局的变化、业主反索赔水平的提高，也潜伏着较多的挑战和风险。各在建项目的风险管理水平，直接关乎着"走出去"的企业能否在激烈的市场竞争条件下"走下去"。

本文将采用层次分析法，具体分析中国水利水电第九工程局有限公司毛里求斯阿诺德大坝项目实施过程中遇到的风险因素以及采取的应对措施，从而提出一些海外在建项目风险管理方法，以便对其他海外在建项目的风险管理提供一定的借鉴和参考。

2　阿诺德大坝项目简介

随着国家"走出去"发展战略的提出和推进，水电九局也积极着眼于未来参与到海外项目竞争中。2010年，水电九局公司进入毛里求斯市场，通过竞标的形式于2012年获得阿诺德大坝项目。

该项目具有合同金额低、合同内容少的特点。看似比较简单的项目，却在执行的过程中遇到了诸多的风险因素，差点导致项目合同被终止、公司投标资质被取消的严重后果。但经过系统的、科学的管理，最终化解了风险，顺利完成了项目，对于风险研究较具有代表性。

2.1　阿诺德大坝项目范围

阿诺德大坝项目位于 Vacoas/Curepipe 南部，距离毛里求斯 B64 公路和 B75 公路交叉点至 MAV 东部 6 km 处，工期 9 个月，项目范围包括 1 座大坝，1 座交通桥和 1 条导流渠，见图 1。

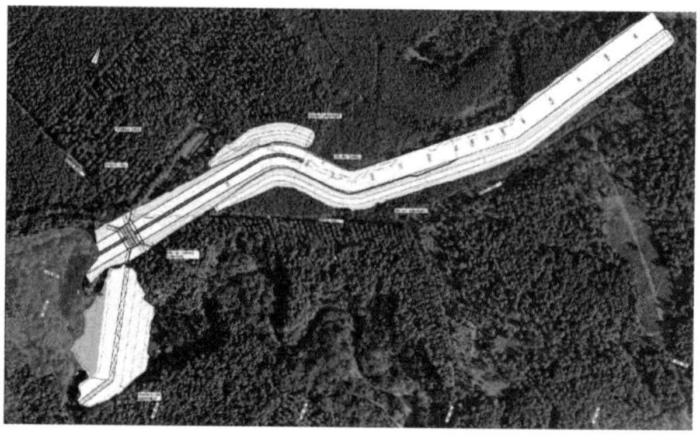

图 1　阿诺德大坝项目平面布置示意图

2.2　项目进度目标

阿诺德大坝项目根据招标文件要求，在投标文件中编制了进度计划，关键节点如表 1 所示。

按照阿诺德大坝项目投标文件中的进度计划，阿诺德大坝将于 2012 年 2 月 1 日授标，2012 年 11 月 21 日竣工移交。但是由于项目延迟至 2012 年 5 月 11 日才授标，导致投标时的进度计划不能满足现场的实际情况。

2.3　项目组织目标

阿诺德大坝项目根据项目规模，配置了相关的部门和人员，具体的阿诺德大坝项目组织机构如图 2 所示。

收稿日期：2019-03-07.

作者简介：周绍桦，四川攀枝花人，助理工程师，从事海外在建项目合同管理工作.

表 1　阿诺德大坝项目关键节点

时间	节点
2012 年 2 月 1 日	授标
2012 年 2 月 16 日	人员、设备进场
2012 年 2 月 28 日—2012 年 2 月 28 日	坝区清表
2012 年 3 月 29 日—2012 年 4 月 24 日	左坝肩开挖
2012 年 4 月 25 日—2012 年 5 月 16 日	右坝肩开挖
2012 年 5 月 17 日—2012 年 6 月 13 日	大坝基础和心墙齿槽开挖
2012 年 6 月 12 日—2012 年 6 月 14 日	大坝 1A 区 562 m 高程以下填筑和压实
2012 年 6 月 17 日—2012 年 7 月 18 日	562 m 高程下大坝帷幕灌浆（河床区域）
2012 年 7 月 21 日—2012 年 10 月 16 日	大坝 1A 区 580 m 高程下的填筑压实
2012 年 8 月 20 日—2012 年 9 月 18 日	大坝 1B 区和 1C 区 580 m 高程下填筑压实
2012 年 8 月 1 日—2012 年 10 月 14 日	土工布铺设
2012 年 8 月 4 日—2012 年 10 月 17 日	150 mm 反滤料铺设
2012 年 8 月 7 日—2012 年 10 月 25 日	450 mm 厚抛石料铺设
2012 年 11 月 21 日	大坝验收、移交

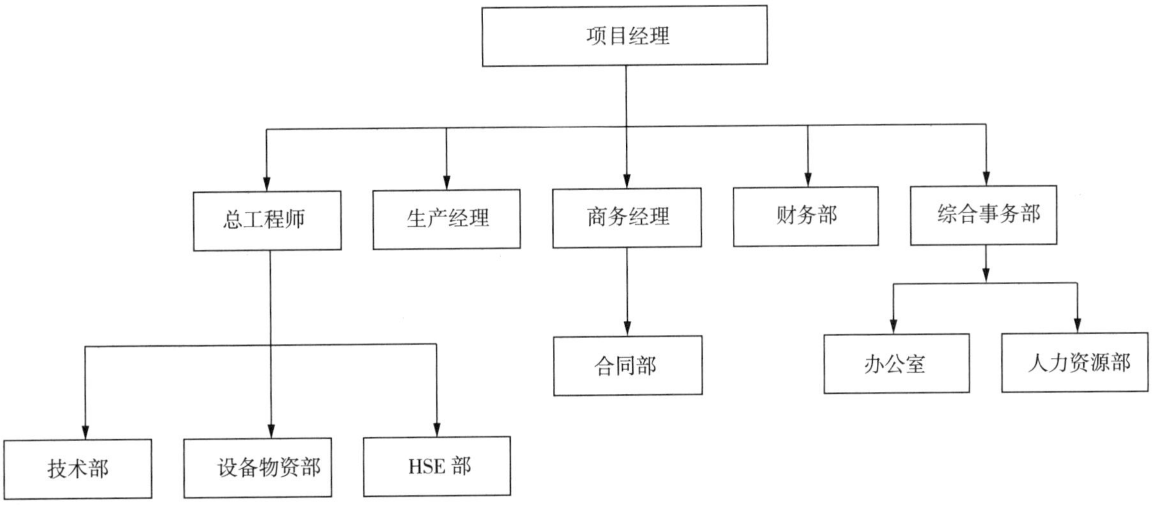

图 2　阿诺德大坝项目组织机构

3　阿诺德大坝项目风险识别

风险识别是风险管理的第一步，在风险管理过程中扮演着重要的角色。阿诺德大坝项目的风险识别主要采用检查表法和访谈法。

经过识别，阿诺德大坝项目的风险因素主要有：（当地的）自然风险、社会风险、政治风险、经济风险、技术风险和合同风险。其中自然风险包括气候风险、地质风险；社会风险包括外事风险、资源不足风险、语言沟通风险；政治风险包括政党交替风险、政策保护风险；经济风险包括汇率风险和价格变动风险；技术风险包括规范风险、图纸风险、新技术风险、填筑土料风险、试验风险和验收风险；合同风险包括工期风险、延期罚款风险、索赔风险、成本风险和法律风险。

4　阿诺德大坝项目风险评估

风险评估是在综合分析的基础上，为项目风险管理者分析出各个风险因素发生的概率以及导致的后果，以便对各个风险因素进行排序，确定该项目的整体风险情况，确保项目的顺利推进。

本文采用层次分析法对阿诺德大坝项目的风险因素进行评估。按照惯例，风险识别需要先建立风险评价体系，计算风险因素权重。

4.1　构建阿诺德大坝项目风险评价体系

项目风险评介体系见图 3。

4.2　风险因素指标权重计算

根据图 3 中的风险因素，对递阶层次结构中第 2 层及以下各层的要素建立两两比较的权重判断矩阵，计算各风险因素的权重，最后得到各风险因子的综合重要度排名，见表 2。

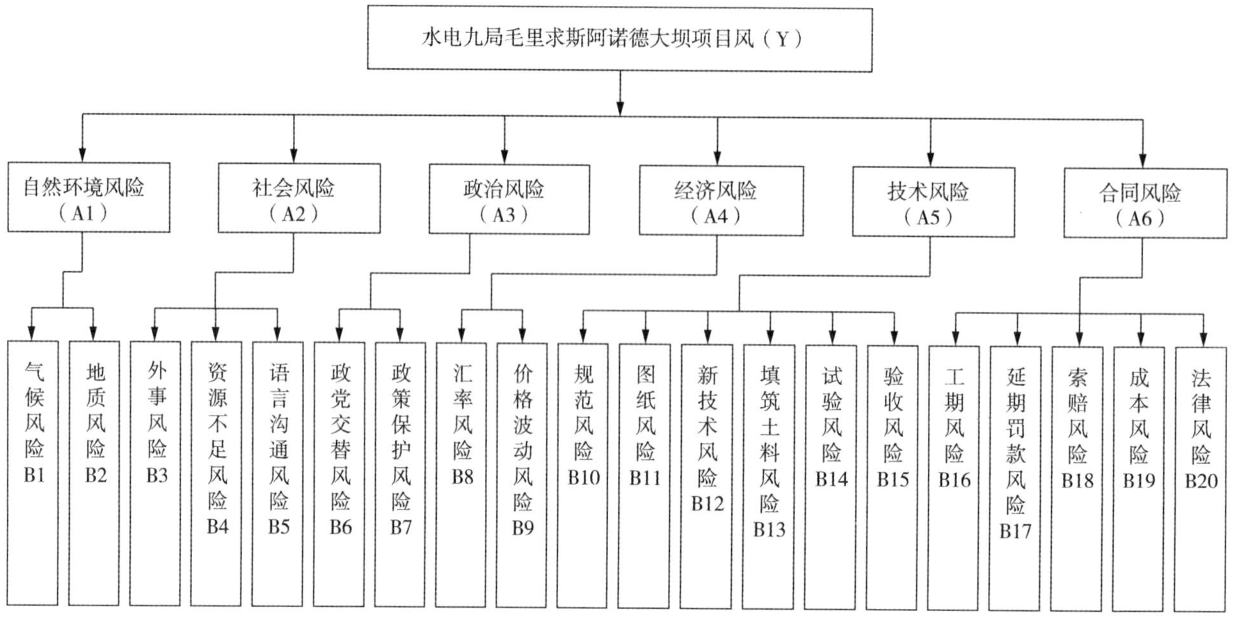

图 3　阿诺德大坝项目风险评价体系

表 2　阿诺德大坝项目风险因素综合重要度排名

第 1 层风险因素	权重	第 2 层风险因素	权重	综合重要度	排序
自然风险	0.12	气候风险	0.88	10.29%	3
		地质风险	0.13	1.47%	15
社会风险	0.06	外事风险	0.73	4.43%	7
		资源不足风险	0.08	0.49%	20
		语言沟通风险	0.19	1.13%	17
政治风险	0.05	政党交替风险	0.75	3.51%	9
		政策保护风险	0.25	1.17%	16
经济风险	0.10	汇率风险	0.83	8.41%	5
		价格波动风险	0.17	1.68%	14
技术风险	0.16	规范风险	0.40	6.54%	6
		图纸风险	0.17	2.72%	11
		新技术风险	0.13	2.10%	12
		填筑土料风险	0.20	3.19%	10
		试验风险	0.05	0.74%	19
		验收风险	0.06	1.02%	18
合同风险	0.51	工期风险	0.37	19.06%	1
		延期罚款风险	0.17	8.60%	4
		索赔风险	0.04	2.05%	13
		成本风险	0.33	16.97%	2
		法律风险	0.09	4.41%	8

由此可知，经过初步分析，阿诺德大坝项目在实施过程中风险较高的风险因素有工期、成本、气候、延期罚款等风险。但在实际实际执行过程中，填筑土料风险演变为阿诺德大坝项目最大的风险。

5　阿诺德大坝项目风险应对

风险应对就是根据已经确定的风险因素，采取相应的防范和处理计划。主要的应对方法有风险回避、风险减轻、风险转移和风险接受。

阿诺德大坝项目风险因素较多，且部分风险因素的危害性在项目执行中后期才显现出来，给项目的工期、成本都带来了巨大的损害。在项目中后期，项目部立足于风险识别的结果，针对重大的风险因素制定了应对措施。在采取各种应对措施后，尽管项目的经营目标未达成，但总算在业主批复的延期时间内，顺利完成了项目，避免了其他更为恶劣的影响后果。

5.1　气候风险的预防和转移

毛里求斯属于亚热带海洋性气候，1—3 月份是雨季，5—11 月为旱季。但阿诺德大坝现场，除了受到雨季降雨以及台风等气候条件的影响，即便在旱季也只有8—10月份雨水较少，对混凝土浇筑、大规模开挖以及土料填筑工作都有较大的影响。为此，项目部采取了以下应对措施：

（1）在项目准备初期，将易受天气影响的作业尽量安排在少雨期进行，而灌浆、导流管安装等不受天气影响的作业则安排在多雨期进行。

（2）到毛里求斯气象局购买项目现场的天气预报，根据及时的天气预报安排和调整现场各场面的施工活动。另外，将受天气影响的时间以及工作汇编上报给业主和工程师，并按合同条件，对受影响的工期进行索赔。

（3）采取风险转移措施，在项目开工之初就购买工程一切险，将气候条件可能导致的经济损失风险部分转移给保险公司。

5.2 社会风险的回避

阿诺德大坝的社会风险有当地外事风险、资源不足风险、语言沟通风险。采取的风险应对措施主要为回避措施，如为录用的当地员工组织入职培训，学习项目部的规章制度，避免闹事等不文明行为。而针对语言沟通风险，项目部采取了配置有工程翻译经验的翻译人员，加强技术人员与翻译人员的交流学习，定期组织英语培训，提高项目管理人员的语言沟通能力等措施。

5.3 政治风险的减轻

阿诺德大坝项目的政治风险包括当地政党交替风险和政策保护风险。阿诺德大坝项目为减轻政党交替对项目带来的负面影响，项目部积极与中国驻毛里求斯大使馆、经参处以及当地相关政府部门进行对接，汇报项目的情况，获取其支持。对于政策保护，项目部为避免该风险对项目造成损失，仔细分析了投标文件，找出可挖掘的点，提前作好相应的安排部署。

5.4 经济风险的控制

阿诺德大坝项目的经济风险有当地汇率风险和价格波动风险，针对这2种风险，项目部财务的应对措施如下：

5.4.1 汇率风险

首先，尽量使用卢比在当地购买材料，减少汇兑损失，其次，将部分工程分包给当地分包商，在分包合同里采用主合同条件的汇率条件，将汇率损失风险部分转移给分包商。

5.4.2 价格波动风险

由于项目工期短，没有调差，项目部针对价格波动风险，时刻掌握主材、设备等市场走向，在采购的过程中，采用询价采购和联合采购的方式，寻找到最佳的货源。

5.5 技术风险的处理

阿诺德大坝项目的技术风险包括的种类较多，分别有规范风险、图纸风险、新技术风险、填筑土料风险、试验风险和验收风险，本文将浅谈规范风险和填筑土料风险的应对措施。

5.5.1 规范风险

本项目使用的设计规范是南非规范和ASTM规范，项目人员对这2个设计规范都比较陌生。为此，项目部主要采取了2项措施：

（1）组织技术及经营人员学习该项目的招标文件、投标文件以及技术规范。

（2）在项目执行过程中，积极通过邮件、电话、函件以及会议的形式与设计和工程师沟通，了解其设计意图和原理，促进现场顺利施工。

5.5.2 填筑土料风险

填筑材料在项目前期策划阶段，并未显现出其为高危风险因素。但是在项目执行过程中项目部才发现项目选址5 km范围内都不能找到满足规范要求的填筑土料，填筑土料是大坝填筑的基础和根本，填筑土料风险转变为项目部最大的风险，直接导致了项目的工期滞后、成本增加。

针对高标准的填筑材料要求，项目部采取了一系列的措施：

（1）提高重视程度，扩大寻找土料范围。随后在离项目15 km处找到了满足规范要求的填筑土料，但是部分土料含水率偏高。

（2）翻晒土料，对含水率不合格的土料进行翻晒，翻晒合格后，用塑料布覆盖，防止合格的土料被雨浸湿。

5.6 合同风险的应对

阿诺德大坝项目的合同风险包括工期风险、延期罚款风险、索赔风险、成本风险以及法律风险，下面将简述工期风险、成本风险、延期罚款风险的应对措施。

5.6.1 工期风险

本项目的合同工期为9个月，由于延迟授标，开工时间也相应推迟，项目部错失旱季填筑时间，延期的风险极大。尽管在项目前期项目部采取了各种措施，避免延期，但却未能按照原合同工期竣工。项目部对此采取的措施有：

（1）按照实际的开工日期制定进度计划，并报给工程师批准。

（2）制定内部的节点控制进度计划，给项目部自我施压的同时也多出一些可调剂的自由时间。

（3）确保资源投入。严格按照进度计划所需的资源配置人力以及材料设备等资源。

（4）加大变更索赔的力度。由于非我方的原因导致的延迟，严格按照 FIDIC 合同条件的要求进行工期索赔。

尽管采取了一系列措施，但仍未能在批复的竣工日期完成项目。

为避免履约保函被没收，影响水电九局公司以及集团公司的海外业务发展，针对该风险，项目部采取了以下措施：

（1）加大设备、人力资源投入。

（2）向集团融资，为项目运行做好资金安排。

（3）将现场的风险情况以书面形式汇报到水电九局公司以及集团公司，请集团层面出面进行协调。

（4）加强与中国驻毛里求斯大使馆、经参处的联系，掌握更多的信息，并请大使馆就本项目的事宜与相关的高层进行了协调沟通，促进延期协议的签订。

（5）项目部与业主签订了合同补充协议，同意将工期延期至 2014 年 11 月 30 日。项目部最终在延期的合同工期内完成了合同下的义务，项目于 2014 年 11 月 30 日正式投入使用。

5.6.2 延期罚款风险

由于本项目受授标延迟、工期短、自然条件恶劣等诸多因素的影响，延期的风险大。按照合同条件，项目一旦延期，延期罚款每天为 20 万卢比，最高为最终合同价的 5%。因此项目部从一开始比较注重规避该风险。采取的措施有：

（1）按照现场的天气情况，制定进度计划，及时对比实际进度与计划的进度，对滞后的进度，分析原因，找出解决办法。

（2）提高对变更索赔的重视程度。对于延迟授标、天气以及验收等非项目部原因导致的延期都提出工期索赔，尽量申请延期。

（3）加强与工程师、业主的沟通，将我方的努力、投入以及现场的不可抗力因素与其进行充分的沟通，获取其谅解，避免罚款。

尽管项目部做了一系列的努力和投入，也获得了一定的延期，但仍然未能如期完工，未能避免延期罚款。

5.6.3 成本风险

阿诺德大坝项目由于工期紧、投入大，且由于项目延期以及填筑土料的运输和翻晒，导致的延期罚款、延期期间的人、材、机费用以及额外的工程师费用都会导致项目的实际成本超出预算。针对此问题项目部采取的措施有：

（1）严格控制人工、材料、机械成本。

（2）风险转移。购买承包商一切险，将不可抗力以及不可预见的风险导致的损失风险转移给保险公司。

（3）风险接受。在项目周边未能找到满足现场施工需求的土料场，而符合要求的 Bagatelle 料场距离现场较远，且需翻晒。从 Bagatelle 料场运输至晒料场有 15 km 运距，晒料场到施工现场有 30 km 的运距，运输以及翻晒的成本相当高，但为了完成项目，项目部接受了该风险，加大了资源投入，确保足量的、合格的填筑土料。

（4）安排专人负责跟踪以及沟通付款事宜，加快资金回收力度，缓解资金压力。

6 阿诺德大坝项目风险监控

在项目的全生命周期里都存在各种风险，且风险会随着时间、外部以及内部的情况变化而改变。因此需要在风险管理的过程中根据风险变化的情况，随时调整应对措施。

阿诺德大坝项目的风险因素在项目考察期间和项目执行过程中的权重变化较大，比如填筑土料风险在项目前期并未显示出其损害性，但是在项目执行过程中却变得异常高危，直接影响了项目的工期以及经营效益。对项目风险因素的监控在风险管理过程中有着重要的作用。

阿诺德大坝项目中后期针对风险监控，专门成立了风险监控小组。风险监控小组定期召开风险分析专题会，对比项目的风险规划，根据实际情况，及时、真实分析项目的风险变化情况，并结合风险预警反应组合表迅速制定风险预防和应对措施，最终有效对项目的风险变化情况进行监督和控制。

7 总结

已经“走出去”的企业用事实和经验告诉人们，“走出去”不仅有机会，还有挑战和风险。因此，“走出去”的企业在抓住机遇“出海”的同时，如何对“走出去”的风险进行识别、评估、应对和监控，从而实现“走出去”预期目标。

本文以项目风险管理的理论方法为基础，以水电九局毛里求斯阿诺德大坝项目为例，对阿诺德大坝项目的风险识别、评估、应对监控过程进行了阐述和研究，充分证实了项目风险管理在项目管理过程中的重要性，也针对各在建项目如何实施风险管理提出了一些方法和建议，希望对其他海外在建项目的风险管理起着借鉴和参考的作用。

复杂地质条件下连续钢构桥灌注桩施工控制技术

杨宁安

(华电西藏能源有限公司大古水电分公司　西藏桑日　856200)

摘要：以西部某连续钢构桥灌注桩施工为例，从施工准备、钻孔及清孔、混凝土灌注等方面施工进行控制，并针对施工中所遇问题及采取的技术措施进行了总结，为其他类似工程提供参考。

关键词：连续钢构桥；灌注桩；质量控制

1　工程概况

永久交通桥位于某水电站坝址下游约 1.1 km 处。该桥是电站厂房施工、重大件运输以及运行期左右岸主要交通通道。该桥右岸桥头与右岸低线公路相交并与进厂交通洞顺接，左岸接线与左岸低线沿江公路 B 段及和上坝供料平台公路相交。工程包括下游永久交通桥及左岸桥头 20 m 接线，下游永久交通桥桥型为 2×25 m 预应力混凝土简支变连续 T 梁＋(30＋55＋30)m 预应力混凝土连续钢构，全长约 174 m，总宽 10.5 m。Φ1.5 m 桩基 14 根，总长 374 m，Φ1.8 m 桩基 12 根，总长 322 m。

2　地质条件

场地范围内主要发育 2 条Ⅱ级结构面 F1 和 F2，均为压扭性断层，断层宽度以 1.0～1.4 m 为主，断层内充填物多碎块岩、碎裂岩，多沿断层面夹 0.01～0.05 m 的断层泥及岩屑，延伸长度多大于 1 km。

地层岩性较单一，主要为喜山期侵入的黑云母花岗闪长岩(E2R)，第四系地层受地形地貌及气候影响分为河床及河漫滩的冲洪积，坡表的崩坡积，冲沟沟口的泥石流堆积，左岸高高程的冰水堆积。

3　桩基施工工艺

钻孔桩基础施工根据现场实际地质情况采用冲击钻机钻孔，吊车配合钻机安装钢筋笼，混凝土由搅拌站集中供应，搅拌输送车运输，输送车自卸灌注水下混凝土，施工程序为：施工准备→埋设护筒→钻孔→成孔→清孔→桩身钢筋笼安放→安装导管→二次清孔→灌注水下混凝土→拔除护筒→场地清理。其施工工艺流程见图 1。

3.1　施工前准备工作

3.1.1　测量

确定钻孔桩位：按照控制网及桥墩设计坐标，用全站仪精确放出桩位，同时布设稳固十字护桩，以便经常检查钻孔偏位情况，经复核无误后方可进行孔桩施工。

3.1.2　场地平整及机械安装

钻机底座须位于坚实地基上，以免施工过程中发生不均匀沉陷而造成孔位偏移。

(1) 钻孔场地在旱地时，清除杂物、换除软土、平整压实，场地位于陡坡时，用枕木、型钢、木架等搭设坚固稳定的工作平台。

(2) 在浅水中，用筑岛法施工，岛顶面高出施工水位 1.0 m 左右，筑岛面积按钻孔方法、钻机大小等要求决定。

(3) 当深水或淤泥较厚时，搭设工作平台进行施工。平台须坚固稳定，能支承钻机和完成钻孔作业。

(4) 制浆池、沉淀池和泥浆池要在计划施工场地或工作平台时一并考虑。

3.1.3　埋设护筒

(1) 钻孔前应设置坚固、不漏水的钢护筒，护筒必须有足够的刚度和强度，确保在施工中不变形、不破损。钢护筒内径应大于钻头直径，使用冲击钻机钻孔应比钻头大 20 cm。护筒顶面高出施工水位或地下水位 2 m，还应满足孔内泥浆面的高度要求，在旱地或筑岛时应高出施工地面 0.5 m。

(2) 护筒埋设时，使护筒平面位置中心与桩设计中心一致，中心偏差不得大于 5 cm，倾斜度偏差不大于 1%。岸滩上护筒埋深黏性土不小于 1 m，砂类土不小于 2 m，当表层土松软时，将护筒埋置到较坚硬密实的土层至少 0.5 m，护筒四周回填黏土并分层夯实。用锤击、加压、振动等方法下沉护筒。

收稿日期：2019-08-12.

作者简介：杨宁安，贵州天柱人，正高级工程师，从事水电工程建设管理工作.

图1　冲击钻机钻孔施工工艺流程

3.2　钻孔施工方法及要求

3.2.1　钻机安装及钻孔

(1) 安装钻机时，底架应垫平，保持稳定，在钻进中不得产生位移和沉陷。钻头或钻杆中心与桩中心的平面偏差不得大于 2 cm。经检查合格后方可开钻。

(2) 选择适宜地层的配套钻锥和钻孔事故处理的配套机具，接通水电供应，备好造泥浆黏土和泥浆池。

(3) 调整钻机，使钻锥起吊滑轮缘、钻锥中心和桩孔中心三者在同一垂线上，稳定好钻机和扒杆揽风绳。

(4) 钻机钻孔时，孔内水位高于护筒底脚 0.5 m 以上或地下水位以上 1.5～2.0 m，在钻孔排渣、提钻头除土或因故停钻时，及时向孔内补水或泥浆，保持孔内水头高度和泥浆比重及黏度。处理孔内事故或因故停钻，必须将钻头提出孔外。

3.2.2　冲击钻孔

(1) 根据工程实际情况，可采用十字钻头。

(2) 开始钻孔时应采用小冲程开孔，待钻进深度超过钻头全高加正常冲程后方可进行正常冲击钻孔，钻进过程中，应勤松绳和适量松绳，不得打空锤；勤抽渣，使钻头经常冲击新鲜地层。每次松绳量应按地质情况、钻头形式、钻头重量而定。

(3) 吊钻头的钢丝绳必须选用同向捻制、柔软优质、无死弯和无断丝者，安全系数不应小于 1.2。钢丝绳与钻头间须设转向装置并连结牢固，钻孔过程中应经常检查其状态及转动是否正常、灵活。主绳与钻头的钢丝绳搭接时，2 根绳径应相同，捻扭方向必须一致。

(4) 钻孔工地应有备用钻头，检查发现钻孔钻头直径磨耗超过 15 mm 时及时更换修补。

(5) 为防止由于冲击振动导致邻孔孔壁坍塌或影响邻孔已浇筑混凝土强度，待邻孔混凝土强度达到 2.5 MPa 后方可开钻。

(6) 钻进过程中及时滤渣，同时经常注意地层的变化，在地层的变化处均应捞取渣样，判断地质的类型，记入记录表中，并与设计提供的地质剖面图相对照，钻渣样应编号保存，以便分析备查。

(7) 钻孔作业分班连续作业，填写钻孔施工记录，交接班时交待钻进情况及下一班应注意事项，经常对钻孔泥浆及钻机对位进行检查，不符合要求时应及时改正，经常注意地层变化，在地层变化处捞取钻渣保存，并与地质图核对，如发现与设计不符应及时上报。

(8) 钻孔过程中应观察主机所在地面和支脚处地面变化情况，发现下降现象应及时停机处理，因故停机时间较长时，应将钻头提出孔外，并对孔口加盖防护。

4 施工所遇问题及采取的技术措施

4.1 流砂地层

(1) 出现流砂现象后，增大泥浆比重，提高孔内压力或用黏土作成大泥块或泥砖投下。

(2) 采取混凝土回填至流砂层，待回填混凝土强度上升之后采用钻机继续钻进。

(3) 钢护筒全跟进方法。钻孔完成之后即安放钢护筒清孔，钢护筒顶面要超出流砂层顶面。

(4) 采用 Φ1.8～2.0 m 钻头钻进，将流砂层穿透之后灌注混凝土，待混凝土强度上升之后采用 Φ1.5 m 钻头钻进至设计孔深后灌注混凝土，有效阻止流砂层沉淀速度过快这一现象。

4.2 孤石偏孔

(1) 出现探头石，回填至探头石处，重新钻进消除偏孔。

(2) 桩基钻进过程中遇大块探头石，出现偏孔，采用液压钻打孔，每个桩基周边打 3 个孔，打完后进行装药进行预爆，再进行二次冲孔。

4.3 漏浆

在冲孔过程中遇到漏浆采用黄土及片石回填。

4.4 塌孔

桩基开孔冲孔过程中振动较大，导致孔桩内塌孔漏浆。坍孔不严重者，加大泥浆比重继续钻进，严重者回填重钻。为封堵漏浆，确保桩基正常施工采用孔内下钢护筒封堵漏浆方法。

4.5 卡孔

发生卡孔时，不宜强提，采取晃动大绳或钻头以及其他措施，使钻头松动后再提起。

4.6 弯孔、缩孔

(1) 弯孔不严重时，可重新调整钻机或卡杆孔继续钻。发生严重弯孔、梅花孔、探头石时，应回填修孔，必要时反复几次修孔。

(2) 出现缩孔时，可提高孔内泥浆面或加大泥浆比重采用上下反复扫孔的方法，恢复孔径。

5 结语

通过对本工程施工中所遇问题及采取的技术措施进行总结，其他类似工程项目可借鉴和参考。

黔中水利枢纽工程平寨水库揽道测流系统设计实施探讨

宋金伟

（贵州省水利投资（集团）有限责任公司　贵州贵阳　550081）

摘要：随着经济社会发展，工程管理人员对水库运行管理要求也不断提高。文章简述了大中型水库流域来水流量、降雨量、水位等系统设计思路探讨，以提高大中型水库调度精度，准确预判水文情况，降低水库运行管理风险。

关键词：运行；管理；调度；风险

1　工程概况

贵州省黔中水利枢纽工程位于贵州省中部黔中地区，工程以灌溉和城市供水为主，兼顾发电等综合利用。平寨水库坝址位于贵州省六枝特区牛场乡境内，位于乌江南源三岔河平寨至木底下寨之间的峡谷河段，流域面积 3 492 km^2，占三岔河流域面积的 48.1%。坝址以上流域呈上宽下窄的长条形，平均宽度约 40 km。流域内山多峰高，地形复杂。水库正常蓄水位 1 331 m，死水位 1 305 m，校核洪水位 1 333.29 m，总库容 10.89 亿 m^3，调节库容 4.48 亿 m^3，属大(1)型水库，水库具有年调节性能。平寨水库设计和校核洪水标准分别为 500 年和 5 000 年，洪峰流量分别为 2 970 m^3/s 和 3 780 m^3/s。工程建成后除解决沿线黔中地区 51.17 万亩灌溉、5 个县城、28 个乡镇、35 万人和 31.5 万头畜牧引水外，还可解决贵阳市城市供水，缓解用水供需矛盾。

2　流域水文气象特征

平寨水库坝址以上流域除西北部威宁属于暖温带外，其余属亚热带季风气候区，气候温和湿润，雨量丰沛，多年平均降雨量为 1 150 mm。一般每年 5 月进入雨季，9 月以后逐渐减少，年降雨主要集中在 5—9 月，约占全年的 74%。暴雨一般集中在 5—7 月，大面积、长历时、高强度的大暴雨多发生在 7 月份，暴雨主要由低槽、低涡、切变等西风带天气系统形成，流域内常见的暴雨中心位于坝址～阳长水文站附近一带。雨量一般由上游到下游递增。坝址以上流域径流主要由降雨形成，径流的时空变化与降水的时空变化基本一致，流域径流深等值线的分布与年降雨量等值线分布趋势大体一致。年际变化小而年内分配不均，洪枯流量间变化较大。5—10 月为丰水期，11—4 月为枯水期，丰水期水量约占全年水量的 85%左右。尤其以 6、7 月为甚，其水量约占年径流量的 40%，2、3 月份最小，均不到全年水量的 2%。径流的年际变化尚属平缓，最丰年和最枯年径流比约为 2.38。坝址多年平均流量 64.2 m^3/s，径流量 19.77 亿 m^3。

3　水情自动测报现状

黔中水利枢纽工程水情自动测报系统建设始于 2011 年 2 月，由当时该系统的承建及运行单位贵州省水文水资源局组织技术人员进行了工程施工期水情自动测报系统，在库区范围内建设了 3 个遥测水位站、12 个遥测雨量站。建设完成后，同时将阳长水文站至平寨坝址区间已建成的 5 个遥测雨量站纳入系统，目前黔中水利枢纽一期工程水情自动测报系统总建设规模为 1∶20，共有 1 个中心站，1 个坝上水位雨量遥测站，1 个坝下水位遥测站，1 个野马寨水位遥测站，17 个雨量遥测站，其中向阳、阳长站属贵州省水文水资源局自建传统式水位遥测站，每年业主单位需向贵州省水文水资源局单独购买数据服务。经过了一段时间的运行管理，发现平寨水库上游重点断面存在数据及网络不稳定的情况，拟新建站点对这部分关键数据自行测报，从长远的角度考虑，也可以节省每年数据购买的费用，提高平寨水库来水预测预报精度。

4　实施必要性分析

当前平寨水库上游流量需要查询水文局数据，

收稿日期：2019-10-24.

作者简介：宋金伟，贵州贵阳人，工程师，从事水利水电工程建设管理工作.

数据在更新过程中出现不及时、缺报现象，对水文预报、防洪预警、水调自动化系统产生影响。为实现平寨水库上游流量监测，增补新建揽道测流站点，基于多普勒效应原理，使用多普勒雷达波测速传感器、步进电机等一些设备构成揽道走航式测流仪。其中包括向阳揽道测流站、阳长揽道测流站，可以实时监测水库上游流量，为水文预报、防洪预警、水调自动化系统提供精准数据，以供决策。

平寨水库上游主要支流汇流处重点断面新增2个揽道式测流站点，对关键断面的流量、水位进行自动监测，充分利用物联网、移动互联网等新技术采取自动补发、多通信通道等方式保障数据的稳定性，从而提高预报的精准度，对该工程的整体运行维护提供数据保障。

揽道测流系统安装见图1。

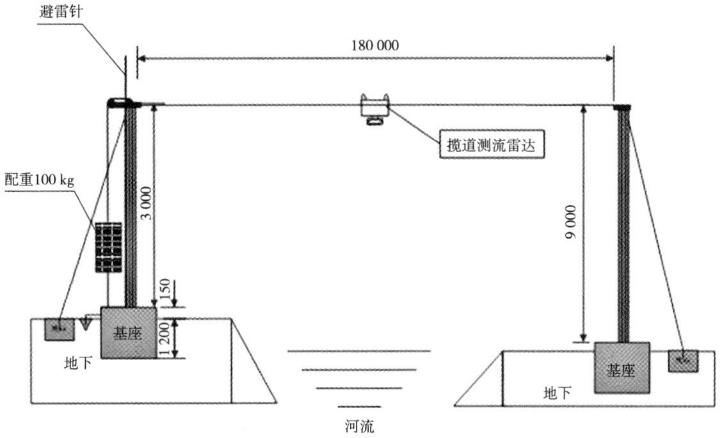

图1　平寨水库揽道测流系统现场安装示意图（单位：mm）

5　实施方法

平寨水库揽道测流系统的工作体制主要有自报式、应答式和自报应答混合式3种。自报式体制是一种单向信息传输系统，具有工程投资少、实时性强、设备简单、抗干扰、可靠性高、耗电量小的特点，是水情自动测报系统所广泛采用的工作体制，根据黔中水利枢纽工程的实际情况，采用自报式工作体制。

系统结构设计采用点对多点(监控中心对各个测站)方式，即各个站点的数据通过通信网络上传到水情测报监控中心。该系统监控过程为监控数据双向流动，采集数据上行到监控中心，控制数据下行到各个站点。通讯网络由远传终端RTU 、通信模块等组成，通讯方式采用GPRS、3G、4G、超短波电台、北斗卫星等，只要有信号的地方就可进行构筑远端遥测站，将远端遥测站的水位、流量等信息通过信号网络送至监控中心。平寨水库揽道测流系统通信组网见图2。

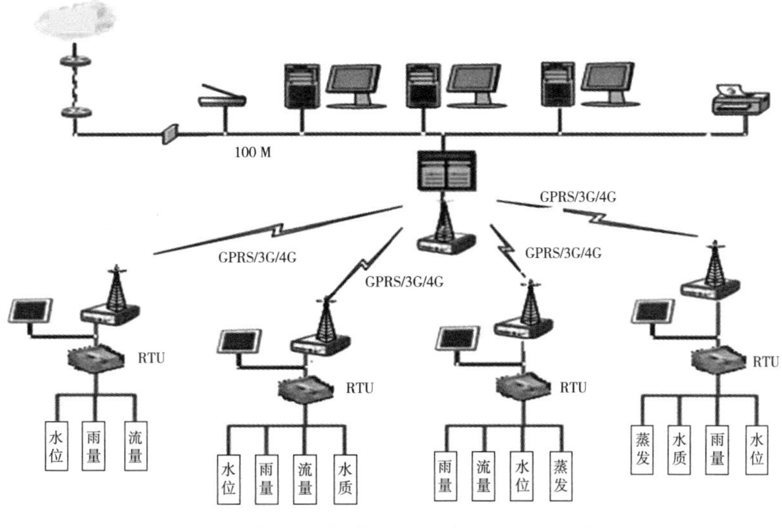

图2　平寨水库揽道测流系统通信组网示意图

6 结果与分析

通过流量监测 RTU 向监控仪器(揽道测流仪)发送取数指令，揽道测流仪开始移动测出河道垂线数据，通过断面、水位计算成流量。读取传感器数据，发送数据到无线传输模块，数据通过无线传输平台传送到远程服务器，配合后处理软件可以对采集的数据进行分析，可以使监测者实时获得真实准确的监测数据。

7 结论

通过该模型设计研究，平寨水库揽道测流系统建成后，可实现以下功能：

(1) 自动采集水位数据，具有 1 年以上数据本地存储能力。

(2) 现场存储数据带有时标。

(3) 中心站远程参数更改。

(4) 具有时间自动同步能力。

参考文献：

[1] 刘小明，周荣萍. 水库调度运行与优化分析[J]. 工程技术(全文版)，2016. 06(63)：199.

[2] 郑旭，郝振凯. 水库调度的风险管理模式[J]. 2015(53)：216.

[3] 陈大平. 浅析水库调度运行管理要求及措施[J]. 工程技术(引文版)，2016(10)：206.

[4] 徐刚，马光文，梁武湖，等. 蚁群算法在水库优化调度中的应用[J]. 水科学进展，2005(03)：397-400.

[5] 贵州省水利水电勘测设计研究院. 黔中水利枢纽一期工程初步设计报告：水文气象篇[R]. 贵阳：贵州省水利水电勘测设计研究院.

复杂地质条件下人工挖孔桩施工技术

陶军艳，杜学平

（中国水利水电第九工程局有限公司　贵州贵阳　550008）

摘要：在不良地质条件下，广泛采用人工挖孔灌注桩施工技术，施工简便快捷。但对存在溶洞、地下水丰富、遇到淤泥、流砂层较厚等不良地质条件的地区，很容易涌砂塌孔，施工进度缓慢或根本无法成孔，采用人工挖孔桩成孔施工时应采取相应的处理措施。本文简要介绍了某项目基础人工挖孔桩施工中遇到的特殊地层情况所带来的施工难题，针对施工难题而采取的施工工艺、方法以及通过针对性的施工处理所得到的经验和体会，并对溶洞处理和地下水处理技术进行阐述。

关键词：溶洞；地下水；人工挖孔桩；成孔

1　工程概况

某项目由5栋高层建筑及地下停车场组成，整体呈南北展布，1、2号楼为地上29层，地下1层，设计±0.00标高为1 796.70 m，－1层地下室底板标高为1 791.00 m，框支剪力墙结构，最大柱荷载为20 000 kN/柱，建筑结构对地基差异沉降敏感，基础形式采用桩基础；3号楼为地上22层，地下1层，设计±0.00标高为1 795.30 m，－1层地下室底板标高为1 789.25～1 789.75 m，框支剪力墙结构，最大柱荷载为18 000 kN/柱，建筑结构对地基差异沉降敏感，基础形式采用桩基础；4、5号楼为地上17层，地下一层，设计±0.00标高为1 793.10 m，－1层地下室底板标高为1 788.00 m，框支剪力墙结构，最大柱荷载为15 000 kN/柱，建筑结构对地基差异沉降敏感，基础形式采用桩基础。

2　场地工程地质条件

2.1　自然地理气候

场区所在六盘水市地理位置位于贵州省西部，云贵高原中部的斜坡上，地形地势复杂，大部分属于低纬度高海拔多云雾地区，阴天日数多，加之山体高大，山势连绵不断，切割剧烈，地形的遮蔽情况明显，年平均日照百分率只有25%～40%。

水城所处属暖温带，冬春干燥夏季湿润型。年平均气温12.3 ℃，最冷月1月平均2.9 ℃，最热月7月平均19.8 ℃，极端最高31.6 ℃，极端最低－11.7 ℃。年平均最高气温不小于30 ℃的日数为1.1 d，日最低气温不大于0 ℃的日数为41.4 d。

2.2　地形地貌及工程环境

地处云贵高原东部台地斜坡地段，为喀斯特溶蚀残丘地貌区，以低中山地貌为主，是比较典型的喀斯特低中山地区。场区位于溶蚀残丘坡脚地段，整体为北高南低，地势整体较平坦，北侧1、2号楼整体呈台阶状地形，台阶主要为土坎，高1.5～3.0 m，场区主要为民房及耕地，民房已全部拆除，勘察期间，场区正进行地下室开挖平整工作。场区内地形标高1 787.464～1 803.429 m，按地下室标高平场后，场区主要为挖方区，挖方区主要集中在场区1、2号楼附近，最大挖方深度为12.0 m左右。

2.3　地质构造

区域位于扬子台地六盘水断陷北西向构造变形区，区内构造主要为燕山运动形成的走向北西的复式褶皱及断裂构造，场区位于水城背斜南西翼，根据区域地质资料及现场地质调查，该场区内无断层通过。下伏基岩为石炭系下统摆佐组(C1b)灰色中厚－厚层白云质灰岩，偶家白云岩及灰岩，受区域构造影响，场局部岩层存在挠曲现象，节理裂隙较发育，场区主要发育2组节理，JI：倾向290°，倾角80°；J2：倾向190°，倾角72°，主要为泥质胶结，结合差，线密度为1～2条/m，张开度一般，延伸1.0～3.0 m。岩体较为破碎，倾向190°～220°，倾角25°～33°，除此外，尚有溶蚀裂隙、溶槽、溶洞、石芽等岩溶形态发育。

收稿日期：2019-11-12.

作者简介：陶军艳，陕西铜川人，工程师，从事水利水电工程施工及管理工作；杜学平，甘肃康乐人，工程师，从事建筑工程、市政工程、城镇道路工程项目施工管理工作.

2.4 岩土构成

经钻探揭露，场地土层自上而下依次为表层杂填土(Qml)、耕土(Q4PD)、第四系残坡积红黏土(Qpd+dl)及石炭系下统摆佐组(C2hn)中厚一厚层白云质灰岩，偶夹白云岩及灰岩透镜体。

(1) 杂填土(Qml)。主要为场区原建筑物拆除后建筑垃圾及少量生活垃圾组成，硬质含量占90%，由混凝土块、砖及黏土夹碎块石组成，结构松散，回填时间1～2个月，局部地段分布，厚0.5～5.4 m，平均厚度1.1 m，主要分布在原居民房位置。

(2) 耕植土(Qql)。主要分布在原耕地范围，厚0.3～1.2 m，褐色、黑色，含植物根茎，部分地段缺失。

(3) 红黏土(QEL+DL)。残、坡积成因，褐黄色，黏性一般，裂隙较发育，2～4条/m，块状结构，土质较均一，局部含少量黑色铁锰质结核及强含母岩强风化残块，场区大部分地段分布，主要分布于场地东西两端区域。按其状态可分为：硬塑、可塑、软塑状。

(4) 基岩。石炭系下统摆佐组(C1b)中厚一厚层白云质灰岩，偶夹白云岩及灰岩透镜体，按其风化程度可分为强风化基岩及中风化基岩。强风化基岩：灰色、黄灰色强风化白云质灰岩，呈透镜状分布，偶含中风化基岩团块，质软，钻进较快，岩体节理裂隙极发育，岩体以碎块状、砂状为主，钻进较快，岩芯采取率0～30%，厚度为0.0～3.9 m，平均厚度为0.9 m，岩体基本质量等级为Ⅴ级；中风化基岩(A岩质单位)：灰色、浅灰色中厚一厚层白云质灰岩，偶夹白云岩及灰岩透镜体，岩体节理裂隙较发育，主要为竖向节理，线密度2～4条/m，延伸长度为1.0～2.0 m，节理面多见方解石石脉充填及钙质胶结。从钻探岩芯中可见晶洞及针孔状溶孔发育，岩芯采取率一般为50%～80%，岩芯为柱状、块状，少量长柱状及砂状，根据岩芯单轴饱和抗压强度标准值为 $f_{rk}=33.711$ MPa，纵波波速为2 850～3 500 m/s，平均值为3 156 m/s，波测试岩体完整性系数 $K_V=0.421$(岩芯样平均波速值为4 800 m/s)。场地微风化白云质灰岩属较硬岩，场地岩体为较破碎岩体，岩体基本质量等级为Ⅳ级。

2.5 水文地质条件

场地的地质地貌环境及地质构造赋予了场地的水文地质特征具有以下的基本特征：

(1) 地表水。场区位于斜坡坡脚地段，为地表水径汇集区，根据地表调查，场区南侧4、5号楼位置有1人工鱼塘存在，鱼塘水深1.0～1.5 m，水域面积为400 m^2，水位标高1 787.50 m左右，一般无水流出，水体主要来源于大气降水。除此外场区内无其他常年地表水体存在，场区地表水主要为大气降水，大气降水后部分经土层下渗补给地下水，大部分以片流形式汇集到鱼塘中；由于场区位于坡脚地段，地势相对较低洼，北侧地势较高，大气降水后，部分水体经地表下渗补给地下水，部分水体进地表片流汇集至场区中，雨季在场区低洼地段局部形成水塘，场区整体地表水体较丰富。

(2) 地下水。场区位于溶蚀残丘坡脚地段，地势相对较低，残丘上覆土层厚度小，部分地段基岩裸露，下伏基岩节理裂隙发育，大气降水至地面后，大部分水体经表层土层及基岩裂隙下渗补给地下水，仅少部分水体经地表片流至低洼地段；场区内上覆土层厚度较大，土层主要为红黏土，渗透性低，大气降水后在土层中形成上层滞水，部分水体下渗补给地下水。

场区总体为地下水径流区，地下水流向为北至南，最终排泄于场区南侧50 m左右小河沟。根据调查，小河沟常年有水，水量一般为30～50 L/s，在场区附近河床标高为1 787.0 m左右。河道宽5.5～6.0 m，深4.0 m左右，河道两侧河堤已修筑完善，场区下游河床段河堤段已全部修筑完善，有利于河水排泄，丰水期河水一般上升1.0～2.0 m，地下水丰富。

2.6 岩溶及不良地质作用

场区基岩主要为白云质灰岩，局部夹石灰岩及白云岩，属碳酸盐岩，为可溶岩，经钻探揭露，本次钻探共372个钻孔中，遇溶洞裂隙钻孔101个，遇洞率为27.15%，再结合勘探相邻钻孔基岩面高差达9.7 m，按《贵州建筑岩土工程技术规范》(DB22/46—2004)第7.1.3条判定，场地岩溶发育等级应为岩溶强发育场地，发育形式主要表现为基岩面起伏较大并于局部地段形成溶沟、溶槽及在岩土接触面形成的间断性裂隙，基础埋置深度应重点考虑相邻基础间岩面起伏情况，将基础置于可保证地基稳定的基岩上。

场区杂填土、耕植土厚度薄，结构松散，孔隙较大，压缩性高，力学指标低，地基稳定性差。场区处于岩溶强发育地段，存在岩溶管道，局部地段红黏土位于地下水水位以下。场区场地内水体较发育，水量较大，且孔桩基础埋深较大，人工挖孔桩难度较大，场区以深基础为主，局部为浅基础，深基础为桩基础，基础埋深3.0～25.9 m。人工挖孔桩在施工过程中分为2个主要阶段，即成孔阶段与成桩阶段，在成孔施工过程中，容易产生涌泥、渗水、流砂，这些因素是造成成孔失败的最主要原因。在挖孔桩的过程中，最关键的技术就是处理好在成孔中的存在的这些问题。

人工挖孔灌注桩具有机具设备简单、施工简便、造价低的优点，相对于常见的钻孔灌注桩等机械桩型来说，所需场地面积小，对周边已有建筑物、市政管道设施等影响小，能适应多种场地；孔底沉渣易被清除，成桩质量易控制；桩端做成扩大头式，可提高单桩承载力；可全面展开施工，缩短工期；无泥浆排出，有利于环境保护等一系列优点，近年来，得到广泛应用。但在某些不良地质条件下，采用人工挖孔桩成孔，因人工挖孔桩施工时候，施工人员在地下施工，工作环境恶劣，活动空间小，就必须采取相应的安全技术措施，确保施工人员的安全，确保桩基工程质量符合国家、地方规范、规程和设计的要求。

该工程 528 根人工挖孔桩中，约有一半左右位于淤泥、流砂层厚度不大于 1 500 mm 的地段，施工难度不大，采用常规护壁便可成孔；另一半位于淤泥、流砂层厚度大于 1 500 mm 的地质复杂地段，场内地下水极为丰富，多数孔桩在未成孔之前就出现大量地下水，采用常规护壁方法来施工，进度相当缓慢或根本无法成孔，只能采用钢护筒或外加钢板桩才能成孔。

3 人工挖孔桩施工护壁技术

3.1 淤泥、流砂层厚度不大于1 500 mm地段人工挖孔桩的护壁技术

根据试桩的经验，对于淤泥、流砂层厚度不大于1 500 mm地段的人工挖孔桩，采用常规的混凝土护壁来施工，容易成孔，节约护壁成本。

（1）混凝土护壁模板采用厚 $\delta=4$ mm 的组合式钢模板拼装组合而成，拆上节而支下节，循环周转使用，上下设 2 对半圆组合的钢圈顶紧，不另设支撑，钢圈之间用专用扣扣紧。

（2）施工段高度一般取 0.8～1.0 m，护壁中插入 $\Phi12$～$\Phi14$ 的竖向钢筋，间距取 500 mm；横向则用 $\Phi14$～$\Phi16$ 的圆钢来加固，间距取 300 mm。

（3）混凝土用搅拌机搅拌，采用 C30 混凝土，坍落度 60～80 mm，混凝土用吊桶运入人工浇筑，用钢管振捣密实。

（4）涌水涌砂。在施工东侧 A－1－1、A－1－2 两根桩时，由于该 2 根桩 15.00～22.50 m 均为强风化砾岩，且位于地下水高水位以下。强风化砾岩胶结性极差，在地下水浸泡和流动作用下，呈砂砾状随地下水涌出，导致孔壁外被掏空，容易造成护壁倾倒或坍塌以及垮孔事故的发生。为防止出现安全事故和保证工程质量，采取了稻草＋毛竹的护壁措施：一方面渗水良好；另一方面又可防止松散的强风化砾岩砂砾随地下水的流动而被带出，保证了孔壁周边地层的稳定。同时为了保证稻草＋毛竹护壁结构的强度，在护壁内侧增加了 $\Phi18$@250 mm 的箍筋，竖向绑扎了 $\Phi10$@200 mm 钢筋，确保了护壁结构的稳定。

3.2 淤泥、流砂层厚度小于 1 500 mm 地段人工挖孔桩的护壁技术

淤泥、流砂层厚度小于 1 500 mm 地段，地下水极为丰富，采用常规护壁方法来施工，流砂塌孔严重，施工进度相当缓慢，或根本无法成孔，只能采用成本较高、施工技术要求高的钢护筒来护壁。

（1）钢护筒的制作。根据现场的实际情况和理论计算，需要下钢护筒的地段，淤泥、流砂层的厚度一般为 4～6 m。因此，钢护筒一律采用 $\delta=12$ mm 厚的 A3 钢板卷制而成，按 6、4、2 m 的标准长度加工。第 1 节一般采用 6 m 标准节下沉，可根据实际需要，用 4 m 或 2 m 高度标准节接驳至实际需要高程。

（2）钢护筒与振动锤的连接。钢护筒与 75 kW 电动振动打桩锤的连接采用“法兰＋焊接”的刚性连接方式，用 25 t 履带吊作为起吊设备。

（3）钢护筒的测量定位。桩位放样完毕，经复核无误后，应进行人工或机械的预挖孔，孔径略大于护筒外径，挖深 1～2 m，然后垂直起吊第 1 节钢护筒到预挖的孔位中。

（4）钢护筒的下沉。钢护筒下沉前，做好一切准备工作，以保证钢护筒下沉工作的连续进行，保证钢护筒能顺利下沉到岩层之中去，尽量减少中途的停顿时间，防止淤泥、流砂层的固结，加大下沉的阻力，从而增加下沉的难度。下沉过程中，注意检查钢护筒的中心线和垂直度，以免中心线和垂直度偏差超过允许标准而返工。

3.3 复杂地质条件下的人工挖孔桩护壁技术

施工过程中发现，有 56 根挖孔桩所处地段的淤泥、流砂层厚度达 6～8 m 之厚，淤泥、流砂层下面的强风化、中风化岩层较薄，仅有 100～200 mm，岩层面倾斜不平；或者缺少阻水性良好的黏性土过渡层，钢护筒无法插入致密坚硬的微风化岩层之中去。这样，在钢护筒与岩层个别地方之间存在着淤泥、流砂的夹层，形成淤泥、流砂的通道，在外侧水压力作用下，当挖到这层夹层时，大量的淤泥、流砂涌入孔内，造成无法往下挖，还有

可能危及孔内作业人员的人身安全。

(1) 处理方法。根据实践经验和充分论证，在钢护筒外侧 800～1 000 mm 的四周打入进口拉森Ⅲ型钢板桩，钢板桩之间尽量锁上口，个别无法锁口处，在外侧加打 1 根钢板桩，形成封闭的止水、止淤泥、止流砂的保护圈。由于进口钢板桩的刚度较大，断面较小，较容易打入中风化的岩层之中去，从而阻断了淤泥、流砂的通道，减少了孔内的开挖量，加快了施工进度。

(2)孔内挖土过程中，当挖到淤泥、流砂层时，分段高度一般为 0.4～0.5 m，以最快的速度浇筑 1 圈混凝土护壁，防止淤泥、流砂的渗入。

4 成孔内挖土

4.1 黏土、淤泥、流砂的开挖方法

对于孔内的黏土、淤泥、流砂层，可用铁铲、锄头便可开挖。孔内挖土采用分段开挖方式，对于黏土层，一般 0.8～1.0 m 为 1 个施工段，做完混凝土护壁，待混凝土护壁有一定强度后，才能进入下一施工段；对于淤泥、流砂层，一般 0.4～0.5 m 为 1 个施工段。混凝土护壁一般施工至中风化岩面，微风化岩层不需另加混凝土护壁，可以自身稳定。

4.2 强风化岩层、中风化岩层的开挖方法

由于强风化岩层、中风化岩层的厚度较厚，最厚的地方达 6 m，为了加快施工进度，采用风镐来开挖，由燃油空压机或电动空压机供应压缩空气。

4.3 坚硬致密微风化岩层的开挖方法

设计要求人工挖孔桩进入微风化岩层≥2 000 mm，由于基岩为红色砂岩，致密、坚硬，硬度系数 f=10 左右。采用风镐来开挖，进度相当缓慢，每天只能下挖 100～200 mm，难以满足合同工期要求。根据实践经验和充分论证，决定采用毫秒微差的爆破技术进行爆破。

(1) 孔眼的布置。在孔内半径 r=1 000 mm 的周边布置 12 个周边眼，孔深 1.0 m，间距等分；孔内半径 r=500 mm 的环向布置 6 个掏槽眼，孔深 1.2 m，间距等分。

(2) 装药量确定。装药量根据下式计算并根据实践经验进行调整。

$$Q=\eta \cdot L \cdot q$$

式中：Q——各个炮眼的装药量，kg；η——炮眼装药余数，取 0.5～0.65；L——炮眼的长度，取 m；q——每米炮眼的装药量，取 0.95 kg/m。

由于工作面有水，选用乳化炸药，炸药药卷直径 32 mm，每卷重 200 g。根据岩层特性和试爆经验，炸药量 Q 一般取 Q=4.5～6.0 kg。

(3) 装药结构与堵塞。掏槽眼和周边眼均采用连续反向装药结构；堵塞用旧报纸和泥土掺和成团进行堵塞。

(4) 起爆网络。考虑到电厂内感应电流较多，为安全起见，采用非电雷管孔内引爆，孔内所有非电雷管用簇联方式连线，用电雷管引爆导爆管；孔之间的电雷管采用串联方式连线。起爆顺序按掏槽眼，周边眼顺序进行，用电雷管分段控制。

(5) 安全防护。在孔顶覆盖钢板，再在上面堆砂包，有效防止了飞石。

5 溶洞处理

(1) 针对高度大于 1 m 的溶洞，全部采用钢护筒，在井孔内设高 2 m，用壁厚 8 mm 钢套护筒穿越溶洞。

(2) 若为空溶洞，如有水，应该将水排掉，支模板，进行桩身施工。

(3) 如溶洞内有填充物，应根据填充物的不同，而采取相应措施：如填充物为粉质黏土或软塑状黏土时，每挖深度 1 m，就及时进行钢筋混凝土护壁施工，按施工组织设计的要求，加强监测，确保安全。如填充物是粉细砂或中粗砂时，考虑到砂的内聚力较差，特别是遇到水容易发生流砂等危险情况，挖孔时采取强支护的策略，同时酌情减少每段开挖深度。溶洞处理完成后，继续向下挖进。溶洞处挖孔先开挖距孔壁 50 cm 四周部分，溶洞填充并筑壁完成后，再下挖中间部分。溶洞处挖孔每次下挖深度不得超过 50 cm，平整孔底，清除虚土、软泥、淤泥，若溶洞内有泥浆或者水溢出的，需进行抽水。孔底清理完毕后开始处理溶洞，采用砖块沿孔壁四周砌筑砖墙，直径为挖孔直径。上部预留孔隙，以便填充混凝土。砖墙砌筑或钢护筒施工完毕后，通过预留孔隙，进行混凝土填充，混凝土采用 C30 素混凝土，填筑量按溶洞大小而定，一般需填满。混凝土填筑完成后，停止作业，待混凝土强度达到设计强度 70%后，才可继续作业，施工护壁后按此方法继续进行施工，直至溶洞全部处理完毕，恢复正常人工挖孔施工。

6 地下水处理

(1) 如地下水量不大时，边抽水边挖，成孔后立即进行护壁支模和护壁混凝土浇筑。

(2) 如水量较大时，应根据现场实际情况，因地制宜，采用轻型管井等综合措施，进行成孔施工。当大量抽水，仍未能顺利进行开挖作业时，应

采取有效措施截断水源，封闭水路。桩孔较浅时，可采用板桩封闭；桩孔较深时，用钻孔压力灌浆形成挡水帷幕，减小地下水的渗透，确保正常抽水时正常开挖。

抽水宜连续进行以避免地下水位频繁涨落，否则，会加速桩孔四周土体颗粒流失，造成护壁外面出现孔洞，引起护壁下沉脱节。成孔作业抽出地下水，降水对周围环境、邻近建筑物和管线影响较大。降水作业时，在做好安全预案的基础上，加强对邻近建筑物和管线的监测，确保安全。在同样降水深度下，降水漏斗的坡度越平缓，影响范围越大，所产生的不均沉降越小。所以抽水时要适当放缓降水漏斗线的坡度，以降低降水影响区的建筑物和管线的受损可能性。

在挖孔深度、进入桩端吃力层岩性和深度等满足设计要求后，应及时进行验槽；验槽合格后，为避免孔内地下水过多等不良影响，应马上进行桩身混凝土施工。

(1) 如桩孔内渗水量不大，桩身混凝土浇筑前要排除孔内积水。

(2) 如桩孔内渗水量较大，使用一般的方法无法抽干时：如果孔底确实无法采取抽水的方法解决，这时就要改变施工方法，桩体混凝土的施工就应当采取水下混凝土浇筑施工工艺，确保桩身混凝土施工质量满足相关规范、规程和设计要求。

7 结语

综上所述，由于水文、地质等条件的复杂性、多变性，给该人工挖孔桩工程造成了很大的影响，甚至导致人工挖孔桩无法施工。该工程采用了切实可行的施工技术，克服了堵多困难，安全、优质地完成施工任务，采取合理的技术和施工措施，最终顺利完成了该项目的施工任务。

粉砂淤泥层及高水位地质条件基坑施工技术研究与应用

杜学平

（中国水利水电第九工程局有限公司第四分局　贵州贵阳　550008）

摘要：以某项目特殊的地理环境和地质条件及深基坑支护体系为背景，对该基坑施工方案进行研究，探讨了复杂地质条件下深大基坑施工方法。研究成果不仅有效指导该工程的设计施工，保障工程安全，同时也为类似工程提供借鉴。

关键词：搅拌桩；灌注桩；拉森钢板桩；预应力锚索

1　工程概况

某项目位于广东省佛山市顺德区，包括 13 幢 17～32 层楼房(建筑最高高度 99.20 m) 及裙楼和其配套设施，裙楼及配套设施采用框架结构，高层选用框剪结构。建筑物用地面积约为 54 377.41 m^2，基坑开挖范围占地面积约31 960 m^2，长度约 800 m。本期项目设 2 层地下室(局部 1 层)，工程桩基础采用管桩基础，且基坑 3 倍开挖深度范围内不存在需要保护的管线。场地地面标高变化较大，主要地面整平后高程约为 5.0～5.4 m。基坑开挖深度为 3.25～8.1 m。建筑场地被甘竹溪四周环绕，地下室边线离甘竹溪水边约 16.6～25.5 m，项目东南角临近西安亭大桥桥墩，地下室边线离桥墩约26 m。

2　地质及水文情况

2.1　地质情况

根据地勘报告，结合现场调查，场地岩土性质、特征及分布规律自上而下为第四系填土层(Qml)、第四系冲积土层(Qal)、第四系残积土层(Qel)。

2.2　水文情况

勘察期间测得地下水初见水位标高 1.57～2.43 m，稳定水位标高 1.72～2.57 m。根据当地的水文情况分析，该场区内地下水位在枯水期与平水期水位变化幅度为 0.50～1.50 m，丰水期与平水期水位变化幅度为 0.50～1.00 m。

3　基坑支护设计

(1) 支护及防渗措施。通过经济性比较分析(基坑荷载出土口取 40 kPa，其余处取20 kPa，基坑等级为一级(2－2、3－3、4－4 剖面为二级))，止水帷幕采用 D800@600 三轴搅拌桩。

(2) 排水措施。为确保深基坑与周边甘竹溪水压保持平衡，避免基坑内外产生水位差而导致基坑产生突涌、坑底隆起、坍塌等安全事故，基坑降水采用边开挖、边降水的明排方式，采用水泵抽排天然降水和地下水的降水措施，并在地面周围设置排水沟和过滤地，以满足天然降水及施工排水要求。为确保基坑开挖期间土方开挖顺利，降水深度至底板底面以下 0.5～1 m。基坑顶四周地面设 300 mm×300 mm 排水沟和 800 mm×800 mm×1 000 mm 的集水井、过滤池截取上部地表水，沉淀达到规定要求后排入市政排水渠，集水井、过滤池间距为 20 m。基坑顶四周设置 Φ200 mm 地下水位观测井，井深为基坑深度加 2 m。

4　施工技术要求

4.1　三轴水泥土搅拌桩施工

(1) 采用三轴搅拌喷浆法工艺施工，搅拌桩桩径为850 mm，桩中心距为600 mm，两喷两搅，施工时提升速度与搅拌头转速应相匹配，提升速度不大于 0.8 m/min。

(2) 采用 42.5 普通硅水泥，水灰比 1.0，水泥应过筛、无结块、无杂质，喷浆应连续，650 搅拌桩单根水泥用量 100 kg/m，为提高水泥土早期强度，掺入适量 0.05%三乙醇胺作早强剂或减水剂。

收稿日期：2019-09-13.

作者简介：杜学平，甘肃康乐人，二级建造师，工程师，从事建筑工程、市政工程、公路工程、水利水电等工程项目的施工管理工作.

(3) 套内桩身垂直度偏差不大于 0.5%，桩位偏差不大于 25 mm，桩径偏差不大于 4%，桩长偏差不大于 20 cm。

(4) 桩与桩搭接时间间隔不应大于 24 h，如果有间隔太长致使搭接质量无保证时，应采取局部补桩等措施。

(5) 如遇填石、旧基础等障碍物，搅拌桩施工之前应开挖导槽换填，止水桩达到 14 d 龄期方可进行基坑开挖。

4.2 灌注桩施工工艺

(1) 旋挖桩清孔后孔底沉渣不得大于 200 mm。

(2) 钢筋笼宜分段制作，在起吊、运输以及安装的过程中应采取措施防止变形，吊点宜设置在加劲箍部位，分段沉放时，纵筋应采用焊接连接，须特别注意焊接质量，同一截面上接头数量不得大于 50%，相邻接头间距不应小于 35 d(d 为纵筋最大直径)。主筋与螺旋箍及加劲箍间应采用点焊，并保证焊接质量。另外，钢筋笼上应焊有定位垫块，保证钢筋笼的安装位置以及保护层厚度。

(3) 混凝土浇筑过程中，浇筑导管应始终埋在混凝土中，严禁导管提出混凝土面，导管埋入深度宜为 2～3 m，不得小于 1 m，一次性提管、拆管不得大于 6 m，并应采取有效措施防止钢筋笼上浮。

(4) 旋挖灌注桩应符合下列要求：a. 桩位中心偏差不宜大于 30 mm(往坑外)、0 mm(往坑内)，桩身垂直偏差不得大于 4‰。b. 主筋间距偏差不宜大于 10 mm，箍筋间距偏差不宜大于 20 mm。c. 钢筋笼直径偏差不宜大于 10 mm，钢筋笼长度偏差不宜大于 50 mm。d. 钢筋保护层厚度偏差不宜大于 10 mm。e. 旋挖桩应采取隔桩施工，在相邻桩混凝土强度达到设计强度 70%且浇筑时间大于 24 h 后方可成孔施工。f. 钢筋笼露出桩顶长度不宜小于 700 mm，浇筑冠梁前应对桩顶残渣、浮土和积水进行清理。g. 在旋挖桩及搅拌桩进行施工前应进行工艺性试桩(均不少于 2 根)，以便核对地质资料，检验所选施工设备及工艺参数是否适宜。试桩完成后按照国家规范进行检测，同时形成质量文件上报质量检测、业主、监理及设计单位，合格后方可继续施工。h. 桩成孔后，立即清孔并浇筑混凝土，如清孔后 30 min 未浇筑，则应重新清孔。

4.3 预应力锚杆(索)施工

4.3.1 施工顺序

锚杆(索)钻孔→锚杆(索)杆体制作→锚杆(索)杆体安放→锚杆(索)清孔及注浆→锚杆(索)张拉与锁定。

4.3.2 施工注意事项

(1) 锚杆(索)成孔采用专业履带式锚杆钻机成孔，并采用跟管钻进施工工艺以防止锚孔坍塌及涌水。

(2) 锚杆(索)钻孔要求。a. 锚孔水平及垂直方向孔距允许偏差为±50 mm。b. 锚孔角度允许偏差±3%。c. 钻孔深度应超过设计长度 0.5～1.0 m。d. 注浆前的清孔是关键，清孔应采用气压清孔。e. 在砂层施工锚索时采用套管成孔工艺。

(3) 锚杆(索)杆体制作及安装要求。a. 下料长度应考虑锚杆的成孔深度、腰梁和台座尺寸以及张拉锁定设备所需的长度。b. 锚杆(索)杆体材料为钢绞线，严禁有接头，严禁使用焊枪断料。c. 杆体自由段应涂润滑油和套塑料管，并应扎牢。d. 沿杆体轴线方向每隔 1.5 m 应设置 1 个定位支架，杆体的保护层不应小于 20 mm。e. 注浆管宜放置于杆体中心，随杆体一同放入孔中，注浆管端部距杆体端部宜为 50～100 mm，二次注浆管的出浆孔只在底部 3 m 范围内设置，并采取保护措施保证一次注浆时浆液不进入二次注浆管内。f. 杆体插入孔内的深度不应小于锚杆成孔深度的 95%，亦不得超深。g. 杆体安放时应防止注浆管被拔出，若注浆管被拔出的长度超过 500 mm 时，应将杆体拔出修正后重新安放。

(4) 注浆材料及浆液的要求。a. 注浆采用 42.5R 普硅纯水泥浆，注浆体强度不得低于 M20，第 1 次注浆水灰比为 0.5～0.6，第 2 次注浆为 0.8～0.9。b. 搅制水泥浆所用的水不应含有影响水泥正常凝结和硬化的有害物，不得使用污水。c. 浆液应搅拌均匀，随搅随用，并应在初凝前用完。

(5) 锚杆(索)注浆压力要求。a. 注浆泵的工作压力应符合设计要求，并应考虑输浆过程中管路损失对注浆压力的影响，确保有足够的注浆压力。b. 注浆过程中，若发现注浆量大大减少或注浆管爆裂，应将杆体及注浆管拔出，待更换注浆管后，再下放杆体，若中途耽搁时间超过浆液初凝时间，应重新清孔后再下放杆体，重新注浆。c. 第 1 次注浆压力为常压并在孔口设止浆塞，待浆液从孔口溢出后方可停止注浆。d. 要求预应力锚杆(索)进行 2 次注浆，第 2 次注浆在第 1 次完成后 4～6 h 进行，压力宜为2.0～3.0 MPa，并直到孔口返浆为止。

(6) 锚杆(索)张拉规定。a. 张拉前应对张拉设备进行标定。b. 锚固体及台座混凝土强度均应大于设计强度的 70%时，方可进行张拉。c. 台面的承压面应平整，并与锚杆(索)的轴线方向垂直。d.

锚杆(索)的张拉顺序应考虑临近锚杆(索)的相互影响。e. 锚杆(索)正式张拉前，应取锚杆(索)设计抗拔力的20%，对其预张拉1～2次，使其各部位接触紧密，钢丝或钢绞线完全平直。f. 所有锚杆(索)均应进行确认张拉，确认荷载取锚杆(索)抗拔力标准值的1.05～1.10倍。

(7) 锚杆(索)锁定规定。a. 应采用符合技术要求的锚具。b. 锚杆(索)锁定值应符合设计应力值的要求。c. 锚杆(索)锁定后若经监测发现明显的预应力损失，应进行补偿张拉。

(8) 在锚杆(索)进入工作状态后，不应再进行抗拔检测，以免造成事故；在完成锚索张拉工作后不可将锚头剪除且应对其进行保护。

4.4 管桩支护

(1)采用混合配筋预应力管桩 PRC-Ⅰ型 D600 AB110 型@800，桩身混凝土强度等级为C60。

(2)采用静压法施工，施工时桩底为开口，管桩必须质量保证，出厂合格。管桩施工后，桩位偏差不允许超过5 cm，垂直度偏差不大于1.0%，确保桩的垂直度，施工时须用水准仪测定桩顶标高，桩顶标高偏差不得超过50 mm。

4.5 土方开挖

(1)基坑土方开挖前应查明场地范围内的地下管线、地下建(构)筑物情况，如有管线不能拆移时，应采取切实可行的加固保护措施，确保施工期间地下管线的安全和正常使用，地下管线的改迁和保护须征得管线权属部门、业主等有关单位同意后方可施工。另开挖前要做抽水试验，检查封闭止水效果，施工时应做好抽水量记录。

(2)基坑开挖应自上而下进行，施工时在平面上分段、竖向分层进行流水作业，每段开挖长度为10～15 m，每层土方开挖深度不超过1.5 m，同时当开挖至工况下0.2 m范围内时，应立即停止开挖，严禁超挖及大锅底式开挖，土方开挖应由远离出土口位置逐渐向出土口位置挖除。

(3)基坑采用机械开挖时，边坡位置宜预留20 cm厚土做边坡的保护层，然后用人工修整坡面。

(4)凡开挖出来的土方应随挖随运走，严禁在基坑顶周边堆放，挖方时不应碰撞或损伤原工程桩、支护结构和截排水设施。

(5)开挖至基坑底标高后应立即进行底板垫层施工，如暂时未能进行底板垫层施工，基坑底预留20 cm厚土层。

(6)不同深度开挖区应遵循的先后顺序：放坡区内浅承台应在其下侧承台及地基梁底板浇筑后施工。

(7)基坑开挖到底如出露为淤泥，铺垫钢板进行机械行走，并立即进行地下室底板垫层施工，坑底严禁超挖换填。

5 基坑监测

(1)安全监测工作应委托有资质的专业监测单位承担，施工单位应采取有效的安全监测措施。

(2)施工中应遵循“动态设计，信息化施工”的原则，及时将监测数据提交设计人员，监测报告必须要有评价意见，应会同设计人员共同分析监测数据，必要时应调整设计方案，提出加固措施。

(3)各监测项目在基坑施工前应测得稳定的初始值，且不应少于2次。

(4)基坑工程监测内容及监测要求应由监测方在施工前提出方案，经业主、设计及监理方确认后实施。

6 基坑应急预案、抢险加固及注意事项

基坑开挖前，应预计事故发生的可能性，做好基坑抢险加固的准备工作。储备止水堵漏的必要器材和加固用的钢材、水泥、编织草袋等。地下室完成至±0.00前，基坑安全工作应列入工程管理的主要任务范畴。

6.1 保护措施和应急预案

(1) 基坑周边顶部要进行硬化处理，做好基坑周边雨水截流，防止地表水流进基坑。

(2) 为避免局部渗漏造成基坑积水，应在基坑内设置排水沟和集水井，当支护结构出现渗漏水的情况时，应采取有效的堵漏止水措施。

(3) 如果由于基坑漏水、流土、流砂、坑内降水或开挖而造成坑外地面或道路下沉、建筑物倾斜开裂、管道爆裂时，应立即停止坑内降水和挖土，并立即用黏土、水泥土浆液等材料处理止水帷幕的渗漏。

(4) 根据基坑监测结果，及时反馈信息。

(5) 当基坑支护结构变形超过允许值或有失稳前兆时，应按下列规定立即采取加固措施：a. 应立即停止施工，将作业人员撤离作业现场，待险情排除后，方可作业。b. 当支护结构变形过大明显倾斜时，先进行回填反压再作处理；也可视情况在坑顶外挖土卸载。c. 当基坑坡脚失稳时，应立即停止土方开挖，在坑脚回填(砂袋)反压，待基坑稳定后再作妥善处理。

6.2 抢险加固及注意事项

(1)当基坑周围建筑物发生严重开裂、倾斜时，应立即组织人员紧急疏散，同时上报上级主管部门。

(2)基坑周边严禁超堆荷载，基坑周边3 m内

不得堆载，3 m 外堆载不得超过 15～20 kPa。施工计划应考虑基坑各剖面的允许设计荷载要求，如经合理安排仍有超载时，应及时通知设计进行相应的修改。

（3）进行基坑支护时，要详细了解基础桩的分布及桩顶标高情况，施工前先将桩位全部找到且采用有效的标志以便挖土时可以避开桩位。道路设置的时候考虑避开桩位密集的群桩位置，如有条件的情况下则不通过桩位。在挖机行走及挖土时必须严防碰撞桩身，挖土时必须放慢速度，对于工程桩承台附近的比较密集的地方土体必须换小型挖机挖土，桩体周围 300 mm 土方采用人工清理，然后用挖机带走。土方开挖至工程桩承台附近时，必须派专人指挥挖掘机作业，协调开挖。工程桩出露部分应随挖随锯，以免土方开挖时挖掘机碰撞工程桩而导致其倾斜。

7 基坑支护结构质量检测

（1）常规原材料包括对钢筋、钢板桩、混凝土、水泥、砂、石的质量检验及隐蔽检查。

（2）对作为截水帷幕的水泥搅拌桩应在基坑开挖前或者开挖时，检测水泥固结体的尺寸、搭接宽度；检测应随机选取或选取施工中出现异常、开挖中出现漏水的部位；对设置在支护结构外侧的单独截水帷幕，其质量可通过开挖后的截水效果判断，采用钻芯法对水泥搅拌桩进行完整性及深度检测，检测桩数不应少于总桩数的 1%，且不应少于 6 根。

（3）对旋挖灌注桩桩身质量采用低应变动测法进行检测，检测数量不少于总桩数的 10%。当按低应变动测法判定的桩身缺陷可能影响桩的水平承载力时，应采用钻芯法进行补充检测，检测数量不宜小于总桩数的 1%。

（4）土钉的抗拔试验要求：不少于埋设土钉总数的 1%且同一土层土钉不少于 3 根。钢花管检测标准为素填土、淤泥层、粉细砂层抗拔承载力设计值不得小于 4 kN/m。预应力锚索检测数量不应少于锚索总数 5%，且不少于 3 根。土钉及锚索的最大试验荷载取轴向受拉承载力的 1.05 倍。

（5）其余检测项目根据规范要求检测。

8 结语

通过研究在粉砂淤泥层及高水位地质条件下的基坑开挖、降水方法以及采用旋挖灌注桩＋预应力锚索＋三轴搅拌桩、拉森Ⅳ型钢板桩、钢管桩联合体系技术在深大基坑施工中的应用。按设计要求施工，按规定的位置、几何尺寸成形，保持其位置正确，并承受作用在其上的外部荷载；同时兼做止水帷幕，起到良好的止水作用，形成系统的数据及施工工艺流程，在本工程及今后的工程建设中运用并加以推广，最大限度地提高和控制深大基坑支护质量、安全。

基于 ABAQUS 泥岩地质深基坑稳定分析及快速支护技术

张光亮

（中国水利水电第九工程局有限公司第五分局　贵州贵阳　550081）

摘要：有限元分析（Finite Element Analysis，FEA）利用数学近似的方法对真实物理系统（几何和载荷工况）进行模拟。在有限元强度折减法的基础上，结合 ABAQUS 中现有的场变量，利用基于场变量的有限元强度折减法。通过在 ABAQUS 中设置岩土体黏聚力与内摩擦角为场变量的函数，场变量为增量步时间 t 的函数，从而通过控制增量步时间 t 实现黏聚力与内摩擦角的折减，通过模拟计算即可求得边坡的安全系数。由于大多数实际问题难以得到准确解，而有限元不仅计算精度高，而且能适应各种复杂形状，因而成为行之有效的工程分析手段。本课题应用有限元分析手段对泥岩地质进行分析并有针对性的制定出边坡支护方案，节省了工期，确保了安全开挖，创造了可观的经济效益。

关键词：有限元；模拟；边坡；稳定分析；支护

1　工程概况

某项目位于余庆县白泥镇西部新城，项目地下室位于 1、2、3 号教学楼及行政楼位置，为地下车库。建筑面积为 6 682.7 m^2，设计场平标高 615.60 m，基坑开挖深度为−5.5 m，总土方量约为 4×10^4 m^3。地下室基坑开挖处地质为泥岩，遇水易软化，雨天及雨后机械施工难度相当大，施工进度受很大的影响。由于基坑面积大、工期紧，且土质多为回填土，部分不密实坡段易产生滑坡，整体开挖后边坡存在严重的安全隐患，故预防边坡失稳、垮塌的边坡支护措施已成为了整个基础施工阶段的重点和难点。

2　地质环境

2.1　地质构造

场地位于单斜地层中，第四系广布，根据钻探揭穿及区域地质资料，下伏基岩为第三系（E）紫红色厚层泥岩，场地内无大型断裂通过，次级断裂在勘察过程中亦未见，岩层为单斜产出，岩层倾向 45°，倾角 42°。

项目场地由素填土、黏土、第三系（E）紫红色厚层泥岩组成，基岩岩性简单，现分述如下：

（1）素填土层（Qml）。颜色斑杂，主要由黏土夹风化残留泥岩组成，结构松散，为近期平场推填而成，钻孔揭露厚度为 0.4～18.4 m，平均厚度 4.6 m，全场地分布连续，其中学生宿舍西南侧及综合楼拟建场地分布较厚。

（2）残坡积黏土层（Qel＋dl）。紫红色夹灰白色，质纯，细腻，夹少量碎石角砾，稍湿，呈可塑状，块状结构，类别为Ⅱ类，发育 2～5 条/m，裂隙较多，钻孔揭露厚度为 0.4～10.4 m，平均厚度 5.6 m，主要残留于学生宿舍西南侧及综合楼拟建场地沟谷中，其余场地受平场开挖已经全部被清除，场地分布不连续。

（3）基岩第三系（E）泥岩。砖红色，厚层状，泥质结构，主要由黏土矿物组成，中风化，岩芯呈柱状和短柱状，岩体较破碎，岩芯采取率为 46%～87%之间，全场地分布广厚。

2.2　地下水情况

拟建场区无地表水体通过，场区地下水由第四系松散孔隙水和基岩裂隙水组成。第四系松散孔隙水分布不均，其水量主要受大气降水控制。基岩裂隙水赋存于泥岩中。

3　技术参数

3.1　技术参数选择

根据试验，项目泥岩采用的主要技术参数如下：容重：24.4 kN/m^3，内聚力 33.5 kPa，内摩擦角 12°，弹性模量 $Es=100$ MPa，泊松比 $v=0.35$，基坑深度 6 m，坡脚 45°，折减系数 $F=0.5\sim2$，折减步距为 0.25。

收稿日期：2019-03-07.

作者简介：张光亮，重庆人，工程师，从事房屋建筑工程项目管理与技术工作.

根据 Mohr-Coulomb 理论，强度折减公式如下：

$$C=\frac{C}{F}$$

$$\theta=\arctan(\frac{1}{F}\tan\theta)$$

式中：C——岩土材料黏聚力；θ——材料摩擦角；F——折减系数。

3.2 计算模型优化

对于岩土材料来说，与其他屈服准则相比，Morh-Coulomb 准则应用最广，时间最长；但是，Morh-Coulomb 准则假定材料的破坏与主应力无关，而且在主应力空间的 π 平面上屈服面是 1 个等边不等角的六边形。屈服面存在尖角，在数值计算中的收敛性较差，计算困难。Drucker-Prager 屈服准则在 π 平面上的屈服面不存在尖角，在数值计算中收敛性较好，见图 1。

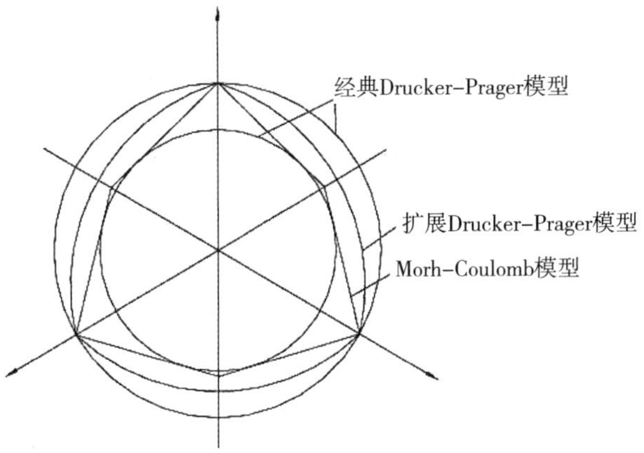

图 1 π 平面上不同屈服准则对应的屈服线图

本课题采用扩展的 D—P 模型，结合 M—C 内切圆屈服准则参数，并利用场变量对材料强度进行连续折减。

本课题采用的计算模型屈服准则如下：

$$F=Q-P\tan\beta-d$$

$$p=\frac{1}{3}I_1$$

$$Q=\sqrt{3J_2}$$

式中：β——材料摩擦角；d——材料凝聚力；I_1——应力张量第一不变量；J_2——应力张量第二不变量。

4 失稳判断依据

4.1 收敛判断

根据有限元解的收敛性确定失稳状态，即在给定的非线性迭代次数极限值条件下，最大位移不能满足所要求的收敛条件，则认为边坡在所给定的强度折减系数下失稳破坏。

4.2 位移判断

根据计算域内某一部位的位移与折减系数之间关系曲线的变化特征确定失稳状态，如当折减系数增大到某一特定值时，某一部位位移突然迅速增大，则认为边坡发生失稳。

4.3 塑性区判断

通过域内广义剪应变等某些物理量的变化和分布来判断，如当域内的塑性区(或某一幅值的广义剪应变)连通时，则判断边坡发生破坏。理论上，边坡的变形过程总是伴随着一些物理量的出现和发展，如塑性区、塑性应变、广义剪应变和应力水平等，当这些物理量达到一定的值时，边坡失稳。

5 结果分析

5.1 安全系数确定

经计算在 $t=0.533\ 389$ 时无法收敛，这说明强度折减到某个程度后土体失稳。场变量 F_{V1} 与 X 方向的位移变化关系如图 2 所示。

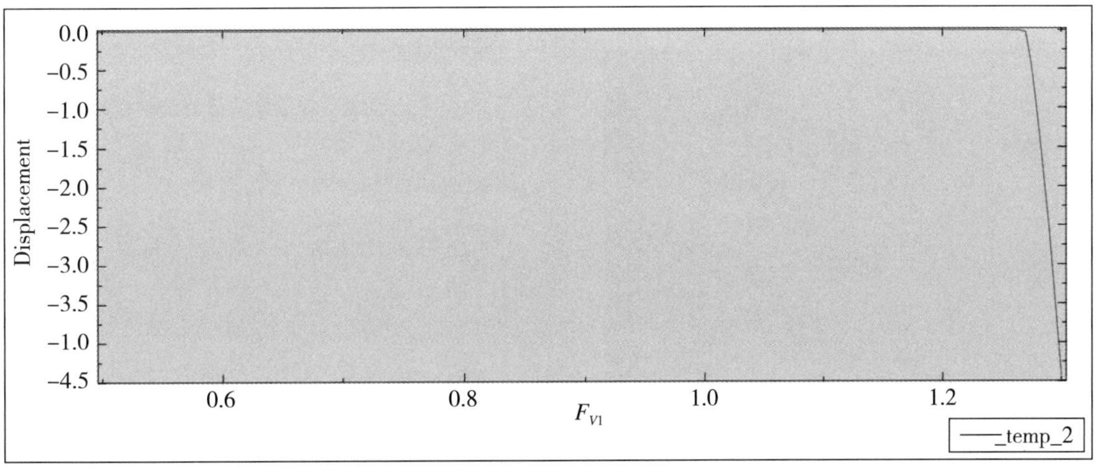

图 2 F_{V1} 与 U_1 变化关系图

从图 2 可以看出：顶部节点水平位移有 1 个明显拐点，若以位移拐点做为评价标准，则 $F=1.22$。此值与本课题所依托项目的《岩土工程勘察报告(详堪)》给出的边坡安全系数 1.2 极为接近，说明本方法是正确可行的。

6 过程可视化

6.1 滑动面形成过程

为进一步深化模拟边坡滑移情况，分别取不同时点边坡等效塑形应变的变形图，如图 3～图 5 所示。

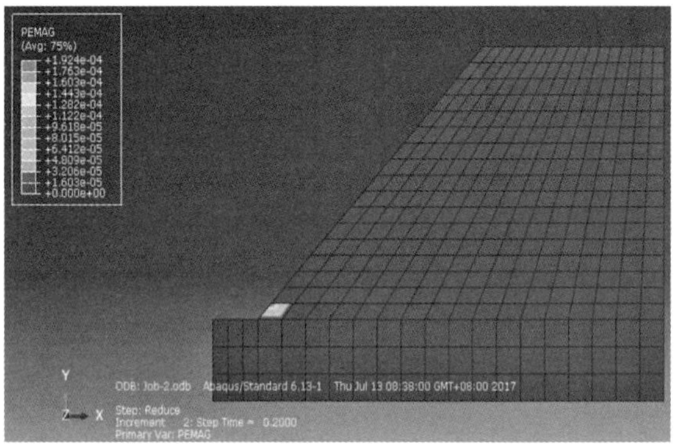

图 3 $t=0.200$ 时的 PEMAG(积分点上的等效塑性应变)从坡角开始

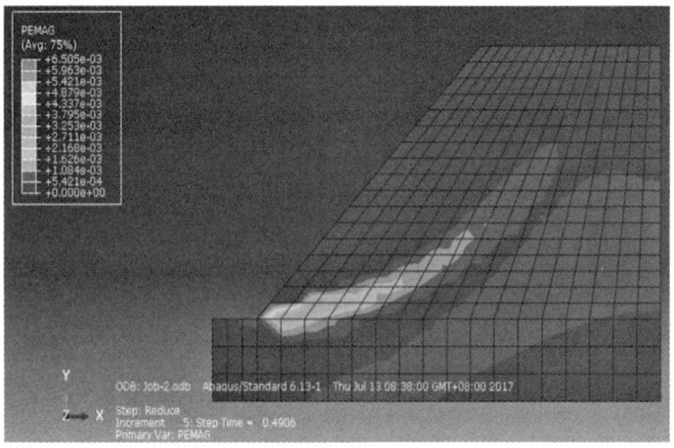

图 4 $t=0.4906$ 时的 PEMAG(积分点上的等效塑性应变)

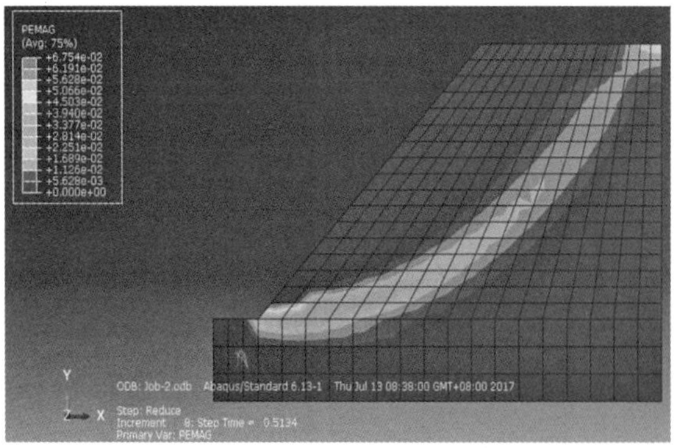

图 5 $t=0.5134$ 时可以看出已形成贯通(滑动面基本形成)

6.2 位移分析

X、Y 方向位移及最终变形情况详见图 6～图 8 所示。

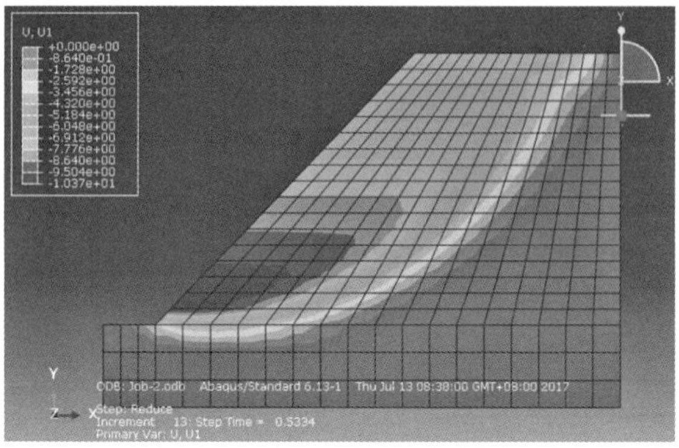

图 6 X 方向位移图

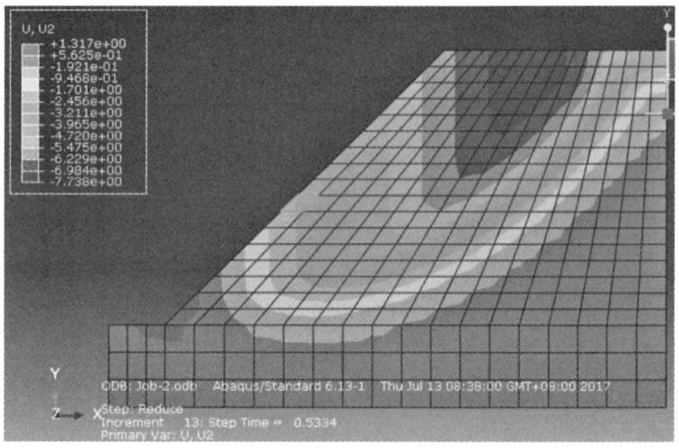

图 7 Y 方向位移图

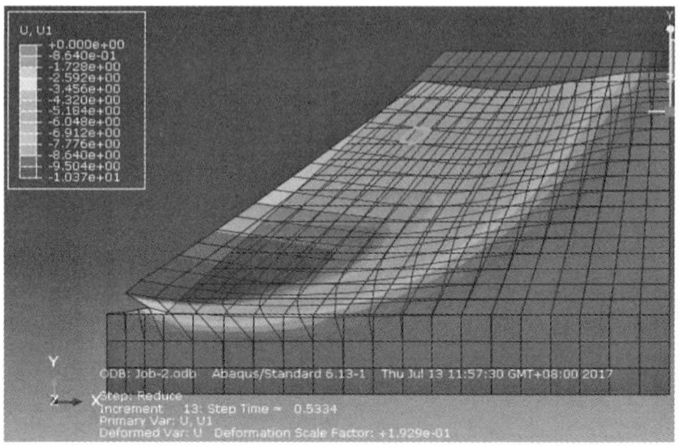

图 8 若不支护最终滑移变形图

7 边坡支护方案选择

由可视化结果可清晰看到滑动面形成过程及区间，便于快速、合理选择经济合理的开挖及边坡支护方案。本项目根据滑动面范围，确定选用喷锚支护方式，先择支护形式及参数见表 1，支护设计图见图 9。

因本工程无地下水，因此仅考虑在边坡顶部及坡脚处设置明沟排水。

表 1　锚杆设计参数

锚孔直径 D/m	锚固角度 α/(°)	锚杆水平间距 s_{xj}/m	锚杆垂直间距 s_{yj}/m	锚杆材料	杆体直径 d/mm	锚筋或预应力钢绞线抗拉强度设计值 f_y/(N/mm^2)
0.15	15	2.5	2.5	HRB335 钢筋	20	215

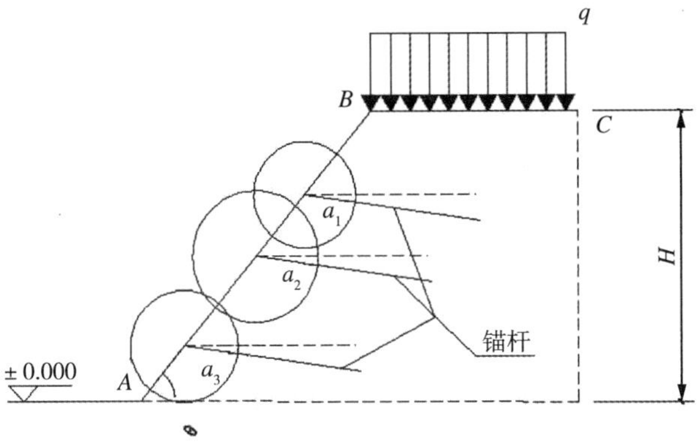

图 9　锚喷支护设计示意图

本支护方案施工过程中采取分层开挖，边开挖、边监测、边支护的施工工艺。经过相关专家论证且经现场实际生产检验，在整个生产过程中经历整个施工雨季，边坡土体稳定，挡土作用明显，且施工迅速。根据施工现场设置的沉降观测点，观测情况表明符合国家相关规范要求，安全可靠，能满足现场施工要求。说明利用有限元分析结果进行边坡支护的快速设计是可行的。

8　总结

(1) 通过本课题研究，可以利用有限元软件，根据现场采集的地质情况及相关数据，事先进行稳定性分析，针对此片区域结合数值模拟结果进行针对性的边坡支护设计，从而选定了最可靠和最经济的边坡支护方案，对相同地质情况有一定的参考作用，同时有限元分析技术在工程实际施工中有较广泛的应用前景。

(2) 通过应用科学的方法，根据工程特点、环境情况和工期的要求，因地制宜，针对余庆地区特有泥岩地层进行深基坑边坡稳定分析，制定合理可行的泥岩地层深基坑的快速支护措施方案，在复杂的城市环境、工期及面临雨季的条件下快速施工，充分利用较先进的理论及相关施工经验，最大限度降低企业生产成本，节约投资，提高经济效益。根据财务统计，本课题实施后节约成本方面优势明显，未优化前预算成本 182.05 万元，优化后实际成本 154.41 万元，节约成本 27.64 万元，占比为 15.18%。

参考文献：

[1] 伍韵萤，王志鹏，孙立宇. Morh－Coulomb 内切圆屈服准则在 ABAQUS 软件边坡分析中的应用 [J]. 长春工程学院学报（自然科学版），2012 (13)，02.

[2] 张阳阳，李宗坤，李艳. 基于 ABAQUS 的强度折减法边坡失稳判据研究 [J]. 浙江水利水电专科学校学报，2009 (06).

[3] 许建聪，尚岳全，陈侃福，等. 顺层滑弹塑性接触有限. 元稳定性分析 [J]. 岩石力学与工程学报，2005，24 (13).

[4] 陈祖煜. 土质边坡稳定分析——原理・方法・程序 [M]. 北京：中国水利水电出版社，2003.

BIM技术应用探索与研究

赵京燕

（中国水利水电第九工程局有限公司四分局　贵州贵阳　550018）

摘要：随着BIM技术推广应用的不断加强，越来越多的建筑施工企业积极投入到了BIM技术应用的推广大军中，促进了项目精细化管理。而有的项目管理依然处于粗放式管理方式，技术与现场施工脱节，资料信息缺失等问题依然凸出。某项目拟通过BIM技术在项目的应用，增强项目的管理创新和技术创新能力，探索BIM技术项目精细化管理的实施方法；实现施工方案的可视化交底；实现场地布置科学合理；结合移动应用技术，实现质量、安全管理的动态跟踪与记录；提高生产效率，带来管理效益。

关键词：BIM技术；管理模式；探索；研究

0　引言

BIM(Building Information Modeling)建筑信息模型是以建筑工程项目的各项相关信息数据作为模型的基础，进行建筑模型的建立，通过数字信息仿真模拟建筑物所具有的真实信息。BIM是建筑企业标准化、精细化、信息化管理不可或缺的数据支撑和技术支撑，将成为建筑企业核心竞争力之一，最终成为建筑业生产力革命性技术。

为了更好进行BIM技术应用探索，中国水利水电第九工程局有限公司四分局利用广联达BIM5D平台构筑了分局BIM中心、项目BIM工作小组二级实施体系和广联达咨询服务(提供专业上的软件基础、技术支撑、实施服务、人才培养、行业内BIM业务的交流展示机会)，采用固定端(BIM中心)+流动端(项目BIM小组)相结合的创新形式开展BIM技术应用研究工作，通过在BIM5D软件中集成全专业BIM模型，并将模型与工程进度、计量、资源、施工组织等关健信息相关联。

一方面利用BIM5D软件中的碰撞检查协同实现不同专业模型间的碰撞检查，通过BIM浏览器软件实现设计成果的及时获取；另一方面利用BIM5D软件中的施工模拟功能对施工过程进行模拟，为施工生产组织和协调提供合理的施工流水界面切分，对人力、材料、机械等资源消耗进行优化，提供准确的计划，实现技术、生产和商务的横向综合应用。探索BIM技术项目精细化管理的实施方法，分析通过BIM有效应用所产生的经济效益，实现对工程成本的有效控制，从而提高项目全过程精细化管理水平。

1　BIM组织机构建设

本次应用以观府壹号1号楼作为试点项目，组建以BIM中心主管为核心的BIM工作室，工作室由BIM中心(固定端)与项目BIM工作小组(流动端)成员组成。具体分工与职责见表1。

表1　BIM工作室分工与职责

名称	内容	职责
固定端	模型整合及技术端操作	在BIM5D平台上集合所有专业模型，做施工全局模拟以及工序模拟，导入进度计划，关联模型，实际与计划视口对比模拟；做室内漫游动画，碰撞视点的保存，二次排砖，重难点方案交底。
	商务端	导入预算文件(包含合同与成本预算)，关联模型；分析资金变化曲线及资源变化曲线；三算对比分析，包含分包合同的管理，分析盈亏情况；上传外部端，输入成本分析信息。
	综合应用	检测各项作业的工作完成及协调情况，管理帐号，工艺库录入。
流动端	质量端	发生质量问题，指定责任人，整改后验收，每周记录不少于5次，及时上传移动端。
	安全端	发生安全问题，指定责任人，整改后验收，每周记录不少于5次，及时上传移动端。
	进度端	每天上传进度照片，确保每天工作有据可依；问题描述真实填写清楚，且分类进行劳动力、材料统计。

工作室负责制定BIM实施管理细则，进行BIM工作职责分工，建立BIM例会制度，作好BIM

收稿日期：2019-06-20.

作者简介：赵京燕，湖南人，工程师，从事工程施工生产技术管理工作.

模型的基础维护和项目 BIM 应用管理工作。

2 BIM 技术对工程量的有效控制

精确高效的工程量计算是工程预算、变更控制、计量支付和工程结算的基础的依据，利用基于 BIM 的工程量计算软件可有效提高工程计算工作的准确性和效率。

在项目前期策划阶段，BIM 工作室通过 BIM 建模配合 BIM 的工程量计算软件实现多个专业快速提量、输出报表，进而实现对工程量的有效控制，减少浪费和重复劳动，与传统计量比较节约 20%以上，有效提高工作效率。模型工程量计算见图 1。为后期工程施工所需工程量提供了更加准确的数据信息，方便了后期施工中工程控制及结算，并为后期 BIM 技术平台建设提供数据支持。

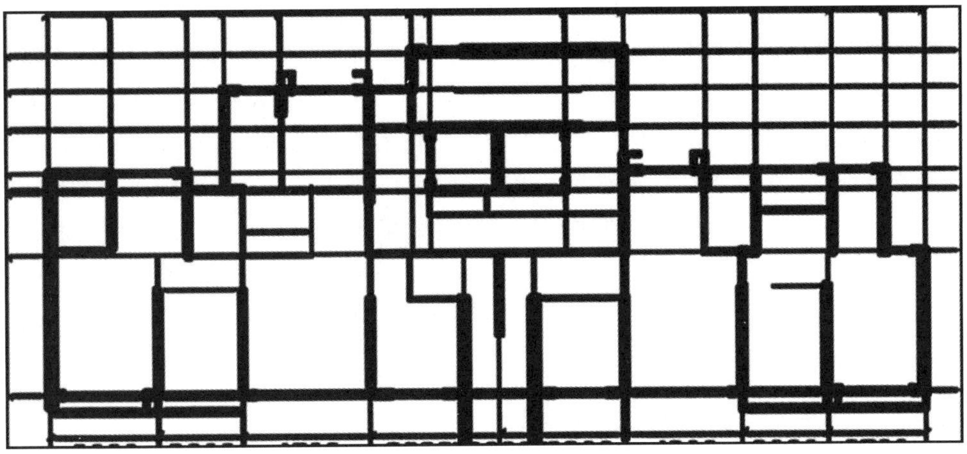

图 1　工程量计算模型

3 可视化、虚拟建造

3.1 三维场布模拟

通过利用 BIM 技术，BIM 工作室采用场布软件快速搭建起场布模型，场布模型见图 2。通过三维场布特有的可视化性，使施工现场规划直观可见，有效验证三维施工场地布置及立体施工规划，提前检查施工过程的各种安全陷患，减少了材料运输、大型机械进出场等平面布置带来的困难，规避了后面在施工过程中出现的各种问题，为项目的合理实施创造良好条件。

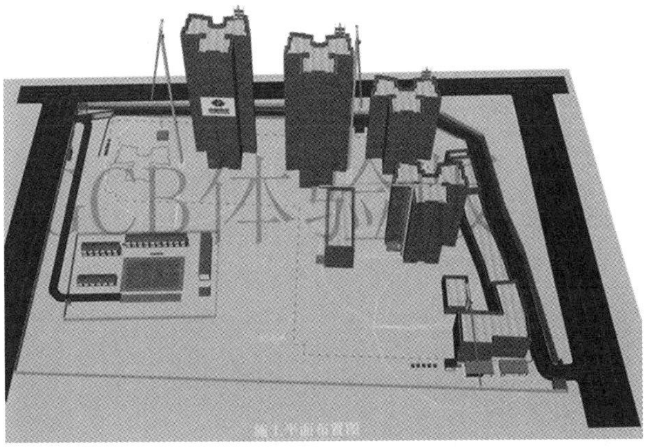

图 2　某项目场布模型

3.2 施工过程模拟

将 BIM 模型与施工组织进度计划相关联来进行完整的 4D 施工模拟，并真实表现施工过程，项目施工模拟见图 3。使项目各参与方可根据模拟过程直观地了解整个施工过程时间节点及工序，从而准确把握施工过程中的难点与要点，优化并改善施工方案，提高施工的经济性、安全性、合理性，同时提升施工管理人员对施工进度的掌控能力，提高施工效率。

图 3　观府施工模拟图

3.3 施工方案模拟交底

施工中存在很多异型复杂的结构和节点，传统交底仅仅通过文字和二维图纸，无法想象具体的形式，也无法发现问题的所在。

项目 BIM 工作室采用 BIM 可视化交底，直观清晰，交底效率大大提升，与传统平面、文字交底相比约提升 30%以上，避免了交底不清带来的大量返工，提高了施工安全和质量。

4 碰撞检查、深化设计

BIM 中心通过整合各个专业模型，应用 BIM 碰撞检测软件，在虚拟的三维环境下进行快速、全面、准确的计算，并检查出设计图纸中的错误、遗漏及各专业间的碰撞等问题，楼梯碰撞检查见图 4。BIM 工作室根据碰撞检测报告，调整模型、优化模型，达到可行的施工要求。尤其对关键部位和关键管道进行预排布，然后经各方评审论证后，创建实体三维模型，消除由此产生的设计变更和工程洽商，减少施工中的返工，节约成本，缩短工期，降低风险。

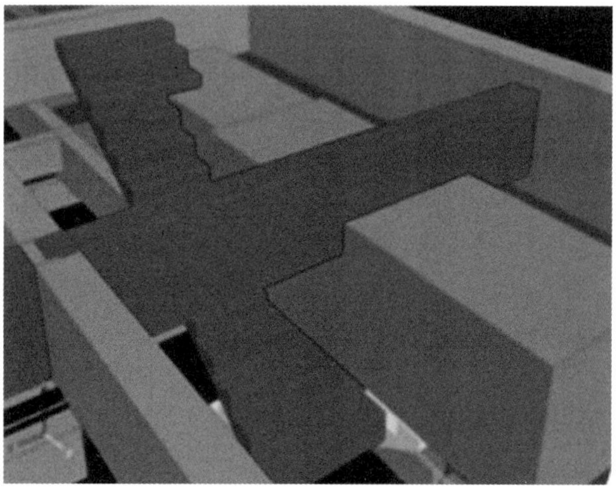

图 4 楼梯碰撞检查示意图

5 进度、质量、安全模块应用

5.1 施工进度控制

某项目地下结构 6 个流水段，地上结构 99 个流水段，流水段划分众多，专业交叉频繁，工期紧张，若是生产计划安排不合理，将会对整体工程进度造成影响。工作室通过 BIM 技术实现流水段划分与进度计划关联，通过进度模拟直观表达施工进度。流动端进度技术人员每天根据施工现场各部位发生的实际进度，采集照片，并赋予部位的信息名称和参与的工种、当前人数，来记录当日的现场施工情况，这样不仅对施工现场全过程有一个完整的记录，同时领导及管理层都能够随时随地轻松掌握现场施工状况。并通过计划进度与实际进度对比，及时分析进度偏差，有效解决了工期紧的问题。

5.2 施工质量、安全控制

某项目参与分包单位较多，质量安全隐患众多，总体协调难度大。流动端现场管理人员通过 BIM5D 平台的移动端手机 APP 记录现场质量安全问题，推送给相关责任人，并发起整改权限，以做到质量安全管理全方位覆盖，且负责督促，确保质量安全模块工作顺利实施，从而形成质量安全问题闭环机制。同时在生产例会对质量安全整改情况进行通报。

手机端进行质量安全问题拍照后数据会同步到 PC 端，并在模型中进行显示，通过 PC 端来统计问题数量、频率、分类等数据来辅助管理，同时还可以通过 PC 端直接生成整改单下发给劳务分包单位。所有质量安全问题都会反馈到云端，项目部管理层通过网页端便一目了然施工现场问题并及时采取措施。

6 自动排砖

由于该项目工期紧，工程量大，图纸一直不到位，影响了工程进度。如按照传统模式，工程部 1 人排 1 面砖墙耗时 10 min 左右，该项目地下 2 层、地上标准层 33 层，要进行 3 层排砖，要排完全部墙体约 10 d 左右，工作量大，如不排砖又会导致领料难以把控、二次搬运多、穿插作业打架等问题。

BIM 工作室应用 BIM5D 自动排砖功能，首先统一设置好相关参数，系统自动排砖，在此基础上再进行精细化排砖，对细节进行精细化调整，同时添加构造柱、圈梁、洞口等内容，排完 1 面墙大约 2 min 左右，全部墙面排完共用时 1 d 左右，提高了排砖效率 10 倍，控量节省约 3%，并提出砌筑工程量以及排砖施工图纸。

自动排砖见图 5。

图 5 自动排砖示意图

在此基础上物资部根据BIM工作室提供的数据进行物资采购，生产部根据施工图纸进行施工管理，提高了施工技术质量，节约了材料用量，减少二次搬运，使工程质量有了大幅度提升。

7 劳动力统计

目前项目已通过手机端录入施工现场每日劳动力数据，通过统计来帮助项目安排生产任务。

8 应用效果

(1) 项目通过BIM5D平台质量、安全功能应用，保证了施工现场的每一项质量、安全等方面问题得以整改落实，每周问题整改率达到95%以上。

(2) 为分局BIM应用积累了丰富的经验，培养了10多名BIM应用人才，建立了BIM技术应用微信群，方便快捷实现问题解答、互动交流，提高项目部对BIM技术精细化管理的认识，促进了BIM技术在分局内的应用。

(3) 应用BIM技术对图纸进行全面审核，缩短了图纸会审时间，比传统审图多发现各专业图纸问题20多条，减少设计缺陷，为后期施工扫清了图纸障碍，避免返工。

(4) 采用施工BIM技术，实际应用于质量管理、安全管理、施工管理、三维技术交底、碰撞检查、施工模拟、行走漫游等工程管理控制，使各部门工作通过BIM5D平台集成在一起，提高了各部门之间的沟通效率与工作效率，给项目管理带来了良好的经济效益；同时增强了对施工进度的把控能力。目前，工程项目进度履约情况良好。

(5) 应用BIM技术，通过精确的物料计划，减少了二次搬运和浪费；利用模型提取材料用量，准确率达到98%以上，结合进度计划实现物料的准确进场，减少了材料二次搬运和多余浪费。另外，材料计划的准确性缩短了物流和库存周期，提高场地使用效率，既节约成本也保证了工期。

(6) 应用BIM自动排砖技术，通过精确计算出划分区域内砌体用量，结合墙面位置投放所需砌块，定点投放，减少了场内砌筑工人二次搬运情况，节约了砌筑时间。

9 结语

BIM工作的实施是一个不断探索、持续动态的过程，需要不断完善和加以改进，不断开拓创新应用、积累，经验的积累也是为了更好探索和实践。作为水电九局BIM技术应用的先行军，我们目前也还处于起步应用阶段。在建筑企业日益激烈的竞争环境下，必须大力提升管理水平和核心竞争力，不断进行技术创新和管理创新。BIM技术这一方法和理念是支撑企业发展和管理落地的有效手段。

通过本次BIM技术应用探索与研究，分局已初步探索出一种BIM应用的管理方式、管理架构及材料、技术、生产管理的相关流程；同时本次应用项目获得了全国BIM应用模范基地；与此同时基于该项目BIM的现场施工管理信息技术的开展，为分局信息化技术应用起了一个很好的带头作用，推动了分局在管理理念、管理思维上的提升。

为更深层次实现项目精细化、信息化管理，将逐步完善和扩大BIM技术专业人员及软硬件配备，不断持续深入BIM技术的实践和研究，进一步深化BIM技术与项目管理集成应用研究、建筑设施BIM三维可视化设计与应用研究、BIM+物联网集成技术应用研究等探索出一条进度管理无纸化、信息化、科学化的管理流程，实现现场技术、商务、生产的真正结合，使得BIM技术真正落地施工现场。总而言之，BIM技术带来的价值是长远的，在短期内无法直接看到BIM价值，需要与时俱进不断学习、应用，并不断创新，致力打造先进的BIM+智慧建造平台，助力分局和公司各项目标达成。

BIM技术是今后工程建造发展的方向，未来BIM技术将成为施工企业的核心市场竞争力。

参考文献：

[1] 张建平，李丁，林佳瑞，等. BIM在工程施工中的应用 [J]. 施工技术，2012 (16).

[2] 王曦. 致力于探索BIM的深度应用和整体应用 [N]. 中华建筑报，2015-03-31 (5).

沥青混凝土心墙坝安全性评价方法及其在新疆石门水电站工程中的应用

苏鹏，王荣荣，彭成佳，张合作，程瑞林

（中国电建集团贵阳勘测设计研究院有限公司　贵州贵阳　550081）

摘要：石门水电站位于新疆维吾尔族自治区呼图壁县，是呼图壁河中游河段规划的第3个梯级[1]，距呼图壁县城公路里程78 km。工程最大坝高106 m，采用沥青混凝土心墙防渗。为确保大坝和心墙结构的安全，采用坝体应力水平、沥青心墙铅直应力分布、静止侧压力系数3种方法对大坝和心墙稳定进行了安全性评价，大幅降低了计算分析难度，成果可为后续类似工程提供参考。

关键词：石门水电站；沥青混凝土；心墙；本构关系；应力水平；静止侧压力系数

0　引言

沥青混凝土心墙坝最早出现在1949年葡萄牙建成的Vale de Caio坝[2]，具有结构布置简单、心墙自愈等特性。沥青混凝土心墙坝稳定性评价一般多采用大型有限元进行计算分析，本文采用应力水平、心墙铅直应力分布以及心墙静止侧压力系数进行心墙的安全性评价，计算成果可靠且计算过程得到大幅度简化，可供其他类似工程参考应用。

1　工程概况

石门水电站位于新疆呼图壁河中上游峡谷进口段，东距乌鲁木齐市88 km(101公路)，北距呼图壁县直线距离42 km，公路距离81 km。坝址以上流域面积1 881 km^2，年径流量4.38亿m^3，可控制呼图壁河93.6%的径流。流域南北长254 km，东西宽平均37 km，全流域面积为10 255 km^2。

2　石门沥青混凝土心墙坝结构布置

石门水电站枢纽布置格局：沥青混凝土心墙砂砾石坝、右岸泄洪系统、左岸引水发电系统、地面厂房。

沥青混凝土心墙坝坝轴线方位为N58°W，坝顶高程1 243.00 m，心墙基座最低建基高程为1 137.00 m，最大坝高106 m，最大底宽392 m，坝顶长312.51 m，考虑交通要求，坝顶宽取10 m，防浪墙高1.5 m[3]。

(1) 砂砾料填筑区。砂砾石岩性为硅质岩、花岗岩、流纹岩等致密、坚硬的岩石，具有较强的抗风化能力。砂砾料填筑区是心墙承受水荷载和其他荷载的支撑体，要求石质坚硬，不易软化，饱和抗压强度≥30 MPa。颗粒级配要求连续，最大粒径不大于800 mm，<10 mm、<5 mm、<0.075 mm的颗粒含量分别为10%～25%、<15%、≤5%。压实孔隙率n≤24%，每铺层厚度不超过60 cm，相对密度≥0.85。渗透系数10^{-2}～10^{-3} cm/s。

(2) 过渡层。过渡料位于砂砾石填筑料与心墙之间，其作用主要是作为沥青混凝土与坝壳料之间的过渡，变形模量及颗粒大小位于两者之间，垫层料可压入坝壳的孔隙内，以均匀传递应力，防止不均匀变形出现拉裂缝；此外，过渡层颗粒大小位于坝壳料与心墙料之间，有利于降低心墙的“拱效应”[4]，同时也可为运行期可能出现的渗漏提供良好的灌浆补强区[5]，降低渗透破坏和填筑料流失的风险。过渡层要求级配良好、质地坚硬，抗风化能力强，要求最大粒径不超过80 mm、中值粒径9～12 mm、含泥量<5%，渗透系数≥1×10^{-2} cm/s。过渡层与心墙同步碾压上升，压实孔隙率n≤20%，相对密度≥0.85；施工过程中应尽量减少沥青混凝土嵌入过渡层，使沥青混凝土具备自愈效应。

(3) 沥青混凝土心墙布置。沥青混凝土心墙采用碾压式，位于坝轴线上游3.25 m处。心墙底部与混凝土基座连接，底高程1 144.50 m，心墙顶高程1 242.50 m，上下侧按1∶0.005 4放坡；心墙顶部厚0.5 m，河床段至1 147.50 m高程厚1.5 m，底部通过3 m高度渐变为2.5 m厚。心墙沥青混凝土孔隙率≤2%，渗透系数≤1×10^{-8} cm/s，

收稿日期：2020-03-24.

作者简介：苏鹏，陕西三原人，高级工程师，从事水工建筑物设计、项目管理及岩土工程数值模拟等工作；王荣荣，陕西武功人，高级工程师，主要从事水工建筑设计、招标采购管理等工作；彭成佳，湖北仙桃人，正高级工程师，主要从事水工建筑物设计及岩土工程数值模拟等工作.

水稳定系数≥0.90。弯曲强度≥400 kPa，弯曲应变≥1%，内摩擦角≥25°，黏结力≥0.3 MPa。沥青含量约占沥青混合料总重的6%～7.5%。骨料粒径不大于20 mm，要求质地坚硬、新鲜，不因加热而引起性质变化。

沥青混凝土坝典型剖面见图1。图中，校核洪水位（$P=0.05\%$）为1 240.740 m，正常蓄水位、设计洪水位（$P=1\%$）为1 240.000 m，死水位为1 185.000 m，设计尾水位为1 135.69 m，校核尾水位为1 137.95 m。

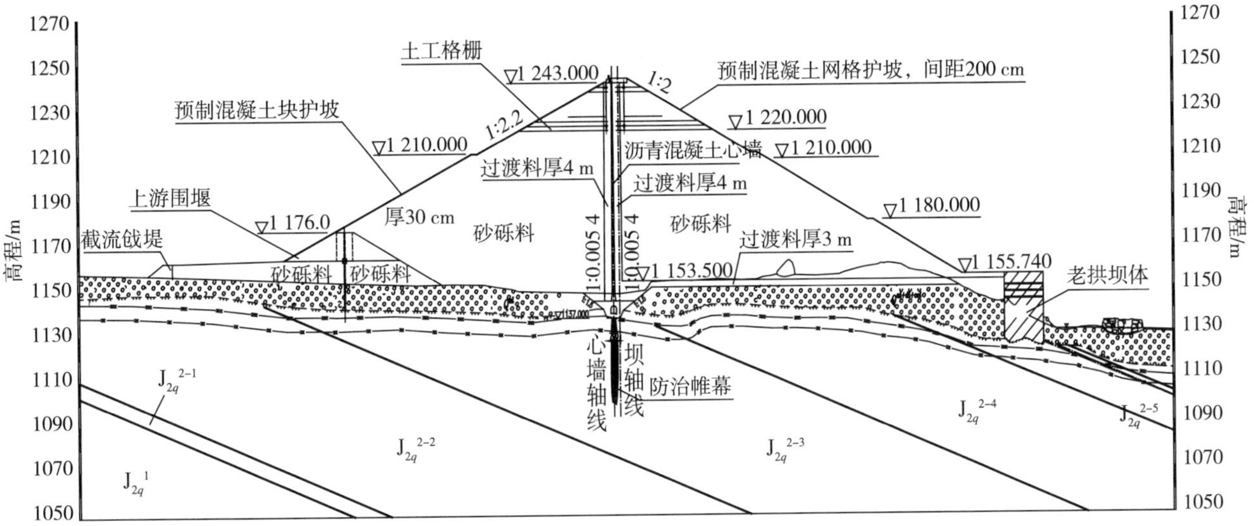

图1　新疆呼图壁河石门水电站沥青混凝土坝典型剖面示意图

3　沥青混凝土心墙坝安全评价方法

3.1　静力计算本构模型

堆石坝静力计算主要采用邓肯一张非线性弹性模型[6]。其切线变形模量的表达式如下：

$$E_t=(1-R_fS)^2E_i$$

或简写成：

$$E_t=\left[1-\frac{R_f(1-\sin\varphi)(\sigma_1-\sigma_3)}{2C\cos\varphi+2\sigma_3\sin\varphi}\right]^2Kp_a\left(\frac{\sigma_3}{p_a}\right)^n$$

式中：S——应力水平，如下式 $S=\dfrac{(\sigma_1-\sigma_3)}{(\sigma_1-\sigma_3)f}$；$E_t$——切线变形模量，随 S 的增大而减少[7]；E_i——初始切线模量，E_i 和侧限压力 σ_3 的关系可采用Janbu[8]（1963）的经验公式表达，见图2。

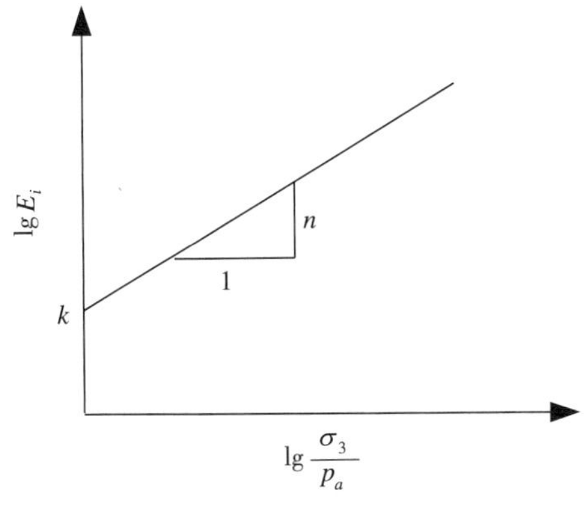

图2　$\lg E_i$ 与 $\lg\frac{\sigma^3}{p_a}$ 关系

$$E_i=Kp_a\left(\frac{\sigma^3}{p_a}\right)^n$$

式中：K——模量参数；n——无因次指数。

可以看出，切线模量 E_t 与 φ、C、K、n 及 R_f 5个试验常数[9]有关。

对于邓肯一张[10]非线性弹性 E-μ 模型，切线泊松比 μ_t 的表达式：

$$\mu_t=\frac{\mu_t}{[1-A]^2}$$

式中：

$$A=\frac{D(\sigma_1-\sigma_3)}{Kp_a\left(\frac{\sigma_3}{p_a}\right)^n\left[1-\frac{R_f(1-\sin\varphi)(\sigma_1-\sigma_3)}{2C\cos\varphi+2\sigma_3\sin\varphi}\right]}$$

μ_i 为初始泊松比，根据试验资料分析，μ_i 随侧限压力 σ_3 的增加而减少，可用下式表示：

$$\mu_i=G-F\lg\left(\frac{\sigma_3}{p_a}\right)$$

式中8个计算参数 K、n、R_f、C、φ、F、G 和 D 可以利用常规三轴剪切试验测定。

1980年邓肯等人[11]又提出切线体积模量 B_t，进而求得 μ_t 的方法[12]，其中

$$B_t=K_bp_a\left(\frac{\sigma_3}{p_a}\right)^m$$

式中：K_b——试验常数；p_a——单位大气压；m——体积模量指数。

考虑切线体积模量 B_t 后，泊松比可由下列公式 $\mu_t=\dfrac{1}{2}\left(1-\dfrac{E_t}{3B_t}\right)$ 限制 μ_t 在0～0.49范围内。

$E\text{-}B$ 模型的 7 个参数 K、n、R_f、C、φ、K_b 和 m 可利用常规三轴剪切试验测定，相比 $E—\mu$ 模型更加简单、直观。

3.2 应力应变分析方法

应力应变分析采用平面四边形单元。沥青混凝土心墙，过渡区、堆石区、覆盖层等采用邓肯张 $E\text{-}\mu$ 模型；基座等混凝土结构采用弹性本构模型。

3.3 坝体及心墙安全评判标准

（1）坝体应力水平。应力水平是判别坝体内极限平衡区的一项重要指标，如果坝体内各部位应力水平[13]均小于 1.0，说明坝体不会被剪坏。其公式如下：

$$S=\frac{(\sigma_1-\sigma_3)}{(\sigma_1-\sigma_3)f}$$

式中：S——应力水平；$(\sigma_1-\sigma_3)$ ——大小主应力差值；$(\sigma_1-\sigma_3)\ f$——大小主应力差值的极值。

（2）沥青混凝土心墙铅直向应力沿高程分布情况。蓄水期如果沿高程方向心墙各部位的铅直向正应力均大于对应高程的静水压力，说明沥青混凝土心墙具有抵抗水压力的能力，即产生水平裂缝的可能性不大，这有利于避免心墙水力劈裂现象的发生[14]。

（3）沥青混凝土心墙静止侧压力系数。沥青混凝土心墙的静止侧压力系数(σ_3/σ_1)应在 0.3～0.5 之间[15]，可防止心墙的过量体积变形而失稳。

4 石门沥青混凝土心墙坝稳定计算分析

4.1 坝体渗流分析

（1）计算资料。正常蓄水位：1 240.00 m；相应下游水位：1 130.00 m。设计洪水位：1 240.00 m；相应下游水位：1 135.69 m。校核洪水位：1 240.86 m；相应下游水位：1 137.95 m。

坝体填筑料及基岩渗透系数见表 1。

表 1 坝体填筑料及基岩渗透系数

分区	渗透系数/(cm/s)
砂砾料	2.0×10^{-2}
沥青混凝土心墙	1.0×10^{-8}
混凝土	7×10^{-6}
覆盖层	17×10^{-2}
基岩(J_2q)	5.0×10^{-5}

（2）计算成果。沥青心墙坝渗流分析主要从 3 个方面来考查，分别是浸润线的位置、单宽渗透流量和渗透坡降。计算得单宽渗透流量为 $6.76\times10^{-5}\ m^3/s$。渗流计算成果通过后处理程序整理，可得渗流场等势线、渗透坡降。由图 3 可知，沥青混凝土心墙主要承担渗透坡降，在心墙处浸润线迅速下降，其他填筑区渗透坡降很小，心墙下游侧浸润线基本与下游水位齐平，故下游坡面不会出现渗流破坏。

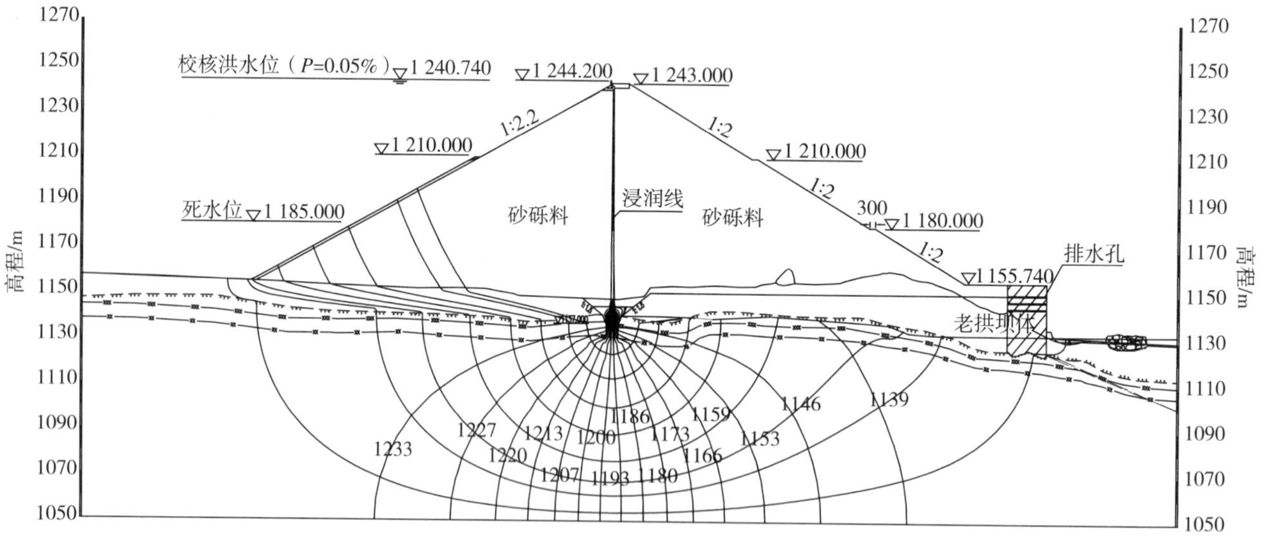

图 3 主剖面等势线分布示意图

4.2 坝体应力、应变二维有限元分析

坝体应力、应变二维有限元分析主要分为以下 3 种工况：

工况 1：竣工期上下游无水。

工况 2：蓄水期上游水位 1 240.00 m，相应下游水位 1 130.00 m。

工况 3：蓄水期上游水位 1 240.00 m，相应下游水位 1 130.00 m；考虑地震荷载影响。

（1）计算域范围。计算模型上游取 1.5 倍坝高，下游取 2 倍坝高，基础取 1.5 倍坝高。计算中采用的主要单元类型为 4 节点四边形等参单元。模型与边界接触节点分别采用理想连杆和铰支。其中基岩底边界对其铅直向位移进行约束，基岩上下游边界对其水平位移进行约束。

(2) 荷载及施加方式。计算考虑的荷载主要有自重、水荷载以及地震。荷载施加模拟了坝体的填筑过程，采用逐级加载的方式，共计 34 级主增量。坝体填筑及分区见图 4。计算中考虑了材料的非线性特性。第 1 级：基础自重增量。第 2～5 级：上游施工围堰自重增量(Ⅰ期)。第 6～7 级：上游施工围堰及基础灌浆廊道自重增量(剩余Ⅰ期和Ⅱ期)。第 8～14 级：心墙、过渡料及堆石体Ⅲ1 期自重增量。第 15～17 级：心墙、过渡料及堆石体Ⅲ2 期自重增量。第 18～23 级：心墙、过渡料及堆石体Ⅲ3 期自重增量。第 24～31 级：心墙、过渡料及堆石体Ⅲ4 期自重增量。第 32 级：坝顶混凝土自重增量。第 33 级：水荷载增量(上游至 1 240.00 m，下游至 1 130.00 m)，利用渗流场计算结果将渗透体积力转换为节点力一次性施加节点上。第 34 级：考虑地震荷载增量，采用拟静力法，地震加速度取 0.2g，施加到坝顶。

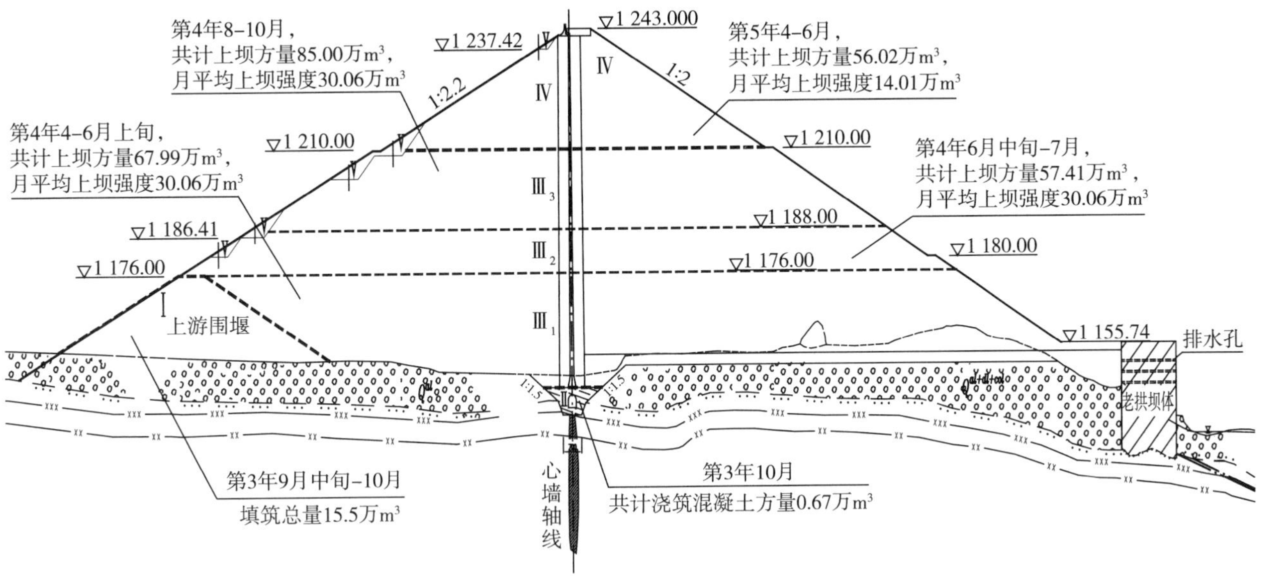

图 4　坝体填筑及分区示意图

(3) 计算参数。计算参数根据室内物理力学试验指标，并与相关工程进行类比拟定，计算参数见表 2。

表 2　沥青混凝土心墙坝 $E-\mu$ 模型计算参数

名称	R_f	K	n	G	F	D	K_{ur}	Φ_0	$\Delta\Phi$	C /(kPa)	密度/(g/cm³)
覆盖层	0.74	700	0.72	0.34	0.004	4.8	1500	30	0	0	2
基岩	0.6	1 200	0.74	0.38	−0.035	5.8	2 300	35	0	25	2.31
沥青混凝土心墙	0.76	850	0.33	0.38	0.05	15	1 200	27	0	200	2.43
上游过渡层Ⅰ	0.68	1 200	0.52	0.34	0.08	6	2 400	35	5	19	2.2
上游过渡层Ⅰ(湿态)	0.68	1 080	0.52	0.32	0.06	5	2 100	33	5	17	2.2
上游堆石体Ⅰ	0.72	1 000	0.5	0.33	0.06	6	1 800	38	5	25	2.2
上游堆石体Ⅰ(湿态)	0.72	900	0.5	0.33	0.06	6	1 600	36	5	20	2.2
下游堆石体Ⅰ	0.72	1 000	0.5	0.33	0.06	6	1 800	38	5	25	2.2
上游围堰	0.75	800	0.4	0.28	0.05	3	1 600	35	3	19	2.2
防渗墙底的(帷幕灌浆区)土体单元	0.65	2 200	0.63	0.35	−0.023	3.5	4 400	40	0	70	2.42

表中：R_f——破坏比；K、n——弹性模量数和弹性模量指数；C、Φ_0——坝体强度指标；G、F、D——试验参数；K_{ur}——试验参数；$\Delta\Phi$——考虑应力对内摩擦角的影响。

(4) 应力应变分析结果。应力应变分析结果见表 3。根据计算成果可知，工况 1、2：大坝最大沉降部位约在 1/2 坝高心墙处，最大沉降量约 0.65 m，符合一般规律。工况 1：坝体水平位移沿心墙位置基本成对称分布，最大水平位移向上游约 0.18 m，向下游约 0.26 m；工况 2：由于渗透水压力的影响，最大水平向位移出现在坝顶，约为 0.47 m。

综上分析，大坝体型和心墙结构是安全的。

表 3 沥青混凝土心墙坝应力、应变分析最大值统计

工况	位移/m		应力/MPa				安全性分析	
	铅直向	水平向	铅直向	水平向	大主应力 1	小主应力 3	应力水平	心墙静止侧压力系数
工况 1	0.65	0.26	1.79	1.14	1.99	1.04	0.78	0.40
工况 2	0.41	0.47	1.81	1.47	2.00	0.79	0.99	0.28
工况 3	0.83	2.32	2.04	1.86	3.16	1.18	0.99	0.46

5 沥青混凝土心墙结构稳定性评价

针对沥青混凝土心墙的安全性，本文以坝体应力水平、沥青混凝土心墙铅直向应力沿高程分布情况、沥青混凝土心墙静止侧压力系数 3 个方法进行评价。

以正常蓄水期为典型工况，坝体应力水平均小于 1.0，坝体被剪坏的可能性不大；心墙各部位铅直向正应力均大于对应高程的水压力，说明心墙具有抑制水平裂缝出现的能力，因而不会发生水力劈裂现象；心墙静止侧压力系数均在 0.3～0.5 之间，可防止心墙体积变形过大而失稳。

计算结果表明，石门沥青混凝土心墙结构是安全可靠的。

6 运行情况和监测数据分析

石门水电站于 2013 年 10 月 3 日开始蓄水。蓄水后至目前为止，坝体沉降、心墙变形、岸坡位错计、高边坡接缝以及心墙温度均无明显变化。心墙后坝基渗压计、廊道测压管测值变化均很小。大坝渗流量也较小。沥青心墙温度约维持在 12℃ 左右，无明显变化。

7 结语

（1）沥青混凝土心墙坝采用坝体应力水平、心墙铅直向应力分布、心墙静止侧压力系数 3 种方法进行安全评价，成果是可靠的，且简化了计算分析难度。

（2）经计算分析，石门沥青混凝土心墙坝坝体最大沉降部位约在 1/2 坝高处，最大沉降量约 0.65m（非地震），符合一般规律；坝体应力水平均小于 1.0，心墙各部位铅直向正应力均大于对应高程的水压力值，心墙静止侧压力系数均在 0.3～0.5 之间，可以确保大坝和心墙结构是安全的。

（3）心墙与混凝土基座接头部位是施工的重点，应加强质量控制，同时尽量提高沥青混凝土的延展性，以适应局部较大的拉应力。

（4）监测数据表明，本工程各项指标运行正常，大坝目前处于稳定状态。

参考文献：

[1] 张合作，罗光其，程瑞林. 呼图壁石门沥青混凝土心墙防渗结构设计 [C]. 中国水力发电工程学会混凝土面板堆石坝专业委员会. 2014：203-209.

[2] 朱晟，闻世强. 当代沥青混凝土心墙坝的进展 [J]. 人民长江，2004 (9)：9-11.

[3] 程瑞林，罗光其，张合作. 新疆呼图壁河石门沥青混凝土心墙砂砾石坝设计 [C]. 中国水力发电工程学会混凝土面板堆石坝专业委员会. 2014：190—195.

[4] 陈松，宁聪. 某水库沥青混凝土心墙坝有限元计算分析 [J]. 水利与建筑工程学报，2016 (6)：152-156.

[5] 杜治华，李友华，沥青混凝土心墙的变形特性与施工控制 [J]. 中国三峡建设，2000 (11)：22-23.

[6] [13] 王民寿，樊天龙，等. 沥青混凝土心墙堆石坝的应力及位移特征 [J]. 四川水力发电，2001 (1)：35-40.

[7] [9] [12] 肖耀廷. 粘土心墙土石坝水力劈裂的有限元数值仿真研究 [D]. 西安：西安理工大学，2008.

[8] JANBU，N. Soil Compressibility as Determined by Oedometer and Triaxial Tests [J]. European Confernce on Soil Mechanics and Foundation Engineering，Wiesbaden，Germany，vol. 1，1963，19-25.

[10] DUNCAN J M，CHANG CHIN—YUNG Y. Non—linear analysis of stress and strain in soils [J]. Journal of the Soil Mechanics and Foundations Division，1970，96 (5)：1629-1653.

[11] DUNCAN J M，BYRNE P，WONG K，et al. Stress—Strain and bulk modulous parametres for finite element analysis of Stress and movements in soils masses，Report No. UCB/GT/80—01 [R]. Berkeley：Univ of California，1980.

[14] 张丙印，李全明，等. 三峡茅坪溪沥青混凝土坝应力变形分析 [J]. 长江科学院院报，2004 (2)：18-21.

[15] 王娟，李勋峰. 金平沥青混凝土心墙堆石坝三维有限元数值分析 [J]. 水电能源科学，2007 (1)：71-74.

旺隆水库大坝填筑材料研究与应用

陈清松，张文胜，张全意

（遵义水利水电勘测设计研究院　贵州遵义　563000）

摘要：旺隆水库大坝为泥岩心墙土石坝，工程区分布地层主要为侏罗系中统沙溪庙上亚组砂质泥岩、泥质粉砂岩间夹砂岩，属典型的"红色地层"，防渗材料较为匮乏，防渗料成为控制该工程投资及进度的关键因素。通过坝址区砂质泥岩的系列试验工作，结合试验指标经三维有限元分析计算，大坝心墙防渗料采用风化泥岩料填筑，上下游坝壳采用泥岩、砂岩、粉砂岩等土石混合料填筑是可行的，结构设计和填筑标准合理，确保工程质量，同时保护工程区周边环境。

关键词：旺隆水库；泥岩心墙土石坝；材料试验；结构分析计算；填筑标准

1　工程概况

旺隆水库位于贵州省赤水市旺隆镇胜丰村境内，工程任务为集镇及农村人畜饮水供水、农田灌溉，设计灌溉面积 1.31 万亩，供水人口 2.87 万人。水库坝址以上流域面积 11.1 km^2，正常蓄水位 442.00 m，总库容 441 万 m^3，多年平均供水量 505 万 m^3。坝址区河谷宽缓浅切，河床高程 399.50～407.00 m，呈不对称"V"形走向河谷，谷宽 80～120 m，两岸坡度小于 30°，两岸及河床基岩由侏罗系中统沙溪庙上亚组(J_2s^2)的紫红色砂质泥岩、浅灰色泥质粉砂岩间夹砂岩组成，岩层产状 N30°～50°E/SE∠12°～18°，倾左岸微偏上游，坝址局部基岩出露，多被第四系冲洪积、崩塌堆积和残坡积覆盖，一般厚 2～5 m，局部最大厚度 12.4 m，多为块石、碎石及砂质黏土。大坝设计为泥岩心墙土石坝，坝顶高程 447.00 m，坝顶长 295 m，最大坝高 49 m，最大坝底宽 216.50 m，上游坝坡 1∶2.20，426.00 m 高程以上下游坝坡 1∶2.25，426.00 m 高程以下下游坝坡 1∶2.50。坝体从上游至下游分别为上游坝壳土石料区、上游反滤过渡料区、泥岩心墙区、下游反滤过渡料区、下游坝壳土石料区，上游坝坡采用 10 cm 厚 C20 混凝土预制块护坡，心墙轴线位于坝轴线上游 1.5 m 处，顶部高程 446.69 m，顶宽 3.0 m，底宽 18.0 m，心墙料坡比 1∶0.2，下游坝坡采用 C20 混凝土网格植草护坡[1]，大坝剖面见图 1，校核洪水位(P=0.02%)为 445.69 m，设计洪水位（P=2%）为 444.59 m。

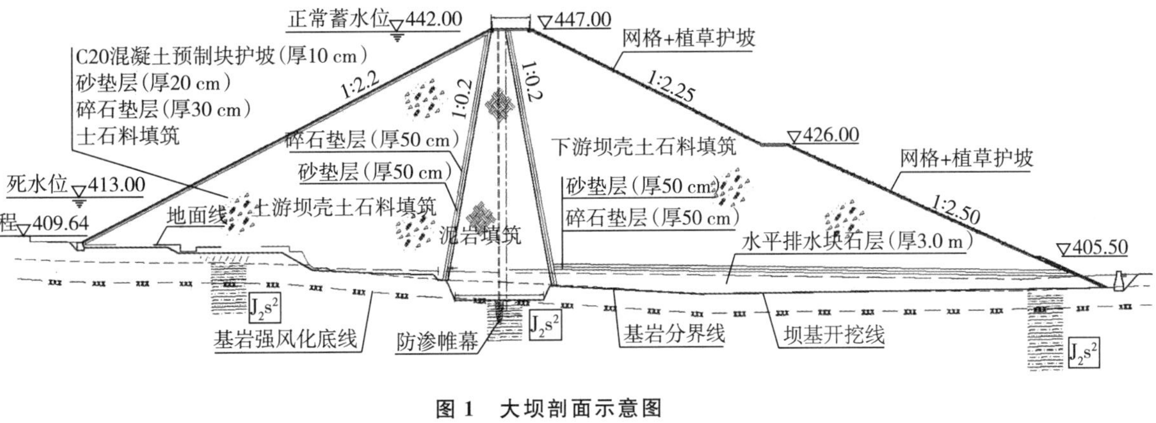

图 1　大坝剖面示意图

坝基土石方开挖量约 16 万 m^3，坝体填筑量约 81 万 m^3，其中泥岩心墙填筑量约 11 万 m^3。度汛断面坝体填筑量约 29 万 m^3，其中心墙汛前填筑强度达到 1 万 m^3/月。

工程区广泛分布为碎屑岩类，出露地层岩性为侏罗系中统沙溪庙上亚组(J_2s^2)砂质泥岩、泥质粉砂岩间夹砂岩，属典型的"红色地层"，防渗材料

基金项目：贵州水利厅科技专项经费项目资助（KT201805）.
收稿日期：2020-05-11.
作者简介：陈清松，贵州湄潭人，高级工程师，从事水工结构设计工作；张文胜，贵州绥阳人，高级工程师，副总工程师，从事技术管理工作；张全意，贵州道真人，研究员，总工程师，从事技术管理工作.

较为匮乏。按 SL274—2001《碾压式土石坝设计规范》规定[2]，心墙防渗体作为大坝的重要组成部分，采用工程区附近风化至微新泥岩作为防渗料，必须论证其作防渗料的适用性，确保大坝防渗质量和工程安全。故该工程建设中防渗料的选择成为确保工程质量、制约工程投资及进度等问题的关键因素，是工程设计中的主要难点和重点。

2 料场及试验

2.1 料场选择

根据 SL274—2001《碾压式土石坝设计规范》及 SL251—2015《水利水电工程天然建筑材料勘察规程》对大坝防渗料质量技术指标的要求，若按常规采用一般黏土防渗料，不得不占用大量的农作物耕地，由此增加昂贵的耕地占用费，更会破坏生态环境，对工程区周边环境造成极大影响。加之坝体防渗料用量较大，征地补偿协调工作繁杂，施工强度高，公路沿线村民分布较集中，施工干扰大，不可控因素较多，工程建设各项节点目标难以实现。为了解决这些问题，设计选择坝址区风化至微新泥岩作为大坝防渗材料进行大量试验研究。

本着就近、易开采、减少占地、有利于施工和对周边环境影响较小的原则，经综合分析比较，防渗心墙料场选择距坝址约 300 m 的库区胡家沟与鸭岭河之间的河间山体，地形为东西向延伸向两侧河谷倾伏的带状山脊，地形坡度 30°～50°，局部为陡岩，除南部乡村公路内侧基岩裸露外，山体多被第四系崩塌堆积碎块石及残坡积砂质黏土覆盖，厚 0.5～2 m。出露地层为侏罗系中统沙溪庙上亚组(J_2s^2)紫红色砂质泥岩为主，主要夹 3 层砂岩及粉砂岩，第 1 层分布高程 434～440 m，厚 0.5～1 m，第 2 层分布高程 447～452 m，厚 1～2 m，第 3 层分布高程在 471.50 m 以上，厚度大于 8 m，岩层产状 N50°E/SE∠12°。泥岩心墙料平均开采厚约 10 m，其中强风化开采厚度 6～8 m，弱风化开采厚度 2～4 m，泥岩心墙料总储量大于 30 万 m^3。该料场同时兼作大坝心墙上下游坝壳土石填筑料料场，平均开采厚度 19.4 m，储量大于 86 万 m^3。

2.2 试验工作

2.2.1 防渗心墙料试验

结合该料场岩性特点及作为心墙防渗料质量指标要求，对该砂质泥岩作为心墙防渗料进行了室内土工试验和现场碾压试验，以确定其防渗性能、力学参数及施工工艺。通过磨片鉴定[3]，泥岩心墙料为铁染含粉砂质黏土岩，自由膨胀率 31%～34%＜40%，无膨胀性；化学分析易溶盐总量 0.009～0.017%＜3%。击实及渗透试验成果见表 1，碾压试验成果见表 2。

表 1 泥岩心墙防渗料击实及渗透试验成果

湿密度/(g/cm³)	1.97	2.04	2.11	2.10	2.08
平均含水量/%	10.9	13.1	15.5	17.7	20.2
干密度/(g/cm³)	1.78	1.80	1.83	1.78	1.73

表 2 风化泥岩心墙料碾压试验成果(静 2 动 10)

部位	铺料厚度/cm	压实厚度/cm	湿密度/(g/cm³)	含水率/%	干密度/(g/cm³)	压实度/%	渗透系数/(cm/s)
防渗心墙	54	39	2.08	14.8	1.81	98.9	4.22×10^{-6}
			2.07	15.5	1.79	97.8	3.98×10^{-6}
			2.06	15.2	1.79	97.8	4.38×10^{-6}
	55	40.2	2.14	18.7	1.80	98.4	3.38×10^{-6}
			2.11	18.5	1.78	97.3	4.14×10^{-6}
			2.12	19.0	1.78	97.3	4.77×10^{-6}
	55	40	2.09	17.0	1.79	97.8	5.31×10^{-6}
			2.10	17.3	1.79	97.8	4.27×10^{-6}
			2.11	17.5	1.80	98.4	3.40×10^{-6}

从表 1 数据可知，击实状态下，泥岩心墙防渗料的最大干密度为 1.83 g/cm³，最优含水率为 15.5%，因含一定粗颗粒，最优含水率小于塑限含水率。在最大干密度和最优含水率控制条件下，泥岩心墙防渗料的渗透系数 3.45×10^{-6} cm/s，小于 1.0×10^{-5} cm/s，具有较高的抗渗坡降，满足 SL274—2001《碾压式土石坝设计规范》对心墙料防渗性的要求。考虑到现场施工碾压与室内击实条件差异，根据室内试验成果及 SL274—2001《碾压式土石坝设计规范》和 SL251—2015《水利水电工程天然建筑材料勘察规程》[4]要求，提出了泥岩心墙设计控制指标，碾压前控制最大粒径为 200 mm，粒

径<5 mm含量>40%，粒径<0.075 mm含量>15%，粒径<0.005 mm含量>8%，填筑控制干密度≥1.78 g/cm³，压实度取0.97，渗透系数<1.0×10^{-5} cm/s，填筑控制含水率宜在17%左右，分层碾压填筑层厚40 cm，具有良好的压实性能。

从表2碾压试验成果可知，在当前含水率状态下按55 cm铺料，静碾2遍动碾10遍(往返按2遍计)，压实后40 cm，填筑干密度均能达到设计控制干密度≥1.78 g/cm³要求，且渗透系数为3.38×10^{-6}～5.31×10^{-6} cm/s，满足渗透系数<1.0×10^{-5} cm/s设计要求。

2.2.2 上下游坝壳填筑料试验

针对该料场砂质泥岩、泥质粉砂岩间夹砂岩作为上下游坝壳填筑料进行了室内击实试验和现场碾压试验[5]，以确定其力学参数及施工填筑参数。通过击实试验，坝壳填筑料的最大干密度为2.07 g/cm³，最优含水率为10.7%。现场碾压试验成果见表3。

表3 上下游坝壳填筑料碾压试验成果(静2动10)

部位	铺料厚度/cm	压实厚度/cm	湿密度/(g/cm³)	含水率/%	干密度/(g/cm³)	压实度/%	渗透系数/(cm/s)
上下游坝壳	95	80	2.25	10.2	2.04	98.0	5.53×10^{-2}

根据室内击实试验成果及SL274—2001《碾压式土石坝设计规范》要求，提出了上下游坝壳填筑区设计控制指标，碾压前控制最大粒径为600 mm，粒径<5 mm含量<30%，填筑控制干密度≥1.96 g/cm³，压实度0.95，渗透系数≥1.0×10^{-3} cm/s，填筑控制含水率宜在10%左右，分层碾压填筑层厚80 cm。从表3数据可知，在当前含水率状态下按95 cm铺料，静碾2遍动碾10遍(往返按2遍计)，压实后80 cm，填筑干密度均能达到设计控制干密度≥1.96 g/cm³要求，且渗透系数5.53×10^{-2} cm/s，满足渗透系数≥1.0×10^{-3} cm/s设计要求。

3 坝体填筑材料分析计算

参照国内利用泥岩作防渗心墙土石坝经验，针对本工程建设条件，结合大坝心墙和上下游坝壳填筑材料分区设计及泥岩的试验指标，按大坝结构设计和填筑质量控制指标要求，开展了大坝应力变形三维有限元分析、大坝地震响应与残余变形分析及坝坡稳定分析，采用了南京水利科学研究院岩土工程研究所自主研发的有限元软件TOSS3D进行分析计算[6]，各运行工况分析计算结果如下。

3.1 大坝应力变形三维有限元分析

3.1.1 竣工期

竣工期自重作用下左右两岸的坝体均向河谷中央位移，其中左岸坝体产生的指向右岸的最大位移为2.3 cm；右岸坝体产生的指向左岸的最大位移为2.4 cm。大坝两岸地形较缓，大坝的轴向位移整体偏小。顺河向位移大体上以坝轴线为分界线，上游侧土石料顺河向位移指向上游，最大值为4.2 cm；下游侧土石料顺河向位移指向下游，最大值为4.3 cm。大坝最大沉降部位位于1/2坝高处，最大沉降量为22.5 cm，约占坝高的0.46%，属同类工程常见范围。坝体最大剖面的大主应力和小主应力分别为0.99 MPa和0.44 MPa，应力水平为0.59；心墙最大剖面的大主应力和小主应力分别为0.77 MPa和0.41 MPa，应力水平为0.53。坝体、心墙内大小主应力分布合理，大体上与上覆土层厚度成正比，应力水平较小，不会出现剪切破坏，应力状态良好，无明显的应力集中现象。

3.1.2 蓄水期

蓄水期左岸坝体指向右岸的最大位移量增加至2.5 cm；右岸坝体指向左岸的最大位移值增加至2.6 cm。水压力的作用下，坝轴线上游侧土石料指向上游的水平位移减小至3.6 cm；坝轴线下游侧土石料指向下游的水平位移则进一步增加，最大值由4.3 cm增加至7.7 cm。蓄水后坝体上游坝坡附近土石料沉降受水压力和湿化作用增加显著(最大值约8.0 cm)，坝内最大沉降量仅由22.5 cm增加至25.7 cm(包含竣工至蓄水间歇期流变量)。坝体最大剖面的大主应力和小主应力分别为1.02 MPa和0.48 MPa，应力水平为0.81；心墙最大剖面的大主应力和小主应力分别为0.85 MPa和0.48 MPa，应力水平为0.61。坝体、心墙内大小主应力分布合理，应力水平较小，不会出现剪切破坏，应力状态良好。

3.1.3 大坝长期应力变形

大坝蓄水流变3年后指向右岸的位移由蓄水后的2.5 cm增加至2.6 cm，指向左岸的位移由蓄水后的2.6 cm增加至2.7 cm；大坝指向下游的水平位移由7.7 cm进一步增加至8.0 cm，指向上游的水平位移由3.6 cm增加至3.7 cm；流变3年后，坝体沉降由蓄水时的25.7 cm增加至26.5 cm，约占坝高的0.54%左右，属同类工程常见范围。总体看，大坝建成后流变了约10个月才蓄水，大部分流变量已发生，故蓄水后 3 年大坝变形增量较小。坝体最大剖面的大主应力和小主应力分别为 1.04 MPa 和 0.48 MPa，应力水平为 0.78；心墙最大剖面的大主应力和小主应力分别为 0.84 MPa 和 0.48 MPa，应力水平为 0.58。坝体、心墙内大小主应力分布合理，应力水平较小，不会出现剪切破坏，应力状态良好。

3.2 大坝地震响应与残余变形分析

三向地震加速度时(峰值加速度 0.05 g(烈度Ⅵ)，地震持续时间 40 s，特征周期 0.35 s)，坝体的坝轴向、顺河向和竖直向加速度均随着高程的增加逐渐增大，坝顶部位平均加速度(3 种输入组合的平均值)分别为 1.2，1.3，0.9 m/s^2；平均放大倍数分别达到 2.5，2.6，2.7 倍，加速度放大倍数最大的是竖直向，顺河向次之，坝轴向最小。坝体加速度在上下游坝坡上也存在局部峰值区，但均未达到坝顶的量值。地震作用下大坝左岸和右岸两坝肩部位坝体向河床中心位移，但量值较小，平均值约为 0.6 cm；顺河向位移和竖直向位移均呈现河床中部大、往两岸递减；坝顶部位大、往坝底递减的分布规律，其中顺河向位移基本指向下游，最大值约 1.3 cm；沉降最大值约 2.7 cm，震陷率约 0.055%。

上述计算结果表明，大坝竣工、蓄水后及遭遇地震作业下，大坝沉降、位移及应力变形均在正常范围内，大坝结构设计和填筑标准是合理的。

3.3 坝坡稳定分析

坝坡稳定分析遵照 SL274—2001《碾压式土石坝设计规范》采用计及条块间作用力的简化毕肖普法作为计算方法，计算程序采用 Slid 边坡稳定分析软件。土石坝施工、建成、蓄水和遭遇地震的各个时期不同荷载下，分别计算其稳定性。控制稳定的有施工期(包括竣工时)、稳定渗流期和正常运用遇地震 3 种工况。计算内容为正常运用及非常运用条件下的上下游坝坡稳定，各运用条件坝坡抗滑稳定计算结果见表 4。

表 4 坝坡抗滑稳定计算成果统计

运用条件	计算工况	坝坡抗滑稳定安全系数		坝坡抗滑稳定允许安全系数
		上游坝坡	下游坝坡	
正常运用条件	竣工期	1.81	1.90	1.25
	蓄水期	1.83	1.85	1.25
非常运用条件	蓄水期＋地震	1.49	1.61	1.15

从表 4 中可以看出，在正常运用和非常运用 2 种条件下，坝坡的抗滑稳定安全系数均高于规范规定的允许安全系数，大坝整体稳定是有保障的，上下游坝坡设计是合理的。

4 结语

针对旺隆水库工程建设条件，防渗料的选择是制约工程建设主要关键问题，通过对坝址区砂质泥岩的系列试验工作，结合坝体结构设计和试验指标，三维有限元分析计算结果表明，大坝心墙防渗料采用风化泥岩料填筑，上下游坝壳采用泥岩、砂岩、粉砂岩等土石混合料填筑是可行的，结构设计和填筑标准合理，安全可靠。不仅减少了大量耕地占用，而且合理利用枢纽区开挖弃渣填筑上下游坝壳，减少弃渣对周边生态环境影响，达到确保工程质量、进度的同时节省工程投资、保护工程区环境的综合效益。目前水库大坝已下闸蓄水，所有监测数据均在同类工程常见正常范围，大坝无异常现象。

参考文献：

[1] 遵义水利水电勘测设计研究院. 赤水市旺隆水库工程初步设计报告 [R]. 遵义：遵义水利水电勘测设计研究院，2018.

[2] SL274—2001，碾压式土石坝设计规范 [S].

[3] 遵义黔通达检测试验有限责任公司. 赤水市旺隆水库工程大坝泥岩心墙防渗料试验研究报告 [R]. 遵义：遵义黔通达检测试验有限责任公司，2019.

[4] SL251—2015，水利水电工程天然建筑材料勘察规程 [S].

[5] 重庆永渝检验检测技术有限公司. 赤水市旺隆水库工程大坝填筑碾压试验报告 [R]. 重庆：重庆永渝检验检测技术有限公司，2019.

[6] 南京水利科学研究院. 赤水市旺隆水库工程大坝结构分析计算研究报告 [R]. 南京：南京水利科学研究院，2020.

旺隆水库泥岩心墙防渗料工程特性试验

陈清松，张全意，张文胜，蔡彬权

（遵义水利水电勘测设计研究院　贵州遵义　563000）

摘要：本文针对旺隆水库泥岩心墙防渗料进行一系列的室内土工试验和现场碾压试验，研究了泥岩心墙防渗料的颗粒级配、击实、渗透性及现场碾压等特性，提出了泥岩心墙防渗料的合理级配范围和压实控制干密度。试验表明，级配范围内的泥岩防渗料具有良好的抗渗性能和力学性能，采用风化泥岩用作土石坝心墙防渗料是成功的，对同类工程心墙料的设计施工有借鉴和参考作用。

关键词：心墙坝；泥岩心墙；风化泥岩料；压实度；渗透系数

1　概述

充分利用坝址附近的各种天然土石料，就地、就近取材，因材设计，是土石坝设计的基本原则。土石坝以其安全性、经济性、适用性好而在世界大坝建设中得到广泛的应用，然而为了开采防渗土料，不得不占用大量的农作物耕地，由此增加昂贵的费用，更会破坏生态环境。为了满足工程建设的需要，特别是面对“红层”地区防渗材料匮乏的现状，工程技术界把视野拓宽到广泛分布于我国西南地区“红色地层”的风化至微新砂泥岩料上，论证其作防渗料的适用性。心墙防渗体作为大坝的重要组成部分，防渗料的设计和选择是水库工程设计的一个关键问题，其力学性能对大坝的工程性质有很大影响。只有通过试验研究，确定施工材料的抗渗稳定性和力学性能，泥岩防渗土石坝特有的长期应力变形特性和渗流特性，才能有效地为施工质量控制提供依据。

贵州省赤水市旺隆水库是一座以集镇及农村人畜饮水供水、农田灌溉为主的小(1)型水库，设计总库容 441 万 m^3，设计供水人口 2.87 万人，灌溉面积 1.31 万亩。大坝为风化泥岩心墙土石坝，最大坝高 49 m，心墙采用侏罗系中统沙溪庙上亚组(J_2s^2)紫红色粉砂质泥岩作为大坝防渗料的料源，其设计干密度≥1.78 g/cm^3，渗透系数≤1×10^{-5} cm/s。心墙顶部水平宽度 3.0 m，上下游坡度均为 1∶0.2，墙底最大厚度 18.0 m，心墙上下游设置碎石反滤层。通过室内土工试验和现场碾压试验，对泥岩心墙防渗料的颗粒级配、击实、渗透性及现场碾压进行相关试验研究，提出合理的泥岩心墙防渗料级配范围和压实控制干密度，级配范围内的泥岩防渗料具有良好的抗渗性能和力学性能。

2　心墙防渗料基本性能试验

2.1　料源

大坝防渗料选择料场中的侏罗系中统沙溪庙上亚组(J_2s^2)紫红色粉砂质泥岩，该料场粉砂质泥岩岩相变化大，岩层厚度变化较大，粉砂质泥岩层中有 0.5～8 m 厚度不等的 3 层砂岩及粉砂岩。对该粉砂质泥岩作为心墙防渗料进行了室内土工试验和现场碾压试验，以确定其防渗性能、力学参数及施工工艺。

2.2　颗粒级配

采用水洗法测定泥岩心墙防渗料颗粒大小组成。根据室内击实试验成果，粗粒疏松易碎，泥岩心墙防渗料击实前后级配最大粒径＜200 mm，击实前粒径＜5 mm 含量 41.6%～51.7%＞40%，粒径＜0.075 mm 含量 31.5%～37%＞15%，粒径＜0.005 mm含量 10.1%～11.8%＞8%；击实后粒径＜5 mm 含量 67.4%～74.7%＞40%，粒径＜0.075 mm含量 38.4%～45.9%＞15%，粒径＜0.005 mm含量 14.4%～18.8%＞8%。超径土＞60 mm 按 5～60 等量替代法处理得试验级配，不均匀系数 Cu=26.4～52.2，曲率系数 Cc=0.65～1.18，土颗粒均匀，级配良好。

2.3　击实及渗透试验

试验采用重型标准击实，击实状态下，泥岩心墙防渗料的最大干密度为 1.83 g/cm^3，最优含水率为 15.5%，因含一定粗颗粒，最优含水率小于塑限含水率。在最大干密度和最优含水率控制条件

项目来源：贵州省水利厅科技专项经费项目资助（KT201805）.

收稿日期：2020-01-09.

作者简介：陈清松，贵州湄潭人，高级工程师，从事水工建筑物设计工作.

下，泥岩心墙防渗料的渗透系数为 3.45×10^{-6} cm/s，小于 1.0×10^{-5} cm/s，具有较高的抗渗坡降，满足《碾压式土石坝设计规范》(SL274—2001)对心墙料防渗性的要求。击实试验成果见表 1。

表 1　泥岩心墙防渗料击实及渗透试验成果

湿密度(g/cm^3)	1.97	2.04	2.11	2.10	2.08
平均含水量(%)	10.9	13.1	15.5	17.7	20.2
干密度(g/cm^3)	1.78	1.80	1.83	1.78	1.73

备注：最优含水量：15.5%；最大干密度：1.83 g/cm^3；渗透系数：3.45×10^{-6} cm/s。

由表 1 可知：泥岩心墙防渗料的击实干密度先随含水率的增大而增大，当含水率为 15.5%时，击实干密度达到最大，之后击实干密度随含水率的增大而减小。考虑到现场施工碾压与室内击实条件差异，根据室内试验成果及《碾压式土石坝设计规范》(SL274—2001)要求，提出了泥岩心墙设计控制指标，碾压前控制最大粒径为 200 mm，粒径<5 mm 含量>40%，粒径<0.075 mm 含量>15%，粒径<0.005 mm 含量>8%，填筑控制干密度≥1.78 g/cm^3，压实度取 0.97，渗透系数<1.0×10^{-5} cm/s，填筑控制含水率宜在 17%左右，分层碾压填筑层厚 40 cm，具有良好的压实性能。

3　现场碾压试验

旺隆水库工程泥岩心墙防渗料现场碾压试验设备采用柳工 22 t 振动羊角碾，型号 CLG6622E，振动轮宽度 2 340 mm，振动频率 28 Hz，行车速度 2.0 km/h，错距 200～300 mm。碾压前心墙料粒径<5 mm 含量为 45.8%，粒径<0.075 mm 含量为 31.1%，粒径<0.005 mm 含量为 10.8%；碾压后心墙料粒径<5 mm 含量为 56.4%～59.2%，粒径<0.075 mm 含量为 45.8%～51.8%，粒径<0.005 mm 含量为 18.8%～20.9%。由碾压试验成果可知，在当前含水率状态下按 55 cm 铺料，静碾 2 遍动碾 10 遍(往返按 2 遍计)，压实后 40 cm，填筑干密度均能达到设计控制干密度≥1.78 g/cm^3 的要求，渗透系数为 3.38×10^{-6}～5.31×10^{-6} cm/s，满足设计要求的渗透系数不大于 1.0×10^{-5} cm/s。

碾压试验成果见表 2。

表 2　风化泥岩心墙料碾压试验成果(静 2 动 10)

铺料厚度/cm	压实厚度/cm	湿密度/(g/cm^3)	含水率/%	干密度/(g/cm^3)	压实度/%
54	39	2.08	14.8	1.81	98.9
		2.07	15.5	1.79	97.8
		2.06	15.2	1.79	97.8
55	40.2	2.14	18.7	1.80	98.4
		2.11	18.5	1.78	97.3
		2.12	19.0	1.78	97.3
55	40	2.09	17.0	1.79	97.8
		2.10	17.3	1.79	97.8
		2.11	17.5	1.80	98.4

4　结论

旺隆水库大坝防渗心墙采用风化泥岩料，经过大量室内土工试验和现场碾压试验得出如下结论：

(1) 旺隆水库风化泥岩心墙防渗料试验级配的不均匀系数 Cu 为 26.4～52.2，曲率系数 Cc 为 0.65～1.18，土颗粒均匀，级配良好。泥岩心墙防渗料最大干密度 1.83 g/cm^3，压实度取 0.97，设计控制干密度为 1.78 g/cm^3，具有良好的压实性能。

(2) 风化泥岩压实后(压实度 $P>0.97$)，渗透系数为 3.38×10^{-6}～5.31×10^{-6} cm/s，小于 1.0×10^{-5} cm/s，满足规范对心墙料防渗性能要求。

(3) 通过对风化泥岩进行多项试验研究，论证了采用风化泥岩用作土石坝心墙防渗料是成功的。对同类工程中心墙料的设计施工有借鉴和参考作用，取得了良好的经济效益和社会效益。

参考文献：

[1] SL274—2001 碾压式土石坝设计规范 [S]. 北京：中华人民共和国水利部，2002.

[2] 遵义水利水电勘测设计研究院. 赤水市旺隆水库工程初步设计报告 [R]. 2006.

[3] 遵义黔通达检测试验有限责任公司. 赤水市旺隆水库工程大坝泥岩心墙防渗料试验研究报告 [R]. 2007.

[4] 遵义水利水电勘测设计研究院. 赤水市旺隆水库工程泥岩心墙坝碾压填筑施工技术要求 [R]. 2008.

龙开口大坝碾压混凝土施工技术与管理

吴克勇

（中国水利水电第八工程局有限公司　湖南长沙　410004）

摘要：龙开口大坝碾压混凝土施工具有工期紧、气候炎热干燥等特点。施工过程中遭遇巨大河床深槽、白云岩骨料筑坝无使用经验等影响。经深入分析和研究，通过采用配合比试验、现场工艺性试验、碾压施工、防渗处理、深槽处理和质量监控系统等方面的技术攻关和管理创新，为干热性河谷碾压混凝土施工积累了一定的经验。

关键词：干热性河谷；碾压混凝土；施工技术

1　概述

1.1　工程概述

龙开口水电站位于云南省鹤庆县境内的金沙江中游河段。枢纽工程由挡水建筑物、泄洪及冲沙建筑物、引水发电系统组成，电站总装机容量为 1 800 MW。大坝为碾压混凝土重力坝，最大坝高 116 m，坝顶长度 768 m，坝顶高程 1 303.0 m，正常蓄水位 1 298.0 m，自左至右分别是左岸挡水坝段、泄洪坝段、厂房坝段、冲沙底孔坝段和右岸挡水坝段。

大坝混凝土于 2008 年 11 月开始施工，2009 年 1 月实现大江截流，2012 年 9 月大坝浇筑到顶，2012 年 11 月 25 日顺利实现下闸蓄水，2013 年 11 月 15 日完成大坝混凝土施工(含坝顶附属结构建筑物)。

大坝混凝土工程施工过程历经磨练，克服了停工影响，攻克了干热气候条件碾压混凝土施工、白云岩骨料首次应用于大坝主体、数字化质量控制系统第一次运用于碾压混凝土以及河床巨大深槽处理等技术难题，仅用 50 个月就建成了一座雄伟壮丽的大型水电枢纽工程。

1.2　工程特点

1.2.1　坝体混凝土工程量大，工期紧张

合同约定，大坝坝体混凝土约 350 万 m^3，计划 2008 年 11 月开始浇筑，2011 年 8 月浇筑完成，共 34 个月。大坝碾压混凝土过程中还要进行坝基固结灌浆，压力钢管、钢衬、闸门及启闭机安装施工等，施工干扰大，工期相对紧张，施工强度高。

1.2.2　干热气候条件碾压混凝土施工，温控防裂难度极大

龙开口水电站坝区多年平均气温约 19.8 °C，4—9 月为高温季节，最高气温 41.8°C，多年平均相对湿度 61％；1—4 月平均相对湿度 21％～38％，实测定时最大风速 32.7 m/s，为典型的干热河谷。在高温、干燥、大风、强日光照射的气象条件下进行大坝碾压混凝土施工，其层间结合及温控防裂质量控制难度较大。

1.2.3　河床深槽处理，施工难度极大

施工过程中发现泄洪坝段坝基存在深槽，深槽宽度为 6.5～25 m，最大深度超过 30 m。深槽规模大、槽内形态复杂，为国内外水电工程少见。经综合技术经济比较，采用跨深槽设置钢筋混凝土承载板、上游混凝土防渗支挡结构、槽内洞挖全置换混凝土的系统处理方案，深槽处理与坝体混凝土同步施工，泄洪坝段实现每月浇筑上升 10 m 的目标和年度度汛目标，工程较常规方案提前约 9 个月发电。

1.2.4　国内首创碾压混凝土实时监控系统应用

大坝混凝土施工质量监控系统成功运用于龙开口大坝碾压混凝土施工质量控制，属国内首创。该系统由天津大学开发，施工单位配合实施，能够对大坝碾压混凝土施工全过程进行实时监控，对施工质量发挥了有效的监督、促进作用，具有推广应用价值，为龙开口工程创优奠定了基础。

1.2.5　大规模使用白云岩骨料，积累了成功经验

龙开口水电工程为国内外第一个在主体工程中大规模成功使用白云岩作为人工骨料的大型工程。主体工程采用岩性为三叠系中统北衙组中段的白云岩人工骨料，施工中通过系统试验和研究，调整优化混凝土配合比，混凝土的性能得到不断改善。

收稿日期：2020-04-13.

作者简介：吴克勇，湖南岳阳人，高级工程师，从事水利水电工程质量管理工作.

2 坝体结构及混凝土分区

2.1 坝体主要结构

大坝为混凝土重力坝，坝内布置上下游基础灌浆廊道、排水廊道和 1 253.60 m 高程坝体排水交通廊道，连接坝体廊道和上游副厂房布置进风廊道。在 8 号、18 号坝段分别设有 1 号、2 号电梯与各层廊道系统连通。

大坝最大底宽约 101 m，不设纵缝通仓浇筑。坝体共设 29 条横缝，横缝间距为 20～35 m，横缝止水后布置直径 300 mm 的排水管。厂房坝段与厂房间设纵缝，厂坝缝缝面设置深 20 cm、直径 80 cm 球形键槽和接缝灌浆系统。

2.2 大坝混凝土分区设计指标

大坝基础、坝顶、冲沙底孔周边及闸室、泄洪中孔周边等部位为常态混凝土；大坝内部采用碾压混凝土，与岸坡交界处采用 0.5～1.0 m 厚变态混凝土；坝内廊道周边采用 0.5 m 厚变态混凝土。上游面变态混凝土在高程 1 280.00 m 以上厚 0.5 cm，以下厚 1 m；上游面防渗层在高程1 280.00 m 以上厚 2.5 m，以下厚 3 m。

3 碾压混凝土现场工艺性试验

3.1 碾压混凝土试验配合比

首先，按照设计技术要求、投标文件，编制了试验大纲，按照施工需要开展了系统的碾压混凝土配合比试验，并提交了碾压混凝土配合比试验报告，且通过了监理工程师审批。然后，根据现场应用情况，结合砂石骨料质量波动、水泥和粉煤灰等原材料改变情况，不断优化调整配合比，形成了 V_C 值为 0～8 s 混凝土配合比的试验和应用成果。

配合比参数主要如下：

(1) V_C 值为 0～8 s，含气量为 3%～5%；

(2) 为解决大中石供应紧张的问题，采取减少大石和中石用量，增加小石用量，调整后，三级配骨料比例为大石：中石：小石＝30：30：40，二级配骨料比例为中石：小石＝45：55；

(3) 针对石粉含量偏低的情况，采取人工砂外掺石粉，使石粉含量达到 17%～20%。

3.2 工艺性试验及成果

为了确定龙开口水电站大坝工程碾压混凝土的拌和工艺参数、碾压施工参数(包括运输方式、平仓方式、摊铺厚度、碾压遍数和振动行进速度等)、骨料分离控制措施、层面处理技术措施、成缝工艺、变态混凝土施工工艺，并验证室内选定碾压混凝土施工配合比的可碾性与合理性。通过工艺性试验，主要成果如下：

(1) 在投料循序一定的情况下(大石＋中石＋小石＋水泥＋煤灰＋砂＋外加剂＋水)，混凝土拌合时间不少于 90 s。

(2) 平均气温 23.0 °C、拌合物运输时间 8～30 min的条件下，机口到仓面 V_C 值增加 1.8～3.0 s，温度回升 0.7～1.8 °C。施工过程中，仓面 V_C 在 2.0～5.0 s 范围内，施工效果较好，压实度较高，有利于提高混凝土质量。

(3) 碾压混凝土连续升层的允许间隔时间，高温季节不宜大于 4 h，低温季节不宜大于 6 h。

(4) 混凝土碾压厚度按照 30 cm(平仓厚度为 33～35 cm)控制，当 V_C 值 0～2 s 时，采取无振 2 遍加带振 6 遍碾压，压实度能满足要求；当 V_C 值在 2～8 s 时，采用无振 2 遍加带振 6～8 遍碾压，压实度满足要求。

(5) 白云岩骨料混凝土，现场控制标准为三级配 2 540 kg/m^3、二级配 2 500 kg/m^3，压实度按设计要求不小于 98.5%。

(6) 变态混凝土施工加浆量控制为 50～60 L/m^3，浆液比重为 1.740 ～1.770 kg/L。

4 碾压混凝土施工

4.1 施工程序、工艺流程

4.1.1 混凝土工程施工程序

混凝土工程施工程序如下：测量放样→施工缝处理→钢筋施工→预埋件施工→模板施工→验收仓号→混凝土浇筑→混凝土养护。

4.1.2 混凝土施工工艺流程

碾压混凝土施工工艺流程：仓面准备，先在初浇层铺砂浆，汽车运输入仓，平仓机平仓，振动碾压机压实，切缝机切缝，切完缝再沿缝无振碾压 2 遍。

4.2 碾压混凝土施工方法

4.2.1 混凝土拌和与运输

4.2.1.1 混凝土拌和

大坝混凝土由右岸下游高程 1 272 m 拌和系统供应，安装郑州 HL270-2S4000L 型强制式搅拌机 8 台，生产能力为常温混凝土 780 m^3/h，预冷混凝土 600 m^3/h。通过现场碾压试验，拌和时间不小于 90 s。

碾压混凝土层间结合质量与混凝土拌合物 V_C 值密切相关。施工过程中，根据仓面实际情况动态控制混凝土拌合物 V_C 值，干热气候条件下的 V_C 值控制值：低温时段为 3～8 s，高温时段为 0～2 s(不能陷碾)，雨天可以达到 10 s 左右。碾压混凝土仓面施工过程中，由现场质检员和试验人员检查并收集拌合物的均匀性、V_C 值、可碾性和泛浆效果、机口温度、浇筑温度、灰浆比重、压实度检测值、混凝土层间处理、泌水等信息，并根据仓面实际情况及时与仓面总指挥、拌合楼试验人员沟通，作出相应的处理决定。

4.2.1.2　混凝土运输设备

大坝施工共布置 3 台 30 t 辐射式缆机，缆机跨度 1 100 m，右岸为固定端，左岸为行走端。另在坝前布置 1 台 K80 塔机(32 t)，在泄洪坝段坝后布置 1 台 TC6020A 小塔机(10 t)。大坝混凝土运输采用自卸汽车、胶带机、布料机、混凝土罐车和缆机及满管相结合的方式。

运输设备应设置混凝土强度等级和级配的识别标志和信号装置，以及遮阳、防雨设施。当日平均气温高于 25 ℃或低于 3 ℃时，自卸汽车车厢采用遮阳和保温设施。混凝土出拌和楼后，迅速运达浇筑地点，运输中不应有骨料分离、漏浆和严重泌水现象，并尽量缩短运输时间，减少转运次数。因故停歇过久，或已经初凝的混凝土应作为废料处理。

4.2.2　碾压混凝土施工方法

4.2.2.1　混凝土模板与入仓方式

碾压混凝土模板主要采用悬臂大模板和翻转模板，其中，上下游直面和横缝大模板为 3.15 m×3.0 m 的悬臂模板和半悬臂模板、下游 1∶0.75 坡面为大模板 1.88 m×3.0 m(三层翻升)、下游台阶采用大钢模板(3.1 m×3.0 m)。

碾压混凝土水平运输采用混凝土罐车或 20 t 自卸汽车运输直接入仓，或采用负压溜槽(或满管溜管)，门机或塔机等入仓，负压溜槽运输出口最大速度≤10～12 m/s。

4.2.2.2　混凝土浇筑准备

混凝土浇筑前，按照仓面设计配置人员、设备、工器具等资源，做好现场技术交底，明确责任分工，并保证仓面干净、无杂物油污和积水，检查仓面水、电、气供应是否正常，所有设备进行试运行和检查。

4.2.2.3　卸料和平仓

碾压混凝土采用大仓面薄层、短间歇、均匀上升连续铺筑。基础约束区浇筑层厚为 1.5 m，脱离基础约束区浇筑层厚为 3.0 m，个别仓面浇筑层厚为 6.0～9.0 m；一般采用平层通仓碾压法，当仓面较大铺筑强度不能满足要求时，采用斜层碾压。铺筑层以固定方向逐条带(宽 6.0 m)铺筑。

混凝土卸料与平仓由专人负责指挥，并在模板上标识分层线和分区线。自卸汽车入仓卸料采用退铺、多点式卸料法。出现的分离骨料，由人工或用其他机械将其均匀地摊铺到未碾压的混凝土面上。平仓采用 SD16 平仓机进行，平仓厚度为 33～35 cm，按 2 层铺料 1 次碾压方式进行，2 层铺料厚度取 17～19 cm。间歇层面可向上游倾斜 5%，不允许向下游倾斜。

4.2.2.4　碾压

碾压设备型号和数量、行走方向等按照仓面施工工艺设计进行。龙开口工程主要采用 BW201AD 或 BW202AD 型碾压机，碾压遍数参考参数如下：无振 2 遍→有振 6～8 遍→无振 2 遍；大型振动碾碾不到的边缘拐弯部位，采用手扶式小型振动碾碾压密实，手扶式小型振动碾作业参数按无振 2 遍→有振 24～30 遍→无振 2 遍。

振动碾行走速度应控制在 1.0～1.5 km/h 范围内。碾压作业应采用搭接法，碾压条带间的搭接宽度为 10～20 cm，端头部位的搭接宽度不小于 100 cm。需作为水平施工缝停歇的层面或冷缝，达到规定遍数及压实容重后，再进行 1～2 遍无振动碾压。

碾压完毕 10 min 后用核子密度仪按有关规定进行密实度检测，碾压混凝土压实度为 98.5%以上，对密度值达不到要求的部位应查明原因并及时补碾，压实度检测合格后才能进行冷却水管铺设和上部混凝土覆盖等工作。

混凝土拌和物从拌和到碾压完毕的时间以不大于 1.5 h 为宜。

4.2.2.5　埋件

碾压混凝土内部观测仪器和电缆的埋设采用后埋法，其上面有 20～50 cm 的回填保护层，回填料为剔除大于 40 mm 粒径骨料的新鲜混凝土。

冷却水管施工安排专人进行，并对冷却水管接头质量进行重点检查，安排专人及时进行冷却水管周边大骨料分散处理，平仓时先适当加大分层厚度，然后在碾压前削掉超厚部分，防止设备行走造成冷却水管损伤，冷却水管埋设完成后立即通水，发现渗漏点及时挖开混凝土进行检查处理。

4.2.2.6　混凝土层间结合及施工缝处理

连续上升铺筑的碾压混凝土层间间隔时间控制在底层混凝土初凝时间内(热升层)，按照常温季节不大于 6 h、高温季节不大于 4 h 控制；层间间隔时间超过下层混凝土初凝时间(随季节不同)但未超过终凝时间的层面(暖升层)，先在层面摊铺 1.0～1.5 cm 厚的砂浆，再铺筑上层碾压混凝土，仍可连续上升；层间间隔时间超过下层混凝土终凝时间的层面(冷升层)按冷缝处理。

施工缝和冷缝层面凿毛、冲毛处理并清洗干净后，先在层面上摊铺 1.0～1.5 cm 厚的砂浆，再立即铺筑 1 层碾压混凝土继续施工。

上游二级配防渗区的每一碾压层覆盖前，均匀喷洒 2 mm 厚的水泥净浆(水胶比不大于同部位碾压混凝土水胶比)，以增加层间结合强度及防渗能力。

4.2.2.7 成缝

横缝采用切缝机切割方法形成，先碾后切，切缝深度 20 cm，缝宽 10～12 mm；填缝材料可用 4 层彩条布，填充物距压实面 1～2 cm，切缝完毕后用振动碾碾压切缝部位 1～2 遍。

4.2.2.8 养护和保护

碾压混凝土施工结束 12～18 h 后开始进行洒水养护，对于永久暴露面采用流水或蓄水养护至设计龄期，对水平施工层面维持至上一层碾压混凝土开始铺筑为止。永久暴露面养护时间不少于 28 d，台阶状表面的棱角要加强养护。

对于大坝上下游面和其余外露面，设施工期永久保温层(聚苯乙烯泡沫板材)，高气温季节施工过程中，对碾压混凝土仓面进行喷雾保湿，降低仓面环境温度，正在施工和刚碾压完毕的仓面，覆盖彩条布或保温被。

4.2.2.9 变态混凝土施工

变态混凝土设在坝体边角部位及钢筋、模板、止水片附近等不便碾压部位，采用平铺法或抽槽法施工，变态混凝土应与碾压混凝土同层施工，摊铺完成后按要求进行加浆、振捣，变态混凝土和碾压混凝土结合部位在变态混凝土施工完成后采用小碾碾压密实，保证仓面平整。

目前，变态混凝土施工的专用设备已经应用成功，值得推广应用。

4.3 特殊气象条件下的施工

4.3.1 干燥、风速大条件下施工

施工期间加强气象预报信息的收集工作，及时了解现场的气候情况。制订干燥、风速大条件下的施工方案，干燥、风速大条件下碾压混凝土施工时，采用低 V_C 值混凝土，同时在运输过程中采取遮阳、保湿措施，3 000 m^2 以上的大仓面采用斜层铺料，3 000 m^2 以下的仓面才采用平层铺料，层间间隔时间控制在 2～3 h 内，同时在仓面采用喷雾和层间覆盖保水措施，防止表面水分损失。

4.3.2 雨季施工

降雨强度<3 mm/h 可采取运输汽车及仓面搭盖雨棚继续施工；降雨强度≥3 mm/h 时停止拌和，迅速完成已有料的卸料、平仓和碾压作业；刚碾压完的仓面应采取防雨保护和排水措施。恢复施工前，进行层、缝面处理。

4.3.3 高温季节施工

日平均气温高于 25 ℃时，大幅度削减层间间隔时间，调节仓面局部小气候。气温骤降时(日平均气温 2～3 d 内连续下降累计 6 ℃以上)，应对混凝土表面(特别是上游坝面和过流面)覆盖保温材料，适当延长拆模时间。日平均气温低于 3 ℃或最低气温低于－3 ℃，避免开仓或采取低温施工措施。

4.4 混凝土温度控制

在碾压混凝土施工前，编制详细的温度控制措施。

严格控制混凝土入仓温度，在施工中通过试验建立混凝土出机口温度与现场浇筑温度之间的关系。优化配合比，采用低热和中热水泥，同时掺缓凝高效减水剂，减小水泥用量。通过对粗骨料一次、二次风冷以及加冰、加制冷水拌和等技术措施，控制混凝土出机口温度。

加强管理、快速施工，尽量减少混凝土运输时间及混凝土转运次数；禁止采用尾气设于车厢的汽车运输混凝土，并要求混凝土运输车辆的车厢的冲洗间隔时间不超过 2 h；在混凝土运输过程中采用保温保湿遮阳(如：在自卸汽车车厢上部挂防雨遮阳布、在胶带机上设置防雨遮阳布及喷雾加湿设备)措施。

卸入仓面的混凝土及时摊铺、碾压或振捣；尽可能利用早、晚或者夜间气温较低的时段进行混凝土浇筑，气温较高的时段采取喷雾机＋喷雾枪联合喷雾措施，有效降低仓面环境温度；采用斜层法施工加快混凝土入仓覆盖速度，缩短混凝土暴露时间，控制碾压后的混凝土面在 1.5 h 内摊铺上一层混凝土；收仓面及时用保温被进行覆盖以减少气温热量倒灌，有效控制混凝土温度回升。

项目部成立温控管理工作小组，由主管质量的副项目经理担任组长，每周定期召开温控工作例会，并且制定管理制度，确保温控工作有序开展。同时成立专门的温控工区专项负责大坝的温控具体实施，按设计要求埋设冷却水管进行通水冷却，控制混凝土最高温度，同时消减内外温差。

5 大坝碾压混凝土施工质量监控系统的应用

碾压混凝土施工时，常规人工手段难于保证对碾压遍数、铺层厚度、行车速度和激振力等过程参数的有效控制，应用施工质量监控系统的作用如下：

(1) 实时监控碾压轨迹、行走速度、碾压遍数、碾压高程、碾压厚度、仓面平整度等质量参数，间隔时间为 5 s。

(2) 实时报警。当碾压机械施工参数不达标时，系统自动给车辆司机、现场监理和施工人员等发送报警信息。

(3) 实时采集分析施工动态信息，为大坝的长期安全运行提供数字分析平台。

施工人员负责监控系统管理配合工作：

(1) 提供系统设备安装和运行条件。

(2) 负责碾压机上的设备保管。

(3) 组织仓面施工，收集并传递、处理相关的信息。分碾压条带、碾压层次对碾压设备运行情况与施工质量进行跟踪，根据分控站监控情况，及时向现场发出指令，组织质量问题的处理。

(4) 参与系统运行的管理和改进，每周召开 1 次总结会议，并组织整改处理。

通过实施监控系统，碾压混凝土超厚、碾压机超速及激振力报警次数逐月明显减少，施工质量不断提高。经监测，混凝土铺料厚度平均值为 32 cm，振动碾压 6 遍及以上区域所占比例为 99.41%。核子密度仪检测 1 次通过率在 93%以上，所有仓面压实度终检结果均合格，压实度均值达 99.40%。

6 大坝上游防渗层处理

为检查大坝上游防渗层防渗质量，在大坝上游防渗层布置压水试验检查孔，孔径 Φ75 mm，每个坝段各布置 1～3 个断面。防渗层混凝土压水试验检查孔的段长通常为 3 m(0～6 m 孔段，考虑到孔口压力对混凝土的影响，未进行压水试验)，检查分成 2 个阶段进行，分别为高程 1 253.60 m 以下及高程 1 253.6～1 303.00 m。截至 2012 年 11 月 30 日，大坝防渗层的检查及处理工作全部完成。

高程 1 253.60 m 以下共完成 4～26 号坝段上游防渗层第三方压水检测孔 78 个，压水 1 129 段，各孔平均透水率为 0.04～0.1 Lu；高程 1 253.60～1 303.00 m 之间压水检测孔 50 个，压水 896 段，各孔平均透水率为 0.2～0.3 Lu。按照透水率＜0.3 Lu 的标准控制，合格率为 98.0%。针对压水检查情况，经研究对存在不合格(透水率≥0.3 Lu)孔段部位的上游防渗层采用水泥化学灌浆进行处理。

7 结论

目前，龙开口水电工程已经通过枢纽工程竣工安全鉴定、质量监督以及达标投产验收，劳动安全与工业卫生、枢纽工程、新技术应用和绿色施工等专项工程验收已经完成。工程质量优良、安全文明受控，工程形象亮丽，运行正常。大坝碾压混凝土取芯压水检查，芯样单根最长 13.01 m，岩芯获取率 95%以上，芯样表面光滑致密均匀，防渗区透水率满足不大于 0.1 Lu 的设计标准。大坝蓄水至设计水位 1 298 m 高程后，大坝总的渗漏量约为 4.4 L/s，远小于设计值 36.0 L/s，在国内同类工程中处于领先水平，获得行业内专家的高度肯定。

工程获得 2014 年度中国电建集团优质工程奖，2015 年 6 月获得中国电力优质工程奖。

参考文献：

[1] 王潘老，等，青藏高原干热条件下高性能混凝土施工养护研究 [J]. 新型建筑材料，2005 (04)：85-89.

白俄罗斯维捷布斯克水电站 EPC 管理总结与分析

李文超，徐隆伟

（中国水利水电第九工程局有限公司国际公司　贵州贵阳　550081）

摘要：“一带一路”倡议是中国企业“走出去”“走进去”“走上去”的行动指南。本文以国际水利水电市场现状为切入点，结合白俄罗斯维捷布斯克水电站在前期策划、体系建设、设计转化、物资保障、思路创新、党建宣传、社会责任等方面进行总结与分析，分享国际工程 EPC 项目管控得失，为相关企业提供可鉴经验。

关键词：水利水电；国际工程；EPC 项目

0　引言

白俄罗斯维捷布斯克水电站是其境内最大的水利水电项目，素有“白俄三峡”的美誉，电站装机 4×10 MW，工程以发电为主，兼顾航运，设计年均发电量 1.38 亿 kW·h。项目包括土坝、发电厂房、溢洪道、船闸、公路、房建、输变电、金属结构、机电等 11 个专业类别的综合型水利枢纽，是中国与白俄罗斯经济技术合作的重点项目。

1　维捷布斯克水电站项目概况

维捷布斯克水电站工程于 2013 年 5 月 9 日开始导流明渠施工，2014 年 5 月 15 日成功实现一期导截流，2016 年 2 月 10 日实现二期导截流，2016 年 12 月 1 日首台机组并网发电，同年 12 月 31 日 4 台机组全部并网发电，2017 年 7 月 31 日电站运行正式移交维捷布斯克能源局，2018 年 7 月 31 日进行 EPC 交钥匙，中方完成所有工作和义务。6 年来，始终坚持“只为成功想办法，不为失败找理由”的管理理念和“急工程之所急，想客户之所想”的服务核心，精心组织、合理安排、科学管理，注重安全文明施工，顾全大局，攻坚克难，实现了高寒高纬度地区全年施工的创举，谱写了维捷布斯克水电站建设奇迹，受到白方政府和白方业主多次表彰和致函感谢，彰显中国水利水电第九工程局有限公司国际 EPC 工程管理水平。

2　前期策划是良好履约的蓝图

国际 EPC 工程有其特殊性，每个国家都有完整的法律、标准、人文体系，因此，作为外国企业想要项目履约顺畅，务必要快速融入项目所在国，编制项目前期策划。维捷布斯克水电站项目团队从以下两点开展工作，确保前期策划“接地气”。

2.1　注重契约，遵守合同

合同签订后，要求项目团队人员在项目开工前务必熟读合同不少于 3 遍，定期组织全员交流合同学习心得，通过合同初步掌握建设方关切点。在和参建各方的会议中，做到言必有据、行必有果。

2.2　未雨绸缪，夯实基础

针对项目情况制定详细市场调研方案，从劳工手续、人员签证办理以及白俄罗斯税务规则、相关法律法规、建筑材料和机械、施工技术标准和施工手续办理等，安排人资外事、物资保障、财务、工程技术和商务等专业小组，制定详细的调研方案办事规则流程。限期、专人来落实项目所在国深层次的信息资源，为后续项目开工实施夯实基础，为后续政策开展各项工作和良好履约做到未雨绸缪。

3　认真落实是制度运行的保障

项目管理团队高度重视制度建设，利用半年筹备期，积极组织业务部门结合项目所在国实际国情和水电九局内部体系流程撰写、审核、完善了《白俄罗斯维捷布斯克水电站项目制度汇编》，为项目管理构建标准、建立平台，同时随着白俄罗斯和水

收稿日期：2020-02-24.

作者简介：李文超，黑龙江宾县人，高级工程师，从事国际工程施工技术与管理工作；徐隆伟，重庆人，工程师，从事国际工程施工技术及管理工作.

电九局环境和体系变化，及时作出修订，便于管控体系可高效执行。

白俄罗斯施工 EPC 项目既是中国电建在该国第 1 个 EPC 项目，也是水电九局挺进准高端市场的“敲门砖”项目。基于此，项目领导以身作则，严于律己，为制度有序推进打下了坚实基础。同时，严抓落实和关键事项的进展，定期和不定期召开专题会议，群策群力、集思广益，明确目标，认真分解，抓关键少数干部落实和执行情况，按照奖罚体系及时兑现，促使广大职工成为制度的执行者、拥护者和监督者。

4 设计转化是文化交融的成果

由于中白两国文化、理念、设计标准等差异，导致初期双方设计人员就工程设计图纸难以统一认识，严重制约施工图纸审批和出图时间。基于此，总承包方召集双方设计人员达成共识，明确文化的差异不是用来碰撞和征服，而是用来交流和包容，协调组织白俄罗斯国家电力设计院专业人员到中国参观工程实物，并安排中方设计人员到白方学习领会设计理念；同时，多次组织中白双方设计人员进行技术研讨和交流，最终采用中国标准，融合白俄罗斯设计理念，建设中白智慧成果——维捷布斯克水电站。

5 资源整合是项目成败的关键

从规划、设计、施工、运行项目全生命周期来分析，每个精品 EPC 项目的完成，不亚于一场大会战，决定成败的关键就是物资保障。白俄罗斯属于计划经济体制，物资采购策划及筹备是项目进度的命脉，而项目成败的关键就是进度的保障，没有完善的、详细的策划，可能会因为 1 个小小的“螺丝钉”，导致施工暂停半个月。

作为 EPC 总承包方，要站在全局思考问题，不要认为物资采购是分包商的事情。一旦进度达不到业主要求，业主的板子一定会打到总包身上，即使你事后处理分包，也不能有效解决问题，同时影响业主对总包的评价。

例如，2014 年 8 月 19 日，主体工程开始第 1 仓混凝土浇筑施工，至 11 月底，仅完成 3 万 m^3 混凝土浇筑，月强度达不到 1.2 万 m^3，碎石和钢材供应是制约进度的关键。

采取策略：利用每年 11 月至次年 3 月白俄罗斯全国冬歇期，其他建设项目停止施工，而此时市场材料供应充足，价格低廉，按照次年计划采购全年的碎石和钢材使用量。同时利用年底汇率大波动，利用溢价高的美元换取卢布，对冲囤积物资的大额资金占用费用。

效果：采取措施后实现 14 个月完成 29 万 m^3 混凝土浇筑，最高月强度 2.7 万 m^3。

为了确保物资和设备供应顺畅，技术工人和劳动力满足高峰期要求，管理团队积极整合白俄罗斯当地和周边国家设备、物资和人力资源，建立设备资源库、物资资源库、人力资源库，构建长效机制，定期与白俄罗斯企业、政府部门、管理人员召开会议，交换信息、互通有无、相互扶持、共赢发展。通过上述举措，减少了水电九局固定资产投入，同时降低了人工成本，提高了适应当地节奏的办事效率。其中，高峰期当地大型设备利用台套占比为 45%，属地化员工占比 48%，既解决当地就业问题，又增加当地企业设备利用率。同时，利用空闲设备为当地人民免费修缮道路、房屋，重视当地困难员工，积极送温暖，予以帮扶。

6 思路创新是创造价值的根本

随着全球经济多样化发展时代的到来，国际工程发生重大变革。创新是国际建筑市场的唯一出路，也是中国企业“走出去”的竞争优势。项目团队深刻领会其含义，在项目建设期间积极主导创新来解决难题，创造价值。维捷布斯克水电站工程在建设期完成“复杂条件下破碎白云岩、砂卵石深基坑地下承压水防渗技术研究”和“水电工程液态砂质软基地基处理技术”2 项可研课题、3 项 QC 课题。本工程创新点如下：

6.1 船闸优化

在船闸设计审批图纸下发后，发现上下游闸结构从上到下体型结构尺寸一致，经分析：土石方开挖工程、混凝土工程和土石方回填工程等工程量大、工期长、工程投资大。为此，项目团队技术人员通过认真计算和分析后，与设计人员进行详细的沟通和交流，提出在上下游闸室顶部可采用牛腿结构，优化闸室体型，既不影响使用功能，又能减少工程成本和节约工期，实现参建各方共赢。经过努力与中白双方设计人员沟通和论证，最终实现优化，节约直接成本 612.5 万元人民币，节约工期 26 d，为保证船闸施工节点打下坚实基础。

6.2 导航墩、系船墩优化

船闸导航墩、系船墩原设计用钢筋混凝土结构，体积大，且要求下游导航墩基础挖至 121.5 m 高程，并用钢筋混凝土灌注桩进行基础处理。为此，就需要在开挖过程中面对地下承压水，增加防渗工作，而且耗时较长，施工成本增加非常大，同时严重制约 2016 年底完成船闸施工重大节点目标。

项目团队积极与白俄罗斯航道管理局共同合作，优化设计方案，将钢筋混凝土结构导航墩优化成钢管混凝土桩结构，在引航道设计开挖高程上进行钢管沉管到设计高程后进行混凝土灌注，避免了水下开挖和钢筋混凝土施工，这样既节约施工成本和缩短工期，又保证施工质量，仅此项节约成本 423.4 万元，减少工期 52 天。

6.3 地下承压水防治

白俄罗斯维捷布斯克水电站工程地下承压水十分丰富，是制约发电厂房深基坑开挖和主体结构混凝土工程的关键。根据地质勘探报告，基坑面积为 4 900 m^2，地下承压水水头压力 17 m，渗水量为 9 800 m^3/h，且周边边坡为粉细砂，如出现大量涌水，将造成大面积边坡垮塌，诱发安全事故。为此，项目团队多次组织水电九局老专家进行现场考察论证，提出全新优化方案，即“复杂条件下破碎白云岩、砂卵石深基坑地下承压水防渗技术研究”。通过混凝土桩＋高喷灌浆＋帷幕灌浆的联合防渗技术，有效解决深基坑地下水难题，同时，为东欧冲积平原区域和沿海区域施工提供了成熟的可鉴经验（见图 1）。

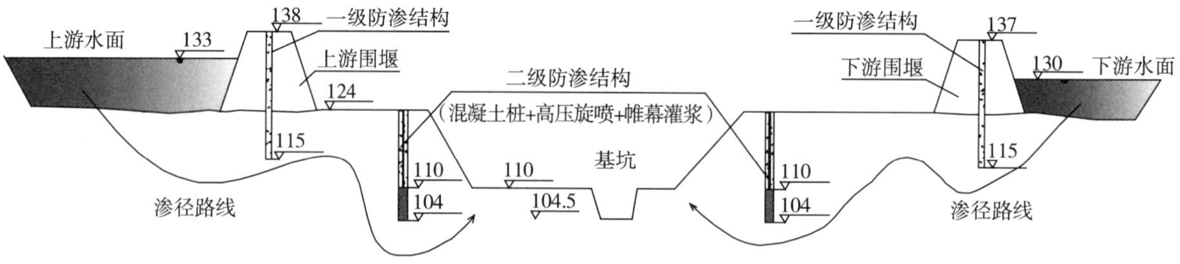

图 1 联合防渗技术原理示意图

6.4 高纬度高寒地区混凝土冬季施工

白俄罗斯维捷布斯克水电站工程原招投标和合同文件中约定，每年 11 月至次年 4 月为冬歇期，不进行施工，但由于前期征地、施工许可、设计审批等各种原因造成工期严重滞后。为了追赶工期，自 2015 年底积极研讨高纬度高寒地区混凝土冬季施工可行性，并制定成本低、易操作、保质量等措施，尤其是泄洪闸交通桥施工时，白天室外温度低于－15 ℃，夜间低于－27 ℃。结合当地实际情况，制定综合措施：混凝土内部钢筋采用电阻加热法；混凝土原材料采用 50 ℃ 以上热水、高效防冻剂、砂石骨料封闭空间电热风预热；拌合工艺先水、高效防冻剂和砂石骨料，最后加水泥，延长拌合时间；浇筑作业面采用土工布和塑料膜双层搭设封闭暖棚，内部采用多点交叉布置碘钨灯加热；模板采用木模板。最终，严格把控各个验收环节，确保混凝土出机口温度不低于 12 ℃，入仓温度不低于 8 ℃，仓内温度 27～45 ℃，实现 C50 钢筋混凝土箱梁桥施工节点，最终混凝土回弹检测不低于 62 MPa。

7 党建宣传是凝心聚力的灵魂

白俄罗斯维捷布斯克项目管理团队成员多为新分毕业生，党员占比 38%，是一支年轻、团结、积极进取的项目管理团队。为此，项目部成立了“青年突击队”和“党员先锋岗”，多次组织了大战保节点的劳动竞赛活动。在导流明渠施工期间，正值白俄罗斯严冬，在低于－20 ℃ 的情况下，青年突击队成员在夜班时，顶风冒雪进行截水沟混凝土的浇筑，既鼓舞了广大员工的士气，又让大部分党团员的年轻管理人员增强了责任感、使命感，充分体现了党员干部吃苦在前、享乐在后的优良作风。

项目部制定了宣传鼓励政策，积极鼓励员工全员参与宣传工作，每年都有数十篇通讯稿在公司、集团和国内外主流媒体网站上推出，并制作出符合白俄罗斯文化理念的项目宣传画册和视频影像，配有当地语言和文字，让白俄罗斯企业和人民知道“白俄三峡”水电站是中国电建的一支铁军——中国水利水电第九工程局有限公司承建，让他们更加深入地了解水电九局的悠久历史和不凡业绩，为下一步的市场开发打下了良好基础。同时，通过增加正面曝光率，提升全员的荣誉感、自豪感，凝心聚力，铸就了不灭的“铁军灵魂”。

8 结语

水电九局在白俄罗斯建设维捷布斯克水电站的举措高度切合中白两国高层愿景，也为白俄罗斯实现“水电梦”做出自己的贡献。

毛里求斯阿诺德大坝填筑施工质量控制

郭枝秉，潘亚书
（中国水利水电第九工程局有限公司四公司　贵州贵阳　550008）

摘要：毛里求斯阿诺德大坝为黏土心墙坝，黏土心墙的优点是充分利用当地的天然建筑材料，成本低，适应地基变形能力强。黏土心墙是黏土心墙坝的防渗体，主填料为均质土坝，成本低。根据招标文件技术规范，试验检测采用美国标准（ASTM）为主，英国标准（BS）为辅，对于土料场的选择、自然含水率及压实度的要求较高，因此在填筑过程中质量控制尤为重要。

关键词：主填料；美国标准（ASTM）；英国标准（BS）；土料场；选择；含水率；压实度

1　工程概况

毛里求斯阿诺德土坝项目位于毛里求斯中西部，坝体均质土坝。阿诺德大坝填筑目的是拦截原 Poste 河道并通过增加引水渠将流量输入 Mare Aux Vacoas（MAV）水库。根据招标文件技术规范，要求土料塑形指数（P_I）大于 12，液限为 53，塑限为 39，压实度要求为达到标准击实值的（MDD）98%，含水率为最优含水率（OMC）的−1%～+2%。试验检测采用美国标准（ASTM）为主，英国标准（BS）为辅，因此对土坝填筑的压实度及含水率检测控制，对于指导填筑施工及质量控制具有较大的意义。

阿诺德大坝横跨 Poste 河，大坝总长 150 m，高约 20 m，坝底高程约 560 m，坝顶高程为 580 m，最大坝底宽 95 m，顶宽 6 m。大坝回填压实总量为 5.8 万 m^3，填筑材料主要为不渗透黏土心墙料、主填料、反滤料、抛石护坡，主要工程量见表 1。

表 1　大坝填筑主要工程量统计

施工项目	规格	工程量/m^3	备注
黏土心墙	Jinfei soil	3 095.179	用于大坝齿槽
主填土料	Bagatelle soil	50 672.981	大坝主填料区
4A 料	烟囱式过滤排水	728.513	过滤排水
4B 料	铺盖过滤排水	1 903.832	过滤排水
4C 抛石护坡	50～300 mm	1 417.170	大坝上游迎水面

毛里求斯的气候类型属亚热带海洋性气候，分夏、冬两季，终年湿热。11 月至次年 4 月为夏季，沿海气温 27 °C，中部高原 22 °C，海水温度约 27 °C；5 月至 10 月为冬季、凉季，沿海平均气温 24 °C，中部高原 19 °C，海水温度约 22 °C。沿海地区年平均气温 25 °C，中央高原 20 °C。因此，现场填筑碾压时间宜安排在 2013 年 5 月 1 日—2013 年 11 月 29 日，共 7 个月。

阿诺德大坝位于毛里求斯瓦科阿（Vacoas）地区，该地区的全年降雨分布情况见图 1。

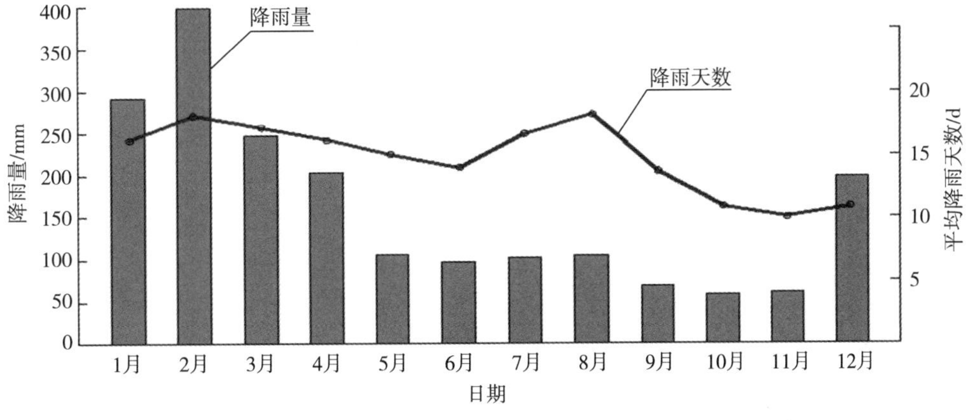

图 1　毛里求斯阿诺德大坝地区平均全年降雨天数和降雨量示意图

由图 1 可以看出，工程安排在 5 月至 11 月份填筑施工，5 月份至 11 月份该地区降雨量明显减少，但 5 月份至 11 月份降雨平均天数仍有 14 d，且降雨天数不均匀分布在每个月，这对于土料填筑

收稿日期：2020-02-24.
作者简介：郭枝秉，甘肃秦安人，工程师，从事水利水电、建筑、公路、市政工程项目施工管理工作；潘亚书，贵州黎平人，助理工程师，从事水利水电、建筑、公路、市政工程项目施工管理工作.

施工进度及填筑质量控制的难度要求更高。

2 料场的选择

阿诺德大坝前期共寻找9个土料场，其中1号取土场试验检测得出1号取土场分层太多，土的天然含水率较大，翻晒难度较大，符合土料填筑要求的土料在不同的土层，故1号取土场没有可行性；2号取土场由实验检测结果得出，符合1A(大坝上游)、1B(大坝下游)区土料填筑，但2号取土场储备量不满足坝体的填筑量，只能满足1A区围堰部分的填筑量，因此，可作为坝体主填筑区的储备料场；3～9号取土场天气情况多变，降雨量较多，储备量小，比较分散，天然含水率较大，翻晒工作量大，故3～9号料场作为大坝填料备料不可行。

为此，项目部研究对在建中水对外项目巴加泰勒(Bagatelle)大坝库区进行借土的方案，采用烘箱法及微波炉法比较，测得土料天然含水率，根据试验得出含水率控制在36.3%时，压实度达到98%以上，能满足设计要求，且该地区的储备填料约35 000 m^2，料场开挖平均深度为3 m，完全能够满足阿诺德大坝的填料要求。巴加泰勒(Bagatelle)取土场距离填筑现场约为25 km，降雨量也较大；所取的土样需在借土场进行晾晒，此时需对土样含水率进行快速控制，目的是送至填筑现场的土样能有较为合适的含水率，以利于压实。项目中后期时由于料场降雨过于频繁，已有晾晒场地无法满足大坝填筑要求，因此，在毛里求斯岛北部又设置1处晾晒场地。由于岛国海洋气候原因，此处降雨量大大减少，土料晾晒方便，但需要在料场进行含水率检测，避免土样过于干燥，导致无法压实。同时，需对填筑过程中的含水率及压实度检测方法进行研究，选取合适的方法，从而快速、准确地检测填筑过程中的含水率及压实度的质量控制，有利于加快填筑速度，降低施工成本。

3 填筑施工

3.1 碾压试验

依据土坝筑料碾压试验，试验的目的是选择合适的碾压机械，检验所选填筑碾压机械的适当性和性能可靠性，确定经济合理的填筑碾压参数。填筑碾压试验采用大坝填筑拟选用的施工机械、施工方式和施工工艺，对各种筑坝材料进行不同填筑碾压参数的比选与研究。本次试验拟采用18 t自行式双杠光面振动碾(静压和最后收面用)，20 t自行式凸块振动碾(振动碾压用)，按照1遍静碾、5遍振动碾进行试验检测。

现场填筑碾压试验的时间安排在2013年5月31日—2013年6月31日，共1个月。碾压试验场选择在Bagatelle取土场区域内设置，试验场要求有效面积为4 000 m^2(试验条长100 m、宽8 m)。

3.2 土料最优含水率

依据试验室对巴加泰勒(Bagatelle)取土场天然含水率进行测定，根据试验得出含水率控制在36.3%(正负偏差－1%～＋2%)时，压实度达到98%以上，均能满足美国标准(ASTM)要求。

3.3 碾压参数

碾压机具采用18 t自行式双杠光面振动碾(初压采用静压和最后收面采用静压)，20 t自行式凸块振动碾(振动碾压用)；行车速度控制在2 km/h内，铺料方式采用进占法卸料，推土机粗推，平地机精准推平；铺层厚度宜控制在33 cm、碾压按照1遍双钢轮进行静碾、5遍凸块振动碾进行振动碾压；洒水量按照公式 $M_w = M/(1+0.01W_1) \times 0.01(W-W_1)$ 进行控制，式中，W 为OMC；W_1 为现场实测含水；M 为湿土重量；M_w 为所需加水量；压实后厚度控制在28 cm左右等。现场试验主要依据设计提供的填筑碾压参数结合类似工程施工经验，确定填筑碾压参数及压实方法，并编写填筑碾压试验报告，报工程师审批。

3.4 施工方法

为确保填筑碾压试验成果真实、可靠，每一个工序环节均严格按以下要求进行：

(1) 试料装运。为模拟施工实际情况，采用1.4 m^3 挖掘机与20 t自卸汽车进行试料装运，装运时严格控制超径料的装入，装料时派专人指挥和质量控制。

(2) 铺料。粗料采用进占法铺料，过滤料等细料采用后退法铺料，铺填层厚由现场质检员控制，摊铺厚度宜控制在33 cm。

(3) 平料。采用大功率推土机推平，再采用平地机精平，最后辅以人工找平，保证填筑层厚度和顶面平整度满足试验要求。

(4) 层厚与沉降量测量。采用水准仪测量，测量点间距2 m，测量标尺最小刻度1 mm。层厚测量在土料静碾1遍后进行，静压采用18 t自行式双杠光面振动碾静压1遍，沉降量测量每碾压2遍均进行1次。

(5) 洒水。采用人工洒水法，每场试验根据计算好的加水量(体积比)安排2～4名专人洒水，洒水量要求均匀。

(6) 碾压。振动碾在碾压试验区范围线2 m以外起振，按画好的行车线进行，采用20 t自行式凸块振动碾碾压，采用前进、后退全振动的方法，对其进行碾压，碾迹重叠控制在 10～15 cm 以内，行车速度控制在 2 km/h 内。

(7) 沉降模量。每振动碾压 1 遍完成后，对同一位置进行碾压后层厚测量，并及时测得沉降量、含水率、压实度；碾压后的层厚宜控制在 30 cm 以内，约 27 cm 左右，符合相关规范要求。

(8) 含水率测定。采用烘箱法及微波炉法检测含水率。

4 质量控制

4.1 含水率的控制

在现场实际操作时，核子密度仪用于大坝填筑碾压后控制性检测。由于核子密度仪在检测松土时存在较大额偏差，在晒料场一般采用最简单快捷的环刀法取土，用微波炉加热的方式进行含水率检测，一旦晾晒土料达到目标含水率值即可进行收集并运送至大坝填筑现场，避免了依靠经验控制含水率容易出现的偏差。对含水率进行检测时，传统的烘箱法最为准确然而耗时最长，因此引入招标文件规定的美标规范微波炉法进行快速检测，此法可用于料场含水率控制，在检测时料场主管及现场填筑技术人员均可参与，使之对土料含水率有更加直观的认识，有利于加快现场施工进度。

土料在开采过程中，因土层的颗粒含量、开挖深度、气温变化，土料含水量也随之变化，为确保土坝填筑质量，必须对土料含水量进行调整控制。主要采取以下几点措施：

(1) 料场采取立面开采，并经常检测开挖面天然状态下的土料含水量，及时把检测成果反馈到有关技术部门，以便及时拿出处理措施。

(2) 对土料天然含水量较大的条带，采取在条带边缘开挖截水沟，为降低土料含水量创造条件。

(3) 当土料天然含水量稍高于施工控制含水量且不大于 2%时，在合适的气候条件下，可通过挖、运、装卸过程中降低含水量，对土料不进行处理，可直接运输上坝。

(4) 当土料天然含水量超过施工控制含水量上限且大于 2%时，可对该条带进行晾晒，待其含水量基本满足要求后，再开采运输上坝。

(5) 在极特殊情况下，如开采条带天然含水量过大时，可在开采条带近邻寻找晾晒场地，或运输上坝后进行晾晒处理。

(6) 当土料天然含水量低于施工控制含水量时，在料场采取五铧犁翻松洒水车洒水，待土料含水量达到最优含水量时，再运输土料上坝。

4.2 碾压层厚控制

依据当地监理工程师的要求，大坝摊铺厚度及碾压厚度需布设方格网(10 m×10 m)法进行控制，局部可增加检测点布置；填筑前先对布设在方格网上的初始标高和坐标进行测量并记录，每摊铺 1 层，用水准仪或全站仪迅速进行测量并控制其摊铺厚度，控制 33 cm，碾压完成后，先自检碾压后的层厚，宜控制在 28 cm 左右，并用核子密度仪检测含水率及压实度，待全部满足规范要求后，再通知监理工程师进行验收。

4.3 坝体填料控制

根据合同文件要求，压实层厚按不超过 30 cm 控制，含水量不能超过最佳含水量的 −1%～+2%，主填料压实达规范要求的 95%～100%最大干密度要求，主填料铺料厚度不超过 33 cm，碾压遍数 1 遍静碾、5 遍振动碾。碾压完成后，随即测定层厚、含水率及压实度是否满足合同文件要求，若满足，则拉毛后铺设第 2 层；若不满足，根据核子密度仪检测结果分析是否由于天气变化使含水量降低或增高，导致压实度达不到要求等，制定出详细的措施，直至满足合同要求。分区填筑施工围堰和大坝坝体相邻区域不易高于 2 m，且宜设置成一定的坡度向衔接。

4A 及 4B 水平层填筑时采用 10 t 自卸汽车将填料卸入工作面、后退法卸料，用推土机推平，人工辅助平整。平整后碾压采用静压，碾压时的行走方向顺坝轴线来回行驶。

(1) 4A 料填筑。在填筑好的主填料区填筑至 3 层约 60～75 cm 时，开挖 4A 区坝下 −2.5～−3 m 位置沟槽，采用 10 t 自卸汽车将填料卸入工作面，人工辅助摊铺整平。

(2) 4B 料施工。对 4B 区下游坝脚排水处理严格按照图纸要求进行排水管安装及过滤碎石施工。4B 铺盖过滤排水料为下游大面积铺设，控制厚度是关键指标之一，用方格网定点标高控制其厚度，避免铺筑厚度不满足设计要求。

(3) 4C 区斜坡垫层料施工。斜坡垫层料采用人工辅助挖掘机施工。在 1B 区主坝砾石料填筑上升 2～3 m 即进行土工布铺设，相邻 2 块土工布采用搭接方式连接，土工布铺设完成后进行垫层料施工。

5 大坝监测

5.1 沉降监测

大坝填筑完成后分别在坝上 17 m 和坝顶位置布设位移及沉降监测点，依据 2015 年 1—3 月的观测数据来分析，大坝在蓄水期及运营期处于稳定状态，满足了设计规范要求，填筑施工质量满足美国标准(ASTM)的要求。

5.2 渗漏监测

渗漏监测主要依照渗压计(P－B2)的埋置高程567.03 m，阿诺德大坝区域全年降雨量分布情况，1—3月大坝蓄水水位达到574 m高程，计算出相应的压力值，再依据压力值计算得出水位差，最后计算得出水位高程，均在设计范围内。

3月份水位过程线见图2。

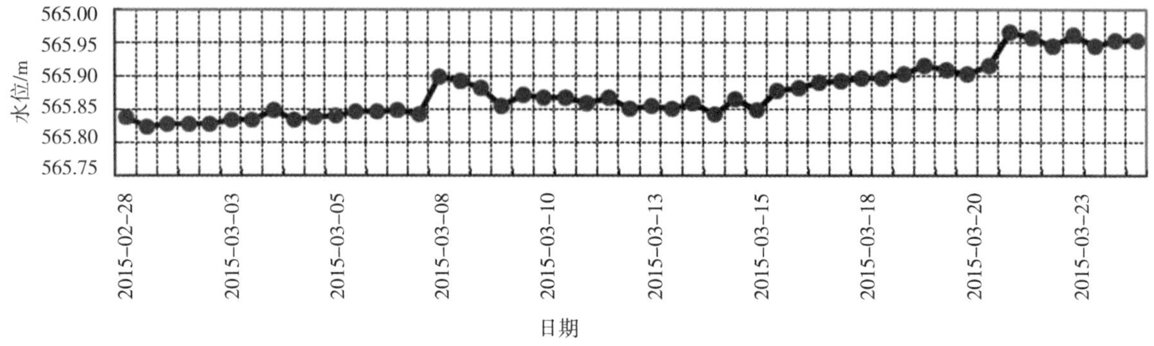

图2 渗压计计算2015年3月份水位过程线

5 结语

在料场选择及备料阶段，土料的含水率控制尤为关键。土料运至中转堆料场对其保护，中转料场做好防晒防潮措施，做好周边排水沟，避免暴晒和雨淋受潮等也是控制含水率的关键，从一开始把含水率控制在最优含水率36.3%左右，这就要求技术人员以及现场管理人员做好对土料的相应保护措施，对备料过程中的土料堆的顶部碾压成一定的坡度，再对其进行压顶压脚处理，然后用塑料薄膜进行覆盖。控制好含水率的优点：合理的碾压遍数(实验值一致)有利于控制成本；控制好含水率，防止土料干燥或土料受潮，避免对其干燥时用机械摊铺后洒水或土料潮湿时用机械翻晒。

碾压过程中摊铺厚度控制是关键之一。摊铺厚度采用方格网定点标高控制层厚，用全站仪配合检测，方便快捷。摊铺过程中，检查摊铺厚度，满足试验确定的摊铺厚度后，首先用1台双杠光面碾压机对整个面平行坝轴线方向进行静压1遍，同时静压达到整个填筑面的三分之一之后，另一台自行式凸块振动碾进行振动碾压5遍。碾压完成后，各项控制指标合格后用光碾压路机收面(用于排水)或拉毛后摊铺第2层。在最优含水率的前提下，经过反复试验检测证明，阿诺德大坝填筑摊铺层厚宜控制在33 cm，碾压达到压实度后的层厚为26～28 cm，核子密度仪检测深度为25 cm，经过试验，核子密度仪检测深度为15，20，25 cm均能满足压实度98%合同要求。

在每一层施工过程中涉及的关键环节：Bagatelle主填料料场开采天然含水率检测、运输、分区备料、料场防护、摊铺前含水率控制、摊铺层厚测量控制、碾压遍数、试验检测验收、收面或拉毛。各个环节要求技术人员及现场管理人员控制过程方法非常重要。随着毛里求斯ARNOND DAM填筑施工的完成，土坝填筑的关键环节及控制要素以及在工程师严格按照合同及美标技术要求下，做好施工过程中的各项指标控制，为以后国际工程的同类土坝填筑施工及质量控制提供了较大的指导意义。

大断面井挖改明挖技术在近库岸竖井中的应用

蔡畅，梁剑，戴小川

（中国水利水电第九工程局有限公司一公司　贵州贵阳　550008）

摘要：小浪底引黄工程首部枢纽的闸门及启闭机井位于小浪底库区左岸，开挖直径为 25.9 m，原设计全部为井挖施工，井筒混凝土紧随其后采取“倒挂井壁”的方式进行浇筑。由于高程 262 m 以上为砂砾石层，为保证施工安全，同时对比工程投资，最终确定将 262 m 以上由井挖调整为明挖施工，顺利完成竖井施工，为类似工程提供借鉴。

关键词：大断面；近库岸；井挖；明挖；应用

1　工程概述

山西省小浪底引黄工程位于山西省运城市，是自黄河干流上的小浪底水利枢纽工程向山西省涑水河流域调水的大型引调水工程。工程年引水量为 2.47 亿 m^3，设计流量 20 m^3/s。工程主要解决运城市区及其周边县城的生活、农业灌溉、工业用水。

取水口位于板涧河入黄河河口上游 600 m 左岸，首部枢纽闸门及启闭机井竖井直径 24 m，深 56.5 m，顶部高程 281 m，底部高程 224.5 m。

取水口位于小浪底库区左岸，岸坡中下部为土质岸坡，上部岸坡为基岩岸坡，岸坡陡峻，且岩层倾向河谷，为顺向岸坡。岸坡坡脚多位于库水位以下，在库水长期冲刷、淘蚀及库水蓄水、排水反复浸泡作用下，土质岸坡及砾石岸坡坍塌、崩塌现象较多。

2　工程区水位及地质情况

2.1　工程区水位情况

工程涉及小浪底水库设计行洪能力采用水规总院对初设报告的审查成果，取水口处 50 年一遇洪峰流量为 20 200 m^3/s，200 年一遇为 25 900 m^3/s。

取水口位于小浪底库区黄河左岸，小浪底大坝上游约 62 km 处。依据《黄河小浪底水利枢纽初步设计报告》中的小浪底水库回水计算成果，按照小浪底水库终期运用阶段、正常蓄水位 275 m、起调水位 230 m、27 年水库淤积平衡后的河床纵断面计算，当发生 20 年一遇洪水时，对应的坝前水位为 256.9 m，取水口处对应的横断面水位为 257 m。

根据 2011 到 2014 年 10 月 10 日统计的小浪底水库库区水位情况发现，6 月底～8 月底，坝前水位在 235 m 高程以下，持续时间约 50～60 d，随后水位迅速上涨至 250 m 高程；6 月 10 日～9 月 10 日，坝前水位在 250 m 高程以下，持续时间 90 d；5 月初库区水位下降至 262 m 高程以下，9 月下旬库区水位上涨至 262 m 高程，此期间的持续时间约 140 d。

2.2　地质情况

取水口处出露的地层为奥陶系中统（O_2）薄～中厚层深灰色灰岩、白云质灰岩、白云岩；下第三系平陆群门里组（E_2pm）砂砾岩、砾岩夹泥岩，及第四系松散堆积层。

奥陶系中统（O_2）岩性为薄－中厚层深灰色灰岩、白云质灰岩、白云岩，块状构造，岩性较硬，厚度大于 50 m。主要分布于取水口底部及上部岸坡处。

下第三系平陆群门里组（E_2pm）岩性主要为砂砾岩、砾岩夹泥灰岩，砾岩为浅红、灰红色，砾石主要成分为灰岩、白云岩等，钙质和泥砂质胶结，岩石较疏松。泥岩为棕红色、浅红、灰绿色，夹含石膏泥岩、泥灰岩。本组地层固结程度低，岩性较软。厚度0～30 m，分布于岸坡下部。

地质情况见图 1。

3　竖井开挖方案比选

3.1　原施工方案

原设计取水口开挖至 281 m 高程，形成施工平台。在 281 m 平台进行竖井高压旋喷灌浆和帷幕灌浆，灌浆完成并检查合格后，从上至下分层进行竖

收稿日期：2020-02-24.

作者简介：蔡畅，重庆人，助理工程师，从事水利水电工程项目施工技术与管理工作；梁剑，陕西宜川人，工程师，从事水利水电工程项目施工技术与管理工作.

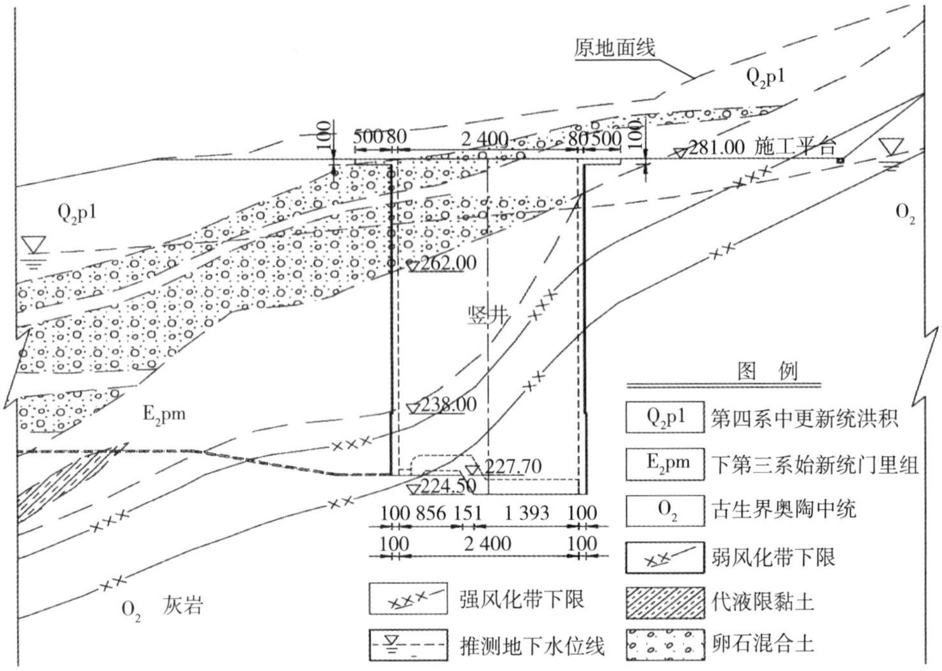

图 1　取水口竖井地质剖面示意图

井开挖，井筒混凝土紧随其后采取“倒挂井壁”的方式进行浇筑，竖井井筒混凝土浇筑完成的区域即可进行引渠明挖。

该方案施工进度慢，不能保证土质层、砂卵石层、砾石层的近库岸大断面竖井施工安全，施工过程中可能造成竖井整体滑移。

3.2　井挖改明挖方案

根据地质资料，262 m 高程左右为强风化线，262 m 高程以上的部分主要是覆盖层、砾石土层，较容易开挖；262 m 高程以下为岩层，需爆破开挖。同时根据水文资料分析，5 月初库区水位下降至 262 m 高程以下，9 月下旬库区水位上涨至 262 m 高程，期间持续时间约 140 d，可以满足施工需要。

故引水渠和竖井 262 m 高程以上部分按设计结构线采用明挖的方式整体同步下挖。引水渠 262 m 高程以下部分暂不施工，待引水方案确定后实施。开挖至 262 m 高程后，在 262 m 高程浇筑平台混凝土并进行帷幕灌浆，从下至上分层浇筑竖井井壁混凝土至 275.5 m 高程(正常蓄水位并考虑波浪爬高和超高)，为保证整体稳定，竖井 262 m 高程以上井筒混凝土扩大 80 cm，见图 2。

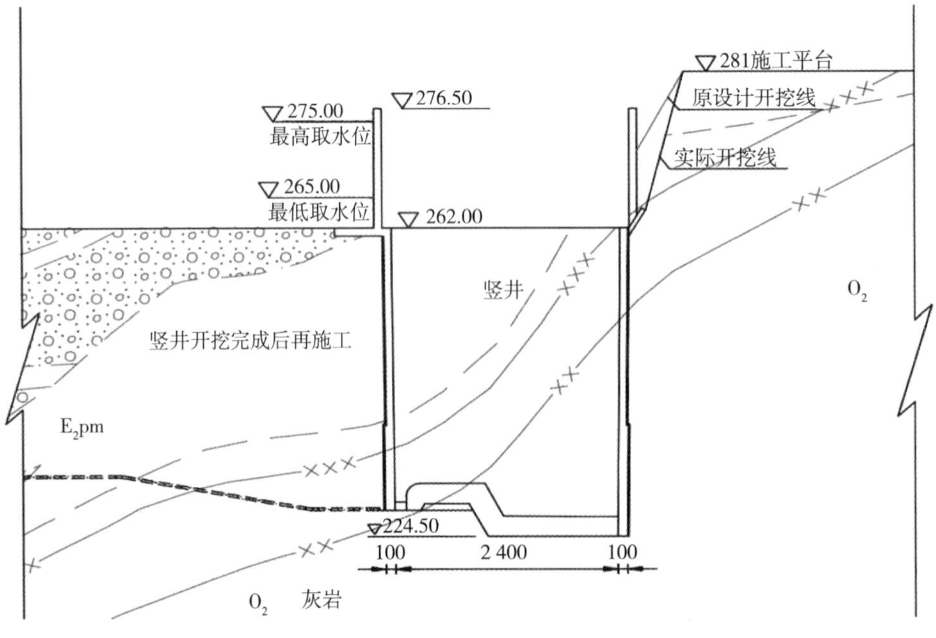

图 2　井挖改明挖方案剖面图

3.3 方案选择

(1) 竖井 262 m 高程以上井壁混凝土由“倒挂井壁”浇筑改为从下至上分层浇筑，消除了该高程段竖井周边土石方二次开挖对竖井结构和外观体型的影响，避免和减小了二次处理竖井井筒外观产生的费用和工期影响，施工顺序更为合理。

(2) 取消了 262 m 高程以上的高压旋喷、该高程段的帷幕灌浆钻孔和相应的钢支撑。

(3) 竖井 262～281 m 为砂砾石层，井挖改明挖方案在施工安全方面得到保障，并且该高程段的锚杆和挂网喷混凝土被取消优化。

(4) 竖井压板调整到 262 m 高程，靠山侧压板顺边坡浇筑，压板宽度维持设计方案。

(5) 竖井 262 m 高程以上改为依靠井筒混凝土防渗，262 m 高程以下维持设计方案。

(6) 原设计方法开挖、高喷灌浆及帷幕灌浆历时 90 d，预计每循环开挖 2 m 历时 4 d，开挖与衬砌混凝土工序衔接、强度等间隔时间历时 3 d，衬砌历时 7 d，施工完成 262～281 m 高程最少需要 223 d；按照井挖改明挖实施后，明挖历时 60 d，262 m 高程以下帷幕灌浆历时 32 d，262 m 高程以上井筒混凝土衬砌历时 36 d，施工完成 262 m 高程～281 m 高程仅需要 128 d，最少可节约工期 95 d。

在投资方面的对比见表 1。

表 1 井挖改明挖方案施工投资对比

项目名称	变化量	单价/元	合价/元	备注
高喷灌浆/m	−1 814.30	295.96	−536 960.23	竖井灌浆
灌浆钻孔/m	−1 814.30	111.64	−202 548.45	竖井灌浆
喷混凝土（C20，δ=15 cm）/m^3	−106.89	719.40	−76 896.67	竖井一期支护
锚杆（Φ25，L=6 m）/根	−317	155.27	−49 220.59	竖井一期支护
钢筋网 Φ8/t	−2.81	5 998.17	−16 854.86	竖井一期支护
增加石方开挖量/t	50	64.47	3 223.50	井壁半径扩大 80 cm 后增加量及 276.5～281 m 段未浇筑减少量差值
衬砌混凝土(竖井井壁）/m^3	−450	497.04	−223 668.00	
钢筋(竖井井壁钢筋）/m^3	−24.5	5 706.41	−139 807.05	
增加回填 C15 毛石混凝土/t	199.00	296.42	58 987.58	
灌浆压板混凝土(C20）/m^3	117.75	450.00	52 987.50	厚 0.5 m，宽 2 m
竖井回填混凝土(C20）/m^3	200.00	450.00	90 000.00	新增边坡回填
衬砌混凝土增加模板量/m^3	1 260.00	96.75	121 905.00	262 m 以上外模
满堂脚手架搭设和拆除/m^3	3 000.00	50.00	150 000.00	外模新增脚手架
衬砌混凝土调差(竖井井壁）/m^3	3 670	−15.00	−55 050.00	施工工艺简化，钢筋接头变少
钢筋调差(竖井井壁）/项	236	−100.00	−23 600.00	

经对比，井挖改明挖方案在投资上大约节省了 847 502.26 元。

4 大断面竖井井挖改明挖施工技术

4.1 土石方明挖

4.1.1 施工方法

明挖的井挖范围为 262～281 m 高程，开挖施工前，首先测量原始地面线，按照设计方案进行测量放样，现场标示开口线、开挖范围和开挖坡比。

考虑开挖和护坡的施工衔接，引水渠按设计马道分台阶、分左右侧依次开挖防护。先完成第 1 个台阶一侧的开挖和边坡修整，以便提供块石护坡的施工条件，然后进行本台阶另一侧的开挖和护坡，随后进入下一个台阶循环。

土方开挖利用挖掘机从上至下直接开挖装车。石方根据开挖揭露的情况选择爆破方式。孤石和低台阶开挖选定小台阶预裂爆破的方法进行石方开挖，局部辅助用挖掘机带破碎锤进行开挖。大方量和高台阶开挖时，采用预裂梯段爆破。

由于井挖改成明挖后增加了原设计边坡高度，靠山后边坡坡度按照 2∶1 进行控制，为保证边坡稳定，进行 262 m 高程压板混凝土浇筑时，内侧边坡坡脚采取贴坡的方式进行护坡浇筑，保证边坡稳定，及时进行砂浆锚杆、挂网喷混凝土、排水孔、锚索和贴坡混凝土的施工。

4.1.2 超欠挖控制

(1) 控制钻孔精度。钻孔前做到布孔准确，深度相同、方位及孔斜率一致，角度偏差不大于 1°，开孔位置偏差不超过 3 cm。

(2) 控制开挖质量。遵循“重地质、弱爆破、早封闭、勤量测”的施工方针，对于软弱破碎带的开挖更要做到“重地质、管超前、短进尺、弱爆破、早封闭、强支护、勤量测”的施工方针。

(3) 施工时根据拟定的爆破参数进行爆破实验，找出适合的爆破参数，用于指导施工。

(4) 采用光爆孔或预裂孔进行爆破，控制炸药量，尤其是靠近结构周边的主爆孔。

4.2 混凝土浇筑

因后期竖井开挖需要配置门机，提前开挖按期完成门机安装，压板钢筋制安时要将以下的井筒混凝土钢筋提前预留。为保证整体稳定，明挖区以上井筒混凝土半径扩大 80 cm。

混凝土采用 30 t 门机吊吊罐、辅助配合梭槽和简易溜筒垂直运输入仓，从下至上分层浇筑竖井井壁混凝土，井筒混凝土浇筑高程大于正常蓄水位并考虑波浪爬高和超高。

262～281 m 高程区域，由于明挖形成的外边坡采取钢筋混凝土浇筑形成通道。

4.2.1 钢筋施工

钢筋按照设计尺寸要求在钢筋场加工，运输至施工现场，用 30 t 门机转运至竖井内进行安装。直径 25 mm 以上的钢筋接头主要采用套筒，直径 25 mm 以下的钢筋接头采用搭接手工电弧焊。

4.2.2 止水施工

竖井的井壁混凝土在分仓线位置设有 1 道环向止水，止水的规格和埋设的位置要符合施工图的规定。止水片凹槽应严格按缝面居中设置，止水片与模板结合面应严密。安装好的止水片应加以固定和保护，防止在浇筑过程中发生偏移、扭曲和结合面漏浆。

4.2.3 模板施工

262 m 高程以上模板采用内外 2 层模板，模板采用钢管外撑、同时对拉的方式加固。内、外模板均采用定型钢模板，模板长度 3 m、高 3 m，局部辅以木模封闭。定型模板翻转循环使用，模板拉筋与邻近的预埋锚筋连接。下层后浇块混凝土达到 3 d 强度后方可拆除上层先浇块的混凝土模板，模板面均匀涂上色拉油或者脱模剂。施工时搭设满堂脚手架作为钢筋和模板施工平台，利用 30 t 门机配合人工进行模板的拆除和安装。

4.2.4 混凝土施工

在地面布置混凝土搅拌站制作混凝土，输送混凝土采用 3 m^3 底卸式吊桶。在模板上搭设工作台，均匀对称流入模板。

(1) 混凝土运输。6 m^3 罐车水平运输混凝土，门机垂直用吊罐运输，设简易挡板防止骨料分离。

(2) 混凝土入仓、振捣。取水塔混凝土采用门机吊吊罐、辅助配合梭槽和简易溜筒垂直运输入仓。混凝土入仓铺料厚度 30～50 cm，人工平仓，插入式振捣器振捣密实。振捣时间以混凝土不再显著下沉、不出现气泡并开始泛浆时为准。振捣器距模板的距离不小于振捣器有效半径的 1/2，不得触动钢筋及预埋件。无法振捣的部位人工辅助使其密实。

(3) 拆模及养护。拆模应在混凝土达到规定的强度后方可进行，井壁模板 3 d 后方能拆除。混凝土浇筑完毕后，应及时采用洒水、喷雾或薄膜履盖进行养护。保持混凝土表面湿润，养护时间应在混凝土浇筑完毕后 6～18 h 内开始进行，其养护时间不应少于 14 d，大体积混凝土的水平施工缝则应养护到浇筑上层混凝土为止。混凝土养护应有专人负责，并应作好养护记录。

(4) 施工缝面处理。每一个仓号收盘后，在混凝土终凝后均采用高压风或高压水对老混凝土面进行冲毛处理，冲毛不合格的部位，按监理工程师的要求对混凝土面进行凿毛处理。

(5) 雨季、冬季做好特殊气候的施工防护。

5 安全措施

(1) 施工过程中先要加强安全技术培训，牢固树立“安全第一”的思想。施工前组织全体施工人员认真学习有关竖井施工的安全知识、安全规定，建立健全各项安全生产管理制度和各级人员的岗位责任制。

(2) 爆破施工严格按照《爆破安全规程》操作施工，加强监测，根据监测的地质情况及时调整爆破参数，保证爆破安全。

(3) 边坡设防护栏杆，在物料人员出入口设栅栏门，防止人员、物品意外坠落。

(4) 尽量避免上下交叉施工，无法避免时安排专人负责，以防安全事故。

(5) 模板在收模前应打掉支撑，模板下严禁站人，作业人员乘吊桶提至模板上沿以上至少 500 mm，防止收模后，模板突然下沉挤压伤人。

(6) 浇筑混凝土时，溜槽要用绳固定在模板上防止其突然摆动将工作人员甩下工作台。凡井下使用的溜灰槽必须是完好的，表面混凝土积块处理干净，两挂钩及挂钩链无碰伤。井口人员每次下放混凝土前要仔细检查吊桶各闭锁装置，发现异常，立即组织人员维修。

6 结语

本工程大断面竖井 262～281 m 高程采取井挖改明挖施工技术，解决了砂砾石层竖井施工安全问题，同时节约了工程投资约 84.75 万元，加快了施工进度 95 d，保证了工程的后续施工。该方案可在类似工程推广实施。

黄金坪水电站砂石加工系统产能低原因分析及调整

张清宇

（中国水利水电第九工程局有限公司二公司　贵州贵阳　550008）

摘要：本文介绍了黄金坪水电站砂石加工系统产能低效，分级调配不均匀等问题，这些问题严重影响着黄金坪水电站的施工进度。文章对此砂石系统进行了工艺调整，最终实现产能大幅提升，保证了电站建设进度。

关键词：黄金坪水电站；砂石；加工系统；工艺；调整

1　概述

黄金坪水电站砂石系统需满足工程约 175 万 m^3 混凝土所需的砂石骨料供应，共需生产成品骨料约 405 万 t，其中细骨料总量约为 158 万 t，粗骨料总量约为 247 万 t。系统处理能力为 1 000 t/h，成品料生产能力为 800 t/h，其中人工砂生产能力约 310 t/h，料源为洞挖渣料，需毛料约 200 万 m^3（自然方）。该系统分为 4 个车间：粗碎车间、中碎车间、细碎车间和超细碎车间，主要设备由 2 台鄂破、4 台圆锥破、6 台圆震筛、4 台高频筛、4 台洗砂机和 39 条胶带机等组成。

人工砂石加工的原料为黄金坪水电站洞挖中产生的岩料，该岩料以石英闪长花岗岩为主，岩石湿抗压强度 108.3～227.0 MPa，岩质坚硬，力学强度高，软化系数 0.83～0.96，天然密度平均值 2.76～2.92 g/cm^3，其黑云母含量 2%～10%。斜长花岗岩饱和抗压强度 80.0～110.0 MPa，平均值 94.4 MPa，软化系数 0.75～0.78，天然密度平均值 2.73 g/cm^3。岩体主要质量指标满足混凝土骨料要求。人工骨料碱活性试验表明骨料为非活性骨料。

2　系统技改前的产能状况

该工程于 2011 年 3 月 1 日开工，2011 年 10 月 30 日建成投产。2012 年 1 月，粒径变化前，毛料生产骨料时砂石加工系统的破碎、分级、冲洗、输送、堆存所有工序均满足设计要求。使用毛料粒径增大生产骨料时出现以下问题：

（1）粗碎车间。鄂式破碎机经常发生架棚现象，架棚现象影响进料效率，不能形成连续的级配给料，影响破碎效果，同时也不利于系统经济运行。

（2）中碎车间。中碎车间进料平均粒径大，生产出来的骨料大石居多，破碎料中大石含量偏高，导致细碎无法消化完中碎生产的大石，出现中碎圆锥和细碎圆锥生产不匹配，1 台中碎圆锥破运作就能满足细碎 2 台圆锥破供料需求，联动运行时中碎车间有 1 台圆锥（HP400）长期处于闲置状况。中碎一筛车间，成品综合产能 462 t/h，其中大石产能 227 t/h，在不考虑生产大石的前提下，只能满足细碎 79%的进料量。

（3）细碎车间。成品产能为 125.55 t/h，中碎车间进料量只能达到 75%，造成细碎原锥其中 1 台长期处于停机状况。成品中石产能为 179.54 t/h，成品小石为 31.96 t/h。

由于超细碎进料量不足，致使出砂产能仅为 115.3 t/h，其中 1 台制砂机长期处于闲置状况。

级配平衡状况分析如下：由于小石（豆）产能低，导致大、中石爆仓等待小石生产，系统长期处于低负荷运行状况，每吨砂石骨料的用电量超标，达不到骨料供应需求，无法满足系统经济运行。产能无法满足联动运行，按月生产 25 d、每天生产 14 h 计算的小石月产量为：$25 \times 14 \times 54.96 =$ 1.9 万 t，按设计级配（小石＋豆石）比例为 23.4%，则在平衡生产的前提下，砂石加工系统产量为 234 t/h，每月的产量为 8.2 万 t，仅为设计产能 800 t/h 的 29.52%。

为此，建设、监理、设计、施工、设备厂家共同进行了砂石加工系统的产能检测，检测成果表明：毛料变化后砂石加工系统产能仅为设计产能的 56.8%，小石（豆石）产能仅为设计产能的 22.9%，在考虑各级配骨料均衡生产情况下，系统产能仅为 234 t/h，每月按 25 d、每天生产 14 h 的状况下产量为 8.2 万 t/月，运行中不平衡因素系统产量约

收稿日期：2020-02-24.

作者简介：张清宇，贵州普安人，助理工程师，从事水利水电工程施工管理工作.

6.5万 t/月，砂石加工系统生产的砂石骨料在电站浇筑低峰期也不能完全保证骨料供应。五方共同进行的产能试验表明，砂石加工系统在不考虑级配平衡的前提下，无法满足电站建设高峰期的需要。

3 产能降低的原因

毛料回采时发现较2012年1月份前开挖的毛料超径石比例大幅上升、毛料所含细小颗粒大幅下降，供料方调整相关爆破参数导致毛料平均粒径上升。经毛料级配对比分析后确认是因毛料粒径变化后棒条给料机间距及鄂破开口未及时调整，导致架棚现象发生，粗碎车间产能受毛料变化及浇筑叠峰骨料需求强度增加的双重影响。在砂石加工系统产能下降的情况下，即使系统持续生产，也不能保证浇筑高峰期骨料供应，不能达到系统经济运行，影响电站建设工程的施工进度。

4 采取的调整措施

由于毛料粒径增大导致砂石加工系统破碎工作量增加23%，该变化导致砂石系统之前加工毛料确定的运行参数难以满足实际生产需要。为此，2012年5月对系统试验产能参数和运行参数进行了工艺调整。

4.1 粗碎车间工艺调整

粗碎车间进料平均粒径调整。将鄂破给料机棒条间距调小，从原来的140 mm调整为80 mm；给料机棒条间距调整后，改变了鄂破进料平均粒径，从435 mm改变为401 mm；同时将颚式破碎机开口调大，鄂破开口从150 mm调整到195 mm；粗碎破碎后调整前的半成品平均粒径为195 mm，2012年5月进行以上设备开口调整后，毛料生产的成品的粒径为158 mm，较之前半成品粒径有明显改善。经检测，调整后鄂式破碎机很少发生架棚现象，鄂破腔体能够较密实的填充，能形成连续的级配给料，破碎效果增强。粗碎进行工艺调整后，粗碎产能从原来的680 t/h提升为现在的824 t/h，产能有所上升，粗碎车间产能达到设计产能（1 000 t/h）的82.4%。

4.2 中碎车间产能调整

中细碎车间的工艺性调整必须同时兼顾、考虑负荷平衡的要求，为了达到级配平衡、破碎机不闲置的目的，对中碎车间进行了工艺调整。中碎车间调整的主要目的是通过降低圆锥破(HP400)的进料粒径和进料量提高中小石产能。

4.2.1 电机调频

之前通过人工调整给料机电机的偏心块进行给料机的给料，当2块偏心块重叠时给料电机的震动力矩最大，偏心块对称布置时给料电机的震动力矩最小，通过人为反复调整偏心块的位置，振幅达到最大时，还是不能保证圆锥破满腔给料，收效甚微。为此，在配电室的电气控制屏上增设2台变频器装置分别调节中碎2台给料机电机的转速，通过改变频率的大小来控制给料机转速，转速升高后在偏心块的作用下震动力矩增大，给料量也随之增大，通过手动调节变频器开关，让给料机电机的频率调整到足够的给料量，能随时保持破碎机满腔给料，骨料间互相摩擦、挤压效果加强，在很大程度上填充破碎腔体间隙，破碎效果增强。

4.2.2 筛网调整

将1筛1号筛网从80 mm×80 mm的筛孔调整为40 mm×40 mm，调整后，1筛1号筛的大石全部转入中碎圆锥循环破碎，将大石反复破碎变为小石，满足小石生产需求。将50%的大石进行循环破碎后，消耗系统多余生产的大石，保证了小石和砂的生产量，中碎圆锥进料粒径也从231 mm降到184 mm。

4.2.3 控制大石生产

通过调整大石中转(从2筛下料口全部拦截大石进入B11号胶带机)进入细碎料仓，在中碎车间循环破碎，可有效控制到细碎的大石量，实现分级调配而不影响系统联动运行。

4.3 细碎车间产能调整

4.3.1 调整给料量

细碎电气控制屏上增设2台变频装置分别调节中碎2台给料机电机的转速，通过改变频率的大小来控制给料机转速，转速升高后在偏心块的作用下震动力矩增大，给料量也随之增大，通过变频器调节给料机电机的给料量能随时保持破碎机满腔给料，骨料间互相摩擦、挤压效果加强，在很大程度上填充破碎腔体间隙，破碎效果增强。

4.3.2 循环破碎、调整筛网

由于中碎车间整改后大石产量完全可以满足细碎的料源要求，因此细碎车间不能恢复到使用限制爆破前的水平，但基于系统整改后中碎车间生产小石较使用限制爆破前毛料少，为保证平衡生产，将细碎生产出的富余中石循环破碎提高小石产量。首先将2筛3号筛（2YKR2060）的筛网从40 mm×40 mm调整为20 mm×20 mm，这样就能够将50%的中石转入细碎圆锥破循环破碎，作如上调整后细碎车间小石产量从31.96 t/h上升到155 t/h，经级配平衡，小石产能基本满足调整后平衡生产的

需要。为了更好地调整中小石级配，2013 年 11 月，将 2 筛 3 号筛更换成 3YKR2460，这样细碎车间中石的进料比例可以根据平衡生产的需要进行调整，系统平衡性增强。中碎车间的整改后大石产量完全可以满足细碎的料源要求，为了进一步平衡系统生产，通过中转将细碎生产出的富余中石循环破碎提高小石产量。

4.3.3 调整后细碎产能

作出以上调整后细碎车间小石产量从原来的 40.5%达到设计的 80%，产量由 174.15 t/h 上升到 344 t/h，级配平衡，小石产能满足调整后平衡生产的需要。调整后细碎车间小石产能提升了 122.45 t/h，产能提升率为 197%，满足了平衡生产的需要，系统平衡性进一步加强。

4.4 超细碎车间工艺调整

4.4.1 调整方式

将中细碎生产的小石全部转入超细碎制砂，所有小石经过制砂车间整形。小石豆石全部从超细碎出成品，经过立轴破的小石、豆石针片状含量低于 8%，较调整前 31.75%降低 23.75%，低于规范 7%(规范针片状含量为 15%)。

4.4.2 改善立轴破的进料粒径

调整前细碎出小石、豆石成品，超细碎进料全部为中石，立轴破进料比例为中石：小石＝3：7，调整后立轴破进料主要为小石，进料比例为中石：小石＝1.6：8.4，改善了立轴破的进料粒径的比例。

4.4.3 调整后产量

通过检测超细碎车间产量由 125.55 t/h 上升到 248 t/h，级配平衡，产能满足调整后平衡生产的需要。

5 调整后系统产能前后对比分析

从毛料级配变化入手，进行了多次检测，获得相关参数对砂石加工系统进行了工艺调整，技改工作于 2013 年 8 月底完成。技改完成后，2013 年 9 月2 日16：00 至 9 月 5 日砂石加工系统进行全负荷 72 h 运行，砂石加工系统进行了产能检测试验，成果表明，砂石加工系统产能达到设计产能的 80%，产能较调整前提高了近 1 倍，产品质量满足规范要求。9 月6 日至 9 月 15 日进行了产能检测，试验结果见表 1 和表 2。

表 1 调整前后砂石加工系统成品产能对比

车间名称	设计产能/(t/h)	调整前产能/(t/h)	调整后产能/(t/h)	达标率	提升率
粗碎	1 000	680	824	82.4%	121%
中碎	800	462	643	80%	139%
细碎	430	174.15	344	80%	163%
超细碎	310	125.55	248	80%	197%

表 2 调整前后级配平衡

成品名称	技改前级配/(t/h)	技改后级配/(t/h)	设计值/(t/h)
大石	79.54	48	60
中石	78.95	152	190
小石	31.96	155	190
豆石	18.25	40	50
砂	115.3	248	310
合计	324	643	800

试验成果显示，技改前，大石超出设计量，小石产能较低，级配不平衡。技改后砂石加工系统实现生产级配与电站浇筑所需要骨料匹配，通过调整各车间进料的平均粒径，合理分摊了毛料变化增加破碎工作量。砂石加工系统通过整改，各级配骨料所占比例与设计接近，系统可以实现平衡联动生产，不会因级配不平衡而造成设备闲置，满足电站建设对砂石骨料的需求。

6 结论

为了提高产能，通过对毛料平均粒径进行系统分析后，采用“合理调节破碎机进料粒径，分级各车间破碎工作量”，最终实现砂石系统生产能力提升。黄金坪水电站洞室开挖毛料，在粗碎车间通过调整棒条、鄂破开口，在中碎、细碎车间通过筛网搭配、变频调节加大给料机进料量控制等工艺方案调整，对瓶颈问题进行了技术改进，经过了大量的系统联动试验得出数据结论，并对高峰期生产运行制定了一系列保障措施，满足了电站建设浇筑高峰期对砂石骨料的要求，实现了砂石系统平衡联动生产、产能的大幅提升，既满足了电站工程建设的需求，又创造了一定的经济效益。

芙蓉江牛都水电站工程大坝泄洪消能设计

陈清松[1]，苏艳菲[2]

（1. 遵义水利水电勘测设计研究院　贵州遵义　563000；2. 贵州省水利投资（集团）有限责任公司　贵州贵阳　550002）

摘要：针对芙蓉江牛都水电站工程洪峰流量大、河床狭窄的不利条件，采用坝顶表孔泄洪，表孔出口采用滑雪道＋小挑坎面流消能方案，冲坑较浅并远离大坝，优化了坝体结构和取消下游消能防冲工程措施，确保工程安全的同时，降低了工程造价，对同类工程有较好的借鉴作用。

关键词：混凝土；拱坝；坝顶；表孔；泄洪；消能

1　工程概况

牛都水电站工程位于贵州省正安县土坪镇境内，地处乌江左岸一级支流芙蓉江上游河段，坝址以上流域面积 1 650 km^2，多年平均流量 34.2 m^3/s，500 年一遇洪峰为 6 040 m^3/s，50 年一遇洪峰为 3 950 m^3/s，30年一遇洪峰为 3 500 m^3/s。属芙蓉江干流梯级开发规划的第 3 级，该水电站为坝后式，电站装机容量 2×10 MW。

坝址处河谷呈基本对称的 V 形横向河谷结构，坝址左岸山顶高程 954.0 m，地形坡角 40°～60°，岸坡基岩裸露；右岸山顶高程 1 000 m 左右，地形坡角 40°～80°，岸坡基岩裸露。坝址处河谷宽高比 2.2 左右，河床宽 20～35 m，水深 1.5～5 m，局部为深潭，河床砂卵砾石覆盖层 0～3.3 m。出露主要地层岩性为志留系韩家店群($S_{2-3}hn^3$)泥页岩夹砂岩和二迭系栖霞组(P_1q)、茅口组(P_1m)灰岩、泥灰岩及第四系(Q)。岩层产状 N5°E/NW∠58°，岩层倾下游偏左岸。大坝下游冲刷部位岩体为薄至中厚层灰岩为主夹厚层灰岩，其抗冲刷系数 1.1～1.3。

工程总体布置方案：拱坝＋坝顶表孔泄洪＋右岸发电引水系统＋右岸地面厂房＋GIS 楼。大坝坝型为常态混凝土拱坝，坝顶高程 613.50 m，坝顶宽 5 m，最大坝高 53.5 m，坝底厚 12.0 m，厚高比 0.224，水库总库容 3 720 万 m^3，水库规模为中型，工程等别为Ⅲ等。大坝设计洪水标准为 50 年一遇，最大下泄流量 3 710 m^3/s；校核洪水标准为 500 年一遇，最大下泄流量 5 580 m^3/s；消能防冲标准为 30 年一遇，最大下泄流量 3 310 m^3/s。

2　泄洪方案选择

根据坝址处的地形地质条件和常态混凝土拱坝大坝结构设计体型，且该河段有窄河谷、大泄量、水库仅具有日调节作用等特点，泄洪方案考虑洪水全部通过坝身表孔泄洪和坝身表孔＋导流洞改建为泄洪洞的联合泄洪的布置方案，结合大坝下游消能防冲影响，设计经分析拟定 3 种泄洪方案进行比较，见表 1。

表 1　3 种泄洪方案调洪成果统计

项目	方案 1			方案 2			方案 3		
	3 表孔 14 m×12 m(b×h)			5 表孔 10 m×10.4 m(b×h)			3 表孔 12 m×13 m(b×h)＋泄洪洞 1 孔 6 m×8.1 m(b×h)		
	0.2%	2%	3.33%	0.2%	2%	3.33%	0.2%	2%	3.33%
堰顶高程/m		596.40			598.00			595.40	
泄洪洞底板高程/m		—			—			572.60	
入库洪峰/(m^3/s)	6 040	3 950	3 500	6 040	3 950	3 500	6 040	3 950	3 500
最高库水位/m	612.69	608.89	608.40	612.61	609.46	608.46	612.31	608.40	608.40
最大库容/万 m^3	3 720	2 880	2 780	3 696	2 995	2 790	3 620	2 780	2 780
最大下泄流量/(m^3/s)	5 580	3 710	3 310	5 640	3 630	3 290	5 590	3 710	3 300
下游最高水位/m	589.67	585.53	584.53	589.79	585.39	584.49	589.71	585.53	584.51

方案 1 为表孔(3 孔)泄洪，溢流净宽 42 m，堰顶高程 596.40m；方案 2 为表孔(5 孔)泄洪，为了使下泄洪水不冲刷岸坡，溢流净宽 50 m，堰顶高程

收稿日期：2020-01-09.
作者简介：陈清松，贵州湄潭人，高级工程师，从事水利水电工程设计及管理工作.

598.00 m；方案 3 为表孔（3 孔）＋泄洪洞（1 条）泄洪，表孔溢流净宽 36 m，堰顶高程 595.40 m，泄洪洞 1 孔 6 m×8.1 m（$b\times h$），进口底板高程 572.60 m。

3 种泄洪方案洪水均主要通过表孔下泄，经水力学模型试验，调整和优化泄洪建筑物的布置型式及结构尺寸，检验泄洪消能下游冲刷对坝基、坝肩的影响，确保大坝抗洪能力、溢洪道泄洪能力和坝身结构安全是关键。为了减小冲坑深度，并尽可能让冲坑远离大坝，各种运行工况下均确保大坝安全，溢流表孔出口采用滑雪道＋小挑坎面流消能方案，在各种工况下，水流出溢流堰后，均以面流状态与下游河道衔接，水流没有下潜直冲河床，从而实现冲坑较浅并远离大坝的目的，取消下游消能防冲工程措施。3 种泄洪方案投资比较见表 2。

表 2　3 种泄洪方案投资比较

项目	方案 1	方案 2	方案 3
土建投资/万元	492.78	608.17	753.60
金属结构投资/万元	452.50	610.73	628.47
合 计/万元	945.28	1 218.90	1 382.07

方案 1 的优点是坝身结构较简单，施工干扰小，水库运行管理方便，工程投资省；缺点是表孔泄洪单孔尺寸偏大，下泄洪水能量较集中，单宽流量大。

方案 2 的优点是坝身结构较简单，表孔泄洪单孔尺寸较小，下泄洪水能量较分散，下游消能防冲易解决；缺点是大坝下游冲坑深度并未明显减小，对坝脚左右岸坡冲刷影响范围较大。

方案 3 的优点是表孔泄洪单孔尺寸相对偏小，导流洞与泄洪洞结合使用；缺点是泄洪洞龙抬头段结构和金属结构复杂，且表孔下泄单宽流量仍较大，大坝下游冲坑深度的减轻效果不明显，施工干扰大，投资较大。

经上述综合比较，方案 1 溢流表孔出口采用滑雪道＋小挑坎面流消能方案，减轻了对下游河道的冲刷，下游河床及岸坡脚冲刷不危及大坝安全，且坝身结构较简单，投资省，施工干扰小，有利于混凝土坝施工，故推荐方案 1。

3　溢洪道结构设计

溢洪道布置于大坝中段，采用设闸控制的开敞式表孔泄洪，堰型为 WES 实用堰，幂曲线方程为 $y=0.065\,7x^{1.85}$。表孔设计见图 1。

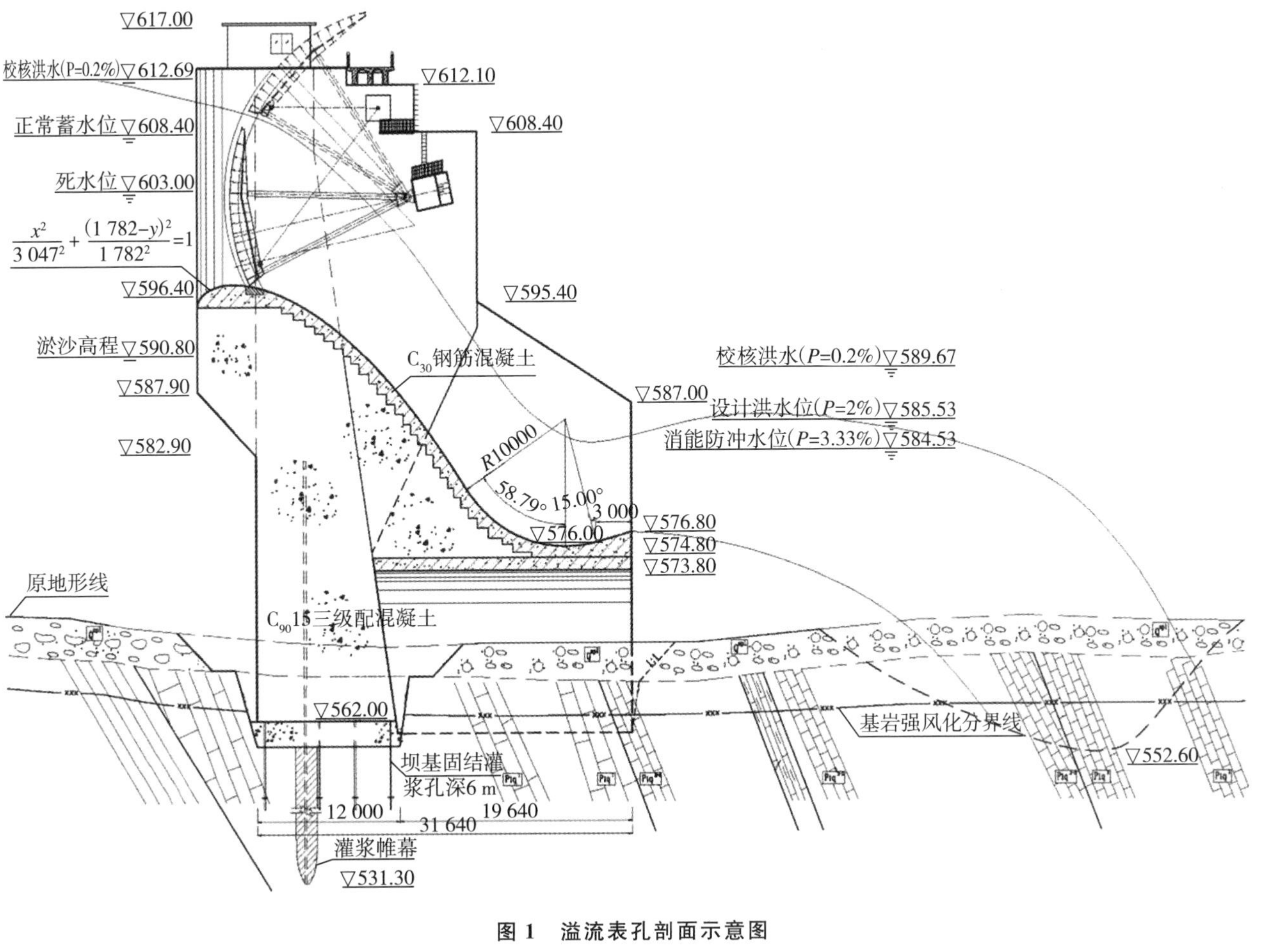

图 1　溢流表孔剖面示意图

对表孔结构尺寸布置选用多方案比较，结合水力学模型试验成果，满足泄洪能力和下游消能防冲要求，确保大坝安全，拟定溢流净宽 42 m，堰顶高程 596.40 m；设 3 扇 14 m×12 m($b\times h$)弧形工作钢闸门。

溢流表孔出口采用滑雪道＋小挑坎面流消能方案(下部设支墩拱)，挑坎反弧半径为 10 m，挑射角为 15°，反弧段末端接 1∶3.75 斜线，长 3 m，挑流鼻坎顶高程为 576.80 m。挑流鼻坎下部共设置 3 孔支墩拱，1、3 号支墩拱跨度为 14.2 m，2 号支墩拱跨度为 14.0 m，支墩头部宽 2.72～2.81 m，尾部宽 1.3 m，支墩基础高程 561.00～567.50 m。

4 水力学计算及模型试验成果

4.1 泄流能力

表孔堰顶高程 596.40 m，堰型为 WES 实用堰，单孔溢流宽度 14.0 m。过流能力计算成果和水力学试验成果见表 3。

表 3 溢洪道过流能力理论计算及水力学试验成果

洪水频率/%	理论计算值		水力学试验值	
	上游水位/m	下泄流量/(m³/s)	上游水位/m	下泄流量/(m³/s)
0.2	612.69	5 580	612.69	5 610
2	608.89	3 710	608.89	3 760
3.33	608.40	3 310	608.40	3 390

从表 3 可知，在相同水位的情况下，水力学模型试验成果的下泄流量值约大于理论计算值，溢洪道泄洪能力满足相应标准时洪水的下泄要求。

4.2 下游消能

根据拟定溢流表孔的体型，经水力学模型试验，其成果见表 4。

表 4 下游消能水力学模型试验成果

计算工况	上游水位 Z/m	下泄流量 Q/(m³/s)	挑距 L/m	冲坑深度 tr/m	L/tr	坑底高程/m
设计洪水($p=2\%$)	608.89	3710	87.0	14.80	5.88	553.20
校核洪水($p=0.2\%$)	612.69	5580	98.0	13.12	7.47	554.88
消能工设计工况($p=3.33\%$)	608.40	3310	95.5	15.40	6.20	552.60

从表 4 中数据可看出，在各种运行工况下，其模型试验成果的冲坑后坡比均大于 3，岩层倾角远远大于该后坡比，满足规范要求。虽冲坑底部高程低于大坝建基面 560.00 m 高程，但冲坑位置远离大坝坝脚，冲坑最深点距坝趾的距离约为 80～100 m，且冲坑影响范围均在河床，对下游两岸坡未产生破坏，不会危及大坝安全运行。

5 结论

对于山区型河流、峡谷地貌，中低坝、大泄量的中小型水利水电工程的开发建设工程来说，其泄洪建筑物在整个工程投资中占有很大比重。如何选择技术可行、经济合理的泄洪、消能建筑物设计，对加快山区型河流的开发有着积极意义。牛都水电站工程属典型的狭窄河谷上中低坝大泄量小水电项目，通过大量的试验研究对泄洪消能建筑物进行优化调整，采用坝顶泄洪＋滑雪道式小挑坎面流消能方案，满足各设计工况下的泄洪消能要求，优化了坝体结构和取消下游消能防冲工程措施，坝身结构简单，简化施工难度，确保工程安全的同时，降低了工程造价，获得良好的经济效益和社会效益。该工程于 2013 年建成并通过竣工验收正式投入运行，泄洪消能建筑物通过长期运行检验取得圆满成功，对同类工程有较好的借鉴作用。

参考文献：

[1] 遵义水利水电勘测设计研究院. 贵州省芙蓉江牛都水电站工程初步设计报告 [R].

[2] 水力学与山区河流开发保护国家重点实验室（四川大学）. 芙蓉江牛都水电站泄水建筑物水工水力学模型试验报告 [R].

[3] 遵义水利水电勘测设计研究院. 狭窄河谷上中、低坝大泄量技术研究科研设计工作总结报告 [R].

Civil 3D 与 Dynamo 在双曲拱坝建模中的应用

吴高进

（中国水利水电第八工程局有限公司　湖南长沙　410004）

摘要：双曲拱坝属于一种复杂结构的坝型。用传统的三维建模软件建立双曲拱坝模型耗时长，且需要大量的人力物力；而 Dynamo 参数化建模板块通过一系列预定义节点，按照一定的逻辑串联起来，并将大批量与机械化工作交付给软件自动计算，能快速准确地建立双曲拱坝模型，提高设计质量和效率，实现了从手工绘图向程序自动设计的重大飞跃，对水利工程施工有着极大现实意义。Civil 3D 的三维数字地形模型功能强大，利用数字地形模型，既可直观查看场地的三维效果，也可用于土方计算、纵横断面绘制等设计与计算。本文对 Civil 3D 地形处理和用 Dynamo 参数化编程建立双曲拱坝模型展开研究。

关键词：双曲拱坝；Dynamo；Civil 3D；参数化；建模；应用

1　概述

双曲拱坝是一种在水平断面上和竖直断面上同时向上游弯曲的连续光滑的三维空间曲面壳体。由于这种特殊坝体结构所独具的力学性能，使得拱坝具有优越的经济性和安全性，成为当今大坝设计中三大优选坝型之一。

根据我国能源发展的长远规划，我国在黄河中上游、大西南和红河流域等广阔西部地区修建了许多高、大、薄型拱坝，其中有些拱坝不愧为世界之最，如金沙江上坝高 285.5 m 的四川溪洛渡拱坝，澜沧江上坝高 292 m 的云南小湾抛物线双曲拱坝，以及世界最大在建水电站坝高 289 m 的白鹤滩双曲拱坝。说明我国拱坝设计和施工技术都已达到世界领先水平，同时也说明我国拱坝建设任务十分繁重而光荣。

但是一个拱坝工程的完成往往在设计阶段花费大量的人工、时间进行坝体的绘制、调整，以及施工阶段的工程放样和工程量计算。因此，根据拱坝设计计算的困难性和施工技术的复杂性，拱坝的参数化快速精准建模势在必行。

1.1　Civil 3D 软件介绍

Civil 3D 软件是 Autodesk 公司为土木与基础设施行业提供的三维设计解决方案，适用于勘测、场地规划、总图、道路设计、水利工程、市政管网、地质矿产等多个不同行业领域。Civil 3D 功能非常强大，能形成三维数字地形模型利用数字地形模型，可直观、快速、准确地计算土方量、绘制纵横断面图、查看三维模型等功能。同时 Civil 3D 还整合了 CAD，3D Map 等软件，并具有强大的项目管理功能，为土木建设工程提供了完整的解决方案。

本课题主要利用 Civil 3D 根据原始地形数据，创建大坝区域三维数字地形模型，按照设计图纸进行开挖放坡，最后与双曲拱坝模型相结合，精准计算混凝土工程量。

1.2　Dynamo 软件介绍

Dynamo 是一款 Autodesk 公司推出的可视化编程软件，是应用在 Revit 上的开源插件。可视化编程是指设计师通过图形化界面创建程序，不必从白纸开始一行行地写程序代码，用户可以简单地连接预定义功能模块，轻松创建自己的算法和工具，把冗长繁琐的建模过程自动化起来，创造一个用表达式生成三维形体的工具。如果发现 Dynamo 自带的结点无法满足需求，Dynamo 还允许用 Python 脚本直接调用所有的 Revit API，这使用户可以更加轻松地定制自己想要的 Revit 模型。其次，Dynamo 程序与 Revit 模型能够即时联动，无需输出与导入，使建模过程更加快捷方便。

本课题利用 Dynamo 按照双曲拱坝相关参数方程，快速准确建立拱坝模型，由于计算机硬件设备受限，精度为 0.5 m×0.5 m。编制程序创建自定义节点，对拱坝形体的复核、测量放样、模板制作、分层分块、工程量计算等等进行计算机模拟，实现拱坝建设中所有计算、分析计算机化。

2　项目应用

2.1　项目简介

精河二级枢纽调蓄水库，兼有发电功能。工程

收稿日期：2020-04-13.

作者简介：吴高进，广西桂林人，工程师，从事 BIM 技术工作.

位于新疆博尔塔拉蒙古自治州精河县境内的精河上，坝址至精河县城 55 km，距博乐市 147 km，距奎屯市 244 km，距乌鲁木齐 484 km。枢纽坝址位于精河支流上，枢纽由混凝土拱坝、水垫塘及二道坝、发电引水系统和电站、生态放水洞、过鱼设施等建筑物组成，水库总库容 3.68 亿 m^3。

混凝土拱坝为抛物线型双曲拱坝，坝顶高程 880.5 m，最大坝高 167.5 m，坝顶全长 288.4 m。坝顶设净宽为 2×10 m 的自由溢流表孔，坝体中部设坝内埋管式放水底孔，钢管直径 2.4 m，出口设锥阀控制流量；工程总投资约 11.9 亿元。

2.2 硬件配置

本项目 BIM 团队配备 5 台移动工作站：1 台 dell M6800 笔记本电脑、4 台 dell 5520 笔记本电脑，主要参数见表 1。

表 1 硬件配置参数

硬件名称及型号	主要参数
戴尔(DELL) Precision M6800 移动工作站	CPU：Intel 酷睿 i7－4900MQ；内存：32G；硬盘：1T＋256G；显卡：K5000M 4G
戴尔(DELL) Precision 5520 移动工作站	CPU：Intel 酷睿 i5－7300HQ；内存：8G；硬盘：256G＋1T；显卡：M1200

2.3 项目应用

众所周知，投标报价是根据招标文件中工程量清单计算而来，而实际工程结算金额是前方监理工程师签证的工程量，投标时清楚了解项目的理论工程量对投标方采取何种报价策略至关重要。本项目主要采用 Civil 3D 对项目的开挖工程量进行精确计算，Dynamo 对拱坝进行分层分块统计工程量。具体应用流程见图 1。

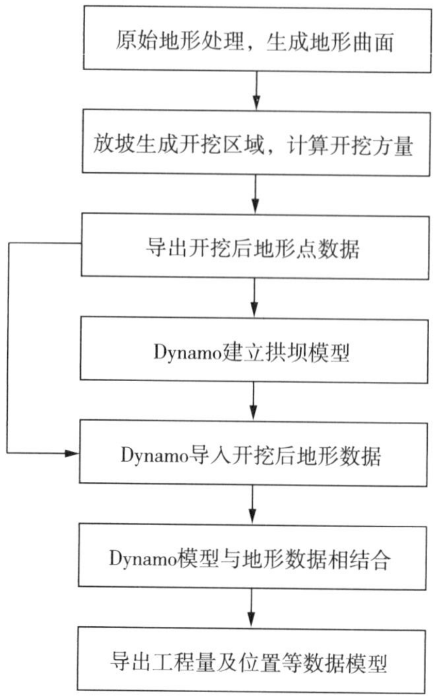

图 1 项目应用流程图

步骤一：原始地形处理，生成地形曲面。

Civil 3D 提供了“边界”“特征线”“DEM 文件”等多种栅格或三角网曲面创建方式，对于水利工程，设计师经常遇到的是一系列的高程点或等高线，因此通常利用 Civil 3D 中的“等高线”或“高程点”来创建原始地形曲面。原始地形曲面创建完成后，利用 Civil 3D 自带的“对象查看器”功能查看三维地形曲面，如果曲面中个别高程出现过高或过低的坏点，可通过“曲面特性”中的“定义”命令对该点进行修正，排除大于或小于常规点的高程值。

由于招标文件中的地形图存在很多的干扰因素，比如工程部位的一些结构线和轮廓线，这些不是需要的，将会影响后期的开挖放坡。因此，除了等高线，其他的图元都应该去除。处理流程如下：

(1) 处理地形，去掉除等高线以外的其他元素。

(2) Civil 3D 以 Excel 格式导出原始地形点。

(3) Civil 3D 利用导出的地形点重新新建地形曲面。

步骤二：对新曲面进行开挖放坡，计算开挖工程量。

曲面创建完毕后，就可在地形曲面上进行放坡。Civil 3D 中的放坡是一项非常实用的功能，它可以根据设计的坡比来自动创建 1 个曲面，并能计算体积。另外，放坡这项功能还能进行土方平衡，这对大规模土石方工程非常有用。

通过“放坡创建工具”可以选择多种放坡目标形式，常用的放坡目标有高程、距离、曲面、相对高程。本项目采用“相对高程－坡度”的放坡方式。先用多段线绘制出双曲拱坝的轮廓线并给定其设计高程，在“标准集”中选择“相对高程－坡度”。根据屏幕下方的提示“选择要素－应用到整个长度－相对高程－坡度”进行放坡操作，最后把“标准集”中的“放坡目标”改成“曲面”即可完成双曲拱坝开挖放坡操作。点击生成的任意曲面，会自动提示“三角网曲面”，选择“体积面板”，分别设置“基准曲面”和“对照曲面”，“基准曲面”选择创建的地形曲面，“对照曲面”选择放坡曲面，Civil 3D 会自动计算 2 个曲面之间的填方和挖方体积。

步骤三：导出开挖后地形点数据。

由于后期为了方便建立双曲拱坝模型，左边原点定在拱坝坝顶中轴线的中点上，而地形图坐标系是采用大地坐标系，因此须将地形图原点进行调整，视其与拱坝原点一致。

步骤四：Dynamo 建立双曲拱坝模型。

通常，双曲拱坝有以下几种曲线方程：几何系数插值方程、拱圈中心线参数方程、拱圈厚度参数方程。拱坝建模思路一般利用几何系数插值方程确定每一个高程处的拱坝基本参数，然后利用已确定的参数和拱圈中心线参数方程绘制出拱坝各个高程的拱圈中心线，最后利用拱圈厚度参数方程确定上下游曲线，并生成实体。

(1) 参数定义。本项目双曲拱坝几何系数插值方程如下：

$$F\ (2)\ =a_0+a_1z+a_2z^2+a_3z^3$$

左边原点在坝顶，方向铅直向下。

拱圈中心线参数方程：

左半拱：$Y=-\dfrac{X^2}{2R_l}+B$

右半拱：$Y=-\dfrac{X^2}{2R_r}+B$

式中：R_l 为拱冠处左半拱曲率半径；R_r 为拱冠处右半拱曲率半径；B 为拱冠梁中心线的 y 坐标。

拱圈厚度参数方程：

左半拱：$T\ (s)\ =T_c+\ (T_l-T_c)\ (S/S_l)^2$

右半拱：$T\ (s)\ =T_c+\ (T_r-T_c)\ (S/S_r)^2$

式中：T_c 为拱端厚度；T_l 为左拱端厚度；T_r 为左拱端厚度；S 为某点到拱坝中心线的弧长；S_l 为左半拱弧长；S_r 为右半拱弧长。

(2) 根据拱圈中心线参数方程确定拱坝坝轴线。根据图 2 的节点计算拱坝的坝轴线，该节点给定某一高程，利用拱圈中心线参数方程绘制出拱坝中心线，并利用循环命令，高程每隔 0.5m 执行 1 次运算。

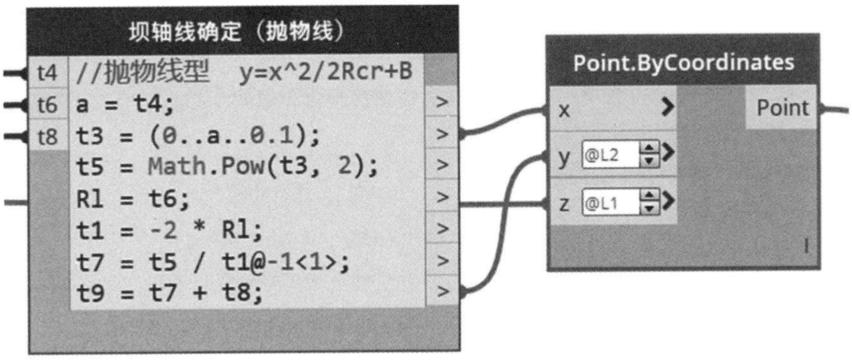

图 2　坝轴线点的确定节点

(3) 同理，根据拱圈厚度参数方程确定拱坝上下游曲线。

(4) 利用 Dynamo 内直接点放样生成拱坝实体。结果如图 3 所示。

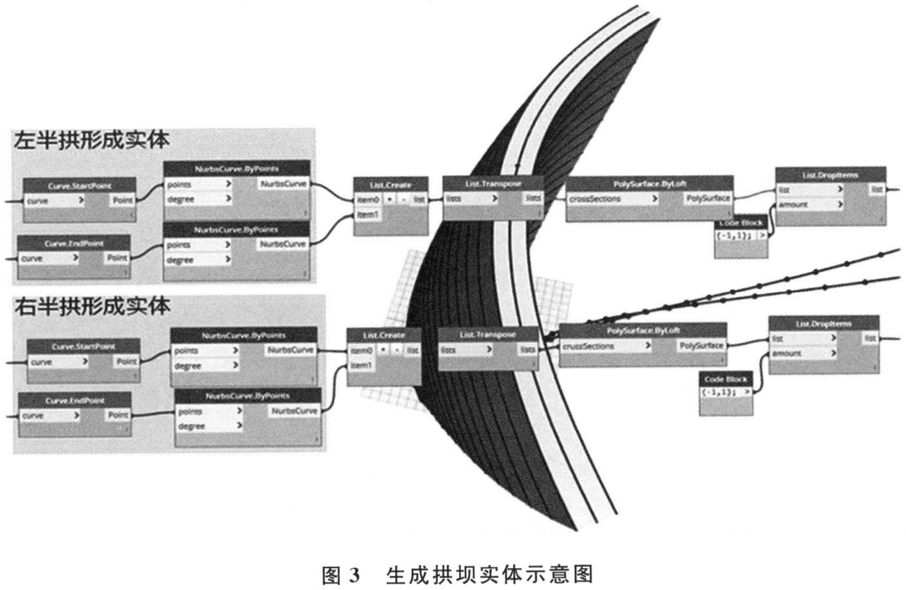

图 3　生成拱坝实体示意图

步骤五：Dynamo 导入 Excel 格式的开挖地形数据。由于地形是一系列的细小三角网格组成的，它并不是一个完整的曲面，在 Dynamo 内置节点中也没有合适节点，因此需要自定义一个使地形生成完整曲面的节点。自定义节点输入的是地形三角网格，输出的是网格曲面。

步骤六：拱坝模型与地形网格曲面以原点对原点的方式相结合，用地形网格曲面切割拱坝模型，去掉拱坝超出开挖地形之外的多余部分。结果见图 4。

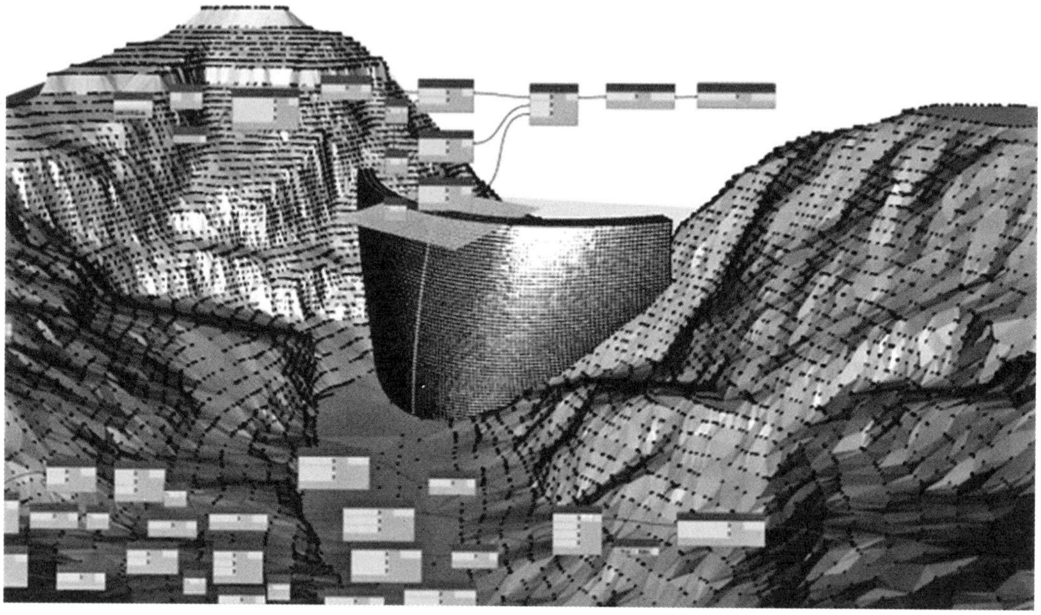

图 4　拱坝模型与地形曲面结合示意图

步骤七：按照要求分层或者分坝段进行工程量统计。

3　结语

本文以水利水电工程中大坝体型较为复杂的双曲拱坝为例，依托新疆精河拱坝工程介绍了 Civil 3D 从原始地形曲面创建、边坡开挖、挖填方工程量计算以及 Dynamo 参数化建立拱坝模型等，在水利工程中拱坝坝体建模方面的应用，得到了较好的分析、计算和展示效果。通过该软件的应用，总结了 Civil 3D 以及 Dynamo 在水利水电工程中的应用主要有以下几方面的优势：

(1) 在大规模土石方工程施工中，采用 Civil 3D 软件和采用传统手工计算方法计算工程量相比，效率明显提高。采用传统的手工计算，每个项目结算的时间至少要几个星期，而且计算过程复杂，中间的计算步骤繁琐，误差积累较大。同时出现错误的概率较大，计算结果精确度较低。而采用 Civil 3D 软件计算，所有分项工程都用该软件生成三维数字模型，可以很快计算出工程量。效率成倍提高，并且劳动强度大大降低，同时计算结果准确、快速、直观、明了。

(2) Dynamo 是利用一系列的节点按照一定的逻辑和算法创建模型，因此可以很方便动态的修改模型及其属性。对于类似工程只要修改拱坝左右中心角、半径、拱冠梁参数方程等基础数据，就能快速建好拱坝模型，节约建模者大量时间成本。且在 Dynamo 中，每一个模型对应 1 个节点，每一个节点对应 1 个程序代码，代码使用计算机语言运行，这样既保证了模型的精度，而且避免复杂模型丢失细部结构。

(3) Dynamo 模型就是一个数据库，设计师可以根据程序导出想要的任何数据，有利于工程坐标复核、放样检查以及后期运行维护管理。并且 Dynamo 模型文件较小，便于保存。

(4) Dynamo 与 Revit 可以实现即时联动、无缝对接，避免了中间文件的转换，同时 Dynamo 能够随时调用 Revit 中的数据。

参考文献：

[1] 欧阳建国．拱坝 CADC 的理论与实践 [M]．武汉：武汉大学出版社，2003.

[2] 罗嘉祥，宋珊，田宏钧．Autodesk Revit 炼金术—Dynamo 基础实战教程 [M]．天津：同济大学出版社，2017.

自密实堆石混凝土重力坝施工关键技术研究与实践

赵京燕，邓钊

（中国水利水电第九工程局有限公司四公司　贵州贵阳　550081）

摘要：自密实堆石混凝土重力坝施工周期较长，工程量浩大，且施工技术极其复杂，一旦坝体工程质量不达标，必然会造成严重影响。为此，本文围绕自密实堆石混凝土重力坝施工特点、难点，研究了施工缝处理、简化凿毛、免振自密实混凝土、快速堆石等施工关键技术与质量控制，并在工程施工中实践，保证工程顺利完成了合同内容，实现质量上乘、安全可靠、经济高效、绿色施工的工作目标，取得较好的经济效益和社会效益。

关键词：重力坝；自密实堆石混凝土；施工；技术；质量控制

0　引言

自密实堆石混凝土指利用专用自密实混凝土完全填充大粒径块石或卵石堆积空隙所形成的完整密实的混凝土，其中堆石体积含量55%，自密实混凝土含量45%。自密实堆石混凝土施工方法首先将满足一定粒径要求的块石或卵石直接入仓，形成有缝隙的堆石体，然后在堆石体表面浇筑按比例配置好的专用自密实混凝土，混凝土依靠自重流入堆石缝隙，填充堆石空隙，形成自密实堆石混凝土。具有低碳环保、低水化热、工艺简便、造价低廉、施工速度快等特点。

1　工程概况

余庆打鼓台水库位于余庆县西北面敖溪镇的胜利社区境内，坝址处于乌江支流敖溪河左岸一级支流后溪河上游的岩孔沟汇口以下约400.00 m河段，水库坝址距敖溪镇3.0 km，距余庆县城63.0 km。打鼓台水库工程由大坝枢纽、引水工程和泵站工程组成，是贵州省首个自密实堆石混凝土重力坝。

余庆打鼓台水库为小(1)型，工程等级为Ⅳ等，水库拦河坝横跨于后溪河，坝体为$C_{90}15$自密实堆石混凝土重力坝结构，大坝坝顶轴线长198.00 m，坝顶高程799.00 m，坝顶宽6.00 m，坝底高程758.00 m，坝高41.00 m，坝底宽度33.94 m，坝底长度62.00 m。右岸坝顶桩号0+000.00 m衔接新建上坝公路，左岸坝顶0+198.00 m桩号衔接新建2号公路。水库正常蓄水位为796.00 m，死水位为779.50 m，水库总库容619.00万m^3，正常蓄水位库容523.00万m^3，死水库容61.70万m^3。

2　工程难点

2.1　施工缝处理

施工缝处理不当是造成裂缝形成的重要因素，施工缝防渗处理质量控制要求高。

2.2　配合比设计

自密实混凝土材料及配合比设计不当，将直接影响到混凝土的抗拉强度，也会造成混凝土重力坝进一步开裂。

2.3　模板选择控制

自密实混凝土模板侧压力较大，且有很强的流动性，模板稳定性、刚度和密闭性等均是混凝土质量控制的关键。

2.4　堆石入仓

堆石料入仓石渣沉积、粉层量超标也是质量控制的难点之一。

3　关键施工技术

3.1　自密实混凝土配合比设计

3.1.1　原材料选择

(1) 水泥。根据SL678—2014《胶结颗粒料筑坝技术导则》中的相关规定，用于自密实混凝土的水泥宜选用硅酸盐水泥或普通硅酸盐水泥。工程选用贵州江葛水泥责任有限公司生产的江葛牌P·O 42.5水泥。

(2) 掺和料。用于自密实混凝土的粉煤灰应符合现行国家标准GB/T 1596—2017《用于水泥和混凝土中的粉煤灰》中Ⅰ级或Ⅱ级粉煤灰的技术性能

收稿日期：2020-02-24.

作者简介：赵京燕，湖南人，工程师，从事施工生产技术管理工作；邓钊，贵州人，助理工程师，从事施工生产技术管理工作.

标准。工程采用遵义科海建材有限公司提供的鸭溪Ⅱ级粉煤灰。

(3) 砂石骨料。自密实混凝土应选用5～20 mm粒径的石子作为粗骨料，粗骨料最大粒径不超过20 mm，针片状颗粒含量不超过8%；中粗砂，粒径5 mm，细度模数平均值3.20。指定料场生产，各项指标满足要求。

(4) 外加剂。北京华石纳固科技有限公司提供堆石混凝土专用外加剂(HSNG)，其性能指标符合GB/T8076—2008《混凝土外加剂》中的相关规定。掺入适量外加剂后，混凝土可获得适宜的黏度、良好的黏聚性、流动性、保塑性、高强耐久、早强抗渗、硬化过程不收缩，具有微膨胀作用。

(5) 水。拌和水为饮用水，符合JGJ63—2006《混凝土用水标准》标准要求。

(6) 块石。指定料场生产堆石料质地坚硬，粒径为300～1 000 mm，饱和抗压强度≥30 MPa，堆石料的含泥量指标≤0.5%，片石重量不得超过堆石料总重的10%。

3.1.2 配合比设计

大坝设计混凝土为C_{90}15W6F50，在施工现场对自密实混凝土生产原材料进行取样，配送实验室进行专用自密实混凝土配合比设计。

(1) 净浆试验。选取不同型号外加剂同水泥、粉煤灰进行适应性试验，以确定同该工程胶凝材料相适应的外加剂型号。

(2) 砂浆试验。选取不同水胶比、砂率、粉煤灰掺量进行试验，以确定合理水胶比、砂率及粉煤灰掺量。

(3) 混凝土试验。调整单方石子用量及外加剂用量，得到自密实混凝土的基准配合比。

(4) 配合比优化试验。调整配比参数，得到更经济实用的优化配合比。

自密实混凝土试验采用HJS－60型单卧轴强制式搅拌机，首先用水把搅拌机润湿，然后依次把称量好的石子、砂、水泥、粉煤灰放入搅拌机中，搅拌15 s停机。启动搅拌机把称量好的水及外加剂混合后均匀倒入搅拌机中，搅拌2 min后出机。立即测量扩展度、坍落度及V漏斗通过时间。

根据多组试配结果对配合比进行调整，在满足工作性能指标基础上进一步进行优化，确定10号配合比为推荐配合比，见表1。

表1 推荐配合比

编号	设计要求	水泥	粉煤灰	砂	石	水	专用外加剂	备注
10	C_{90}15W6F50	167	347	962	655	186	7.3	理论值
		167	322	992	655	186		实际值

对推荐自密实混凝土配合比进行工作性能保持，结果表明该自密实混凝土配合比能满足规范要求的工作性能保持标准，见表2。对推荐配合比的混凝土制成标准立方体抗压、抗渗、抗冻试块，标准养护至相应龄期后委托检测公司进行相关检测，具体检测结果见表3。

表2 工作性能保持记录

工作性能	保持时间/min		
	0	30	60
扩展度/mm	660	660	655
塌落度/mm	265	270	265
V漏斗时间/s	13.1	14.1	21.1

表3 高自密实性能混凝土硬化性能检测结果

项目	检测结果	结论
立方体抗压强度	标准养护28 d，18.4 MPa	满足C_{90}15设计要求
抗渗性能	加压至0.6 MPa，所有事件顶面均未渗水	满足W6设计要求
抗冻融性能	快冻法50次循环，质量损失：0.2%；相对动弹模量：82.2%	满足F50设计要求

推荐配合比经各项性能测试均能满足设计指标，满足施工生产要求，最终选择推荐配合比10号为施工配合比。

3.2 小钢模拼装大模板、拉模技术

为了有效解决施工缝防渗问题，防渗面板采取与坝体同一升层的一次性浇筑成型方式，每一升层高度2 000 mm。由于自密实混凝土流动性大，混凝土凝结以前可持续对钢模板产生较大的侧压力，其刚度和强度必须能够抵抗高自密实性能混凝土产生的侧向较大压力。为了提高模板稳定性、刚度、强度，本模板体系首次将小钢模拼装大模板技术应用于防渗面板施工，面板系统主要采用小钢模组拼

成定型大模板，分块整体吊装就位；支撑锚固系统则通过钢管 Φ48.3×3.6 外侧加固与仓内预埋 Φ20 钢筋地锚拉接，拉模钢筋不应弯曲且竖向拉设不少于 3 道，横向间距经计算取值@700 mm。小钢模拼装的大模板拉模技术具有组装灵活、拆卸方便，一次性投资小、周转次数多、模板堆放场地少、混凝土成型效果佳等特点，大大降低了工程支出成本以及缩短了工程周期，施工安全、进度、质量都得到了业主的认可。

3.3 堆石入仓技术

自密实堆石混凝土块石采用自卸汽车直接入仓，集中卸料，人工配合挖机(PC360 型)摆石，提高了入仓强度。堆石料筛选清洗后采用自卸汽车直接运输入仓，入仓设备在进仓口进行清洗干净后入仓作业，仓面设置集中卸料点卸石，采用挖机堆铺摆石，人工辅助堆石，确保大坝结构尺寸，堆石施工机械设备控制在距上游面板 2/3 距离、下游面板 1/3距离，仓面中间作业，机械设备进入仓面必须待混凝土强度达到 2.5 MPa 才能上坝。仓面铺石后未及时浇筑混凝土时必须进行覆盖，避免还未浇筑被雨水冲刷，导致仓面沉积石渣。

3.4 自密实混凝土浇筑与施工缝防渗技术

堆石间的空隙利用自密实混凝土高流动性、黏聚性的特点，自行流动填充密实，入仓时无需振捣，简化入仓方式；同一升层的防渗面板一次性浇筑成型，有效解决施工缝防渗问题。大坝采用分层分块浇筑，设计分层厚度 1 500～2 000 mm，经现场生产试验确定每 1 升层厚度取 2 000 mm。混凝土采用泵送结合布料机一端向另一端直接入仓，实现整个升层通仓连续浇筑，浇筑时控制从上游面向下游面进行，沿短边浇筑，上游面浇筑高度低于下游面浇筑高度，形成坡度 $i=1:3$ 倒坡；自密实混凝土浇筑点间距最大控制 3 m，斜距流淌约 4～5 m，每仓浇筑数据统计分析，混凝土浇筑平均强度约 28.6 m^3/h，最高强度达到 36.4 m^3/h。

浇筑完成的堆石混凝土在养护前宜避免太阳曝晒，在浇筑完毕 6～18 h 内开始洒水养护，养护时间不少于 28 d。

3.5 简化凿毛工艺技术

自密实混凝土浇筑高度以大量的裸露石头高出浇筑面 100～150 mm，满足上下层间有效齿合；自密实堆石混凝土浇筑完后，待混凝土达到初凝后，采用高压水枪进行冲毛，对大坝上游面及冲毛不到位的地方采用电镐人工凿毛，再对仓面进行清洗，清除仓面渣石、乳皮、杂物，确保仓面清洁干净、无积水、渣石。

4 质量控制与检测

4.1 施工缝质量控制

施工缝面上的混凝土乳皮、表层裂缝、由于泌水造成的低强混凝土(砂浆)以及嵌入表面的松动堆石必须予以清除，并进行凿毛处理，以无乳皮、成毛面、微露粗砂或石子为凿毛标准，同时凿毛产生的杂物应及时清除，且整个施工缝面全部完成清理后才准许下一道工序。堆石入仓前施工缝面禁止存有积水，对已经凿毛的仓面应做好防雨措施，严禁雨水冲刷凿毛后的仓面。

4.2 堆石入仓质量控制

(1) 在堆石过程中，堆石体区域所含有的粒径小于 300 mm 的石块数量不得超过 10 块/m^2，且不宜集中。

(2) 应在入仓道路上设置冲洗台，对将要入仓的自卸车车轮或其他机械设备进行冲洗，泥土、泥水禁止带入堆石仓面，否则不得浇筑自密实性能混凝土。

(3) 堆石仓面上游 2/3 区域严禁自卸汽车进入，应在下游侧设置 2～3 个集中卸料点，由挖机直接转运堆石或转运堆石笼入仓；堆石仓面下游 1/3 区域可由自卸汽车直接卸料入仓堆积，由挖机辅助平仓。当仓面宽度较小时，可以进行错仓堆石；当仓面宽度较长时，卸料点可根据现场情况参建各方商讨后确定卸料位置。

(4) 在堆石料运输和入仓过程中由于碰撞、冲击产生的逊径石料、石渣和混凝土碎末应随时发现随时清除，严禁小于 300 mm 的石料、石渣聚集。如果冲击产生碎屑和石粉，应及时清扫，避免在仓面底部存积，且清扫过程中仓面严禁用水冲洗。

(5) 宜将粒径较大的堆石置于仓面的中下部，粒径较小的堆石置于仓面的中上部。对于粒径超过 800 mm 的大块石，宜放置在仓面中部，以免影响堆石混凝土表层黏结质量。与基础仓混凝土接触的堆石应严格避免大面积接触，以免影响冷缝的黏结。

(6) 堆石宜采用挖掘机平仓，靠近模板部位的堆石宜采用人工码放。

(7) 堆石完成后应做好防雨(水)措施，在浇筑高自密实性能混凝土前必须防止雨(水)冲刷堆石导致泥浆、石粉在堆石仓面底部沉积。

4.3 自密实性能混凝土质量控制

(1) 在混凝土拌和生产中，应定期对混凝土拌和物的均匀性、拌和时间和称量仪器的精度进行检验，如发现问题应立即处理。

(2) 混凝土的坍落度、坍落扩展度、V漏斗通过时间每4 h应检测不少于1次，出泵口自密实性能指标必须满足设计的相关标准。

4.4 自密实混凝土质量性能检测

(1) 自密实混凝土试块制作方法。抗压、抗渗、抗冻等试块制作所用试模与普通混凝土相同；试块制作过程中，成型过程无需振捣，分2次装入，中间间隔30 s，每层装入试模高度的1/2，装满后抹平静置24 h，转入标养室养护到90 d龄期即可，试块检验结果应满足设计要求。

(2) 自密实混凝土的力学性能按现行国家标准GB/T 50081—2002《普通混凝土力学性能试验方法标准》进行检验，并按现行国家标准GB/T 50107—2010《混凝土强度检验评定标准》进行合格评定；混凝土的长期性能和耐久性应按GB/T 50082—2009《普通混凝土长期性能和耐久性能试验方法标准》进行检验。

(3) 自密实混凝土超声波检测及成果整理按照SL264—2001《水利水电工程岩石试验规程》和SL352—2006《水工混凝土试验规程》进行，超声波检测波速不宜小于3 000 m/s。利用孔内电视设备对混凝土钻孔，通过对孔内表面全面拍照，分析堆石混凝土内部缺陷率对混凝土的密实度评定。

(4) 堆石混凝土钻孔取芯密实度与强度检测，钻孔取芯芯样直径不宜小于21.9 cm，应满足CECS03—2007《钻芯法检测混凝土强度技术规程》中第5节和SL352—2006《水工混凝土试验规程》中第7.7节芯样的钻取的相关规定外，还应满足以下要求，堆石混凝土芯样代表试件其内部石块体积含量应控制在55%±20%，自密实混凝土芯样代表试件中不应有块石，坝体每浇筑1层自密实及堆石混凝土芯样加工试块各不少于1组；芯样加工、强度检测与评定应满足CECS 03—2007《钻芯法检测混凝土强度技术规程》中第6节芯样的加工及技术要求、第7节芯样试件的试验和抗压强度值的计算中的相关规定。

(5) 钻孔压水数量每坝段不少于2个孔。根据压水试验成果结合抗渗检测成果对混凝土抗渗性能进行综合评价。

5 社会与经济效益

余庆县打鼓台水库大坝枢纽工程是贵州首例使用自密实堆石混凝土施工技术的项目，自密实堆石混凝土施工在项目得到有效实施、创新，取得显著效果，得到业主、监理、设计的一致认可，赢得外界相关单位、项目的观摩学习及赞美，得到有效推广，推动了技术进步，同时也为自密实堆石混凝土施工技术在中小型重力坝中的应用打下强有力的基础。

余庆打鼓台水库工程大坝自密实堆石混凝土约74 210 m^3，根据混凝土浇筑施工强度核算自密实堆石混凝土浇筑相比常态混凝土浇筑每200 m^3节约4个工，180元/工，则费用为74210÷200×4×180＝267 156(元)；同等级强度混凝土水泥用量节约46 kg/m^3，水泥按450元/t计算，则费用为450×(74 210×0.45÷1 000×46)＝691 266.1(元)；拟定筑坝工期为11个月，按现实际施工强度情况节约工期约1.5个月，按项目实际配制情况，从机械设备、作业人员、管理人员等方面计算每月节约直接成本约38.32万元；即总的节约费用约为153.3万元。

6 结语

通过对自密实堆石混凝土筑坝施工关键技术研究，解决坝体施工防渗及混凝土质量保障问题，同时施工效益明显提高。机械配合减少大量人力物力使用，能缩短施工周期，减少资源浪费，节约能源，对提高社会资源利用率，对实现可持续发展具有重要意义。余庆打鼓台自密实堆石坝的实施为水电九局筑坝技术多元化发展积累经验，提炼先进技术工艺并丰富公司的技术积累，形成完整的施工工法，培育人才队伍，大力提升管理水平和核心竞争力，实现了质量上乘、安全可靠、经济高效、绿色施工的工作目标。

参考文献：

[1] 李茂生，周庆刚. 高性能自密实混凝土在工程中的应用 [J]. 建筑技术，2001，32 (1).

[2] 周虎，安雪晖，金峰. 低水泥用量自密实混凝土设计试验研究 [J]. 混凝土，2005 (1).

[3] 林贻贤. 堆石混凝土（自密实）重力坝施工工艺研究 [J]. 黑龙江水利科技，2018 (1).

[4] 郭金喜. 自密实堆石混凝土重力坝施工技术应用研究 [J]. 工程建设与管理，2018 (08)：1000-1123.

[5] 李微. 口上水库堆石混凝土重力坝施工技术分析 [J]. 山西水利，2017 (3).

西藏高寒地区冬季固结灌浆施工技术

赵建刚[1]，杨震中[2]

(1. 中国水利水电第九工程局有限公司西藏建设工程有限公司　西藏拉萨　850000；
2. 中国电建集团贵阳勘测设计研究院有限公司　贵州贵阳　550081)

摘要：在高寒地区修建碾压混凝土大坝时，高海拔严寒地区氧气稀薄，风力大，太阳辐射强，昼夜温差大等自然条件对大坝的施工技术和施工质量会产生很大的影响。文章根据西藏高寒地区的特点以及坝址区特殊施工条件，介绍固结灌浆施工技术中的一些关键工艺和施工经验供同行参考。

关键词：西藏；高寒地区；冬季；固结灌浆；施工技术

1　工程概况

大古水电站位于西藏自治区山南市桑日县境内，工程区距桑日县城公路里程约 43 km，距山南市泽当镇约 78 km，距拉萨市约 263 km。大古水电站为二等大Ⅱ型工程，开发任务以发电为主。基础处理工程主要工作内容为大坝基础固结灌浆、基础防渗帷幕灌浆。固结灌浆设计总工程量为 36 065.0 m，其中大坝基础固结灌浆分为有盖重和无盖中固结灌浆，根据开挖地质条件孔深为 5.0、8.0、12.0 m 三种。根据西藏高寒地区的特点以及坝址区特殊施工条件，介绍固结灌浆施工技术中的一些关键工艺和施工经验。

2　工程施工特点

本工程所处高海拔、大气稀薄、太阳辐射强区域，海拔高程为 3 451.0 m，施工区具有以下几个特点：

(1) 气压低、氧气稀薄。气压低缺氧是高海拔地区的主要特征，缺氧对工程施工中的人工和施工机械效率有很大的影响。

(2) 风力大。工程冬半年(即 11 月—次年 4 月)受境内西风带控制，多数情况下午出现大风天气，工地风沙蔓延。

(3) 昼夜温差大。根据西藏大古坝址设立的气象站实测气温资料，从 2011 年 5 月至 2013 年 12 月，每 1 h 读测 1 次，实测最高气温为 30 °C，最低时气温为－13 °C，每天的气温变幅在 18 °C 左右，气温日变幅较大。该气温特征对昼夜连续进行固结灌浆施工影响很大。

3　固结灌浆设计

(1) 大坝基础固结灌浆分为有盖重固结灌浆和无盖重固结灌浆 2 类。对于混凝土厚度≥3.0 m 界定为有盖重固结灌浆区域，混凝土厚度<3.0 m 界定为无盖重固结灌浆。

(2) 孔深设计。根据开挖地质条件的不同，大坝基础固结灌浆共划分为Ⅰ、Ⅱ、Ⅲ区，Ⅰ区设计入岩孔深 12.0 m、Ⅱ区设计入岩孔深 8.0 m、Ⅲ区设计入岩孔深 12.0 m。

(3) 布孔方式及间排距。固结灌浆孔位布置采用梅花形布置型式，间排距为 3.0 m×3.0 m。

(4) 段长划分。根据前期固结灌浆试验情况及大坝固结灌浆试验报告专题会评审意见，为了保证灌浆施工质量，灌浆Ⅲ区设计孔深为 5 m 的孔段，要求分成2 次灌浆，灌浆段长划分为 2 m 和 3 m；设计孔深为 8.0 m 的灌浆孔段长划分为 3.0 m 和 5.0 m；设计孔深为 12.0 m 的灌浆孔段长划分为 3.0、4.0、5.0 m。

4　灌浆施工

4.1　灌浆材料和灌浆设备

固结灌浆施工所用的水泥为西藏高争建材股份有限公司生产的普通硅酸盐 P·O42.5 级水泥。水泥细度要求通过 80 um 方孔筛筛余量不大于 5%。在高寒地区冬季施工时，江水为 0～7 °C，山水全部结冰，室外环境温度一般为－12～17 °C，要在此环境下进行灌浆作业，首先应做好钻孔灌浆防寒保暖措施，将室外环境温度尽量提高到零度以上，同时采用锅炉加热使水温提高到 20～40 °C，保证浆液温度保持在 5～40 °C 之间。拌合用水的温度不得高于 30°C，若水温超 30 °C 时应采取降温措施。

收稿日期：2020-02-24.
作者简介：赵建刚，陕西西安人，工程师，从事基础工程处理技术工作；杨震中，甘肃陇西人，高级工程师，从事水利水电工程物探检测工作.

4.2 施工方法

4.2.1 施工流程

固结灌浆施工按照遵循分排、分序、加密的原则，灌浆孔排与排之间和同一排孔与孔之间分 2 序施工。

固结灌浆施工工艺流程：测量放样→钻孔定位→分段钻孔→冲洗→压水试验→分段灌浆→封孔→质量检查。

4.2.2 钻孔工艺

固结灌浆钻孔采用回转式地质钻机钻孔，开孔至终孔采用金刚石钻进工艺。为了保证固结灌浆施工进度，不影响大坝首仓碾压混凝土的浇筑，在施工现场对采用日本全自动液压凿岩机、潜孔钻钻孔进行钻孔试验，通过物探检测手段对灌浆孔冲洗前后钻孔录像、声波检测数据对比以及检查孔压水检查验证，钻孔冲洗采用清水冲洗并延长冲洗时间，是能够保证灌浆质量的，也为后期大规模固结灌浆开展以及加快施工进度奠定了基础。

4.2.3 灌浆工艺

4.2.3.1 灌浆方法

(1) 施工工艺。固结灌浆分排分序分段钻孔、冲洗、压水、灌浆、封孔、质量检查。

(2) 压水试验。固结灌浆孔灌前压水试验在岩石裂隙冲洗结束后进行，压水试验孔数不少于总孔数的 5%，试验采用单点法，其余灌浆孔结合裂隙冲洗并进行简易压水，压水试验压力为设计灌浆压力的 80%，并不大于 1.0 MPa。

(3) 灌浆。所有灌浆孔采用常规“阻塞灌浆法”进行灌浆，自上而下分段、孔内循环灌注。

4.2.3.2 固结灌浆段长与灌浆压力

固结灌浆分为有盖重和无盖重灌浆，灌浆段长与灌浆压力、不同孔序与段次、灌浆段长和压力有所区别，具体灌浆段长和压力划分如表 1、表 2 所示。

表 1 无盖重固结灌浆段长与压力划分

项目	灌浆段次		
	1	2	3
孔深 5 m 段长划分/m	2.0	3.0	
孔深 8 m 段长划分/m	3.0	5.0	
孔深 12 m 段长划分/m	3.0	4.0	5.0
Ⅰ序孔灌浆压力/MPa	0.2	0.5	0.7
Ⅱ序孔灌浆压力/MPa	0.4	0.6	0.8

表 2 有盖重固结灌浆段长与压力划分

项目	灌浆段次		
	1	2	3
孔深 8 m 段长划分/m	3.0	5.0	—
孔深 12 m 段长划分/m	3.0	4.0	5.0
Ⅰ序孔灌浆压力/MPa	0.4	0.6	0.8
Ⅱ序孔灌浆压力/MPa	0.6	0.8	1.0

4.2.3.3 浆液变换

(1) 水灰比。固结灌浆水灰比为 2∶1、1∶1、0.8∶1、0.5∶1 四个比级，开灌水灰比为 2∶1。

(2) 变浆标准。固结灌浆浆液浓度遵循由稀变浓的原则逐级变换，施工过程中严格按照灌浆施工技术规范要求进行控制执行。

(3) 浆液变换原则。当灌浆压力保持不变、注入率持续减少或当注入率保持不变而灌浆压力持续升高时，不得改变水灰比；当某一比级浆液注入量已达 300 L 以上，或灌注时间已达 30 min，而灌浆压力和注入率均无明显改变时，应换浓一级水灰比浆液灌注；当注入率大于 30 L/min 时，根据施工具体情况，可越级变浓。

4.2.3.4 灌浆结束标准

单孔灌浆各灌浆段的结束条件：灌浆段在最大设计压力下，当注入率不大于 1.0 L/min，继续灌注 30 min，可结束灌浆。

4.2.3.5 封孔

一般采用全孔灌浆封孔法：全孔灌完后，先用导管灌浆法将孔内余浆置换成 0.5 的浓浆，而后将灌浆塞塞在孔口，继续使用浓浆进行纯压式灌浆封孔。封孔压力采用该灌浆孔最大设计压力，灌浆持续时间不小于 30 min。

4.2.4 特殊情况处理

(1) 施工顺序。为了防止吃浆量过大扩散过远，灌浆时可先施工完周边孔，形成周围封闭后，内部再进行分排分序施工。

(2) 方法。对吃浆量大的孔段，在灌浆施工中采用低压、限流、浓浆、间歇、待凝的方式处理。

(3) 限流和间歇时间控制。对吃浆量大的孔段，灌浆过程中在浆液变换至 0.5∶1 浓浆后采用限流方式处理，限流标准为 35～40 L/min；若吃浆量过大或出现地面冒浆情况，由于冬季气温过低，水泥凝固慢，间歇时间控制为 15～20 min。

(4) 耗浆量控制和待凝时间确定。当耗灰量达到 3.0 t/段后压力或流量无明显变化的情况下采取待凝处理方式，待凝时间定为冬季灌浆待凝 24 h/次、夏季灌浆待凝 12 h/次。

(5) 在寒冷的冬季施工时，为了保证灌浆质量必须做好防寒保暖措施。采取对集中制浆系统及灌浆区域搭设彩钢瓦，室内顶部使用浴霸或电热器取暖设施保暖。灌浆供水、供浆管路使用橡塑海绵+电热丝保暖。拌制浆液的水采用锅炉加热到 20～30 ℃，视其环境温度的高低决定，浆液温度控制在 40 ℃以内。因外界温度低，考虑温差较大，热量损失较快，因此水温及浆液温度可适当调高些，但不能超过规范规定。

4.2.5　自动化灌浆记录仪监测系统

在高寒地区进行大坝基础固结灌浆施工时，由于固结灌浆工程量大，且灌浆时记录量大，为了确保记录数据具有足够的可靠性和准确性，必须严格控制灌浆施工质量，施工时采用三参数(压力、流量、水灰比)灌浆自动记录仪。灌浆与压水压力、流量、浆液水灰比等参数，全部根据灌浆自动记录仪记录的原始资料进行统计和分析。

4.2.6　冬季灌浆保温措施

4.2.6.1　材料加热

(1) 水泥。提前将水泥送入水泥罐中，并靠近制浆设备，水泥罐外侧采用保温材料或棉被进行包裹。

(2) 制浆用水。制浆站设置 1 个容量为 2.0 m^3 的锅炉(燃料采用柴油)，保证浆液温度控制在 5～40 ℃范围内以及制浆用水温度(不得高于 30 ℃)。

4.2.6.2　供水供浆管路

(1) 供水供浆管路采用保温材料进行包裹+电热丝(每隔 25 m/段)加热保温。

(2) 制浆站送浆完毕后，及时采用水冲洗管路并用 12 m^3 的空压机送风将管路中的积水冲洗干净，防止管路结冰堵塞。

4.2.6.3　制浆站、中转站和灌浆场面

制浆站、中转站以及灌浆作业面采取搭设暖棚(材料彩钢瓦)，内部安装浴霸或电热器取暖保温，保证棚内温度在 5 ℃以上，左右岸分别搭设 5 个(制浆站 1 个，灌浆作业面 4 个)。

4.2.6.4　灌浆设备

(1) 钻机。除在暖棚内保温外，钻机检修、停钻时，在钻机机油油箱部位摆放电暖器，保证机械正常运行。

(2) 灌浆泵。灌浆结束后对灌浆泵拆除放水，防止结冰，保证正常使用。

4.2.6.5　灌浆孔封孔

灌浆孔封孔结束后，灌浆口采用酒精喷灯进行取暖，然后采用草袋、棉纱等分层覆盖，加速水泥砂浆凝固。

4.2.7　固结灌浆质量检查

(1) 固结灌浆质量检查方法。以压水试验为主，辅以测量岩体波速和静弹性模量，并结合灌浆孔钻孔、检查孔取芯(即检查孔岩芯的采取率、裂隙情况、浆液结石密实度、强度)、孔内录像和灌浆资料进行对比分析等进行综合评定。

(2) 压水试验方法。固结灌浆质量检查孔的孔数为灌浆总孔数的 5%，压水试验采用“单点法”。

(3) 固结灌浆质量检查标准。透水率 $q \leqslant 5.0$ Lu，在上游帷幕线上游和下游帷幕线下游的范围内的压水试验孔段合格率应在 90%以上，其余范围为 85%以上，不合格孔段的透水率不超过设计规定值的 150%，且不集中，则灌浆质量认为合格。

5　灌浆效果分析

以大坝 8 号坝段灌浆成果进行统计分析。

5.1　灌浆前后压水试验情况

灌浆前岩体透水率最大无回水，不起压；最小 8.53 Lu，平均 155.17 Lu；3～10 Lu 的孔段占总孔段数的 1.0%；10～50 Lu 的孔段占总孔段数的 30.0%；50～100 Lu 的孔段占总孔段数的 25.0%；>100 Lu 的孔段占总孔段数的 44.0%。具体见表 3。

表 3　固结灌浆前各孔段透水率频率分布

孔序	透水率频率区间					平均透水率/Lu
	<3	3～10	10～50	50～100	>100	
	段数（频率%）					
Ⅰ	0/0	0/0	36/17	46/22	128/61	215.49
Ⅱ	0/0	6/3	91/43	57/27	56/27	94.84
小计	0/0	6/1	127/30	103/25	184/44	155.17

灌后质量检查孔压水试验其吕荣值大小分布：<1 Lu 的孔段占总孔段数的 13.0%；1～3 Lu 的孔段占总孔段数的 74.0%；3～5 Lu 的孔段占总孔段数的 13.0%；最大透水率为 3.66 Lu，最小透水率为 0.91 Lu，平均透水率为 1.92 Lu。具体见表 4。

表 4 固结灌浆检查孔透水率频率分布

孔序	透水率频率区间					透水率频率/Lu
	<1	1～3	3～5	5～10	>10	
	段数/频率%					
检查孔	2/13	11/74	2/13	0/0	0/0	1.92

5.2 灌浆孔水泥耗量情况

该单元平均单耗为 378.33 kg/m，其中Ⅰ序孔平均单耗为 468.19 kg/m，Ⅱ序孔平均单耗为 288.47 kg/m。10～50 kg/m 的孔段占总孔段数的 5.2%；50～100 kg/m 的孔段占总孔段数的 7.1%；100～1 000 kg/m 的孔段占总孔段数的 85.7%；>1 000 kg/m 的孔段占总孔段数的 2.0%。

5.3 结论

(1) 水泥单耗量随着分排、孔序、加密的进行，单耗量逐渐减小，Ⅱ序孔比Ⅰ序孔降低了 38.4%。

(2) 灌浆前后平均透水率减小非常显著，检查孔透水率小于设计规定值。

(3) 灌浆效果明显，单耗量及透水率随着分排、分序、加密的进行呈逐渐减小趋势，符合灌浆规律，灌浆工艺参数基本适用西藏雅鲁藏布江大古水电站工程黑云母花岗闪长岩。

6 施工中应注意的事项

(1) 加强钻灌设备的日常保养和维护，做好灌浆前所需要的各项工作准备，确保灌浆工作的连续进行。

(2) 在对接触段进行灌浆时，卡塞位置一定要在混凝土内，确保混凝土在与基岩接触面不会出现漏灌的现象。

(3) 对射浆管和卡塞位置严格按照设计技术要求及规范施工，防止少下或不下射浆管，影响灌浆质量。

(4) 冬季灌浆要做好防寒保暖措施，保证浆液温度控制在设计或规范规定范围内。

(5) 过程中加大质量监控力度，特别是浆液温度、孔深、射浆管下设、浆液浓度、结束标准等。

(6) 大坝河床段的固结灌浆工作正是在寒冷的冬季情况下施工的，室外气温－12～17 °C，实测地下水温 1～3.5 °C，因此水泥浆液在地层中凝固时间较长。由于裂隙压力的流动甚至可能会造成水泥浆凝固失败，这可能是由于水温及地下水流动所造成的，因此在灌浆过程中应根据地下水温度对浆液温度进行动态调整，加速浆液在孔内凝固，保证灌浆质量。

7 结语

工程实际施工中从坝右 0＋025.35～坝左 0＋092.00 m，坝上 0－007.50～坝下 0＋094.50 m 利用冬季提前进行固结灌浆施工，不占用直线工期，圆满完成了施工任务，保证了 2019 年 3 月碾压混凝土的正常施工。

坝基进行固结灌浆处理后，提高了岩体的整体性及弹性模量，提高了抗变形能力和地基不均匀沉降。工程采用全自动液压凿岩机和潜孔钻进行固结灌浆钻孔相比常规地质钻机钻孔工效提高 40～50 倍，节省了人力。

在高寒地区对大坝基础进行固结灌浆施工时，需严格按照施工流程进行灌浆。在灌浆之前，要准备充足的灌浆材料，并确保材料质量的过关。同时在施工过程中，要对施工中所需要注意的事项进行全面的分析，从而提高大坝的固结效果。特别是在冬季施工时，在加热过程中，水温和水泥浆液温度均应严格控制，并防止因冻水进入地下后结冰破坏原来的地质结构。同时，为了防止钻灌设备在严冬时节被冻坏，影响生产，造成经济损失，也应做好设备的保温措施。

参考文献：

[1] 肖冬顺，赵慧，朱殿英. 西藏高寒地区帷幕灌浆施工技术 [J]. 西部探矿工程，2006，38 (12)：156-158.

[2] 孙钊. 大坝基岩灌浆 [M]. 北京：中国水利水电出版社，2004.

[3] 田丽萍，裴芬，于广辉. 富地营子水库大坝基础帷幕灌浆冬季施工 [J]. 黑龙江水利科技，2005，(1) 33：3.

[4] 蔡畅，梁剑. 深孔固结灌浆法在下穿河道经过断层施工中的应用 [J]. 水利建设与管理，2018，38 (10)：20-24.

夹岩水利枢纽及黔西北供水工程库首帷幕灌浆试验成果分析及应用

袁宗洪

（贵州省水利投资（集团）有限责任公司　贵州贵阳　550081）

摘要：在水库大坝施工中，对坝基进行帷幕灌浆是防渗处理的主要措施。本文介绍了在夹岩工程泥质粉砂地层中进行帷幕灌浆施工试验的技术要求、孔位布置、灌浆材料、施工工艺、特殊情况处理及试验成果分析，并提出了设计方案和施工参数优化建议，为后期坝段其他部位的灌浆提供参数。

关键词：库首；帷幕灌浆；试验；分析

1　概述

1.1　工程概况

夹岩水利枢纽及黔西北供水工程（以下简称“夹岩工程”）包括水源枢纽工程、毕大供水工程、灌区骨干输水工程三大部分。水库大坝坝址位于贵州省毕节市七星关区与纳雍县交界的乌江支流六冲河中游河段上，水库集水面积为 4 312 km^2。大坝为混凝土面板堆石坝，坝顶高程 1 328 m，最大坝高 154.0 m。水库正常蓄水位 1 323 m，死水位 1 305 m，水库总库容 13.23 亿 m^3，灌溉面积 90.03 万亩，电站装机容量 90 MW。

水源枢纽工程总体布置：在河床布置混凝土面板堆石坝，左岸布置开敞式溢洪道、泄洪洞和放空洞；右岸布置发电引水系统和坝后电站厂房。为解决大坝防渗问题，沿大坝趾板布置防渗帷幕，并向两岩山体延伸约 250 m。

1.2　工程地质条件

坝趾区域两岸地形呈“V”字形，基岩裸露，地形坡度 36°～42°。地质岩性主要为 T_1f^{2-3-3} 紫红色泥质粉砂岩和 T_1f^{2-3-2} 中厚层细砂岩。岩层产状 300°～306°∠26°～31°。强风化岩石深度 10～15 m，节理裂隙较发育，强风化岩体结构以碎裂状为主，完整性差，岩体压水透水率在 10～33 Lu 之间，局部达 50 Lu，属强至中等透水层；弱风化岩体深度 16～20 m，岩体结构以中厚层夹薄层状，透水率多在 3 Lu 以下，埋深在基岩面 16～20 m 以下。趾板线 1 315 m 高程发育 f12 压性断层，根据平硐及地表公路开挖揭露，断层破碎带宽度 0.3～0.5 m，影响带 1～5 m，破碎带及影响带岩体较破碎，为碎裂状岩体。

1.3　工程水文、气象条件

坝址区域河床段地下水位较浅，两岸山坡较深，无地下水出露。但降雨后一段时间，临时出水点较多。因左岸为顺向坡，降雨后出水点尤其多。根据坝址上游赫章站气象资料，工程区域多年平均气温 13.3 ℃，极端最高气温 36.4 ℃（1988 年 5 月 6 日），极端最低气温 －10.1 ℃（1977 年 2 月 9 日）。多年平均降水量 849 mm，年平均日照时数 1 415.6 h，大风日数 10.1 d，全年无霜期 246 d，最大积雪深度 14 cm。

2　帷幕灌浆试验的目的

（1）验证设计确定的帷幕灌浆浆液类型、水灰比的可灌性，推荐适宜的灌浆材料和最优的浆液配合比。

（2）验证设计方案的可行性，包括布孔间排距、灌浆压力等参数选择。

（3）论证本次帷幕灌浆所采用的方法及技术参数的可行性、效果以及经济合理性。提出灌浆施工的方法、施工工艺（灌浆机具设备选用等）。

（4）研究特殊地质条件如岩石破碎带、断层的灌浆材料及工艺控制要求。

3　帷幕灌浆试验设计

3.1　帷幕灌浆总体设计方案

帷幕两端端点接水库正常蓄水位与地下水位交点，防渗帷幕线总长 1 186.016 m。其中两岸山体

收稿日期：2020-06-23.

作者简介：袁宗洪，贵州思南人，教授级高级工程师，从事水利水电工程建设管理工作.

即右岸帷 0+000.00～帷 0+145.47 m、左岸帷 0+936.134～帷 1+186.016 m 段帷幕为单排布置，灌浆孔间距 2 m；大坝范围沿趾板线布置，帷 0+145.47～帷 0+936.134 m 段帷幕为双排布置，排距 1.5 m，孔距 2 m，梅花形布置。防渗下限：两坝肩按岩体压水吕容值 $q=3$ Lu 等值线以下 5 m 为控制，坝体范围按岩体压水吕容值 $q=3$ Lu 等值线以下 10 m 为控制。帷幕钻孔 57 519.56 m，灌浆进尺 55 264.07 m。

3.2 试验区设计

根据设计意见，帷幕灌浆试验区选在趾板水平段第 28 单元(孔号：W272～W281、W793～W802，桩号为帷 0+542.22～帷 0+562.22 m)进行帷幕灌浆生产性试验。大坝帷幕灌浆第 28 单元共 20 个孔，双排孔布置，孔距 2.0 m，排距 1.5 m。W274 为先导孔。其孔位布置如图 1 所示。

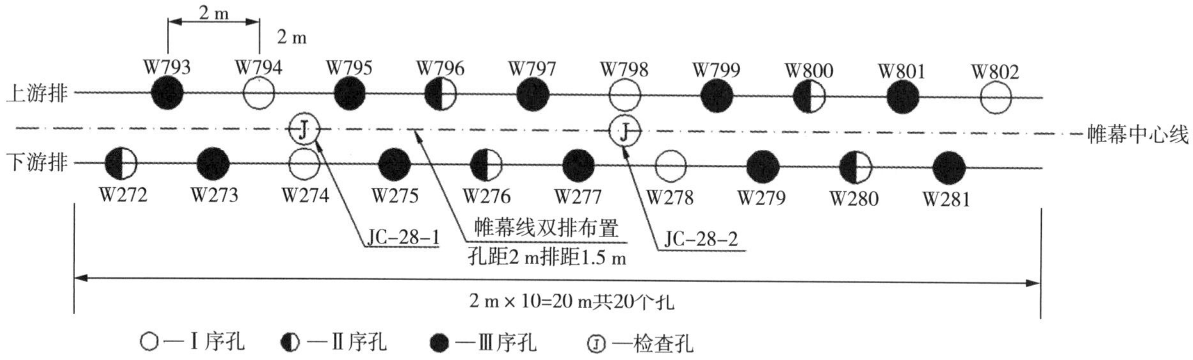

图 1　试验段帷幕灌浆孔布孔示意图

3.3 试验区灌浆参数

(1) 灌浆采用纯水泥浆浆液，初步拟定浆液水灰比为 5∶1、3∶1、2∶1、1∶1、0.7∶1、0.5∶1，可根据试验开展情况适当调整。浆液变换遵循由稀到浓的原则，逐级改变，开灌水灰比为 5∶1。浆液水灰比变换及结束标准按照《水工建筑物水泥灌浆施工技术规范》执行。

(2) 设计灌浆压力为 2.5～3 MPa，灌浆压力与灌浆段长的对应关系见表 1 所示。

表 1　帷幕灌浆各次序孔灌浆压力情况统计

段次	灌浆段长/m	灌浆压力/MPa		
		Ⅰ序孔	Ⅱ序孔	Ⅲ序孔
第 1 段	2	0.5	0.6	0.7
第 2 段	3	0.8	1.0	1.2
第 3 段	4	1.2	1.4	1.6
第 4 段	5	1.6	1.8	2.0
第 5 段	5	2.0	2.2	2.4
第 6 段及以下每段	5	2.5	2.5	2.5
孔底段	不超过 8 m	2.5	2.8	3.0

(3) 其他技术要求遵照《水工建筑物水泥灌浆施工技术规范》。

(4) 试验区灌浆结束 14 d 后，采用检查孔压水试验检查灌浆质量，结合灌浆资料分析综合评定灌浆试验效果。

4　帷幕灌浆施工

4.1 施工顺序

试验按照分排分序加密的原则施工，先施工下游排，再施工上游排。排内分 3 序施工，先施工Ⅰ序孔(下游排依次施工先导孔、Ⅰ序孔)，然后施工Ⅱ序孔，最后Ⅲ序孔施工，全部灌浆孔灌浆结束，待凝期满后进行检查孔施工。

4.2 施工工艺流程

先导孔施工顺序为自上而下逐段钻孔取芯及压水至孔底，然后自下而上逐段分段卡塞灌浆；普通灌浆孔施工顺序为自上而下分段钻灌，孔口封闭孔内循环法灌浆。试验段帷幕灌浆主要采用孔口封闭法。灌浆孔施工工艺流程为钻机安装→第 1 段钻孔→第 1 段钻孔冲洗及裂隙冲洗→第 1 段压水试验→第 1 段灌浆→镶铸孔口管待凝 3 d→第 2 段及以下各段钻孔、压水、灌浆→终孔段钻孔→终孔段→孔深检测及孔斜测量→终孔段灌浆→封孔→钻机转移至下一孔。

4.3 施工方法

4.3.1　钻孔

试验采用重钻 XY-300 地质回转钻机、金刚石或合金钻头钻孔。对于先导孔及检查孔，采用金刚石钻头钻孔，以获取岩芯进行地质及灌浆效果分析。普通灌浆孔则采用全断面合金钻头钻孔，以提高施工工效。

4.3.2　灌浆

采用 ZJ300 高速搅拌机制浆，制浆站统一制备 0.5∶1 的浓浆，机组灌浆时调配使用。采用 3SNS 三缸灌浆泵灌浆，成都鼎盛华瑞公司研制的 JT-X 型自动灌浆记录仪记录灌浆过程。

采用自上而下逐段钻灌法，钻 1 段灌浆 1 段。除第 1 段需镶铸孔口管待凝外，其余灌浆段若无涌水，上一段灌浆后不待凝，直接进行下一段钻孔、压水及灌浆施工，直至终孔段。

4.4 施工质量控制措施

(1) 项目部设置灌浆部，选派有经验的技术人员跟班指导、管理现场施工。

(2) 挑选有经验的工人组成施工班组。对作业人员进行质量教育，提高作业人员的质量意识、大局意识。试验开始前进行培训和技术交底，工人经考核合格后才能上岗。

(3) 选用成都鼎盛华瑞科技公司研制的 JT-X 型智能灌浆记录仪记录压水及灌浆过程，记录仪可自动采集灌浆压力、流量及浆液水灰比(比重)三参数，自动计算灌浆量、灌入水泥量，并具有超设计压力报警功能。

(4) 定期对记录仪进行率定，并且每月现场自校一次。管路循环采用双流量计大循环方式连接，保证灌浆流量的准确。灌浆压力以压力传感器采集为准，辅以压力表校核，若发现记录仪记录压力与压力表不一致，必须停止灌浆，查找原因维修记录仪，一致后才能灌浆。

(5) 灌浆孔开孔前，对钻孔孔位偏差及开孔角度进行检查，符合要求后才能开钻。

(6) 从第 3 段起，采用长钻具钻孔，保证钻孔孔斜率。每钻进 15～20 m，用测斜仪自测孔斜，钻孔终孔后由监理工程师进行孔深验收，并在其见证下测量全孔孔斜情况。

4.5 灌浆施工特殊情况处理

下游排 2 个Ⅰ序孔各有 1 段钻孔时均出现塌孔、卡钻及部分失水现象，采取缩小段长、浓浆直接灌注措施，灌浆过程中均采取了间歇、限流、间隙措施。采取这些措施后，灌浆达到设计及规范要求的结束标准。灌浆结束后，经检查孔压水检查，透水率满足设计要求，灌浆质量未受影响。

5 帷幕灌浆生产性试验成果统计分析

5.1 灌前压水试验透水率分析

各孔段灌浆前均进行了压水试验，压水试验采用简易压水法。各次序孔灌前压水试验成果统计见表 2 所示。其中，先导孔压水试验成果统计入Ⅰ序孔内。

表 2 大坝趾板试验单元各次序孔灌浆前压水透水率情况统计

排序	孔序	孔数	平均透水率/Lu	透水率区间/Lu 分布(区间段数/频率,%)						备注
				段数	<1	1～5	5～10	10～50	>50	
下游排	Ⅰ	2	11.24	26	1/3.9	11/42.3	11/42.3	2/7.7	1/3.9	
	Ⅱ	3	6.57	36	0/0	32/88.9	3/8.3	1/2.8	0/0	下降 42%
	Ⅲ	5	2.48	60	0/0	59/98.3	1/1.7	0/0	0/0	下降 62%
	小计	10	5.46	122	1/0.8	102/83.6	15/12.3	3/2.5	1/0.8	
上游排	Ⅰ	3	5.17	36	0/0	28/77.8	6/16.7	2/5.5	0/0	
	Ⅱ	2	3.15	24	0/0	23/95.8	1/4.2	0/0	0/0	下降 39%
	Ⅲ	5	1.56	60	6/10	54/90.0	0/0	0/0	0/0	下降 50%
	小计	10	2.96	120	6/5.0	105/87.5	7/5.8	2/1.7	0/0	
合计		20	4.22	242	7/2.9	207/85.5	22/9.1	5/2.1	1/0.4	下降 46%

根据表 2 中数据可知：

(1) 下游排Ⅰ序孔灌前平均透水率为 11.24 Lu，说明灌浆前，试验段地层透水性较强，局部存在强渗水通道。

(2) 下游排Ⅱ序孔灌前平均透水率比Ⅰ序孔下降 42%，Ⅲ序孔灌前平均透水率比Ⅱ序孔下降 62%；上游排Ⅱ序孔灌前平均透水率比Ⅰ序孔下降 39%，Ⅲ序孔灌前平均透水率比Ⅱ序孔下降 50%。上游排平均灌前透水率比下游排下降 46%。因此，灌前平均透水率随着施工次序的增加递减明显，符合灌浆一般规律。

5.2 灌浆单位注入量分析

各次序孔、各孔段灌浆成果统计见表 3 所示。

从表 3 中可以看出，下游排Ⅰ序孔灌浆平均单位注入量为 121.72 kg/m，Ⅱ序孔为 57.76 kg/m，Ⅲ序孔为 33.72 kg/m，下游排孔序之间分别下降 53%、42%；上游排Ⅰ序孔灌浆平均单位注入量为 44.51 kg/m，Ⅱ序孔为 34.13 kg/m，Ⅲ序孔为 15.49 kg/m，上游排孔序之间分别下降 23%、55%；下游排平均单位注入量 59.59 kg/m，上游排平均单位注入量 27.92 kg/m，上游排比下游排下降 53%。因此从Ⅰ、Ⅱ、Ⅲ序孔灌浆平均单位注入量看，随着灌浆次序的增加，灌浆单耗呈递减规律，符合灌浆的一般规律。

5.3 检查孔压水试验结果分析

帷幕灌浆质量检查在灌浆结束 14 d 后进行。

试验段(28单元)共布置2个检查孔。检查孔按照自上而下分段钻孔取芯，并进行五点法压水试验。压水试验成果统计见表4。

表3 大坝趾板试验单元各次序孔灌浆情况统计

排序	孔序	孔数	灌浆长度/m	单位注入量/(kg/m)	单位注灰量区间/(kg/m)分布(区间段数/频率,%)						备注
					段数	<10	10～50	50～100	100～1 000	>1 000	
下游排	Ⅰ	2	127.72	121.72	26	4/15.4	7/26.9	6/23.1	9/34.6	0/0	
	Ⅱ	3	176.58	57.76	36	4/11.1	27/75.0	4/11.1	1/2.8	0/0	下降53%
	Ⅲ	5	294.30	33.72	60	6/10.0	54/90.0	0/0	0/0	0/0	下降42%
	小计	10	598.60	59.59	122	14/11.5	88/72.1	10/8.2	10/8.2	0/0	
上游排	Ⅰ	3	176.58	44.51	36	7/19.4	19/52.8	10/27.8	0/0	0/0	
	Ⅱ	2	117.72	34.13	24	3/12.5	17/70.8	4/16.7	0/0	0/0	下降23%
	Ⅲ	5	294.30	15.49	60	40/66.7	20/33.3	0/0	0/0	0/0	下降55%
	小计	10	588.60	27.92	120	50/41.7	56/46.7	14/11.6	0/0	0/0	
合计		20	1187.2	43.76	242	64/26.5	144/59.5	24/9.9	10/4.1	0/0	下降53%

表4 检查孔单位压水试验成果统计

检查孔号	压水长度/m	总段数	平均透水率/Lu	最大值/Lu	最小值/Lu	透水率区间分布段数		
						<1	1～3	>3
JC－28－1	58.86	12	0.99	1.60	0.47	8	4	0
JC－28－2	58.86	12	1.03	1.86	0.33	7	5	0
合计	117.72	24	1.01	1.86	0.33	15	9	0

表4表明，检查孔透水率符合设计标准不大于3 Lu要求，最大值1.86 Lu，透水率最小值0.331 Lu，总平均透水率1.01 Lu，最大透水率小于设计合格标准，而灌前岩层平均透水率(下游排Ⅰ序孔)为11.24 Lu。说明经过帷幕灌浆处理后，试验段岩体透水性达到了设计标准，灌浆效果优于预期效果。灌浆压力有一定优化调整空间。

5.4 帷幕防渗底线防渗标准的满足情况

根据对20个孔后2段透水率值分布情况统计：40段中有39段透水率值小于3 Lu，有1段透水率为3.01 Lu，经分析作用在孔段上的压力大于记录仪记录压力，该段实际透水率值小于设计标准3 Lu，经设计认可，孔深不再加深。因此本试验段帷幕底线满足设计要求，实际帷幕底线进入岩体3 Lu以下不少于11.86(一般帷幕孔第12段段长6.86 m，先导孔加深10 m)。

6 施工工效分析

试验从2019年11月26日—2020年2月3日，历时69 d，共完成帷幕灌浆孔钻孔1 207.60 m，灌浆1 187.20 m。施工资源投入为2台钻机，1台灌浆泵，平均钻孔工效8.75 m/台日，平均灌浆工效17.21 m/d，钻孔及灌浆工效均中等偏快。

工效较快的原因主要是施工地层岩石硬度中等偏软，适合采用全断面合金钻头钻孔，钻进过程中不用起钻弃芯，其钻进速度达到2～2.5 h一段(5 m)，钻孔效率较高。另外由于该地层平均单位注入量为43.76 kg/m，总体注入率不大，因此，灌浆效果较好，施工资源配置比较合理。

7 结语

(1) 灌浆采用孔口封闭、自上而下孔内循环的灌浆法是合理的。在孔口镶铸孔口管，可以保证灌浆段在设计灌浆压力的稳定、持续作用。

(2) 对于注入量较大的孔段，在灌浆过程中采取了浓浆、间歇灌注法，未对灌浆效果造成影响，相反起到了加速灌浆结束的作用，措施是必要的。

(3) 从检查孔透水率值分布范围，从技术经济角度看，设计灌浆压力可适当降低，个人认为可统一按2.5 MPa控制；灌浆浆液水灰比可适当优化，建议调整为4级，即3∶1、2∶1、1∶1、0.5∶1，开灌水灰比为3∶1。

(4) 考虑到不同帷幕孔穿过地质条件可能差别较大，为保证帷幕下线满足设计标准，在正式灌浆施工中若至设计孔深，帷幕下线透水率不满足设计，应进行加深灌注。

参考文献：

[1] 罗代明，冯俊. 贵州省夹岩水利枢纽及黔西北供水工程大坝固结及帷幕灌浆施工技术要求 [R]. 贵州省水利水电勘测设计研究院，2017.

鸡鸠水库导流洞混凝土叠梁下闸施工技术

张微微

（中国水利水电第八工程局有限公司　湖南长沙　410004）

摘要：预制混凝土叠梁下闸，叠梁之间及与门槽之间极易形成渗漏通道。鸡鸠水库导流洞下闸采用6根混凝土预制叠梁，叠梁与底坎、叠梁与门槽左右岸下游侧以及叠梁之间采用橡胶止水作为防渗结构，叠梁与门槽背水侧采用BW-1型橡胶膨胀止水带防渗，门楣以上0.65 m段采用黏土回填。导流洞下闸后渗水量满足设计和封堵混凝土施工要求，封堵混凝土在叠梁承受水压范围内按期完成。本文就混凝土叠梁下闸程序、起吊就位、止水防渗等进行全面介绍，为类似导流洞下闸封堵提供借鉴。

关键词：导流洞；下闸；预制混凝土；叠梁；橡胶止水

1　工程概述

鸡鸠水库工程位于贵州省雷山县大塘镇鸡鸠村，坝址位于欧哈河中下游河段，鸡鸠水库的工程任务主要是供水、灌溉。其总库容1 202万 m^3，兴利库容1 025.53万 m^3，年供水量1 811万 m^3，供水规模4.96万 m^3/d，工程规模属Ⅲ等中型。

导流洞置于右岸，设计断面为4.0 m×4.95 m的城门洞形，洞长329.4 m。导流洞进口处底板高程为893.5 m，出口底板高程为885.93 m。取水隧洞采用龙抬头形式与导流洞衔接，取水隧洞进口底板高程为900.0 m，进水口采用岸塔式，沿水流方向依次设3.5 m×3.7 m移动式拦污栅、3.5 m×2.5 m平板事故检修闸门。

导流洞采用混凝土叠梁下闸，导流洞内混凝土永久堵头设在0＋002.00～0＋032.05 m桩号段，导流洞设计堵头长30.05 m。

2　混凝土叠梁设计

导流洞进口门槽结构设计为5.6 m×1.0 m×6.65 m(长×宽×高)，叠梁为C30钢筋混凝土预制结构，单根叠梁尺寸5.4 m×0.9 m×1.0 m(长×宽×高)，重量为11.88 t，每根叠梁设置4个吊环，采用Φ25圆钢制作，与叠梁钢筋骨架焊接，共6块，在导流洞进口900 m高程平台制作。

叠梁与底坎、叠梁与门槽左右岸下游侧以及叠梁之间采用橡胶止水作为防渗结构，叠梁与门槽背水侧采用BW－1型橡胶膨胀止水带防渗，门楣以上0.65 m段采用黏土回填至导流洞900 m平台高程。

3　导流洞下闸时间

2016年12月30日，鸡鸡水库下闸蓄水验收通过，具备下闸条件。根据地方政府、业主以及鸡鸠水库下闸总体进度要求，鸡鸠水库导流洞下闸蓄水安排在2018年3月22日。根据业主提供的水文资料，3月份多年平均流量为0.57 m^3/s，5年一遇洪水流量为0.795 m^3/s，库区蓄水按照0.795 m^3/s、保证率85%计算。

水位与时间关系见表1。

表1　叠梁下闸蓄水水位时间关系

序号	叠梁顶部高程/m	对应库容/m^3	库满耗时/min	序号	叠梁顶部高程/m	对应库容/m^3	库满耗时/min
1	894.35	0	0	4	897.35	20 990	517.7
2	895.35	630	15.54	5	898.35	43 139	1 064.0
3	896.35	6 752	166.53	6	899.35	95 042	2 344.11

由表1可知，下闸成功与否的关键是最底层2根叠梁的安置，库区蓄水2.8 h后淹没第3根梁，8.6 h后淹没第4根梁，40 h后蓄到导流洞下闸施工平台(取水隧洞进口底板)900.0 m高程。坝址约1 km处有莲花河汇入主河道，由于该区间河道附近无重要的工业、农业及居民用水需求，且在莲花河汇入主河道后可以满足雷山县居民生活用水。

收稿日期：2020-06-30.

作者简介：张微微，内蒙古赤峰人，工程师，从事水利水电工程施工技术与管理工作.

4 导流洞叠梁下闸

4.1 施工程序

施工道路修建→叠梁检查与打磨→叠梁止水安装→门槽检查与清理→叠梁试吊安装→门槽止水安装→导流洞进口上游临时挡水坎修建→底部叠梁安装就位(1根)→底部叠梁与底坎、叠梁与门槽两侧空隙之间填塞棉絮→其上5根叠梁安装→…→叠梁与门槽间间隙采用黏土回填至900 m平台。

4.2 施工道路修建

为使下闸施工设备能快速到达工作面，在大坝开挖上游出渣道路基础上修建1条左右岸连接通道，道路高程900.6 m，路面宽度约8 m，该道路位于取水隧洞进口的下游，不影响取水，因而蓄水期间可不拆除。

为应对突发情况(暴雨、道路垮塌等不可预见情况)，自取水塔交通桥950 m高程牵引2条安全绳至导流洞进口平台，作为人员逃生通道。

4.3 进口临时挡水围堰修筑

为确保叠梁下放施工人员和设备安全，特别是最底层2根梁必须在15 min内安装就位，安全风险高。为此，在导流洞上游约100 m处修筑临时挡水围堰(采用河床两岸现有堆积体直接填筑，不做防渗)，顶部高程897.0 m，挡水时段约1.5 h，库区水位蓄到897.0 m高程后，围堰自溃。

左右岸连接通道修建时，在靠近左岸埋设2根直径100 cm的管涵，将库区部分蓄水暂时引到大坝与导流洞进口区间，以增大蓄水容量，减缓库区水位上升速度。

施工道路及挡水围堰布置见图1。

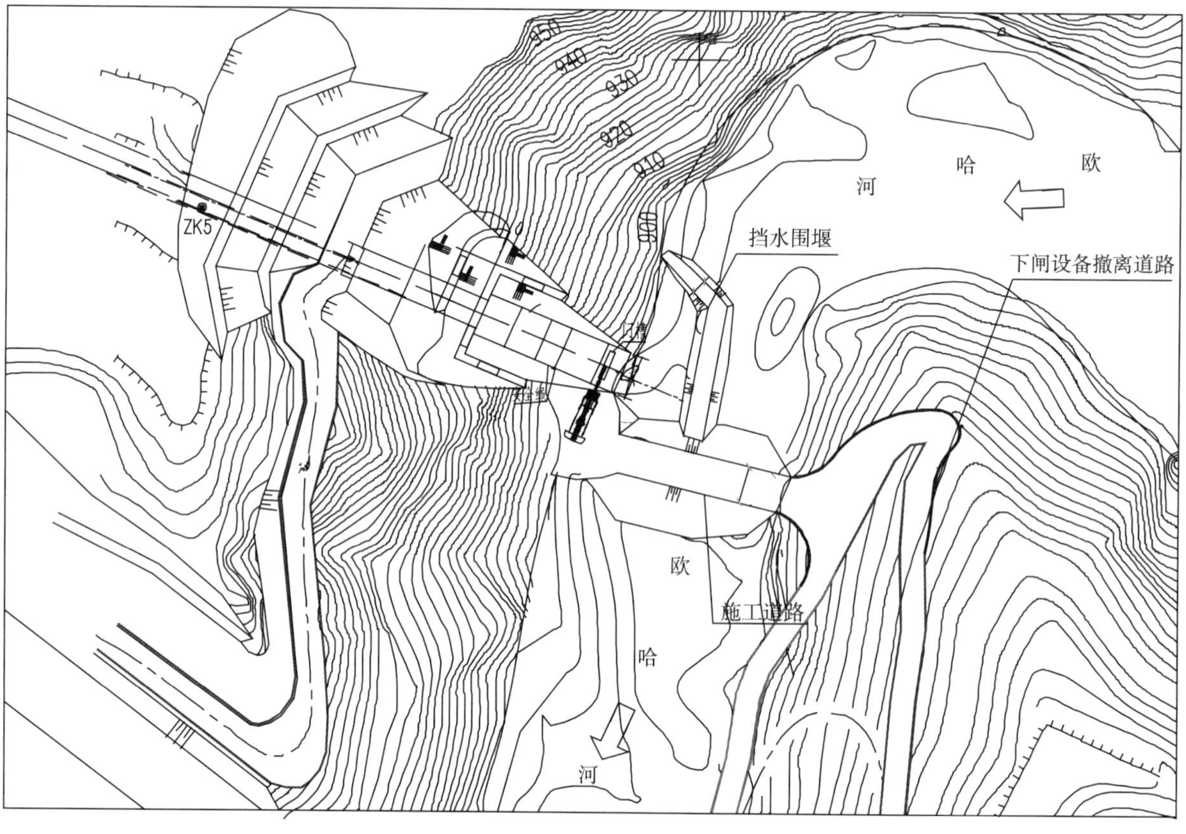

图1 施工道路与挡水围堰布置示意图

4.4 施工设备与物资材料准备

(1)施工设备准备。叠梁下闸施工设备主要包括1台25 t起重机、2台20 t自卸汽车、1台1.2 m^3挖掘机、1台3 m^3装载机、1辆皮卡车、1台电焊切割机、电钻1把、2台越野车等。下闸前对设备进行全面保养和检修，确保设备完好，并在雷山县联系好1台25 t汽车吊随时待命，用于预防起重设备出现故障影响下闸。

(2)物资材料准备。物资材料主要包括叠梁与叠梁间防渗橡胶止水、叠梁背水面与门槽间橡胶止水、水泥钢钉、Φ21.5钢丝绳、施工钢爬梯、钢撬棍、木楔、棉絮、黏土、安全绳、安全带、防水皮衣以及救生衣等物资，并按计划准备充足，确保下闸一次成功。

4.5 叠梁制作与打磨

叠梁采用C30钢筋混凝土预制，叠梁尺寸5.4 m×1.0 m×0.9 m，单根重量11.88 t，每根叠梁设置4个吊环，采用Φ25圆钢制作，与叠梁钢筋骨架焊接。为便于叠梁起吊下放，预制地点选在导流洞进口 900.0 m 高程平台。叠梁预制采用平面定型钢模板，混凝土搅拌车运输到浇筑仓面直接下料，人工振捣密实，养护 28 d 后起吊。叠梁预制过程时，将迎水面与背水面标示清楚，背水面受拉，配筋大于迎水面。

因预制场地沉降不均匀、模板平整度差、混凝土浇筑质量等因素，叠梁表面平整度不能满足橡胶止水防渗要求，尤其是最底层叠梁底板平整度要求非常高。因而需要人工对叠梁上下面打磨整平，打磨完后再试吊并将叠梁编号。

4.6 叠梁止水安装

为加快叠梁下闸速度，缩短导流洞叠梁下闸历时，叠梁顶部(最底层叠梁上下层面)2 cm 厚双层橡胶止水片在下闸前安装完成，为确保止水安装质量，止水接头制作成“＜”和“＞”形。防止安装好止水片在叠梁起吊、就位等过程中产生移动，在叠梁顶部和门槽上每相隔 40 cm 打 12 mm 小孔，插入木楔，再用 6 cm 钢钉固定，确保止水稳固牢靠。

4.7 门槽检查与止水安装

首先对门槽外观进行检查，门槽内有前期混凝土施工遗留下的拉锚筋，通过布置在门槽内的钢爬梯下到拉锚筋部位，用电焊进行割除，并将钢筋头打磨至与混凝土面齐平。其次对门槽宽度和垂直度进行检测，确保叠梁门能平稳顺利下闸。由于导流洞运行 3 年之久，底坎内堆积了大量的石渣，叠梁下放前对门槽内石渣进行清理，此时导流洞水深约 50 cm，施工人员穿防水衣裤直接下水对底坎进行清理。

门槽下游和门楣止水为单层止水片，施工人员利用钢爬梯对其进行安装，止水片安装竖直、牢固，紧贴门槽混凝土，方法同叠梁止水安装。

4.8 叠梁下闸

(1) 叠梁吊装。吊装前，首先要确认叠梁迎水面与背水面安装方向是否正确，其次底面和顶面均铺设橡胶止水片的为底层第 1 根叠梁，其余 5 根不做顺序要求依次起吊安装。叠梁采用 25 t 汽车起重机起吊，2 根钢丝绳两端通过卡环与叠梁预埋的吊钩连接。起吊中安排专人指挥，吊装过程应平稳，不得有大幅度摆动，且不应长时间悬停，服从指挥。叠梁吊装进入门槽时，门槽左右两侧各安排 1 人辅助起重机调整叠梁方向，确保叠梁平稳进入门槽，叠梁进入门槽后缓慢下放，适时调整下放速度，避免因两端下放位置偏差或速度过快对门槽的冲击引起叠梁侧偏。每块叠梁安装就位后，立即对止水情况检查并校正。

(2) 叠梁就位。叠梁下放到位前，施工人员站在上游或已安装好的叠梁上，用撬棍将叠梁尽量向门槽下游侧靠拢，使叠梁紧贴下游橡胶止水片，然后再下放就位，门槽与叠梁之间打入木楔，叠梁就位固定后摘除卡环，钢丝绳脱钩收回，准备起吊下一根叠梁。叠梁与门槽左右侧各有 10 cm 间隙，与门槽上下游各有 5 cm 间隙，间隙的存在变成了渗水通道，增加了导流洞封堵时段引排水量，加剧了封堵安全风险。因此需要采用裁剪后的棉絮填塞叠梁与门槽之间的空隙(左右侧和下游侧)，使叠梁与门槽间的间隙尽量被填满。布置在门槽内的钢爬梯作为施工人员上下交通，叠梁就位后移出钢爬梯，为下一根叠梁吊装提供工作面。由于导流洞底坎混凝土面被水流冲刷长达 3 a 之久，难免出现局部麻面和坑洞，为确保底坎止水效果，底层第 1 根叠梁下放就位前，在底坎铺设 2 床棉絮，以减少底坎混凝土面不平整引起渗漏的概率。

(3) 门楣以上黏土回填。第 6 根叠梁起吊就位后，叠梁顶部与门槽间的间隙全部打入木楔，并用塑性填料和土工布填塞空隙，最后用装载机抛填黏土进行闭气，完成叠梁下闸全部工作。

5 施工总结

(1) 混凝土叠梁结构简单，自重较轻，起吊和运输方便。梁与梁之间防渗仅靠梁体自重和橡胶止水片，结构整体性较差。叠梁与门槽之间防渗利用人工填塞棉絮加强，特别是底层第 1 根梁与底坎之间需要提前在底坎上铺设棉絮，叠梁就位后需要从上下游 2 个方向填塞棉絮。

(2) 鸡鸠水库导流洞第 1 根梁下放时间为 2018 年 3 月 18 日，由于上游突降大雨而被迫暂停，3 月 22 日继续下闸。下闸蓄水按照 5 年一遇的 3 月枯期流量 $Q=0.795\ m^3/s$，保证率按照 85%计算，蓄水至 900 m 高程需要 40 h，实际蓄水 24 h，推算下闸蓄水时段流量 $Q=1.29\ m^3/s$，接近汛期 4 月多年平均流量 $Q=1.40\ m^3/s$，因而几乎是汛期下闸，风险很大。

(3) 导流洞下闸最好选择在枯期进行，如由于进度或客观原因错过了枯期，则可在汛前期第 1 个月的上旬或中旬择机下闸，但需要做好充分的施工准备和应急预案。

参考文献：

[1] 水利水电工程施工组织设计手册 [M]. 北京：中国水利水电出版社，1996.

利用QC活动提升岩壁梁开挖一次成型率

蔡畅，梁剑

（中国水利水电第九工程局有限公司一公司　贵州贵阳　550008）

摘要：岩台成型效果直接影响桥式起重机的运行安全，其开挖质量至关重要。在山西省小浪底引黄工程泵站地下厂房Ⅳ类围岩条件下岩壁梁开挖中，发现下拐点缺失是岩壁梁成型差的主要症结，保护层分层方案不合理、下拐点未采取防护措施等原因都会造成下拐点缺失导致岩壁梁开挖成型差。通过QC活动，运用各种质量管理工具和统计工具，分析确认要因，制定对策并实施，最终实现了活动目标，减小了岩壁梁岩台损坏程度，保证了施工质量，减少了施工成本。

关键词：QC；Ⅳ类围岩；岩壁梁；开挖；下拐点；缺失

1　工程概述

山西省小浪底引黄工程位于山西省运城市，是自黄河干流上的小浪底水利枢纽工程向山西省涑水河流域调水的大型引调水工程。工程年引水量为2.47亿 m^3，设计流量20 m^3/s。工程主要解决运城市区及其周边县城的生活、农业灌溉、工业用水，工程社会效应和意义重大。

山西省小浪底引黄工程泵站地下厂房长110 m，宽22.1 m，高40.1 m，岩壁吊车梁为厂房第2层开挖，高程235.0～228.0 m，层高7.0 m，岩壁吊车梁拐点以上宽22.1 m、拐点以下宽20.9 m，拐点以上高2.90 m、拐点以下高3.23 m；岩壁吊车梁斜面高程232.10～231.23 m，宽60 cm，厂房第2层开挖见图1。

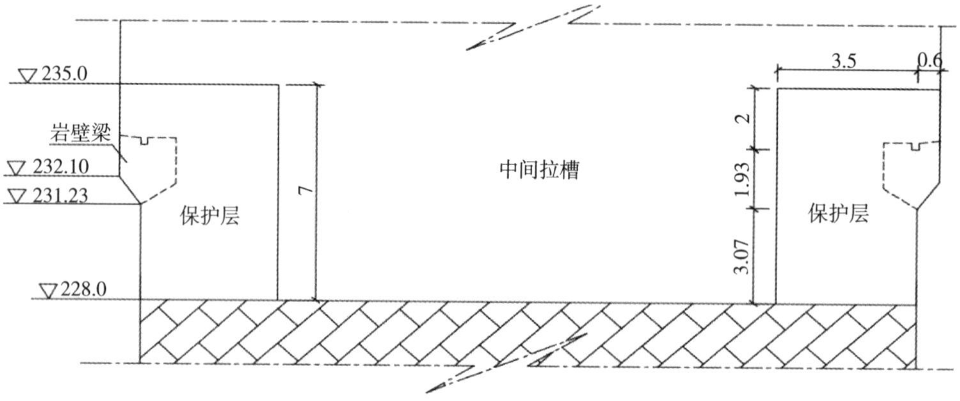

图1　岩壁吊车梁为厂房第2层开挖示意图（单位：m）

地下泵站岩壁梁地层为奥陶系下统（O1），地层产状N20°E，SE∠20°～30°浅黄色薄～中厚层夹厚层白云岩，局部层间夹泥。为层状结构，以Ⅳ类围岩为主。如何采取有效的措施来保证施工质量和工程进度目标，是亟待解决的现实难题。国内外虽然有较多地下厂房岩壁梁的施工案例，但在此类围岩条件下进行岩壁梁开挖施工仍属于首例。

根据《山西省小浪底引黄工程地下泵站吊车梁施工技术要求》及（DL/T 5198—2013）《水电水利工程岩壁梁施工规程》，吊车梁岩台开挖不允许欠挖，严格控制超挖，超挖不宜大于0.15 m，尤其是岩壁角偏差须小于3°。业主单位要求岩壁梁开挖岩台成型合格率需达到90%。岩壁梁开挖质量控制具有很大挑战性，因此将提升岩壁梁开挖一次成型率作为课题，通过开展QC小组活动提高岩壁梁开挖质量。

2　现状检查

通过岩壁梁试验段开挖岩台成型效果检查，合格率仅为80%，开挖缺陷统计见表1，开挖缺陷情况见图2。

收稿日期：2020-02-24.

作者简介：蔡畅，重庆人，助理工程师，从事水利水电工程项目施工技术与管理工作；梁剑，陕西延安人，工程师，从事水利水电工程项目施工技术与管理工作.

表 1　开挖缺陷情况统计

缺陷名称	出现频次/次	频率/%	累计频率/%
下拐点缺失	13	65.00	65.00
表面不平整	3	15.00	80.00
岩面超挖大	2	10.00	90.00
上拐点未成型	1	5.00	95.00
其他	1	5.00	100.00
合计	20	100.00	—

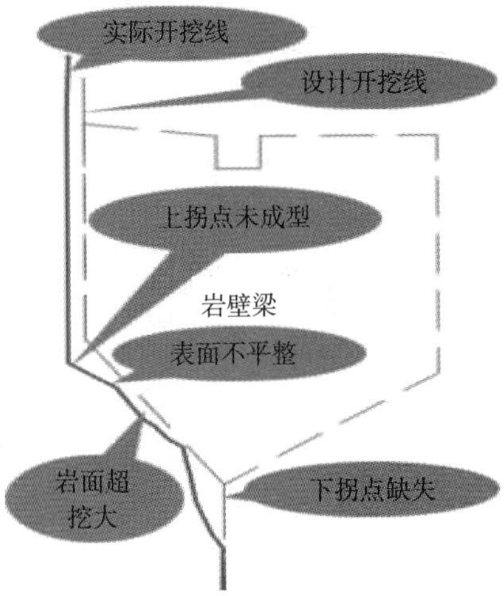

图 2　开挖缺陷情况示意图

从表 1、图 2 分析可知，要提升岩壁梁岩台开挖一次成型率，关键是解决岩壁梁开挖后的质量缺陷，而岩壁梁岩台下拐点缺失影响最严重且出现频率最高，占到了 65%。岩壁梁下拐点缺失严重破坏了岩壁梁的结构，同时造成岩壁梁混凝土浇筑量增加，而且也会导致岩壁梁无法验收合格。因此，要提升岩壁梁岩台开挖一次成型率，关键是解决岩壁梁开挖下拐点缺失问题。

3　目标确定

若解决岩壁梁岩台开挖下拐点缺失问题的 90%，岩壁梁岩台开挖合格率就能达到 80%+(1−80%)×65%×90%=91.70%

因此，目标设定为岩壁梁岩台开挖合格率达到 91.70%，岩壁梁开挖成型效果达到优良，满足业主要求及相关验收标准。

4　原因分析

QC 小组成员召开分析讨论会，集思广益，从各个方面对影响岩壁梁岩台开挖下拐点缺失的各种原因用因果图进行了具体分析，见图 3。

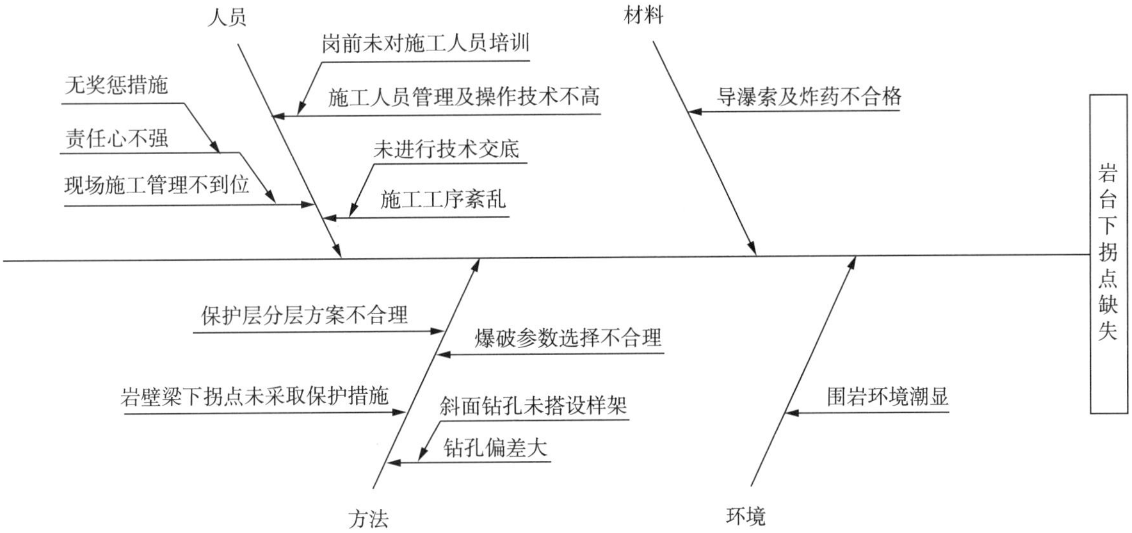

图 3　岩壁梁岩台开挖下拐点缺失因果分析图

5　要因确认

为找到岩壁梁岩台开挖下拐点缺失的症结所在，QC 小组成员集中讨论制定了要因确认计划，并逐项进行了调查及论证分析。

小组成员针对以上 9 项原因进行了归类总结并逐条分析，从中找出了影响岩壁梁岩台开挖下拐点缺失的主要原因：

(1) 岩壁梁下拐点未采取保护措施。由于地下泵站岩壁梁围岩条件差，受多组裂隙切割影响，未采取保护措施，会直接导致下拐点破坏。

(2) 保护层分层方案不合理。由于围岩条件差，按照常规方法采用一次光面爆破进行 3.5 m 岩壁梁分层开挖，爆破扰动影响较大，保护层开挖成型差，下拐点易破坏。

6　制定对策并实施

针对以上 2 个主要原因，小组成员认真分析了问题的根源，进行了充分的讨论，制定了相应的措施，形成对策措施表，见表 2。

表 2　对策措施表

要因	对策措施	责任人	实施时间
岩壁梁下拐点未采取保护措施	在进行岩壁吊车梁开挖爆破前，采取在下拐点以下 20 cm 处布置 2 排 Φ25 锚杆，L=1.5 m，间距 1 m，纵向与锚杆焊接 2 道镀锌扁钢，进行下拐点保护，并喷设 5 cm 厚 C20 混凝土形成整体受力。	刘明洋	2017-04-26
保护层分层方案不合理	将 3.5 m 保护层采取 2 次光面爆破开挖，第 1 次开挖 1.75 m，第 2 次光面爆破开挖 1.75 m，减少爆破扰动影响范围。	蔡畅	2017-05-20

对开挖的岩壁吊车梁 3.5 m 保护层采取 2 次光面爆破开挖，第 1 次光面爆破开挖 1.75 m，第 2 次光面爆破开挖 1.75 m，开挖顺序按照图 4 中序号①～⑥施工。将①的开挖高度由 1.5 m 调整为 2 m，减小竖直造孔的偏差，④区钻孔孔底位于下拐点以上50 cm，以此减小对下拐点的爆破扰动，保护层⑤在进行爆破装药时，孔口 80 cm 范围内(下拐点向上 50 cm 和向下 30 cm 范围)不装药，避免对下拐点造成扰动破坏，同时将中间拉槽深度增加 1 m，减小下部开挖对岩壁梁的影响。爆破参数见表 3。

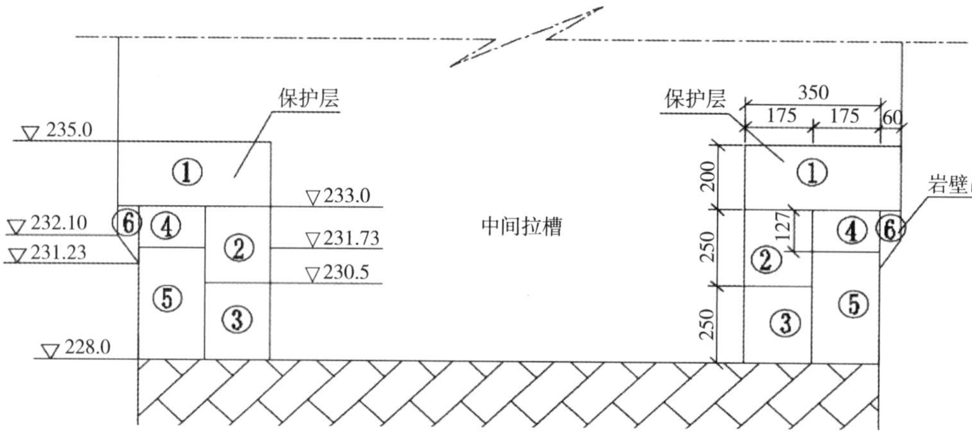

图 4　岩壁梁保护层 2 次光面爆破开挖示意图（单位：高程为 m，其余为 cm）

表 3　岩壁梁保护层 2 次光面爆破开挖爆破参数

开挖序号	炮孔名称	钻孔参数			装药参数				装药形式
		孔径/mm	孔距/cm	孔深/m	药径/mm	线装药密度/(g/m)	单孔装药量/g	堵塞长度/cm	
②③	主爆孔	42	100	2.6	32	—	900	—	连续装药
	光面孔	42	40	2.6	32	100	260	40	间隔装药
④	主爆孔	42	100	1.3	32	—	450	—	连续装药
	光面孔	42	40	1.3	32	85	110	40	间隔装药
⑤	主爆孔	42	100	3.7	32	—	1 200	—	连续装药
	光面孔	42	40	3.7	32	81	300	80	间隔装药

7　效果检查

地下泵站岩壁吊车梁在 2017 年 6 月 30 日全部开挖完成，吊车梁岩台进行了 2 次检查，见表 4。

表 4　实施后开挖合格情况统计

检查序号	检查点数	验收合格点数	验收合格率
1	200	185	92.5%
2	200	186	93%
平均值	—	—	92.75%

由表 4 得出，实施后的验收合格率为 92.75%。

活动前后质量情况对比，见表 5。

活动后，原“下拐点缺失”A 类因素已解决，变成次要因素，证明活动有效。

表 5　开挖缺陷情况统计

序号	不合格类别	发生频数	频率	累计频率
1	表面不平整	10	34.48%	34.48%
2	岩面超挖量大	8	27.59%	62.07%
3	上拐点未成型	5	17.24%	79.31%
4	其他	3	10.34%	89.66%
5	下拐点缺失	3	10.34%	100.00%

8　结语

运用 QC 小组活动，根据 PDCA 程序，通过质量管理工具和统计工具，提升了岩壁梁开挖一次成型率，减少了岩壁加强支护的时间和经济成本，保证了施工质量，为后续岩壁梁浇筑及下部开挖奠定了基础。

安全爆破协调指挥中心的运用和探索

汤向华[1]，朱晓强[2]
（1. 贵州水投水务集团贵安新区湖潮污水处理有限责任公司　贵州贵阳　550003；
2. 贵州西能电力建设有限公司　贵州贵阳　550004）

摘要：随着象鼻岭水电站工程建设的不断展开，工程区域内爆破作业日益频繁。为规范爆破作业，提高管理水平，保证整个工程区爆破作业的安全，杜绝爆破安全事故发生，结合工程实际情况，建立了象鼻岭水电站工程爆破协调指挥中心。实践证明，爆破指挥中心对爆破作业施工起到很好的协调指挥监控作用，确保了爆破工程安全高效运行。同时，该措施投入少，成本低，适用性强，解决了工程爆破作业施工难题，在水电工程施工中值得推广和应用。

关键词：爆破；协调；安全；规范；适用性；象鼻岭水电站

1　背景

象鼻岭水电站工程建设施工点多面广，工程区域爆破作业面日益频繁，当地百姓住宅和施工区域又比较靠近，整个工程主要建筑物及临时建筑物敷设在213国道上，人员及交通车的进出给象鼻岭水电站工程建设施工带来极大安全隐患。

为避免各施工单位自行爆破作业产生混乱，杜绝爆破施工给当地百姓及施工作业人员造成人身伤亡和财产损失，避免爆破安全事故的发生，保证整个施工作业区爆破作业安全，象鼻岭建管处结合工地实际情况，进行大量调研，经过研究、论证建立了爆破协调指挥中心，以加强对爆炸物品的统一调配和管理，对爆破进行统一协调指挥，对爆破作业实施全过程、全方位的安全管理控制，确保爆破作业安全文明，同时防止爆炸物品流失，对社会造成不安全因素。

2　实施过程

(1) 在象鼻岭水电站工程区域内实施爆破作业的各施工单位进行爆破作业时，必须坚决服从爆破协调指挥中心的统一协调、监督，未经批准，不得私自进行爆破作业。

(2) 各施工单位要切实做好爆破设计，对起爆作业的网络设计要安全可靠。所有爆破作业必须经监理单位审批同意，并抄报爆破协调指挥中心备查。

(3) 各施工单位进行爆破作业前应向爆破协调指挥中心提出爆破作业申报单，其中应说明爆破时间、位置、装药量、影响范围(指明相关单位)、监理单位批准的时间及文件编号等。

(4) 爆破申报方式及时间：各施工单位必须以书面方式进行申报。超过5 t以上(含5 t)的大型爆破作业，实施单位必须在实施爆破作业前36 h以书面申请方式向监理工程师报送爆破作业申请以及爆破方案；监理工程师同意爆破作业申请后须在实施爆破前24 h将该书面申请及批复意见一并报爆破协调指挥中心；爆破协调指挥中心根据监理批复意见下达爆破指令。每天早晨、中午、下午进行的一般性爆破作业，应提前24 h申报，监理工程师必须在实施爆破前12 h将该书面申请及批复意见一并报爆破协调指挥中心，爆破协调指挥中心根据监理批复意见下达爆破指令。

(5) 爆破协调指挥中心接到经监理批复后的爆破申报表后，应在实施爆破作业前12 h下达到实施单位，批复中应注明同一爆破时段内有无其他爆破、是否影响等。

(6) 批准后的爆破作业时间原则上不允许更改，如因客观原因确需更改的，必须在批准起爆时间2 h前通知爆破协调指挥中心。

(7) 爆破时间和信号的规定：象鼻岭水电站工地的统一爆破时间为夏季(每年4月1日—10月31日)早上6：30—7：00，中午12：00—12：30，下午18：30—19：00；冬季(每年11月1日—3月31日)早上7：00—7：30，中午12：00—12：30，下午：18：00—18：30。爆破同时发出音响和视觉信号(视觉信号由爆破单位实施)，音响信号由爆破协调指挥中心统一发出警报信号，具体规定如

收稿日期：2020-04-22.
作者简介：汤向华，贵州贵阳人，工程师，从事水利水电工程建设和管理工作；朱晓强，贵州贵阳人，高级工程师，从事水利水电工程建设和管理工作.

下：第1次信号(两长声)——预告信号。同时用高音喇叭发出爆破通知，说明爆破的部位、时间和警戒范围，同时警报器报响，持续时间为2 min，中间间隔2次，每次间隔时间为10 s。所有与爆破无关人员应立即撤到危险区以外，或撤至指定的安全地点。第2次信号(一长一短)——撤离清场信号。作业人员、施工设备全部撤离到指定安全区域，安全人员检查是否还有未及时撤出人员和设备并及时撤出，爆破作业人员检查起爆网络，准备起爆。第3次信号(三短声)——起爆信号。确认人员、设备全部撤离危险区，具备安全起爆条件时，方可发出起爆信号(信号炮)。爆破员根据爆破信号实施起爆。第4次信号(一声长)——解除警戒信号。未发出解除警戒前，警戒人员应坚守岗位。除爆破安全负责人批准的检查人员以外，不准任何人进入危险区。经检查确认安全后，方准发出解除警戒信号。

(8) 各施工单位严格按照规定的时间进行点炮，必要时爆破协调指挥中心根据实际情况对点炮时间作适当调整。为此，各施工单位加强施工现场爆破作业人员力量，切实做好引爆前的一切准备工作。

(9) 各施工单位安全管理部门挑选责任心强、认真负责的人员从事爆破安全警戒工作，事前对安全警戒人员进行培训，并按有关规定统一着装挂牌上岗，并加强对警戒人员上岗情况的检查。

(10) 业主或监理单位决定对某施工作业面停工、复工或新增施工作业面，必须以书面形式通知爆破协调指挥中心。

3 爆破协调指挥中心职责

(1) 负责统一协调、监督各施工单位按照《象鼻岭水电站爆破安全管理规定(试行)》的规定以及“谁施工、谁负责”“谁爆破、谁警戒”的原则进行爆破作业。

(2) 督促各施工单位对爆破作业安全警戒及警戒标志设置情况进行检查。

(3) 负责建立各施工单位爆破安全管理责任人及各爆破警戒点警戒人员档案，并负责将联系方式传达给业主、监理、施工单位。

(4) 负责工程爆破安全警报系统的中央控制和警报点的检查、指挥。

(5) 负责检查工程爆破作业安全通讯情况。

4 爆破联络方式

(1) 爆破指挥中心、各施工单位之间的通讯联络采用手机、座机、对讲机等方式进行联络。各爆破实施单位使用的专用对讲机频道由监理部统一设定。

(2) 各施工单位均明确爆破安全管理负责人(也是联系人)及各警戒点警戒人员，并把名单(注明负责警戒范围)及24 h联系方式报业主、监理部及爆破协调指挥中心。如发生变化，施工单位应及时通知爆破协调指挥中心。

(3) 在第1次警报前30 min，施工区各爆破作业单位的爆破安全管理联系人要把警戒人员到位情况通报爆破协调指挥中心。爆破协调指挥中心要与爆破实施单位及相关单位保持联系，互通情况。

5 违规处罚

为加强爆破作业现场爆破物品的管理，爆破作业的统一协调指挥调度，对未按《象鼻岭水电站工程爆破安全管理规定(试行)》的规定进行爆破作业，未经批准私自进行爆破作业的施工单位将进行严肃处理，确保了安全爆破协调指挥中心的权威性。

6 结语

象鼻岭水电站设立爆破协调指挥中心在金元集团水电系统中是率先采取了该模式。在2013年8月份开展的安全生产大检查复查工作中，受到金元集团水电部和安监部的高度评价，认为该安全管理手段方法具有创新性，模式有特色，方法有亮点。

爆破协调指挥中心操作程序简单便于施工，做到施工操作程序化、标准化、规范化，确保工程爆破质量，保证爆区上空各线路及民房和过往人员的安全。同时，有利于加强技术培训和质量意识教育，集中对作业人员有针对性地进行技术、技能方面的强化培训，提高整体综合素质。

随着工程建设的发展，爆破作业已成为重要的施工技术手段，爆破施工现场安全管理工作也相应的提到了重要地位，对爆破安全管理提出了更高的要求。爆破工程的重中之重，就是要防患于未然，确保做到万无一失。实践证明，象鼻岭水电站工程爆破作业安全协调指挥中心对爆破作业施工起到很好的协调指挥监控作用，确保了爆破工程安全高效运行。同时，该措施投入少，成本低，适用性强，解决了工程爆破作业施工难题，在水电工程施工中值得推广和应用。

附着式升降脚手架在高层建筑中的施工技术

李军科，杜学平

（中国水利水电第九工程局有限公司四公司　贵州贵阳　550081）

摘要：附着式升降脚手架简称爬架，由于材料使用量小，维护成本低，高效便捷，近年来在高层建筑中使用较多。随着科技的发展，配合自动控制操作系统，使得爬架更为先进、智能。本文结合某工程施工实际情况，介绍附着式脚手架在高层建筑中的施工技术及特殊构件的设计、安装、使用等，比悬挑脚手架、落地双排脚手架、钢管附着式脚手架更安全可靠、适用、美观，能取得良好的社会经济效益。附着式升降脚手架综合了挑、吊、挂等多种类型脚手架的优点，依靠自身提升设备，根据施工进度而升降，可随时满足施工操作和维护要求，它将高处作业变为低处作业，将悬空作业变为架体内部作业，具有显著的低碳性、高科技性，更经济、更安全、更便捷。

关键词：附着式升降脚手架；高层建筑；施工技术；安全防护

0　引言

随着时代的发展，高层建筑也越来越多，对施工中脚手架工程的实用美观、安全经济等要求也越来越高。附着式升降脚手架与高层传统脚手架相比，改善了作业环境，消除了危险搭设作业，有效减少了高空坠落事故率，实现了脚手架作业的机械化，有助于加快施工进度，提升工地形象，提高节能减排绿色文明施工，符合以人为本科学发展和低碳节能环保、绿色施工的发展方向。

附着式升降脚手架是指搭设一定高度并附着于工程结构上，依靠自身的升降设备和装置，可随工程结构施工逐层爬升直至结构封顶，并继而为满足外墙装饰作业要求实现逐层下降的辅助施工外脚手架。附着式升降脚手架主要由竖向主框架、水平支撑桁架、架体构件、附着支承结构、升降机构及控制装置、防倾装置、防坠装置等组成。本文介绍了湖北达蒙建筑机械有限公司自主产权的DM－300型号的架体，由厂家提供技术和设备，由施工单位现场组装，然后吊装到事先搭设好的安装平台上，互相连接好，依附在结构上，再在其上面按JGJ130—2011《建筑施工扣件式钢管脚手架安全技术规范》的要求正常搭设脚手架，接通电路即可运行。

1　爬架与常规钢管脚手架对比

爬架与常规钢管脚手架对比见表1。

表1　爬架与常规钢管脚手架对比

项目	爬架	常规钢管脚手架
材料	工厂化预制生产，标准化定装置，1次组装便可持续使用，材料用量少，损耗小。	需大量的钢管、扣件、脚手板、安全网等，材料质量难以保证，损耗大。
升降	遥控指挥电动葫芦升降架体，配合自动控制系统操作人员少，方便快捷，爬升1层仅需20～30 min，且安全性较高。	需要人工逐层搭设，速度较慢，且安全风险较大。
文明施工	组装完成后不需要材料堆码场地，整个建筑外立面清爽干净。	安全网易污染、破损，需要较大场地堆码待使用的钢管、扣件、工字钢、钢丝绳等。
检查维修	检查维护工作量较小，用时少。	检查工作量较大，悬挑工字钢、钢丝绳、连墙件，脚手板，安全网等都要检查到位，需要大量的人力、时间。
经济效益	按照目前当地价格，折算成建筑面积，本工程中使用费用为63.4元/m^2。	按照目前当地价格，折算成建筑面积，本工程中使用费用为50.6元/m^2。

2　架体装置

2.1　架体安装

根据现场实际情况，安装附着式提升脚手架，搭设高度13.5 m。附着式升降脚手架是由导向支

收稿日期：2020-02-24.

作者简介：李军科，陕西富平人，高级工程师，从事水利水电工程、建筑工程、市政工程、城镇道路工程项目施工管理工作；杜学平，甘肃康乐人，工程师，从事建筑工程，市政工程，城镇道路工程项目施工管理工作.

座、升降架体、导轨、电动葫芦、安全网、防坠装置、附墙拉杆、固定螺栓与之配套的电气控制系统组成，主要用于高层建筑工程主楼结构与外墙装修施工。架体高度设置如下：本工程标准层高 3.0 m，架体总高 13.5 m，覆盖 4.5 倍楼层高度。全楼布置 52 个机位，采用附板式导座与拉杆式导座。附板式导座与拉杆式导座主要加工材料均为 2 根 10＃槽钢、10 mm Q235 钢板焊接而成，背面用 2 根穿墙螺杆与建筑连接。

架体的组装按附着式升降脚手架平面布置方案的布设图和分段吊装图的顺序逐段进行，组装从架体转角处端部开始，依次安装。

安装步骤：搭设平台架并做水平调整→铺设走道板→安装下节导轨、竖向立杆、辅助竖龙骨→加辅助支撑杆及斜拉杆→水平钢性拉结→安装第 2 道走道板→安装第 1 道安全立网→ 安装第 1 道附墙件并卸荷→安装中节导轨、竖向立杆、辅助竖向立杆→连续组拼架体直到安装完 2 层各组架为止→连续组拼架体直到安装完 3 层各组架为止→连续组拼架体直到安装完 4 层各组架为止→铺设电源线→安装提升设备（进入运行阶段）。

附着式升降脚手架的主要技术参数见表 2，结构简图见图 1。

表 2　附着式升降脚手架主要技术参数

项目	参数
架体总高度	覆盖高度不大于 5 倍楼层高度，本工程 13.5 m。
主框架高度	主框架全高布置。
架体宽度	≤1.3 m，本工程 0.6 m。
机位(导轨)间距	直线时≤6.0 m；折线转角处≤4.5 m。
附墙支座	在主框架覆盖的每个楼层处均安装有 1 个具有承载、升降导向、防坠、防倾功能的附墙固定支座。
升降系统	独立附墙设置，与导向装置和防坠装置分离。
升降设备	一体化倒挂电动葫芦，额定提升量 7.5 t。
智能同步控制系统	自动均衡调整升降速度，当超载、欠载 15％时报警，超载、欠载 30％时停机。
额定荷载	2 层作业时，每层≤3 kN/m^2；3 层同时作业时，每层≤2 kN/m^2。
防坠装置	在每个附墙固定支座内，都安装有转轮式防坠器，全过程防护。
防倾装置	每个附墙固定支座均安装有与导轨滑套连接的防倾装置。
每次升降最大行程	2.9 m。
架体重量	约 350 kg/m。

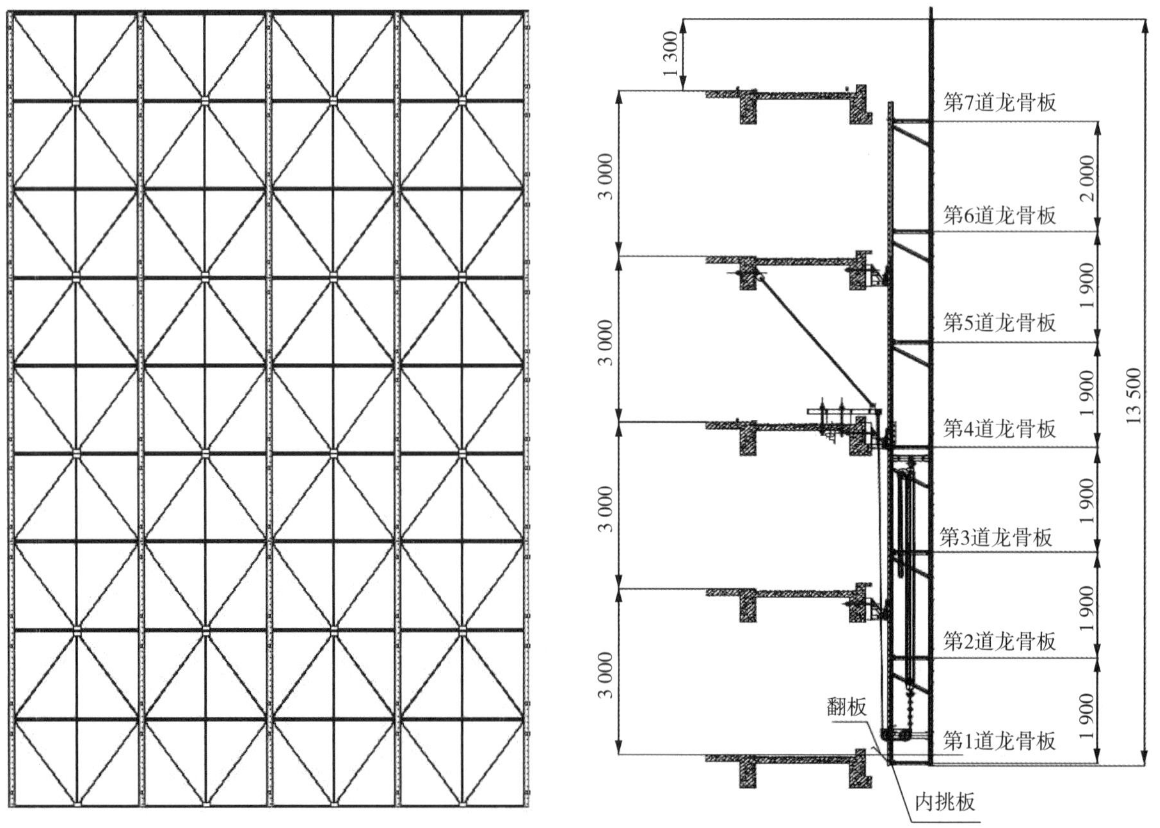

（1）正立面　　（2）侧立面

图 1　施工升降平台正立面和侧立面示意图（单位：mm）

2.2 架体安装操作步骤分解图

龙骨板的组装见图 2。

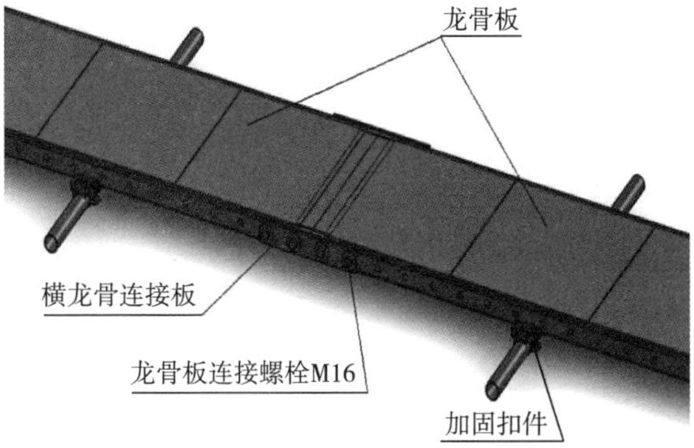

（1）龙骨板

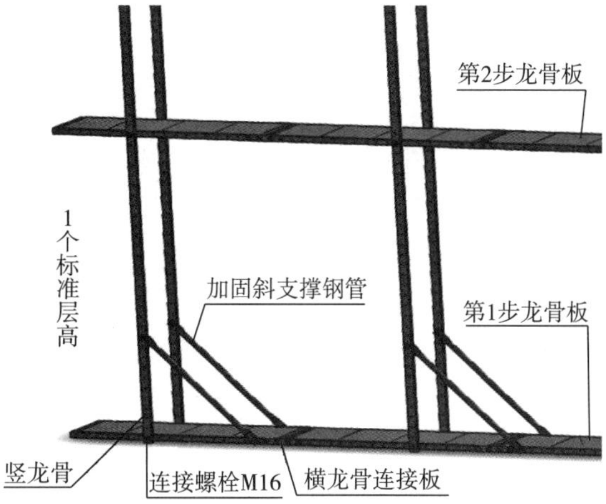

（2）第2步龙骨板

图 2　龙骨板的组装

竖龙骨板及安全网的组装见图 3。

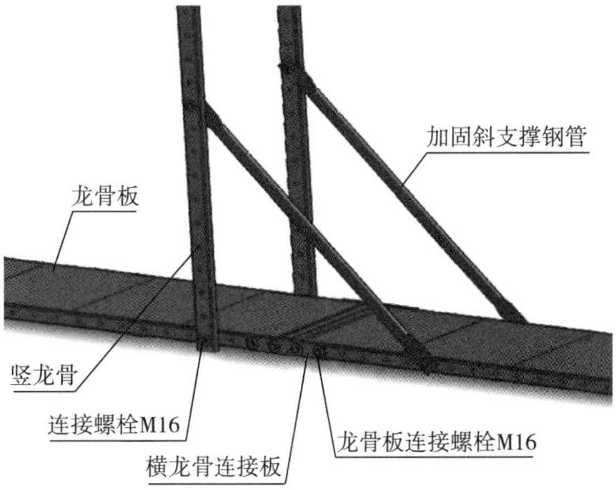

（1）竖龙骨

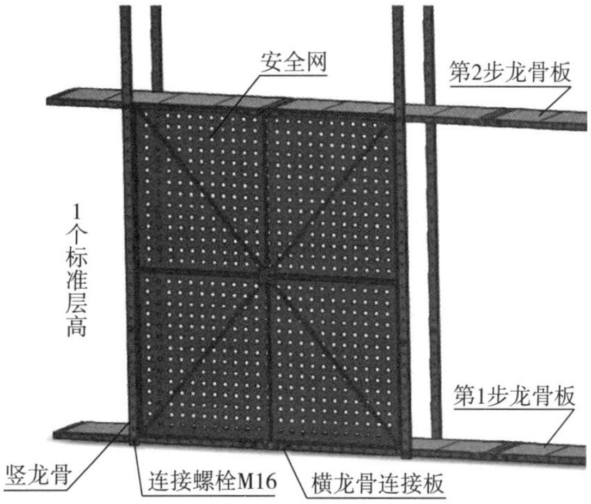

（2）安全网

图 3　竖龙骨板及安全网的组装

翻板的组装见图 4。

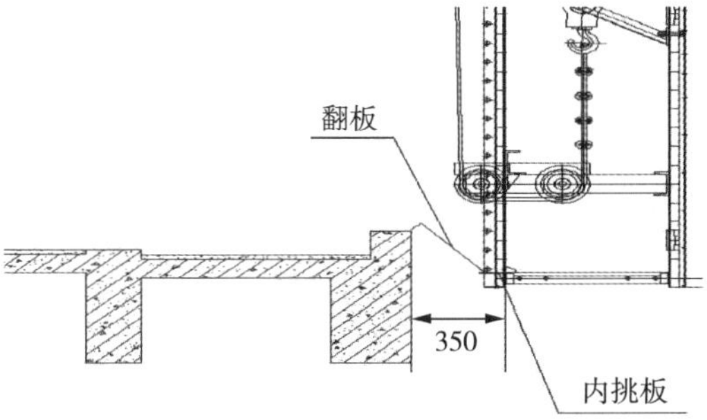

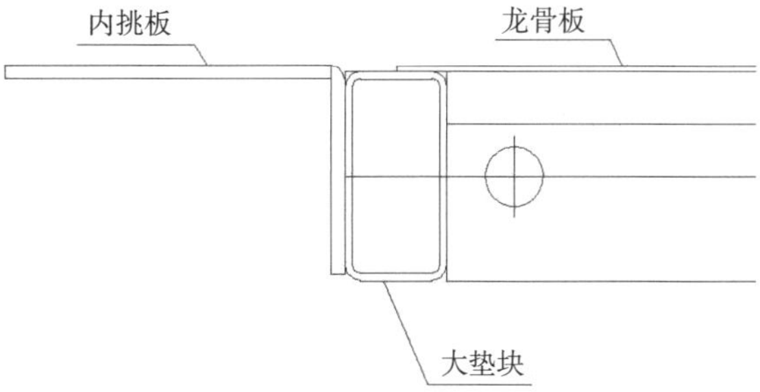

图 4　DM300 型密闭式翻板（单位：mm）

3　升降平台的提升与下降

3.1　升降平台的提升流程

升降平台提升工艺流程：提升前班组开会交底，依据检查表对架体进行检查由主管或领班通报外架目前状态、特殊部位及特殊状况的操作要求和注意事项，按小组分派工作→各小组安装附墙支撑及防坠防倾装置，并再次按要求全面检查升降机构、受力体系及架体→检查并挂好提升钢丝绳，注意钢丝绳是否在轮槽里→电工按要求放置好控制柜，接好电缆线，调试葫芦及荷载报警装置，把葫芦链条降到位并预紧各吊点→拆除架体分片断头材料临时连墙杆，离墙间隙封闭材料→开始提升→到位调整吊点水平→安装拧紧支顶器→封闭离墙间隙、架体分片断片处→顶部钢性拉结松掉链条结束→运行结束检查验收。

3.2　升降平台的下降

爬架在升至顶层后，在需要下降的时候先进行架体全面检查，确保架体各个部位安装完全，没有任何安全隐患及架体下方 10 m 内无任何人员时，方可进行架体的下降操作，下降设备的下降速度为13 cm/min，下降 1 层楼(按 3 m 层高计算)大约需要24 min，每次只能下降 1 层。电梯准备通顶前，先拆除电梯口周围的爬架。

升降平台下降工艺流程：下降前班组开会交底，由主管或领班通报外架目前状态、特殊部位及特殊状况的操作要求和注意事项，按小组分派工作→各小组拆除并安装附墙支撑及防坠防倾装置，并再次按要求全面检查升降机构、受力体系及架体→转运葫芦并按安装图挂好葫芦→电工按要求放置好控制柜，接好葫芦电缆线，调试葫芦正反转，将葫芦链条上升到位并使各吊点受力→拆除架体分片断头封闭材料、临时连墙杆，离墙间隙封闭材料→开始下降→到位后调整吊点水平→安装限位锁→封闭离墙间隙、封闭架体分片断片处→下降到位后在脚手架顶部双排架处搭临时连墙杆→下降完毕。

4　防坠系统

防坠系统由防坠装置、轨道防坠档杆、附墙支座、穿墙螺栓组成。防坠装置为 DM300 型防坠卸荷置顶器，连接在附墙支座下方，包括制动槽轮、制动轴、防坠卸荷支顶器、止转销、防坠轮架等组成部分。

4.1　防坠原理

导轨向上运行时，防坠槽轮随防坠档杆的直线运动而转动，不受约束；当导轨低速匀速向下运动时，防坠槽轮随防坠档杆的直线移动转动，防坠卸荷支顶器在制动转轴键槽中由槽轮内棘轮空挡上下，不限制防坠槽轮的自由转动，实现正常下降的操作；当架体出现吊挂异常下坠时，导轨加速度坠落，防坠档杆快速推动防坠槽轮旋转，防坠卸荷支顶器受重力作用下降顶住防坠档杆，达到止坠的目的，从而阻止架体的下滑。防坠轮架通过附墙支座、穿墙螺栓与结构连接传力，通过多次试验证明，制动防坠平均距离 20～60 mm，满足要求，见图 5。

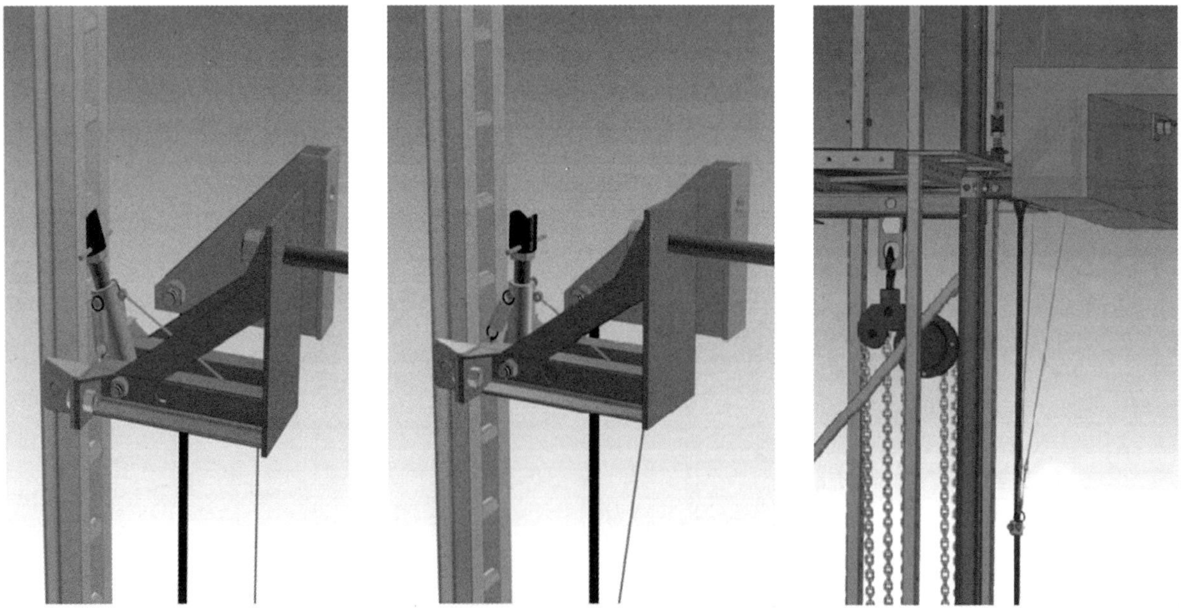

（1）可调式防坠卸荷支顶器闭合状态　（2）可调式防坠卸荷支顶器打开状态　（3）下降时联动钢丝绳安装示意图

图 5　防坠装置

可调式卸荷限位支顶器在爬架平台提升过程中始终搭靠在轨道防坠档杆上，一旦因异常出现爬架下坠，则支顶器可即时顶住导轨，起到防下坠作用。因此该支顶器在爬架平台使用工况既起到卸荷作用，在爬架提升工况又同时起到防坠作用。另外，防坠装置与提升系统分离设置，相互独立，独自承受架体荷载并直接传递给建筑结构。在一个系统功能失效其他系统功能仍正常发挥作用，保证爬架的安全性能。可调式限位支顶器除了支顶卸荷功能外，在上升过程中，也能起到防坠装置的作用。防坠装置极易检查发现故障，便于及时维修保养。

4.2　防倾覆原理

DM300防火型全封闭智能附着式升降脚手架的防倾功能主要通过附墙导向卸荷支座和导轨的共同作用实现的。

附墙导向卸荷支座通过穿墙螺栓固定于建筑结构上，导轨套在附墙导向卸荷支座的导向轮上，导轨焊接连接在主框架上，这样导轨只能沿附墙导向卸荷支座导向轮上下运动，相当于架体只能沿附墙导向卸荷支座上下运动，架体上的导轨抱住导向轮使架体无竖向倾斜，这就起到了防倾的作用(见图6)。

图6　防倾覆装置示意图

5　架体的拆除

5.1　拆除准备

拆除工作必须按照操作规程进行，拆除前应对施工人员进行安全、技术交底，明确拆除顺序、安全保障措施、特殊构件拆除方法等。管理人员应责任分明，认真负责。拆除部位、地面应设立警示标牌、警戒线，并配有安全巡视人员。

5.2　拆除步骤

由上至下拆除横杆、立杆及斜杆。先拆除主框架，最后拆除附墙部分。拆除附墙装置时，应先将下一步架体与结构进行加固，严禁上下同时拆除。

当拆除至最一步架体时，可以用施工塔吊将要分离的架体整片吊装拉紧再拆除拉结连接件，拆除附墙件螺栓，将分离架体转到地面。

6　结语

附着式升降脚手架具有优越的安全性、便捷性、经济性，同时爬架作为一种新兴的工艺，又有明显的亮点和可用性，经过一定时期的市场检验，再加上不足之处的完善和改进，相信在不久的将来必定会占有一定的市场份额。另外，对于一名工程技术人员来讲，熟悉和掌握此类架体的使用原理，也为企业适应未来市场的多样性打基础，为公司承揽各种建筑工程增添信心，助力建筑业更好、更快发展。该新型爬架是一种很有推广价值的高层建筑外脚手架。

洪都拉斯 PATUCA3 水电站施工导流设计

杜帅群，卢昆华，李晓彬

（中国电建集团贵阳勘测设计研究院有限公司　贵州贵阳　550081）

摘要：PATUCA3 水电站工程水文资料短缺，洪枯流量变幅较大，综合考虑洪枯流量变化、导流建筑物规模、施工工期及投资等因素选定导流方式；在技术难度近似条件下，以降低导流风险为前提选定导流标准；从工程施工适应性和技术经济性等方面比较选定导流布置；根据地形地质及枢纽条件，优化导流建筑物设计，节省工程投资。其经验可供类似工程项目参考。

关键词：施工导流；标准；程序；设计

1　枢纽工程概况

PATUCA3 水电站是洪都拉斯 PATUCA 河梯级规划的第 3 级，工程属Ⅰ等大(1)型。枢纽建筑物由混凝土重力坝、坝身泄洪系统、右岸引水系统、右岸地面厂房组成，最大坝高 57.0 m。水库正常蓄水位 290.0 m，电站装机容量 104 MW，多年平均发电量 3.36 亿 kW·h。电站的建设对洪都拉斯紧缺的电力供应局面有极大的改善作用，可以提高电网的供电质量，对洪都拉斯的经济建设具有极其重要的意义。

工程流域内降雨年内分配具有明显的季节性，洪水由暴雨形成，每年 6 月至 11 月为洪水期。根据枢纽布置特点及地形地质条件，拟定了分期导流和断流围堰、隧洞导流 2 种方式进行研究。

2　施工导流规划

2.1　导流方式选择

2.1.1　分期导流

本工程洪枯流量相差大，坝址处无凹岸做明渠，只能采取河床分期导流。若采用全年分期导流方案，纵向围堰高度达 32.7 m，其结构布置及稳定存在技术难度，且导流工程规模较大，技术经济指标均不可取。若采用枯期分期导流方案，初步分析纵向围堰高度为 11 m，二枯需设置 4 个底孔过流才能满足导流要求。此方案对施工进度要求较高，一枯将面临围堰施工和坝肩开挖工作面交叉的问题，一汛大坝按全年 20 年一遇(Q=4 590 m^3/s)标准度汛，工程在汛期将完全停止施工，分期导流程序复杂，总工期较长。

2.1.2　断流围堰、隧洞导流

坝址位置地质条件较好，左右岸均有布置隧洞的条件。对于全年导流方案，最大导流流量为 4 590 m^3/s，导流隧洞过水断面和个数均超过同类工程，导流建筑物规模明显与工程规模不匹配，临建工程投资较大，技术经济不可取。对于枯期导流方案，最大导流流量为 671 m^3/s，导流建筑物规模适中，前期度汛可利用混凝土坝基坑过流，后期度汛由坝体临时断面挡水，洪水由导流洞、坝体底孔、溢流表孔联合下泄，可实现主体枢纽中后期工程全年施工。

通过比较分析，采用断流围堰＋隧洞的枯期导流方案技术经济优势明显，更适合本工程的建设条件和工程特点。

2.2　导流标准及时段

2.2.1　导流标准选择

导流建筑物为 4 级，导流标准为 20～10 年一遇重现期洪水。因该工程现有水文实测资料系列较短，且 20～10 年一遇重现期洪水时，围堰高程范围内库容都有可能大于 1.0 亿 m^3，导流工程规模、投资和技术难度用上限值与下限值相差不大，为了降低风险性，导流设计标准选定 20 年一遇重现期洪水。

2.2.2　导流时段选择

主要对施工有效时段和导流流量进行比较选定导流时段。根据 PATUCA3 坝址施工洪水成果，全年导流流量 $Q5\%$ 为 4 590 m^3/s；枯期导流流量由于洪水资料精度问题，5 个月和 6 个月时段洪水流量属同等量级，大于 6 个月时段则等同全年洪水流量规模，选取 6 个月(12 月～次年 5 月)的枯期导流时段可增加 1 个月的施工工期。

采用枯期导流的优点是可大大降低临时建筑物的规模，节省投资，导流工程难度小，建设工期

收稿日期：2020-07-22.

作者简介：杜帅群，陕西宝鸡人，副高级工程师，硕士研究生，从事水工建筑物设计工作.

短；缺点是枢纽工程有效施工时段相对较短，枯水期施工强度要求较高。采用全年导流的优点是可缩短枢纽工程建设工期；缺点是导流工程规模巨大，临建工期长，投资巨大。

综合考虑导流工程技术经济因素，本工程导流时段为 12 月～次年 5 月(6 个月)，导流标准为枯期时段 20 年一遇洪水重现期，相应导流流量 Q 5%为 671 m^3/s。

2.3 导流布置

2.3.1 洞线选择

根据水工枢纽布置型式，导流洞若布置在右岸，为避免建筑物空间影响，洞线需包围在引水系统外侧，导流洞洞线较长，且与主体枢纽建筑物施工相互干扰，施工道路交通难度较大。左岸导流洞方案可避免以上不利因素，且左岸导流洞进出口岸坡基岩出露明显，便于进洞挂口施工，不利因素是要先期完成 160 m 长度的跨河贝雷桥。鉴于跨河交通施工便捷，造价不高，选定左岸导流洞方案。

2.3.2 大、小基坑方案比较

本工程由于引水隧洞较短，导流洞洞线布置可以外包地面厂房，将下游围堰布置在厂址以下形成大基坑。这个方案在洞长增加不多的情况下，更有利于主体枢纽建筑工程施工布置，降低施工难度，加快施工进度。小基坑不包围厂房方案，导流洞长度缩短有限，围堰布置与主体建筑物平面空间布置干扰较大，导流洞出口水流会形成对堰体及厂基的冲刷，围堰工程投资增大，且基坑狭小，施工难度大，不利于快速施工。综上所述，选定大基坑方案。

2.3.3 围堰结构型式

本工程汛期洪水流量大，如采用不过水围堰结构，汛期堰体必然完全冲毁，虽然围堰堆填工艺简单，堆填工期比单个过水围堰施工期少 1～2 个月，但是要重复进行截流和围堰防渗处理，每次占用直线工期都在 3 个月以上。如采用过水围堰，一枯围堰填筑工程量虽大，但围堰后期加固和坡面处理施工的同时可进行河床坝基开挖，占用直线工期多 1 个月，一汛过后，可以尽早地下基坑施工，二枯至少可以挽回 3 个月的有效施工时间，实现枢纽主体工程施工总进度计划的保证率相对较高。综上所述，选定过水围堰结构。

综上分析研究，本工程采用了枯期左岸隧洞导流、上下游过水围堰及大基坑方案。

2.4 导流程序

2.4.1 导流程序

依据施工总进度计划，初步确定工程施工导流程序为：第 1 年初至第 2 年 1 月底，完成导流洞工程及左右岸坝肩及厂基开挖施工；第 2 年 2 月初截流，至 5 月的第 1 个枯水期完成上下游围堰、河床坝、厂基坑开挖及部分坝、厂基础混凝土施工；第 2 年汛期上下游围堰过水，基坑和导流洞联合泄流度汛，汛期可利用有利时段进行两岸坝肩度汛水位以上混凝土施工；第 2 年 12 月至第 3 年 5 月继续施工大坝、厂房混凝土，溢流坝及冲砂底孔具备过流条件，厂房四周墙满足汛期度汛水位要求；第 3 年汛期导流洞和坝体联合泄流，大坝、厂房可实现全年施工；至第 4 年 1 月底主体枢纽大坝和厂房基本完建，引水系统基本不受河流洪水影响可实现全年施工提前完建。至此，电站可具备水库蓄水发电条件。

2.4.2 施工度汛

依据施工总进度计划及导流程序，制定施工度汛方案，施工导流水力学特征见表 1。

表 1 PATUCA3 水电站工程施工导流水力学特征

导流时段	洪水标准	洪水流量/(m^3/s)	主要施工项目	泄流工况	挡水建筑物	泄水建筑物	导流洞泄流量/(m^3/s)	上游水位/m	下游水位/m
第 1 年 12 月—第 2 年 5 月	枯期 5%	671.0	围堰填筑、引水发电系统及大坝基坑开挖及浇筑、大坝坝肩混凝土浇筑	导流	上下游围堰	导流洞	671.00	262.77	250.47
第 2 年 5 月—第 2 年 12 月	全年 5%	4 590.0	大坝两岸坡 269.0 m 高程以上混凝土浇筑	度汛	过水围堰	导流洞 大坝基坑	623.19 3 966.81	268.37	261.24
第 2 年 12 月—第 3 年 5 月	枯期 5%	671.0	大坝及引水发电系统混凝土浇筑	导流	上下游围堰	导流洞	671.00	262.77	250.47
第 3 年 5 月—第 3 年 12 月	全年 2%	6 560.0	大坝及引水发电系统混凝土浇筑及金属结构安装	度汛	大坝临时断面	导流洞 坝身泄洪孔	914.27 5 645.73	279.75	264.41
第 3 年 12 月—第 4 年 5 月	枯期 5%	671.0	导流洞封堵、金属结构安装及机组调试	导流	大坝	坝身泄洪孔	0	271.75	250.47

2.5 导流建筑物设计

2.5.1 导流洞设计

根据导流标准及水力学计算，导流洞进口高程248.0 m，出口高程246.0 m，洞长约530.41 m，底坡3.8‰。隧洞断面拟定为8.5 m×10 m（宽×高）的城门洞形，过水断面面积为79.82 m^2。在保证导流洞穿越坝肩部位埋深的前提下，为使隧洞轴线最短，同时减少隧洞挂口开挖，在导流洞进出口弯道首尾直线段采用明洞延伸来满足规范中直线长度要求。此项措施节省进出口直线段导流隧洞长度57.42 m，降低沿程水损0.07，节约了工程投资，工期缩短了3个月，申请了实用专利《一种优化的隧洞结构》(CN201320580907.0)。导流洞洞室开挖揭示围岩岩性为火山角砾岩，微新岩体，裂隙较发育，地下水活动不强烈，围岩稳定性主要受结构面组合控制，破坏类型为小方量的坍塌、掉块，围岩主要为Ⅲ、Ⅳ类，初期采用喷锚挂网柔性支护，二期钢筋混凝土衬砌支护，具体支护参数见表2。

表2 PATUCA3水电站导流洞工程支护参数

围岩	支护方式	堵头前	堵头后
Ⅲ类	边顶拱喷C15混凝土厚度/cm	15	10
	衬砌厚度/cm	80	40
	Φ25锚杆(长度m×间距m)	4/2×2	4/2×2
Ⅳ类	喷C15混凝土厚度/cm	15	15
	衬砌厚度/cm	100	60
	Φ25锚杆(长度m×间距m)	6/2×2	4/2×2

实际施工中，导流洞堵头以后洞段Ⅲ类围岩总长由149.32 m变为220.49 m，相比原来增加47.66%。经水力学复核及隧洞稳定计算分析，对导流洞堵头后Ⅲ类围岩段进行了结构优化，取消了钢筋混衬砌，节约了工程投资，工期缩短了2个月。

2.5.2 围堰设计

上下游围堰设计均采用土石过水围堰，上堰顶高程为264.5 m，下堰顶高程为255.0 m。由于河床覆盖层浅，为节约投资，堰体及基础防渗结构拟定为黏土心墙。围堰由土石渣混合料、黏土心墙、混凝土护面体、钢筋笼护脚等组成。护面结构为厚1 m的混凝土楔型块、钢筋笼及大块石护坡。

PATUCA3水电站工程围堰结构参数见表3。

表3 PATUCA3水电站工程围岩结构参数

项目	数量	
	上游围堰	下游围堰
围堰级别	Ⅳ级	Ⅳ级
围堰挡水设计流量/(m^3/s)	671	671
堰型	土石过水围堰	土石过水围堰
子堰顶高程/m	264.50	—
堰顶高程/m	259.50	255.00
堰顶宽/m	4.0	10.0
堰顶长/m	106.02	101.50
堰体最大高度/m	18.50	10.0
围堰防渗型式	黏土心墙	黏土心墙

2.6 下闸蓄水及导流洞封堵设计

计划第4年6月底蓄水至死水位280 m，首台机组发电；第4年8月底蓄水至正常水位290 m，两台机组发电。按水库月平均流量75%保证率计算分析，水库蓄水期间由坝身底孔下泄生态流量。

导流洞封堵采用进口钢闸门下闸挡水，设计最大挡水水头为44.02 m。针对导流洞及施工支洞临时叠梁门封堵形成了1种简易挡水闸门结构：“锚固门槽+叠梁+螺栓顶托+止水条”的结构形式，并申请了实用专利。导流洞堵头施工期为4—5月，采用枯期20年一遇洪水标准，洪水流量671 m^3/s，上游水位269.97 m，导流洞临时堵头长度为5 m时可以满足施工期水头的作用。在导流洞临时堵头施工完成前，保持冲砂底孔处于敞流状态，以防止水位超过260 m，永久堵头长度为20 m可以满足各种工况下的水头作用，堵头采用C25微膨胀混凝土。

3 结语

PATUCA3水电站导流工程在缺乏水文资料的情况下，结合枢纽布置、实际地形地质条件，经深入分析研究，多方案对比，选定了符合工程实际的施工导流规划设计方案，尽可能地节省了工程投资，加快了施工进度，为类似工程设计提供了较好的参考价值。

参考文献：

[1] 中国水电工程顾问集团公司. DL/T5397—2007水电工程施工组织设计规范[S]. 北京：中国电力出版社，2008.

[2] 刘志明，等. 水工设计手册[M]. 第2版第7卷：泄水与过坝建筑物. 北京：中国水利水电出版社，2014.

[3] 武汉大学水利水电学院水力学流体力学教研室. 水力计算手册[M]. 2版. 北京：中国水利水电出版社，2006.

象鼻岭水电站引水系统优化设计

王荣荣，苏鹏，陈毅峰，崔进

（中国电建集团贵阳勘测设计研究院有限公司　贵州贵阳　550081）

摘要：象鼻岭水电站工程引水系统位于大坝右岸，采用一洞一机的布置方式。由于高压隧洞较长，施工图阶段对引水隧洞布置方式进行了调整，将竖井段布置于大坝帷幕轴线下游，同时针对压力钢管段可能出现的内水外渗影响，采取了高压固结灌浆和贴壁排水等加固方式，优化后引水隧洞竖井段和下平段外水压力大幅度降低，压力钢管段长度得到明显减少，节约了工程投资。从工程运行截止至目前的监测数据成果看，引水系统运行情况良好。

关键词：引水系统；优化；设计；防渗帷幕

1　工程概况

象鼻岭水电站位于贵州省威宁县与云南省会泽县交界处的牛栏江上，系牛栏江流域中下游河段规划梯级的第3级水电站，其上游为大岩洞水电站，下游为小岩头水电站。牛栏江为金沙江右岸一级支流。

象鼻岭水电站枢纽建筑物由碾压混凝土拱坝、右岸引水系统和地下厂房等组成。引水系统布置于右岸，由进水口、引水隧洞、压力钢管等组成，采用一洞一机布置，共2台机，最大水头146 m，单机引用流量为131.8 m^3/s，采用平行布置的方式。

引水隧洞处于微风化和新鲜的 $P_2\beta^{3-3-1}$、$P_2\beta^{3-2-2}$、$P_2\beta^{3-2-1}$、$P_2\beta^{3-1}$ 灰黑色块状玄武岩及凝灰质玄武岩中，围岩类别多数为Ⅱ类，有少量Ⅲ类，成洞条件好，稳定性高。

2　引水系统布置限制因素及可研设计成果

2.1　引水系统设计原则

（1）引水线路布置应在满足枢纽总布置要求的基础上力求最短和经济合理。

（2）洞线布置应尽可能避开不良工程地质和水文地质的地段，以选择地质构造简单、岩体完整稳定、岩石坚硬、上覆厚度大、施工方便的地段为宜。

（3）隧洞沿线与岩层、构造断裂面及主要软弱带应尽可能具有较大的交角，一般不宜小于30°。

（4）有压隧洞洞顶至少应有0.02 MPa余幅水头。

（5）洞室壁间厚度及垂直山岩厚度不小于1.0～1.5倍洞径。

2.2　引水系统设计影响因素

（1）隧洞上平段洞顶水头满足规范要求。

（2）大坝防渗帷幕线位置对引水隧洞和压力钢管结构稳定的影响。

（3）为节省工程投资，水力学满足不设置上游调压室的条件。

（4）岩层的走向。

2.3　可研阶段引水系统设计成果

进水塔顺水流方向总长30.1 m，塔顶最大宽度40.8 m，塔高55.5 m。底板高程为1 356.00 m，顶高程为1 409.50 m。

引水隧洞长度为206.2 m，其中包括高82.5 m、洞径6.8 m的竖井段和长12 m由方（5.6 m×6.8 m）变圆（$D=6.8$ m）的渐变段及长12 m圆渐变段（由 $D=6.8$ m渐变为 $D=5.5$ m）。引水隧洞洞径为6.8 m，洞内流速为3.629 m/s，满足经济流速的要求。经水力计算，根据规范要求不需设上游调压井。

压力钢管长度为82.53 m，内径5.5 m，管内流速为5.548 m/s，满足经济流速要求。钢衬始于引水道的下平段渐变段未端，压力管道采用双层组合式衬砌，内衬16 MnR钢板，平均钢板厚度为28 mm，回填0.6 m厚的C20素混凝土。

2.4　工程可研阶段布置特点

优点：隧洞竖井段位于大坝防渗帷幕线上游，帷幕底线与下平段压力钢管相交，压力管道下平段外水压力较小。

收稿日期：2020-08-04.

作者简介：王荣荣，陕西武功人，高级工程师，主要从事水工建筑物设计工作；苏鹏，陕西三原人，高级工程师，主要从事水工建筑物设计、管理及岩土工程数值模拟工作.

缺点：隧洞竖井段和下平段位于帷幕线上游，外水压力较大，检修期对结构不利；压力钢管段较长，钢材工程量较多，投资较大。

3　施工图阶段引水系统优化设计

3.1　优化设计的原因

(1) 减小隧洞竖井段和下平段的外水压力，减少结构工程量。

(2) 为减小帷幕线上游压力钢管段外水压力，保证压力钢管结构安全。

(3) 节约工程投资。

3.2　优化方案设计成果

进水塔设计与可研阶段基本相同，引水隧洞和压力钢管布置差异较大。

引水隧洞总长度为 191.94 m，其中包括高 77.35 m、洞径 6.8 m 的竖井段和长 12.6 m 由方 (5.6 m×6.8 m)变圆(D=6.8 m)的渐变段及长 12 m 圆渐变段(由 D=6.8 m 变为 D=5.5 m)。引水隧洞洞径和流速与可研设计阶段一致。经水力计算，根据规范要求不需设上游调压井。

压力钢管长度为 48.23 m，内径和流速与可研设计阶段一致。钢衬始于引水道的下平段渐变段末端，压力管道采用双层组合式衬砌，内衬 16 MnR 钢板，平均钢板厚度为 26 mm，回填 0.6 m 厚的 C20 素混凝土。

3.3　施工图阶段(优化后)布置特点

优点：大坝防渗帷幕线贯通隧洞上平段，竖井段和下平段外水压力降低，对结构有利；压力钢管长度大幅减少，降低了投资。

缺点：存在压力钢管受隧洞内水外渗影响，外水压力增大，需布置处理措施。

4　引水系统方案优化设计对比

4.1　设计方案的优缺点分析

从以上 2 阶段优化前后方案布置看，优化前(可研阶段)引水隧洞和压力钢管长度较长，但在帷幕线下游的压力钢管下平段外水压力较小，有利于外压稳定。

优化后压力钢管的长度减少较多，隧洞竖井段和下平段外水压力降低。但存在引水隧洞内水外渗后可能引起的压力钢管外水压力增大。通过在压力钢管与隧洞相接部位进行灌浆处理以降低隧洞内水外渗的影响。

4.2　工程量投资比较

引水隧洞和压力钢管投资对比见表 1，表 2。

表 1　引水隧洞主要工程量投资对比

项目	可研阶段		优化后	
	工程量	投资/万元	工程量	投资/万元
石方洞挖/m^3	20 211	193.14	23 550	225.04
衬砌混凝土 C20 (二)/m^3	6 374	348.92	4 885	267.41
喷混凝土 C20 (二)/m^3	750	48.10	999	64.07
固结灌浆钻孔 L=5 m/m	5 182	56.73	7 462	81.69
固结灌浆/t	518.2	73.60	746.2	105.98
回填灌浆/m^2	3 749	25.32	1 823	12.31
钢筋/t	539	337.04	388	242.62
锚杆 φ25 L=4.5 m、L=3.0 m/根	797	19.01	1 404	33.48
投资合计/万元		1 101.85		1 032.60

表 2　压力钢管主要工程量投资对比

项目	可研阶段		优化后	
	工程量	投资/万元	工程量	投资/万元
石方洞挖/m^3	5 719.00	59.17	2 753.21	28.48
回填混凝土 C15(三)/m^3	1 865.00	75.45	1 007.14	40.75
喷混凝土 C20 (二)/m^3	243.00	15.58	—	—
隧洞固结灌浆钻孔/m	2 381.00	26.07	45.6	0.5
隧洞固结灌浆/t	238.10	30.13	2.61	0.33
回填灌浆/m^2	1 193.00	8.06	577.16	3.9
接触灌浆/m^2	748.00	5.05	—	—
锚杆 φ25 L=4.5 m/根	254.00	6.06	—	—
排水盲管/m	1 300.00	2.29	—	—
压力钢管制造及安装/t	765	1 814.21	371.58	881.21
投资合计/万元		2 042.06		955.17

从表 1、表 2 引水隧洞和压力钢管 2 个阶段的投资看，施工图阶段经过对引水系统进行优化设计后，投资较可研阶段节省了约 1 156.14 万元，占可研阶段引水隧洞和压力钢管投资的 36.7%，其中引水隧洞投资节省 69.25 万元、压力钢管投资节省 1 086.89 万元。

5 引水系统运行情况

引水隧洞和压力钢管共布置 3 点式多点位移计 6、测缝计 12 支、钢筋计 18 支、钢板计 4 支、渗压计 4 支。

从运行期截至目前，根据监测报告成果分析：多点位移计位移累计位移－1.22～1.61 mm，无明显向洞身变形，隧洞围岩稳定；测缝计开合度－1.05～1.77 mm，接触缝接触良好；钢筋应力量值较小，无异常受拉或受压现象；钢板计应变变化值较小，钢板变形无异常；渗压计渗压水头无异常。多点位移计和测缝计位移变化曲线见图 1 和图 2。

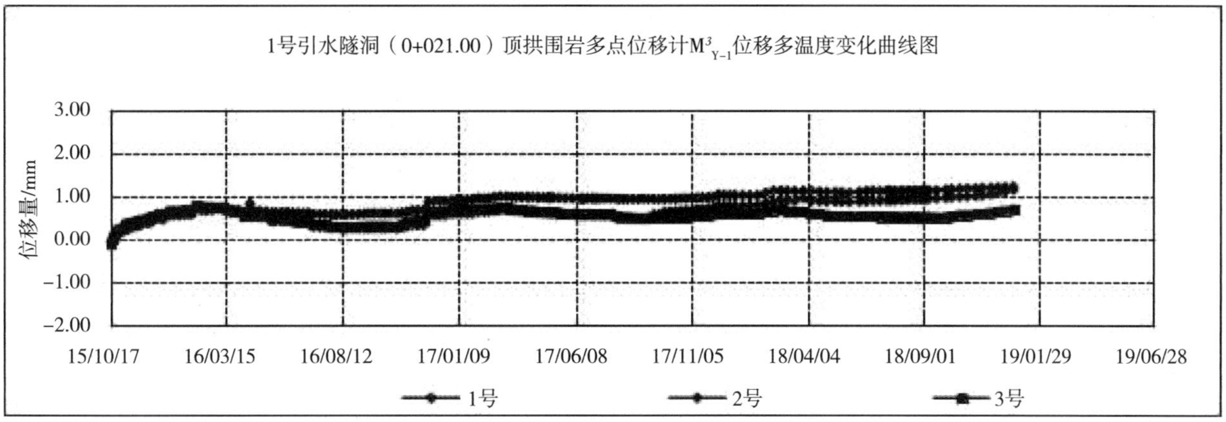

图 1 多点位移计典型变化曲线图

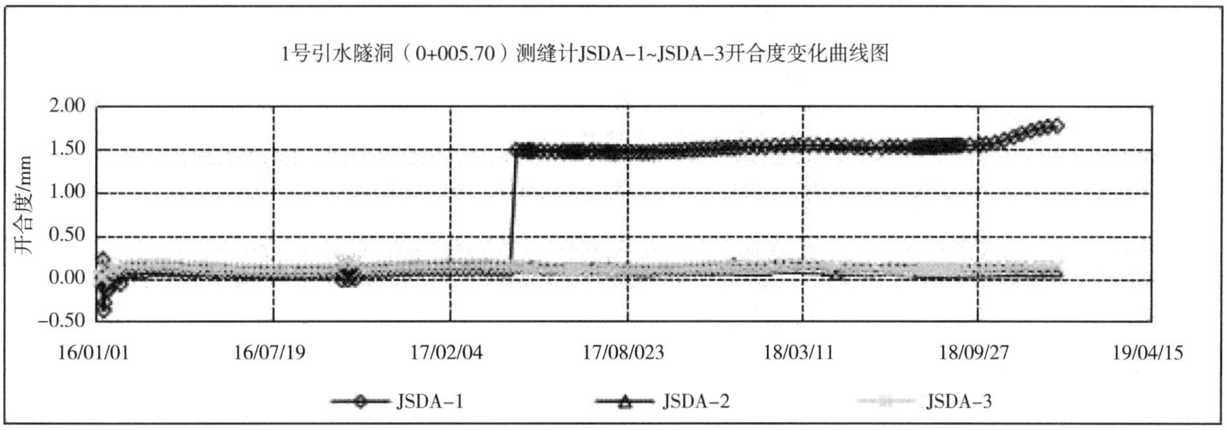

图 2 测缝计开合度典型变化曲线图

6 结论与建议

(1) 对于高水头、大流量的短引水系统布置，当引水隧洞上平段布置在不能满足洞顶最小压力要求，可以通过在隧洞上平段设置坡度的方式来满足，坡度满足施工期出渣要求。

(2) 对于高水头、大流量的短引水系统，在引水隧洞轴线布置距离大坝较近时，引水隧洞布置有竖井或者斜井，其上部起弯点尽量布置在大坝帷幕线之后。使引水隧洞承受高水头的压力段减少，从而压力钢管长度也会减短，节省工程投资。

(3) 在工程设计中可以通过固结灌浆提高围岩的承载能力，防止“内水外渗”产生的不利影响。

通过对象鼻岭水电站引水系统可研阶段和施工阶段布置对比分析，施工图阶段通过减少引水隧洞高压段长度和压力钢管长度后，工程投资较可研阶段明显节省。

本工程引水隧洞优化设计思路及优化布置方案可供类似工程借鉴。

河沟头水库溢洪道布置及结构设计

石国远，陈雪松

（中国水利水电第九工程局有限公司勘测设计公司　贵州贵阳　550081）

摘要：河沟头水库的溢洪道布置在右岸，堰型为实用堰；因径流面积小、洪水不大，为了便于今后对水库的运行调度，采用开敞式无闸控制。该溢洪道的布置包括进水渠、控制段、泄槽段、消能段、出水渠等，溢洪道全长 155.65 m。

关键词：水库；泄水建筑物；溢洪道；实用堰

1　工程概况

河沟头水库工程位于贵州省黔西南布依族苗族自治州普安县，格那河上游河段（格那河属于珠江流域北盘江水系二级支流）。工程等别为Ⅳ等，工程规模属小(1)型工程，河沟头水库工程总布置主要由水库枢纽工程和供水工程组成。主要建筑物包括混凝土面板堆石坝＋右岸开敞式溢洪道＋左岸取水兼放空隧洞＋供水管道及相应建筑物。最大坝高 40.0 m，坝顶长度 146.00 m，水库正常蓄水位 1 633 m，死水位 1 619 m，水库总库容为 115 万 m^3，工程主要任务是集镇和农村供水，水库主要解决辣子树村、红岩村、新光社区、松岿村、窝沿社区河边村，共 4 个村 1 个社区，总人口 18 072 人，其中集镇人口 10 351 人，农村人口7 721人的饮用水。

2　溢洪道布置及型式

2.1　溢洪道布置选择

考虑库区建库河段地形，坝址以上两岸无较低垭口可供布置岸边溢洪道，仅可考虑左右岸布置方案，分析如下：

(1) 左岸地形坡度 15°～50°，第四系覆盖层广布，为残坡积黏土夹碎石，下伏基岩为泥盆系中统火烘组(D_2h)炭质泥岩夹薄层泥灰岩，属较软岩类。据 czk3、czk6 钻孔资料，覆盖层下限铅直深度0～8 m，强风化下限铅直深度 11～22 m。但左岸坝肩部位在正常蓄水位附近山体雄厚，开挖量大、边坡较高及处理工作量大，溢洪道进口方向与出口方向交角较大，泄槽需布置转弯段或进口布置侧槽式溢洪道等措施才能使水流平顺连接，水力条件较差。

(2) 右岸地形坡度 10°～37°，第四系覆盖层广布，为残坡积黏土夹碎石，下伏基岩为泥盆系下统李家湾组(D_1l)泥灰岩与灰黑色薄层钙质泥岩互层。属较软岩类，据 czk1、czk5 钻孔资料，覆盖层下限铅直深度 1.1～5.2 m，强风化下限铅直深度 10～15 m。右岸坝肩部位在正常蓄水位附近山体比较单薄、低矮，利于布置溢洪道引渠段稍作转弯可减小对右岸较大面积的开挖坡坏，泄槽轴线顺直，水力条件较好。泄槽轴线与地形等高线相交 70°～90°，泄槽横向开挖深度 5～8 m，基础开挖和边坡处理工作量小，出口直接接入下游河道，水力条件较好。经分析，溢洪道布置于右岸较优。由于覆盖层较厚，如果采用侧槽式溢洪道进口，堰长过长，开挖比正槽溢洪道大，溢洪道增加的工程量大于减少大坝高度的工程量，所以最终选定右岸溢洪道。

2.2　溢洪道型式选择

根据地形地质条件、水力条件、运用要求及技术经济指标等综合比较，开敞式溢流堰有较大的超泄能力，益优先采用。开敞式溢洪道堰流根据流过堰顶的水流形态随堰坎厚度与堰顶水头之比分为薄壁堰、实用堰和宽顶堰。

本工程因地质条件较差，不适应建薄壁堰，可考虑采用实用堰和宽顶堰。

宽顶堰的流量系数为 0.32～0.385，实用堰的流量系数 0.425～0.513，对于山区型河流，洪水起伏较大，需要较大的泄洪能力，增加坝体的安全系数，保证大坝的安全，同时实用堰的整体稳定性和断面应力情况较好，所以实用堰较合适。

而实用堰中，常用的是驼峰堰和 WES 实用

收稿日期：2020-02-24.

作者简介：石国远，贵州榕江人，助理工程师，从事水利水电工程设计工作；陈雪松，重庆綦江人，助理工程师，从事水利水电工程设计工作.

堰，驼峰堰比 WES 实用堰工程投资较省，但驼峰堰的水力条件较 WES 实用堰差，且本工程没有存在制约采用 WES 实用堰的因素。在溢洪道同等宽度的情况下，采用 WES 实用堰时校核水位相比驼峰堰要低些，坝体量及投资更省。综合考虑，溢洪道采用 WES 曲线实用堰。

溢洪道又分正槽和侧槽溢洪道，由上面正槽溢洪道 5 m 宽控制段和溢洪道的投资为 251.80 万元，大坝投资为 2 793.84 万元。本次采用侧槽式溢洪道进行比较，侧槽溢洪道堰顶宽度为 31 m，采用实用堰，由侧槽溢洪道调洪计算得到水库校核洪水位为 1 633.45 m，设计洪水位为 1 633.30 m，计算出的坝顶高程为 1 634.00 m，防浪墙顶高程为 1 635.20 m，比正槽溢洪道的坝顶高程低 1.0 m。

溢洪道正槽和侧槽投资关系见表 1。

表 1　正槽和侧槽溢洪道比较　　万元

项目	工程量增加或减少		投资增加
	正槽溢洪道	侧槽溢洪道	
大坝	—	−7 643.1	−42.64
石方开挖	6 967.00	7 978.00	+6.92
毛石混凝土	226.00	1 190.00	+36.57
C25 钢筋混凝土堰	49.00	193.80	+6.41
合计			+7.26

由表 1 可知，采用侧槽溢洪道时，大坝减少 1 m坝高，但是由于侧槽段长度较长，进口开挖量大，基础混凝土多，所以投资比正槽溢洪道多出 7.26 万元，故本方案溢洪道采用正槽溢洪道。

2.3　溢洪道堰宽选择

溢流宽度减少，则坝顶增高，但溢洪道相应投资也减小，溢洪宽度需权衡溢洪道与大坝，经比较确定，初似 3、4、5、6、7 m 共 5 个溢洪宽度方案，得出大坝与溢洪道投资关系见表 2。

表 2　溢流宽度比较

溢流宽度/m	溢洪道投资/万元	大坝投资/万元	合计/万元
3	211.05	2 838.94	3 049.99
4	233.25	2 816.34	3 049.59
5	251.80	2 793.84	3 045.64
6	288.85	2 765.04	3 053.89
7	312.55	2 748.68	3 061.23

由表 2 所示，溢洪宽度为 5 m 时，大坝和溢洪道投资总和最小，最终推荐泄洪建筑物泄洪净宽为5 m的开敞式自由泄洪的溢洪道方案。

3　溢洪道结构

溢洪道布置靠近大坝右岸，堰顶高程 1 633.00 m，溢流净空为 5.0 m。溢流堰为实用堰，溢流面曲线为 WES 幂曲线，进口为引水平台，控制段后接泄槽段，泄槽总长 80.62 m，宽度为 5.0 m，坡比 1∶3.5，泄槽后接消力池，消能方式为底流消能，消力池后接出口渠道段，最后与天然河道顺接。溢洪道由进口引水段、控制段、泄槽段、消能段和出口渠道段组成，溢洪道全长 155.65 m。

（1）进口引水段（溢 0－045.49 m～溢 0＋000.00 m）。进口段开挖成 1 个高程为 1 629.00 m 的进口平台，平台边墙坡度为 1∶1.0，高度 6.0 m，边墙厚度 0.5 m，边墙和底板均采用 C20 混凝土浇筑。开挖边坡采用挂网喷 C20 混凝土处理，厚度 10 cm，边坡设 Φ25 的水泥砂浆锚杆，根长 4.5 m 和 9.0 m，间、排距均为 3 m。

（2）控制段（溢 0＋000.00 m～溢 0＋007.60 m）。控制段为正槽式 WES 幂曲线实用堰，堰顶高程 1 633.00 m，堰高 4.0 m，堰总宽 5.0 m。上游堰面采用 3 圆弧曲线，$R1=0.5Hd=0.64$ m，$R2=0.2Hd=0.26$ m，$R3=0.04Hd=0.05$ m，堰面定型设计水头为 $H_d=1.275$ m，下游堰面 WES 幂曲线方程为 $y=0.4067x^{1.85}$，下接半径为 1.0 m 的圆弧连接泄槽，堰面和边墙均采用 C25 钢筋混凝土，基础和堰体采用毛石混凝土。溢洪道堰顶处采用 T 形梁板结构跨过溢洪道，单跨 6.0 m，桥板下设40 cm主梁 2 根，板厚 20 cm。

（3）泄槽段（溢 0＋007.60 m～溢 0＋088.22 m）。泄槽底板坡度为 1∶3.5，泄槽宽度为 5.0 m 的矩形断面，边墙高度为 1.0 m，边墙厚度为 0.5 m，边墙和底板均采用 C25 钢筋混凝土。溢洪道开挖后基础和边坡每隔 3 m 打 Φ25 的锚杆，呈梅花形布置。底板每 15～20 m 设伸缩缝，缝间设沥青砂浆嵌缝，缝下设纵横排水沟(孔)。

（4）消能段（溢 0＋088.22 m～溢 0＋104.22 m）。消力池长 16.00 m，底板采用 1.0 m 厚 C25 钢筋混凝土衬砌，净空 5.0 m，池深 2.0 m。边墙采用 C25 钢筋混凝土衬砌，边墙宽 0.5 m，高 3.2 m。消力池尾坎高 2.0 m，尾坎厚 1.0 m。消力池底板设 $L=3.0$ m、间排距为 2 m×2 m 的 Φ25 锚杆，矩形布置。同时设排水孔，排水管材料 PVCΦ200@3000 梅花形布置。

（5）出口渠道段（溢 0＋104.22 m～溢 0＋110.16 m）。出口渠道段采用矩形断面，渠道底宽为 5.0 m，底板厚 30 cm，渠道边墙厚度为 50 cm，高 1.2 m，均采用 C20 混凝土浇筑，渠道出口连接河道。

4 水力学设计

4.1 溢洪道泄洪能力复核

堰面曲线采用WES幂曲线，溢洪道泄流为开敞式堰面，泄流能力采用堰流计算。

根据(SL 253—2018)《溢洪道设计规范》，开敞式实用堰泄流能力计算公式如下：

$$Q = Cm\varepsilon\sigma_s B\sqrt{2g}H_0^{\frac{3}{2}}$$

式中：Q——流量，m^3/s；B——溢流堰净宽，m；H_0——计入行进流速水头的堰上总水头，m；g——重力加速度，m/s^2；m——流量系数；C——上游面坡度影响修正系数，当上游面为铅直面时，C取1.0；ε——侧收缩系数，它反映由于闸墩(包括翼墙、边墙和中墩)对堰流的横向收缩，减小有效的过流宽度和增加的局部能量损失对泄流能力的影响，由闸墩厚度及墩头形状而定，可取ε=0.90～0.95；σ_s——淹没系数，当下游水位影响堰的泄流能力时，堰流为淹没堰流，其影响用淹没系数表达，视泄流的淹没程度而定，不淹没时σ_s=1.0。

溢洪道下泄流量计算见表3。

表3 溢洪道特征水位下泄流量计算

计算工况	上游水位	堰顶高程	堰上水头 H_0	m	ε	σ_s	$Q_{计算}$	$Q_{下泄}$
P=5%	1 634.010	1 633.0	1.01	0.486	0.950	1.0	10.38	10.1
P=3.33%	1 634.080	1 633.0	1.08	0.490	0.950	1.0	11.57	11.10
P=0.2%	1 634.500	1 633.0	1.50	0.509	0.950	1.0	19.67	18.40

根据表3计算结果得出设计的溢洪道堰流泄流能力能满足各工况下泄要求。

4.2 泄槽段沿程水面线的计算

由于泄槽与WES堰连接，泄槽水面线由泄槽首部起算，起始断面水深h_1取用堰下收缩断面水深，泄槽断面为矩形，临界水深h_k和谢才系数C_k按照下式计算：

$$h_k = \sqrt[3]{\frac{\alpha q^2}{g}};\ C_k = \frac{1}{n}R_k^{1/6}$$

临界坡度i_k按照下式计算：

$$i_k = \frac{q^2}{h_k^2 C_k^2 R_k}$$

式中：q——泄槽单宽流量，$m^3/s\cdot m$；α——动能修正系数；g——重力加速度，m/s^2；R_k——相应临界水深时的水力半径，m；n——糙率，取0.017。

起始断面水深h_1计算公式如下：

$$h_1 = \frac{q}{\varphi\sqrt{2g(H_0 - h_1\cos\theta)}}$$

式中：H_o—计算断面渠底以上的总水头，近似取计算断面渠底以上静水头。

泄槽水面线的推算根据能量方程，采用分段求和法进行计算，计算公式如下：

$$\Delta l_{1-2} = \frac{(h_2\cos\theta + \frac{\alpha_2 v_2^2}{2g}) - (h_1\cos\theta + \frac{\alpha_1 v_1^2}{2g})}{i - J}$$

式中：$\triangle l_{1-2}$——分段长度，m；h_1、h_2——分段始、末断面水深，m；v_1、v_2——分段始、末断面平均流速，m/s；α_1、α_2——流速分布不均匀系数，取1.05；θ—泄槽底坡角度，°；i——泄槽底坡；J——分段内平均摩阻坡降；n——泄槽槽身糙率系数，n=0.017。

溢洪道水面线计算成果见表4。

表4 溢洪道水面线计算成果 m

工况	桩号				
	溢0+000 m	溢0+020 m	溢0+040 m	溢0+060 m	溢0+080 m
校核水位（P=0.2%）	0.359 8	0.290 5	0.266 3	0.256 1	0.251 3
设计水位（P=3.3%）	0.222 5	0.189 5	0.179 9	0.176 8	0.175 5
消能水位（P=5%）	0.203 4	0.175 6	0.167 8	0.165 2	0.164 4

水流掺气水深计算及泄槽边墙高度的拟定，根据SL 253—2018《溢洪道设计规范》的规定，泄槽掺气水深按下式计算：

$$h_b = (1 + \frac{\zeta v}{100})h$$

式中：h、h_b——泄槽计算断面的水深及掺气后的水深，m；v——不掺气情况下泄槽计算断面的流速，m/s；ζ——修正系数，可取1.0～1.4 s/m。

经计算，泄槽掺气水深计算成果见表5。

泄槽边墙高度的确定应根据计入掺气后的水面

线，再加上 0.5 m 的超高，从表 5 计算成果可知，考虑校核工况为控制工况，泄槽段掺气水深加上超高最大值为 0.897 m，所以取泄槽边墙高度为 1.0 m。

表 5　泄槽掺气后水深计算成果 m

工况	桩号				
	溢 0+000 m	溢 0+020 m	溢 0+040 m	溢 0+060 m	溢 0+080 m
校核水位(P=0.2%)	0.397	0.331	0.310	0.304	0.303
设计水位(P=3.3%)	0.245	0.214	0.207	0.206	0.206
消能水位(P=5%)	0.224	0.198	0.192	0.191	0.191

4.3　消能计算

下挖式消力池的池深、池长分别按以下公式计算确定：

$$h_2 = \frac{h_1}{2}\sqrt{1+8Fr_1^2}-1$$

$$Fr_1 = v_1/\sqrt{gh_1}$$

式中：Fr_1—收缩断面弗劳德数；h_1—收缩断面水深，m；v_1—收缩断面流速，m/s。

计算结果见表 6。

表 6　底流消能计算成果

工况	下泄流量/(m^3/s)	总水头 H/m	收缩断面水深 h_c/m	跃后水深/m	消力池池深/m	消能工总长度 L/m
P=0.2%	18.4	30.258	0.159	4.084	2.451	20.309
Pp=3.33%	11.1	29.282	0.098	3.160	1.986	15.848
P=5%	10.1	29.157	0.089	3.013	1.943	15.132

消能防冲设计为 20 年一遇(5%)，根据计算结果确定消力池长 15.00 m，池深 2.0 m，消力池底板高程为 1 605.00 m，底板采用 1.0 m 厚 C25 钢筋混凝土衬砌，净空 5.0 m，边墙采用 C25 钢筋混凝土衬砌，边墙宽 0.5 m，高 3.2 m，消力池尾坎高2.0 m，尾坎厚 1.0 m。消力池底板设 L=3.0 m、间排距为 2 m、Φ25 的锚杆，矩形布置。同时设排水孔，排水管材料 PVCΦ200@3000 梅花形布置。

5　结构稳定计算

5.1　溢流堰稳定计算

5.1.1　荷载组合

抗滑稳定计算的荷载组合分基本组合和特殊组合 2 种，结合工程实际，考虑以下 2 种荷载组合情况。

基本组合 1：自重+正常蓄水位(1 633.00 m)及相应下游水位+扬压力+泥沙压力+浪压力。

基本组合 2：自重+设计洪水位(1 634.08 m)及相应下游水位+扬压力+泥沙压力+浪压力+动水压力。

特殊组合：自重+校核洪水位(1 634.50 m)及相应下游水位+扬压力+泥沙压力+浪压力+动水压力。

5.1.2　堰体抗滑稳定计算

堰体抗滑稳定按(SL 253—2018)《溢洪道设计规范》抗剪断强度公式计算，计算公式如下：

$$K = \frac{f' \cdot \sum W + C'A}{\sum P}$$

堰体抗滑稳定计算成果见表 7。

表 7　堰体稳定计算成果统计

计算工况	抗剪断安全系数 K	规范要求值
基本组合 1	33.84	3.0
基本组合 2	28.44	3.0
特殊组合	26.40	2.5

从计算成果可知，基本组合情况 K>3.0，特殊组合情况 K>2.5，故坝体抗滑稳定满足规范要求。

5.2　边墙稳定计算

5.2.1　荷载组合

边墙稳定计算的荷载组合分基本组合和特殊组合 2 种，结合工程实际，考虑以下 2 种荷载组合情况：

基本组合 1：自重+正常蓄水位(1 633.0 m)及相应下游水位+扬压力+泥沙压力+浪压力。

基本组合 2：自重+设计洪水位(1 634.08 m)及相应下游水位+扬压力+泥沙压力+浪压力+动水压力。

特殊组合：自重+校核洪水位(1 634.50 m)及相应下游水位+扬压力+泥沙压力+浪压力+动水压力。

5.2.2 边墙稳定计算

边墙抗滑稳定按 SL 253—2018《溢洪道设计规范》抗剪断强度公式计算，计算公式如下：

$$K_c = \frac{f \cdot \sum W}{\sum P}$$

式中：K_c—— 按抗剪断强度计算的抗滑稳定安全系数；f— — 边墙混凝土与基岩接触面的抗剪断摩擦系数；$\sum W$—— 作用于边墙上的全部荷载对计算滑动面的法向分量；$\sum P$—— 作用于边墙上的全部荷载对计算滑动面的切向分量；A—— 堰体与基岩接触面的截面积。

边墙抗滑稳定计算成果见表 8。

表 8 边墙稳定计算成果统计

计算工况	抗剪断安全系数 K	规范要求值
基本组合 1	1.45	1.05
基本组合 2	1.98	1.05
特殊组合	1.32	1.00

5.3 泄槽底板稳定计算

溢洪道泄槽底板修筑在基岩上，泄槽坡度为 1∶3.5，泄槽长 84 m，宽度为 5.0 m，泄槽底板均采用 C25 钢筋混凝土，厚 50 cm。泄槽底板及边墙每隔 15～20 m 分缝，缝间设沥青砂浆嵌缝，缝内采用橡胶带止水，并在底板设置 0.3 m×0.3 m 砂砾石横向排水盲沟和纵向排水盲沟。

泄槽底板稳定复核选取泄槽最不利的泄槽陡坡段进行计算，泄槽段基础为弱风化基岩，节理裂隙发育透水性较大。从偏安全考虑，底板抗滑稳定计算不考虑底板齿墙和锚筋作用。

计算工况分别选取宣泄设计洪水和校核洪水 2 种荷载组合。泄槽底板计算段长取泄槽第 4 陡坡末端往上游方向 10 m，宽度取垂直水流方向单宽 1 m 计算。

根据地质报告提供的基础物理力学参数，底板与基础的摩擦系数取 f=0.45。底板扬压力按不经折减计算。

5.3.1 底板厚度复核

根据(SL 253—2018)《溢洪道设计规范》溢洪道泄槽底板厚度不应小于 0.3 m，底板最小厚度为 0.5 m大于 0.3 m，满足规范最小厚度要求。

5.3.2 底板稳定分析

底板稳定分析计算公式如下：

$$K = \frac{f(W\cos\theta + P\cos\theta - \Delta P - U)}{W\sin\theta + P\sin\theta + T}$$

式中：K——按抗剪强度计算的抗滑稳定安全系数，规范要求设计工况（基本组合）K 抗剪强度 ≥1.05，校核工况（特殊组合）抗滑安全系数 $K \geqslant$ [K]=1.0；f—底板与地基之间的摩擦系数；θ——底板与水平面之间的夹角；W——底板与泄槽自重，kN；P—自底板上水重，kN；$\triangle P$——上水流的脉动力，kN；

按上述公式计算，得到设计洪水位的计算抗滑稳定安全系数 K=1.13>1.05；校核洪水位的计算抗滑稳定安全系数 K=1.09>1.0。

从计算结果看出泄槽段底板抗滑稳定满足规范要求。

5.3.3 底板抗冲分析

泄槽在校核工况下的最大流速为 14.67 m/s，小于混凝土的允许不冲流速 20 m/s。所以泄槽底板抗冲满足规范要求。

5.4 消力池抗浮验算

当消力池排水失效时，消力池底板抗浮计算厚度按以下公式计算确定：

$$t = k\frac{U - W + P_m}{r_b}$$

式中：t——消力池底板抗浮计算厚度，m；k——消力池底板计算系数，可取 1.1～1.3；U——作用在消力池底板底面的扬压力，kPa；W——作用在消力池底板顶面的水重，kPa；P_m——作用在消力池底板上的脉动压力，kPa；r_b——消力池底板的饱和重度，kN/m^3。

计算消力池厚度为 0.42 m，实际取消力池厚度为 1.0 m。

6 结论

通过方案进行比较，最终溢洪道方案选择为正侧式开敞溢洪道，堰型采用实用堰，堰宽为 5.0 m。溢洪道的设计和布置合理与否不仅直接影响到水库的安全运行，而且还关系到工程的造价，通过此次的比较，得出了本工程的最佳方案。

参考文献：

[1] 林继镛. 水工建筑物 [M]. 5 版. 北京：中国水利水电出版社，2008.

论水利水电工程压覆矿产的处理

刘流，周海，曹靖夫

（贵州省水利水电勘测设计研究院有限公司　贵州贵阳　550002）

摘要：随着近年来水利水电工程的大量建设以及矿产资源的开发，水利水电工程压覆矿产的情况逐渐增多。由于矿产资源的特殊性，压覆的情况比较多样，处理的方式也比较复杂，笔者就近年来水利水电工程处理压覆矿产的经验进行了总结。从压矿的主要类型和处理程序、补偿的原则和方法以及就一些经常遇见的压覆矿产类型举例进行了说明，并提出了一些建议，压覆矿产的调查和补偿是一项情况复杂、牵涉面广、敏感性强、投资较大的难题，本文仅从矿产的类型、影响的方式和补偿的办法进行了论述，但对具体实施中遇到的相关问题还应更深入的进行研究。

关键词：水利水电工程；征地；移民；压覆矿产

1　研究的目的

压覆矿产指在当前技术经济条件下，因建设项目或规划项目实施后，导致已查明的矿产资源不能开发利用。因为水利水电工程的建设，会导致一些矿产被水利水电工程压覆了不能开采，所以需要进行补偿处理。随着近年来水利水电工程的大量建设以及矿产资源的开发，水利水电工程压覆矿产的情况逐渐增多，由于矿产资源的特殊性，压覆的情况比较多样，处理的方式也比较复杂，笔者就近年来水利水电工程处理压覆矿产的经验进行了总结。

2　矿产资源的主要类型

2.1　按重要程度分类

矿产资源按重要程度分为重要矿产和普通(非重要)矿产，重要矿产是指对国家安全、经济发展、民生保障起重要支撑作用，具有特殊性能、应用领域广泛且资源相对较少的矿产，例如煤炭、油气、金属矿产等；普通矿产是指资源储量丰富、分布普遍，对国民经济发展、民生保障具有一定作用的矿产，例如砂石矿产等。比较难处理的是重要矿产，因为价值高、储量小、利益大，普通矿产相对来说就比较好处理，因为储量大，几乎随处可见，处理起来投资也比较小。无论是重要矿产还是普通矿产，只是相对于矿产的价值来说，处理方式方法都是基本一样。

2.2　按矿权关系分类

矿产资源都是属于国家所有，但国家允许符合条件的组织或个人依法获得矿产资源的的矿业权，按矿权关系分为国家矿产地和设置了矿业权的矿产两大类，其中矿业权又分探矿权和采矿权：国家矿产地指国家出资勘查但尚未设置矿权的矿产资源；探矿权是指权属单位(人)在依法取得的勘查许可证规定的范围内勘查矿产资源的权利；采矿权是指具有相应资质条件的法人、公民或其他组织在法律允许的范围内，对国家所有的矿产资源享有的占有、开采和收益的一种特别的物权。

2.3　不允许压覆的矿产

水利水电工程压覆矿产原则上都是允许压覆的，但也不免除可能会压覆一些重要稀少、具有国家战略意义的重要矿产，国家是不允许压覆的，所以在工程前期工程论证中要提前启动压覆矿产核查工作，避免出现前期工作开展到一定程度才发现有国家不允许压覆的矿产。

3　处理的程序

首先，根据《关于规范建设项目压覆矿产资源审批工作的通知》(国土资发〔2000〕386 号)的要求，检核单位需提出压覆矿产资源申请并提交项目压覆矿产储量评估报告，主要目的是核查工程占地范围内影响的矿产资源量有多少，设置矿业权的有哪些。其次，是该核查结果得到国土资源部门或国土资源部门授权的单位的批复或证明。最后，依据最终核查结果和影响情况测算评估其投资，纳入移民安置规划。

一般不压覆重要矿产的，则需相关主管部门出具不压覆重要矿产证明即可。

收稿日期：2020-07-07.

作者简介：刘流，贵州贵阳人，高级工程师，农业硕士，从事水利水电工程移民及管理工作.

4 补偿的原则

对于国家矿产地，一般只需项目法人根据核查的矿产资源量向国家缴纳矿产资源价款即可。因此本文论述的主要是对设置了矿权的压覆矿产，也就是对矿业权的补偿，对矿业权价值的评估的内容，国土资源部在 2012 年《关于进一步做好建设项目压覆重要矿产资源审批管理工作的通知》(国土资发〔2010〕137 号)中规定“建设项目压覆已设置矿业权矿产资源的，新的土地使用权人还应同时与矿业权人签订协议，协议应包括矿业权人同意放弃被压覆矿区范围及相关补偿内容。补偿的范围原则上应包括：矿业权人被压覆资源量在当前市场条件下应缴的价款(无偿取得的除外)；所压覆的矿产资源分担的勘查的投资、已建的开采设施投入和搬迁相应设施等直接损失。”

由此可见，“国土资发〔2010〕137 号”确定的补偿原则是对矿业权人直接损失的补偿，对间接损失和后期预期收益等未纳入补偿范围，这也和水利水电工程的重置法政策相吻合。

5 水库淹没区压覆矿产的处理分析

对于水库淹没区所涉及的压覆矿产主要是面的压覆，因此一般都是对整个矿区或大部分矿区进行了压覆，导致该矿权不能再继续探矿或采矿，因此是对整个矿产进行补偿，对于探矿权应包括其探矿已经花费的勘查投资、搬迁相应勘查设备的补偿和缴纳的价款，采矿权则包括该矿区已建的建筑物、有偿取得的土地和搬迁相应设备等补偿以及其缴纳的价款，对于勘探投资由于不好核实已发生的工程量，可以参考其得到主管部门批复的勘探方案计列的投资综合分析计列。

6 输配水区压覆矿产的处理分析

对于输配水区压覆矿产由于是线性工程，属于线性压覆，主要发生的压覆情况有以下几种：

(1) 压覆核心部位。输配水区压覆范围压覆了矿区的核心区域，大部分有价值的矿产被压覆，导致不能继续探、采矿或继续探、采矿价值不大，需关闭矿区，这种情况的处理方式同水库淹没区。

(2) 压覆边缘部位。输配水区压覆范围压覆了矿区的边缘区域，只影响矿区的少部分矿产无法被开采，这种情况的处理方式应是将价款和直接损失进行分摊，即所影响的矿产占矿区总矿产的百分比进行分摊补偿。

(3) 压覆边缘部位及井口设施。输配水区压覆范围压覆了矿区的边缘区域及井口设施，这种情况的处理方式一是将价款和直接损失进行分摊，即所影响的矿产占矿区总矿产的百分比进行分摊补偿；二是由于井口设施或开采的主要巷道被影响，相应的开采设施需搬迁，井口需迁移，开采方案需变化，故还应计列改变开采方案所增加的投资。

7 建议

(1) 尽量避让矿区范围。在工程前期设计阶段，应同步开展压覆矿产的前期工作，工程的范围应和压覆矿产范围进行反复比较综合分析，因水源工程的范围较难改变，但输配水区存在一定调整线路的可能，应尽量避免压覆矿产，无法避免的情况也应尽量选址压覆矿区的边缘部分，这样也降低了对矿权人的影响。

(2) 谨慎确定矿区范围。国土部门作为设置矿业权的主管部门，一是建议在批复矿权范围的时候，能够考虑将来规划中的建设项目，充分征求其他部门的意见，特别是水利水电工程等国家投资的公益项目；二是尽量不要将矿权范围设置过大，将来若有建设项目后留有调整的余地。

(3) 出台压矿的补偿法规。建议国家相关国土、能源、发改等部门及时制定相应的计算补偿压覆矿产的法规，让更多的建设项目遇到压覆矿产的时候，能够有法可依，避免矿业权人漫天要价的情况发生。

(4) 压覆矿产的益处。压覆矿产虽然暂时对矿产进行了压覆无法开采，但水利水电工程等项目从长远来说也是另一种保护矿产的方法，水利水电都有使用年限，总归有一天是要拆掉恢复原样的，那时候也应该是资源枯竭的时期，到时候再将压覆的矿产进行开发，更加能发挥其作用。

8 总结

压覆矿产的调查和补偿是一项情况复杂、牵涉面广、敏感性强、投资较大的难题，本文仅从矿产的类型、影响的方式和补偿的办法进行了论述，但对具体实施中遇到的相关问题还应更深入的进行研究。

象鼻岭水电站碾压混凝土施工技术

汤向华

（贵州水投水务集团贵安新区湖潮污水处理有限责任公司　贵州贵安新区　550003）

摘要：象鼻岭水电站大坝为碾压混凝土双曲拱坝，最大坝高 141.5 m，为目前世界上已建成的第二高碾压混凝土拱坝。为确保碾压混凝土施工质量与工程进度，在施工中，围绕工程建设中重大技术问题进行研究，依靠技术创新，积极开展科技攻关，并从碾压混凝土配合比设计、入仓方式、分层碾压工艺及温控措施等方面对其关键技术进行了分析与实践，有效保证了大坝碾压混凝土的质量，施工质量满足设计及相关规范要求，可为其他类似工程提供借鉴及参考。

关键词：碾压混凝土；过程；施工；象鼻岭水电站

1　工程概况

象鼻岭水电站位于贵州省威宁县与云南省会泽县交界处的牛栏江上，系牛栏江流域中下游河段规划梯级的第 3 级水电站，上游为大岩洞水电站，下游为小岩头水电站，总库容 2.63 亿 m^3，属不完全年调节水库。电站以发电为主，装机 2 台，总装机容量为 240 MW，保证出力为 47.42 MW，多年平均发电量为 9.30 亿 kW·h，年利用小时为 3 875 h。工程主要枢纽建筑物有碾压混凝土双曲拱坝、右岸引水发电系统、地下厂房等组成。象鼻岭水电站是"十二五"至"十三五"期间贵州省开工建设的最大水电站工程项目。

象鼻岭水电站大坝为碾压混凝土双曲拱坝，拱坝坝顶高程 1 409.50 m，最大坝高 141.5 m，为目前世界上已建成的第二高碾压混凝土拱坝。坝顶弧长 459.59 m，坝顶宽 8 m，坝底厚 35 m，厚高比 0.258，属于我国在 100 m 级高碾压混凝土拱坝中技术难度较高，逐渐向 150 m 级、200 m 级深入发展的承上启下的标志性工程之一。

2　工程主要技术难题

象鼻岭水电站大坝为碾压混凝土高拱坝，混凝土施工过程受坝型、地质条件、混凝土温控措施、坝基及坝体接缝灌浆等因素影响较大。主要表现在：

（1）大坝为混凝土高拱坝，坝体较单薄，最大底宽仅为 35 m，最大坝高达 141.5 m，工期紧，上升速度高，持续时间长，混凝土强度大。因此，对碾压混凝土施工工艺、碾压混凝土层面结合、大体积混凝土温度控制与防裂措施都有严格的要求。同时，工程起点高要求严，对环保、安全文明施工要求高。

（2）牛栏江流域除上游少部分地区属于北亚热带季风气候，其余部分属于暖温带高原季风气候。象鼻岭水电站地处云贵高原，具有典型的高原气候特点，昼夜温差大、光照强烈、气候干燥多风、蒸发量大，对碾压混凝土施工十分不利。因此，混凝土温控防裂要求严，必须采取行之有效的综合温控措施确保质量。

（3）混凝土入仓难度大。坝址地处较狭窄的"V"形河谷，为典型宽缓河谷，工程地势陡峭，河谷狭窄，施工布置困难，这就对混凝土入仓提出了全新的要求，着力解决碾压混凝土的入仓工艺是快速推进混凝土施工的关键。

（4）碾压混凝土施工工期紧、强度高、工序复杂，施工质量要求高，根据施工总进度计划安排可知，高峰时段坝体平均上升速度大于 30 m/月。除碾压混凝土施工本身工序较多外，还要考虑与常态混凝土、变态混凝土施工、基础固结灌浆、观测仪器埋设等之间的相互制约。

（5）大坝碾压混凝土运输（水平、垂直运输）设备布置困难，大部分碾压混凝土入仓需采用自卸汽车从拌和楼接料运输到施工区域，再采用皮带机＋满管溜槽再转仓面汽车入仓，倒料次数较多，施工机械化程度较低，不利于碾压混凝土快速入仓、快速施工的要求，同时增加了混凝土运输过程中的温度控制难度。

（6）大坝混凝土工程施工强度高，仓面大，结构复杂，质量要求高。因此，对碾压混凝土施工工艺、碾压混凝土层面结合、大坝防渗与排水、大体

收稿日期：2020-05-11.
作者简介：汤向华，贵州贵阳人，工程师，主要从事水利水电工程施工与管理工作.

积混凝土温度控制与防裂措施都有严格的要求，必须采用国内外成熟的先进工艺与方法，精益求精，把大坝工程建成优质工程。

3 原材料

(1) 水泥。采用华新水泥有限公司生产的 P.O42.5 中热硅酸盐水泥，水泥物理和化学指标符合《通用硅酸盐水泥》(GB175—2007)标准要求和象鼻岭水电站工程内控指标要求。

(2) 掺合料。采用贵州烨煌环保材料科技有限公司生产的Ⅱ级粉煤灰。

(3) 粗骨料。采用现场砂石系统生产的玄武岩人工砂石料。

(4) 细骨料。采用砂石系统生产的碾压砂及常态砂，碾压砂细度模数 2.5～2.8，石粉含量 15%～18%；常态砂细度模数 2.5～2.7，石粉含量 13%～15%。

(5) 外加剂。采用 GK－4A 萘系缓凝高效减水剂、GK－3000 聚羧酸缓凝型高性能减水剂、GK－9A 引气剂。

4 碾压混凝土配合比优化

象鼻岭碾压混凝土拱坝温控问题较为突出，是国内首次在碾压混凝土拱坝采用玄武岩作为骨料的大坝。玄武岩骨料具有硬度高、密度大、骨料吸附性强、饱和面干吸水率大，拌制混凝土干缩值大等特点。针对大坝玄武岩骨料碾压混凝土特性，通过对玄武岩微观分析和碾压混凝土的特性研究，设计单位提出了碾压混凝土设计配合比，具体见表 1。

表 1 碾压混凝土配合比设计

设计强度等级	级配	混凝土类别	水胶比	掺合料掺量/%	砂率/%	单位材料用量/(kg/m³)								
						水泥	粉煤灰	水	减水剂	引气剂	砂	大石	中石	小石
C_{90}20W8F100	二	碾压	0.50	55	37	100.8	123.2	1 112	0.9%	10/万	815	0	847.2	564.8
C_{90}20W6F50	三	碾压	0.53	60	32	75.4	113.1	85	0.9%	6/万	739	638.8	479.1	479.1

由于象鼻岭水电站大坝碾压混凝土工程量大、坝体结构复杂特殊、各项指标要求较高，做好碾压混凝土配合比相关工作，确定相关参数尤为重要。为了降低水泥用量及其发热量，根据专家咨询意见及设计建议，对电站混凝土原材料及配合比进行了生产性试验，配合比采用外掺改善混凝土骨料级配，选用优质的掺合料和外加剂等技术，对配合比进行了科学优化，有效改善了玄武岩骨料碾压混凝土的工作性能、耐久性能及抗裂性能，符合相关国家规范对碾压混凝土要求，其强度指标达到设计要求，保证了大坝碾压混凝土的质量和快速施工。碾压混凝土配合比见表 2。

表 2 碾压混凝土配合比优化

设计强度等级	级配	混凝土类别	水胶比	掺合料掺量/%	砂率/%	减水剂/%	引气剂/万	单位材料用量/(kg/m³)								
								水泥	粉煤灰	水	减水剂	引气剂	砂	大石	中石	小石
C_{90}20W8F100	二	碾压	0.50	45	37	0.8	25	119	97	108	1.73	0.54	787	—	670	670
C_{90}20W6F50	三	碾压	0.50	45	33	0.8	25	105	86	95	1.53	0.48	721	439	585	439
M_{90}20		层间砂浆	0.50	45	100	0.8	1.0	270	221	245	3.93	0.05	1 464	—	—	—
M_{90}20		变态浆液	0.50	45	—	0.8	—	634	518	576	9.22					

5 碾压混凝土施工技术

5.1 混凝土拌和系统设计

象鼻岭水电站主体工程混凝土总量约 91.5 万 m³，其中大坝标段混凝土总量为 81.81 万 m³，常态混凝土 15.71 万 m³，碾压混凝土 66.1 万 m³。考虑到拌制碾压混凝土和常态混凝土的需要，配置 1 座 HL240-2S3000L 型强制式拌和楼，1 座 HL180-2S3000 型拌合站，拌和系统生产 RCC 的小时强度大于 320 m³/h，月生产能力可达 8.50 万 m³/月以上，混凝土的生产能力完全满足要求。

5.2 制冷系统

流域内河谷和山岭地势高差悬殊，立体气候较为明显。每年的 5—9 月期间使用，要求混凝土出机口温度为 17 ℃。拌和楼附近建 1 座制冷厂和 1 座冰楼。拌和楼的粗骨料仓安装冷风机，对粗骨料进行一次冷却，使粗骨料的温度下降 4～5 ℃。制冰楼安装 2 台日产 60 t 片冰机和 1 座 60 t 冰库，片冰采用气力输送到 2 个拌和楼，加 4 ℃冷冻水拌和混凝土。

5.3 碾压混凝土的入仓方式

RCC 运输采用 20 t 自卸汽车直接入仓，20 t

自卸汽车+3套满管溜槽+15 t自卸汽车仓内转料方式，在不同阶段采用相应的运输方案。采用满管溜槽配15 t自卸汽车仓内转料浇筑方式时，28台15～20 t自卸汽车(包括仓内配置4台15 t自卸汽车)运输能力可达350 m^3/h，而实际发生的最大强度为317 m^3/h，可以满足生产强度要求。

5.4 碾压混凝土的分层

(1) 根据搅拌、运输和浇筑的设备能力、振捣性能及气温等因素，详细确定混凝土浇筑层厚度。在施工过程中，各浇筑块应均匀上升，相邻块高差不应超过15 m。

(2) 混凝土浇筑的纵横缝设置、分层厚度及浇筑间歇时间、混凝士允许最高温度、接缝灌浆稳定温度(拱坝封拱灌浆温度)等，符合招标文件技术条款和施工图纸的要求。

(3) 碾压混凝土采用大仓面、薄层、短间歇浇筑，连续上升的层数依据不同部位及温控要求确定。浇筑面积应与浇筑设备能力及不同季节的碾压混凝土连续升层的允许层间间隔时间相适应。

5.5 碾压混凝土的摊铺

施工强度高峰期时最大小时入仓碾压强度为317 m^3/h，仓面配备4台D31P平仓机，单台平仓机生产能力为120 m^3/h(400 m^2/h)，其综合平仓能力可达120 m^3/h(400 m^2/h)×4＝480 m^3/h(1 600 m^2/h)。混凝土料在仓面上采用自卸车2点叠压式卸料串联摊铺作业法，平仓时做到条带平整、层厚均匀，平仓厚度为34 cm，压实后为30 cm。

5.6 碾压混凝土的碾压

BW202AD型振动碾单台生产能力为198～238 m^2/h (59.4～71.4 m^3/h)，高峰期按最大仓面考虑配备5台振动碾，其综合碾压能力可达59.1～71.4 m^3/h×5＝295.5～357.0 m^3/h(折合990～1 190 m^2/h)，碾压混凝土按6 h达到初凝时间，折合碾压面积为5 940～7 140 m^2/h。碾压方向应垂直水流方向，碾压作业采用搭接法，碾压条带间的搭接宽度10～20 cm，端头部位的搭接宽度为100 cm左右。

5.7 碾压混凝土的温控

(1) 高温多风多雨天气，自卸汽车采取搭设遮阳棚的办法，避免阳光直射，仓面喷雾降温，使之形成人工小气候，降低混凝土浇筑温度和起到保湿作用，防止混凝土表面失水干缩，影响层间接合；开仓前配备防雨设施和材料，混凝土浇筑过程中加强防雨、排水工作。

(2) 加快碾压混凝土入仓速度，减少层间接合时间，对于发生污染的部位采用高压水冲洗，铺设砂浆，碾压混凝土摊铺后，用彩条布覆盖，喷雾保温。

(3) 夏季施工期间尽量避免在白天高温时段进行碾压混凝土施工，应充分利用早晚和夜间低温时段及阴天多浇、快浇混凝土。混凝土浇筑完毕后及时采取洒水、流水进行养护，保持混凝土表面湿润。

(4) 埋设冷却水管。冷却水管上下层梅花形布置，单根水管的长度不大于300 m，按设计图蛇行布置。在埋设后其上层混凝土碾压完毕立即开始连续通制冷水20 d，然后再通河水40 d，直到坝内温度在低温季度到来前达到设计允许温度。

6 结语

象鼻岭水电站于2011年6月16日开工建设，2014年12月31日成功截流，2015年4月10日首仓混凝土开始浇筑，2017年4月26日下闸蓄水，2017年7月23日首台机组并网发电，2017年8月18日2台机组全面投产发电。

电站工程施工过程中，为充分发挥碾压混凝土的施工优势，对碾压混凝土施工各工艺环节关键施工技术进行了理论探讨与实践总结，为象鼻岭水电站碾压混凝土施工顺利进行提供了坚实的技术支持和保障。国家水电工程质量监督总站对工程进行二期蓄水质量监督检查，施工质量总体满足设计和现行规程规范要求。大坝工程混凝土质量能够满足工程稳定性、可靠性的要求，工程施工质量合格，大坝满足设计和规范要求，也为今后建设的类似工程提供借鉴及参考。

参考文献：

[1] 康小春，张改香. 金安桥水电站玄武岩骨料碾压混凝土应用研究 [J]. 水力发电，2011 (1).

[2] 李苓宏，田育功. 金安桥水电站玄武岩骨料碾压混凝土特性研究 [J]. 水利水电技术，2009 (5).

[3] 王明涛，尹习双，黄玮. 官地水电站碾压混凝土施工技术 [J]，四川水力发电，2011 (6)

[4] 周洪云，廖余，李艳梅，魏毅. 龙开口水电站碾压混凝土温控技术 [J]. 水力发电，2013 (2).

面板堆石坝趾板煤层基础防渗处理探索

何伟，陈勇
（中国水利水电第八工程局有限公司　湖南长沙　410004）

摘要：平桥水库枢纽工程趾板建基面以下主要以砂岩和煤层地层为主，尤其煤层地层占比较大，其变形模量远低于左岸的弱风化岩体，强度低、压缩量大，遇水易软化。为解决建基面以下基岩煤层渗漏问题，趾板采用帷幕灌浆和灌注桩 2 种地基防渗处理技术阻断渗流通道，以减少库水漏失，达到工程设计防渗要求。

关键词：面板堆石坝；趾板；煤层；灌注桩；帷幕灌浆

1　概述

平桥水库枢纽工程挡水建筑物采用混凝土面板堆石坝，最大坝高 74.85 m，坝顶全长 475 m。趾板混凝土采用 C25W10F100 二级配混凝土，趾板宽度为 6.0 m、厚度为 70 cm，趾板混凝土共分 35 块，沿趾板“X”线分为 X1～X8 点编号，其中桩号坝 0＋181.955 m～X8 点段区域为煤层地层。

煤层地层防渗处理为桩号坝 0＋181.955 m～坝 0＋215.583 m 趾板范围内布置上下游 2 排咬合灌注桩防渗墙，排距为 2.4 m，桩径为 1.2 m，桩间距为 0.9 m。其中上游排防渗墙桩间上下游布置旋喷桩，桩径为 0.6 m，间距为 0.9 m；最下游侧布置 1 排灌注桩，桩径为 1.2 m，桩间距为 1.8 m，与下游排咬合灌注桩防渗墙间距为 2.1 m；桩顶设置承台，顺水流方向长 8.0 m，厚度为 2.0 m；坝 0＋215.583 m～X8 点趾板范围内帷幕灌浆布置 2 排，帷幕底部伸入相对不透水层（5 Lu 线）以下不小于 6 m，其中下游排帷幕深度为上游排帷幕深度的 0.7 倍。

2　施工工艺

2.1　灌注桩主要施工方法

咬合灌注桩防渗墙分 2 序施工，Ⅰ序桩为灌注 C20 缓凝混凝土素桩，Ⅱ序桩为灌注 C25 钢筋笼混凝土桩，承台为 C25 钢筋混凝土。

（1）测量放样。根据设计图纸使用全站仪定桩位，在桩位点打木桩或钢筋桩，埋深 300 mm，桩上定出桩位中心，并用“十字栓桩法”做好标识，并加以保护。十字栓桩法布置见图 1。

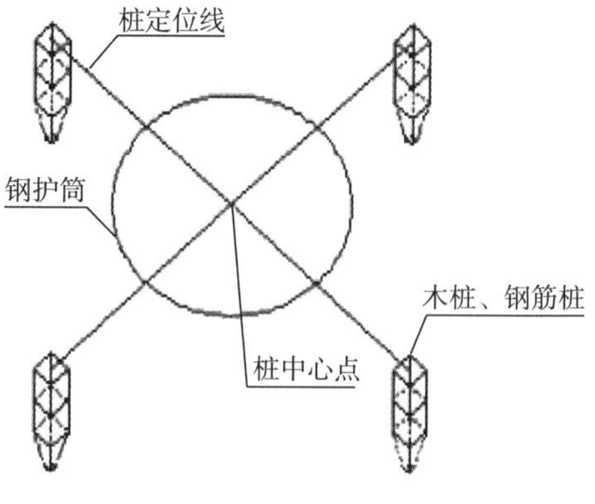

图 1　十字栓桩法定位示意图

（2）套管法成孔施工。套管采用壁厚 $\delta=10\sim12$ mm 的钢板，旋挖钻机通过自行履带就位，钻头中心点对准桩位中心，误差控制在 2 cm 以内，同时调整钻桅是否垂直，然后钻进，其工作循环为：对孔→落钻→钻进→提钻→反转解锁→提升钻机回转卸土→再对孔。钻进时每回次进尺深度控制在 60 cm 左右，开始钻进时钻机要轻压慢转，并注意放斗要稳，提斗要慢，特别是开孔时至旋挖至地下 6～8 m 的过程，要注意通过控制盘来监控垂直度，如有偏差及时进行调整。

（3）成孔检测。孔径检测在桩孔成孔后下入钢筋笼前进行，用钢筋探笼检测。将探笼吊起，孔的中心与起吊钢绳保持一致，慢慢放入孔内，上下通畅表明孔径大于给定的笼径，且孔的竖直度满足要求。孔深和孔底沉渣采用标准锤检测。浇筑混凝土前检查孔底沉渣厚度，要求厚度不大于 5 cm。

（4）灌注水下混凝土。水下混凝土灌注采用导管法，导管采用直径为 $\Phi250$ 的螺旋式接头钢管，底管长度为 4 m，中间加节长度每节长度 2.5 m，水下浇筑时，导管底端距孔底 0.5 cm 左右，混凝土应能顺利从导管内灌至孔底。另导管埋入混凝土

收稿日期：2020-06-30.
作者简介：何伟，湖北荆州人，工程师，从事水利水电工程施工及管理工作.

的深度宜保持在 2～6 m，最小埋入深度不得小于 1 m，严禁将导管提出混凝土面或埋入过深，一次拔出高度不得超过 4 m。为了确保混凝土浇筑质量，需采用汽车泵浇筑混凝土，汽车泵摆放在适当位置，对准下料斗放料。

(5) 拔管。采用吊车配合旋挖机拔套管。

(6) 高喷灌浆施工。采用单管法工艺，施工工艺参数为：喷射切割宽度 500～800 mm；泵压＞25 MPa；提速 10～25 cm/min；浆液密度 1.4～1.5 g/cm³；孔斜＜1%；孔位偏差不大于 50 mm；孔径 146 mm；输浆流量＞70 L/min；水灰比 1.4～1.5；转速 10～20 r/min。当喷射注浆管贯入土中，喷嘴达到设计标高，喷射注浆参数达到规定值后，即可喷射注浆。水泥浆通过高压泥浆泵形成高压水泥浆，以＞25 MPa 的压力通过喷射管由喷嘴向土中喷射，钻杆一边旋转，一边向上提升，喷射的水泥浆一边切削四周土体，一边与土体搅拌混合，形成圆柱状的水泥与土混合的加固体即旋喷桩。高压喷射注浆完毕，应迅速拔出喷射管，为防止浆液凝固收缩后产生的顶部空穴影响桩顶高程，在原孔位采用冒浆回灌。

2.2 帷幕灌浆施工工艺

帷幕灌浆采用“自上而下分段循环式灌浆法”，先施工下游排，再施工上游排，分 3 序进行施工，采用“自上而下分段循环式灌浆法”。灌浆分段(单位：m) 2，3，5，5 ……；灌浆压力（单位：MPa）0.5，1.0，1.2，1.2 ……，混凝土与基岩接触段单独灌浆，并待凝 24 h 以上。

(1) 钻孔。灌浆钻孔采用 XY－2 型回转式地质钻机造孔，按孔径要求采用金刚石钻头或硬质合金钻头。先导孔孔径为 76 mm，孔距为 18 m，灌浆孔孔径不小于 Φ56 mm，不取芯钻头造孔，钻孔分段进行，分段长度与灌浆段长一致，钻孔分段按表 1 控制。开孔孔位与设计孔位偏差值不得大于 10 cm。

表 1　帷幕灌浆钻孔分段

段次	1	2	3	以下各段
段长/m	2	3	5	5

(2) 钻孔冲洗。坝 0＋215.583 m～X8 点段区域趾板煤层地层吸水大且极易软化、塑化，为保证灌浆效果，宜选用压力风冲洗。冲洗压力为灌浆压力的 50%并不大于 0.5 MPa。

(3) 灌前压水试验。压水试验应在裂隙冲洗后进行，通常采用“简易压水”法进行压水试验。

(4) 灌浆施工。灌浆分序：灌浆按分排分序加密的原则进行，对于 2 排孔帷幕，先施工主帷幕，再施工副帷幕。同一排孔按照 3 序进行施工，先进行 I 序孔灌浆，再进行 II 序孔灌浆，最后实施 III 序孔灌浆；灌浆机具采用 2×200 L 搅拌桶配浆、3SNS 型泥浆泵灌浆、三参数(压力、注入率、浆液比重)灌浆自动记录仪记录；灌浆方式采取“自上而下分段循环式灌浆”方式，压力表安装在孔口回浆管路上，射浆管距孔底不得大于 50 cm。变浆标准参照灌浆规范执行。

2.3 检查孔施工

灌注桩防渗检查和帷幕灌浆检查均采用检查孔压水试验来判断防渗质量，检查孔采用 XY－2 型地质钻机配双管钻具钻孔取芯，钻孔直径为 Φ76～Φ91 mm，压水试验检查和灌后物探测试在灌浆完成 14 d 后进行，另孔内采用专用设备进行孔壁摄像和摄影。

3　煤层防渗检查对比

经压水试验检查，坝 0＋215.583 m～X8 点趾板范围内帷幕灌浆大部分检查孔透水率小于 5 Lu，平均透水率 2.85 Lu，合格率 100%，但仍存在少数帷幕灌浆孔不能阻断防渗通道的现象，出现涌水，尤其趾板 18 及 19 单元部分灌浆孔，2 个部位均临近趾板灌注段(趾板 17 单元)。

趾板 19 单元涌水孔情况：241 号先导孔第 8 段(33.5～38.5 m)钻孔至 37.4 m 时出现涌水，涌水压力为 0.06 MPa，涌水流量为 25 L/min，压力 0.35 MPa 时压力无法上升且透水率陡增(达到 45.66 Lu)，远大于设计透水率≤5Lu 要求。通过缩短灌浆分段长度、调整灌浆压力等措施进行复灌，使该孔达到设计透水率。之后，242 号Ⅲ序孔第 10 段(40.7～46.4 m)钻孔至 41～42 m 时出现涌水，涌水流量为 6.5 L/min。该单元施工完成 14 d 后在 241 号先导孔偏左 60 cm 处布置检查孔 W－JC19－1，该检查孔施工至第 9 段 35.7～40.7 m 时发现涌水，涌水流量测量约 10 L/min，涌水压力为 0.04 MPa，孔内摄像发现在 38.5 m 左右，存在裂隙涌水，涌水中伴随少量煤渣；244 号Ⅲ序孔与 245Ⅰ序孔中间布置检查孔 W－JC19－2，该检查孔施工至第 9 段 35.7～40.7 m 发现涌水，涌水孔深约 40 m，涌水流量测量约 3.3 L/min，涌水压力为 0.02 MPa。

趾板 18 单元涌水孔情况：235 号Ⅱ序孔第 7 段(27.5～30.5 m)钻孔至 29 m 时出现涌水，涌水压力 0 MPa，涌水流量为 20 L/min，压水时压力 0 MPa，透水率无穷大，远大于设计透水率≤5 Lu

要求，采取特殊灌浆措施使之达到设计透水值。之后，236 号Ⅲ序孔第 7 段(25.8～30.9 m)钻孔至 29.8 m 仍出现涌水，涌水流量为 3.7 L/min。

趾板 18 及 19 单元灌浆涌水孔流量总体呈现递减趋势，说明帷幕灌浆在逐渐减少渗水通道。经孔内摄像，裂隙涌水伴有少量煤渣且未见浆液结石，说明水泥浆液对煤层附着力较差，稍有涌水，不易形成防渗帷幕。通过检查孔反应出趾板煤层段，仅仅传统帷幕防渗处理，不能完全阻断煤层地层防渗通道。

根据图 1 所示，趾板灌注段(坝 0＋181.955 m～坝 0＋215.583 m)与趾板 18、19 单元邻近，基础均为煤层地层，性质相似，均处于围堰上游水位以下，地下承压水情况也相似，趾板坝 0＋181.955 m～坝 0＋215.583 m 为断层破碎带，经过灌注桩处理后，检查孔未出现涌水现象，因此灌注桩在河床煤层区域处理上，取得实质性的防渗效果。

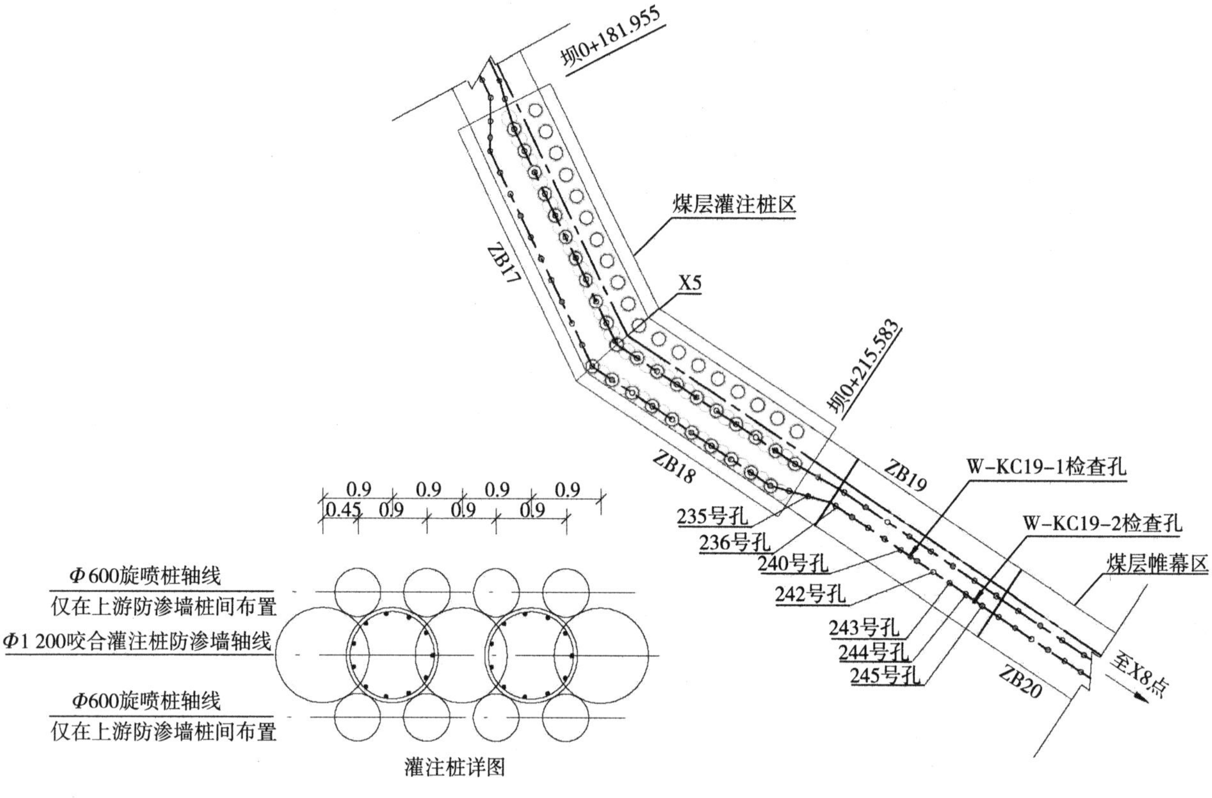

图 1　防渗平面布置图

4　结语

(1) 通过对比分析趾板煤层段灌注桩与帷幕灌浆地基处理结果，煤层灌注桩防渗效果更好，尤其对阻断地下渗水通道具有一定优越性，趾板防渗也更能得到保证。

(2) 工程地质条件异常复杂，煤层遇水易软化，后遇到类似易软化地层，可采用灌注桩进行处理，对同类工程具有很好指导和借鉴作用。

新型绿色环保高性能混凝土人工砂石骨料生产工艺研究

陈中华，康未嘉

（中国水利水电第九工程局有限公司六公司　贵州贵阳　550081）

摘要：通过对核电建设中高性能混凝土人工砂石骨料绿色环保生产工艺技术的研究，进一步完善和深化半干式制砂工艺，为核电站建设提供质量稳定的高品质人工砂石骨料，同时为以后类似工程项目生产系统工艺设计提供技术参考。

关键词：绿色；环保；混凝土；人工；砂石；骨料

1　工程概况

防城港核电站二期砂石厂工程位于广西防城港市港口区光坡镇新兴村，紧邻核电场进场道路，位于核电混凝土搅拌站西侧，距搅拌站约为3.5 km，砂石厂的占地面积约 4.14 hm^2，含半成品堆放区、加工区、成品堆放区、水处理区、办公区等。

根据招标文件，防城港核电二期工程所需混凝土总量约 100 万 m^3，共需要制备成品砂石骨料约 200 万 t；月最大混凝土需求量约为 5 万 m^3，砂石成品料月最大需求量约合 10 万 t；月高峰平均混凝土量约为 3 万 m^3，砂石成品料月平均需求量约合 6 万 t，高峰期持续运行时间为 26 个月，系统总生产运行时间为 65 个月。

工程所需的骨料种类主要有 3 种，粒径为 16～25 mm的大石，5～16 mm 的小石和粒径≤5 mm 的砂。系统设计成品生产能力为 350 t/h，其中大石 130 t/h、小石 70 t/h、砂 150 t/h。

2　新型绿色环保生产工艺

2.1　系统工艺总体设计

系统设计采用“以破代磨、干湿结合、三级筛分、末级出成品”的半干式制砂工艺，生产高品质砂石骨料；废水处理采用“一级粗砂回收、三级加药沉淀、隔膜压榨干化”的大型人工砂石厂废水处理技术，实现生产废水循环利用和零排放目标；同时对系统车间采用全封闭结构形式，利用除尘器收尘和喷雾或喷水灭尘相结合的方式，满足粉尘和噪声达标排放，系统绿化率达 100%。系统生产工艺流程简图见图 1。

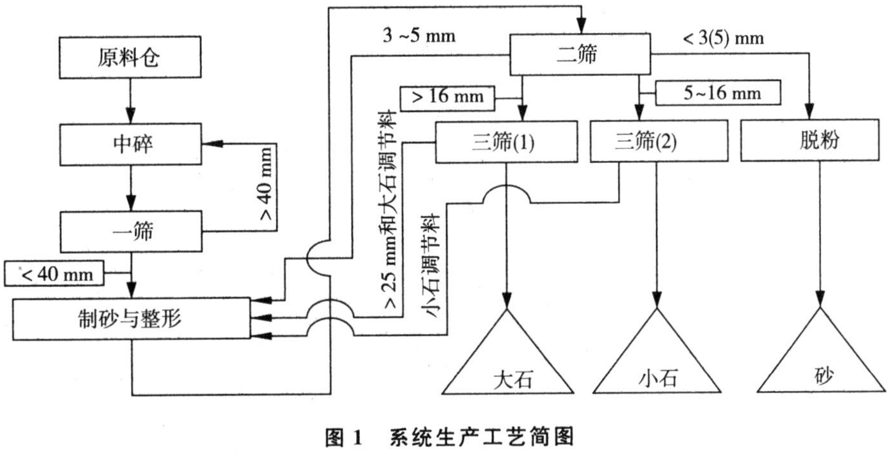

图 1　系统生产工艺简图

2.2　系统工艺设计主要特点

2.2.1　破碎工艺

工艺流程设计按合理、可靠、可调、保证产品质量为原则，根据破碎的岩石属中等硬度、可加工性的特点，工艺流程设计为破碎、制砂和整形为一

收稿日期：2020-02-24.

作者简介：陈中华，贵州余庆人，高级工程师，从事水利水电砂石拌和系统工程、核电站砂石工程项目施工管理工作；康未嘉，贵州修文人，助理工程师，从事砂石系统工程、核电站砂石工程项目施工管理工作.

体，总体破碎工艺采用 3 段破碎即粗碎、中碎和细碎和 3 级筛分通过分级调节级配工艺，保证骨料的级配连续性。本工程使用原料石全部为外购，为确保原料石的质量，在矿山建设了粗碎系统，自行生产粒径 50～200 mm，确保原料石质量。

(1) 粗碎设在矿山，粗碎设 1 台 C125 颚式破碎机和预筛分为开路生产，预筛分主要是筛分脱泥，即将矿石中小于 50 mm 以下的含泥较重部分在进入中碎前进行剔除。

(2) 中碎为闭路循环，车间设 2 台 HP400EC 圆锥式破碎机，主要采用圆锥式破碎机的挤压和研磨原理，通过满腔给料，达到较好的破碎效果。进料粒径控制在 300 mm 以内，通过启动液压调整马达自动调整圆锥破的开口尺寸，开口尺寸通过调试，实践证明一般控制在 25 mm 左右，成品率最高。从而实现 5～16 mm 和 16～25 mm 骨料的产能最大化，以适应各种级配、各种配合比的混凝土用骨料需求。

(3) 细碎为闭路循环，采用 2 台变频智能调速立轴式破碎机，通过控制立轴破的转速、进料粒径来控制立轴破的制砂和整形效果。经过 1 年多的生产运行，立轴破进料粒径＜45 mm，立轴式破碎电机转速控制在 1 250～1 350 r/m、电机频率控制在 43～45 Hz，系统产能最高，约为 303 t/h，为设计产能的 86.57%。未能达到设计产能的主要原因有：一是由于矿山料源含泥量较重，将 50 mm 以下的料剔除掉了，而剔除掉的料中有＞5 mm 约 54%的有用料，部分影响小石 5～16 mm 的产量下降约12.86%；二是大石 16～25 mm 为单粒级配，该单粒级配中要掺入 30%～45%的 10～16 mm 粒级的料，为平衡级配生产，导致大石产量下降约 22.31%。

(4) 系统采用“三级筛分、末级出成品”的生产工艺，单级配骨料中径调节、保证产品质量的稳定，不会因为生产流程的各个环节影响产品质量。

2.2.2 级配平衡调节

本工程主要供核电厂混凝土用砂石骨料，大小石的生产比例约占生产总量的 57%，砂的生产比例为 43%。为此，中碎车间为主要调节控制点，调节圆锥破的开口和给料量，调节一筛筛网尺寸，控制大石的产量；将二筛 5～16 mm 的料(进三筛 1 号筛)由 4 台分料改为 2 台(每台立轴破碎机出来的料各分 1 个筛子的 5～16 mm 料)，同时更换第 2 层筛网(6.5 mm×6.5 mm)为 12 mm×12 mm，将该部分的5～10 mm的料在二筛直接返回细碎制砂，可以通过调节立轴破的转速和一筛筛孔尺寸控制产砂率。通过以上方式调节大石、小石与砂的生产比例尽可能最大化，实际生产比例为碎石：砂＝53.47%：43.23%。

2.2.3 质量控制工艺

(1) 三级筛分方案，保证成品合理的连续颗粒级配。半成品骨料全部进入中碎车间，中碎采用美卓公司的 HP400C 型圆锥破碎机，其混合满腔给料形成的挤压破碎具有破碎和整形的双重功能，经过中碎圆锥破和细碎 B9100SE 型美卓巴马克 B 系列“石打石”立轴式破碎机整形破碎后的大石(16～25 mm)和小石(5～16 mm)针片状含量小于 3%，小石和砂的孔隙率≤43%，此工艺在台山核电厂一期工程砂石系统（花岗岩）成功应用，破碎＋骨料整形的工艺措施，确保了骨料质量优良。

(2) 粗骨料的入仓前水洗工艺。系统在大石和小石第 3 级筛分时采用水洗工艺，用高压水冲洗后解决粗骨料的裹粉问题，减少生产过程的重复污染。在生产过程中为了尽可能减少回头料的含水率，将传统的筛面上冲洗方式改为了在筛面下冲洗的方式，有效解决了立轴破进料含水率控制难的技术问题。

(3) 细骨料的脱粉工艺。花岗岩采用立轴式破碎机制砂，含粉率高(19.6%)，而核电技术要求成品中砂含粉≤5%。为降低成品砂的含粉率，系统采用螺旋分级机脱粉及重力式惯性分级机脱粉 2 种工艺联合进行脱粉。在原料含水率高于 3%或雨季时，采用螺旋分级脱粉，通过螺旋分级机进水量大小控制成品砂细度模数及石粉含量；在原料含水率低于 2%或天气良好时，采用重力惯性分级机(约占 75%)和螺旋洗砂机(约占 25%)联合将制砂机生产的干砂进行脱粉处理。脱粉风机采用的电机为变频电机，可以实现无级变速，可达到根据要求选择不同脱粉效果的目的，进而通过风机频率控制成品砂细度模数及石粉含量。

2.2.4 生产废水分级处理工艺技术

生产废水分级处理工艺技术主要采用“一级粗砂回收、三级加药沉淀、隔膜压榨干化”的工艺技术。即先采用刮砂机、黑旋风等设备回收废水中的粗颗粒，然后用厢式压滤机处理废水中的细颗粒的生产废水处理工艺技术，实现砂石系统生产废水循环利用和零排放绿色环保目标。

在生产运营过程中，由于柱塞泵供浆设备流量少(40 m^3/h)，导致进浆时间长(长的达 2～2.5 h)且易堵管、加药不均匀等现象。为此对供浆设备和加药装置进行了改进和优化，将原设计的供浆设备改为大流量(150～200 m^3/h)、高扬程(50 m)的液下渣浆泵，进浆时间大大缩短至 1～1.5 h，而且泥饼效果也较好。同时将原管道混合器顶部加药方式改为管道混合器进口前端部位加药方式，使加药量可见、可调，从而实现加药均匀，效果明显。

2.2.5 系统生产主要工艺特点

(1) 主要破碎段采用双线生产方案提高系统生产保证率。

(2) 毛料含泥弃料的预筛分方案能有效降低骨料中的含泥量，减少骨料加工损耗，节约工程成本。

(3) 三段破碎＋骨料整形，所有成品从整形车间生产，确保骨料质量优良。

(4) 三级筛分方案保证成品颗粒级配连续可调。

(5) 粗骨料的入仓前水洗方案能有效去除成品的表面裹粉。

(6) 半干式制砂工艺辅以细砂回收，并设置螺旋分级机脱粉及重力式惯性分级机制砂使成品砂细度磨数三重可调。

(7) 计算机 PLC 智能化控制技术和立轴式破碎机变频智能调速技术高效节能。

(8) 各个车间采用封闭结构实行全封闭，有效防止粉尘在自然风力条件下的扩散，同时采用除尘器收尘除尘、喷雾或喷淋降尘抑尘，建设绿色环保砂石系统，粉尘和噪音达标排放。

(9) 所有的下料梭槽全部采用的节能降噪梭槽专利技术(专利号：ZL 201020209076.2)，有效降低了生产运行过程中的噪音。

(10) 水处理技术采用“一级细砂回收、三级加药沉淀、隔膜压榨干化”工艺技术，实现生产废水循环利用和零排放目标。

(11) 厂区绿化和硬化全覆盖，总体工艺布置实现了单元化、集成化和智能化，实现了工厂花园式、无尘化、低噪音智能节能、绿色环保生产。

2.3 成品骨料质量控制

系统经过 1 年多的运行，成品骨料质量稳定，品质优良。砂的连续级配满足 GB/T 14684—2011《建设用砂》2 区要求，细度模数为 2.6～2.8，石粉含量 3%～5%，空隙率≤43%，亚甲蓝值符合Ⅱ类标准，其余各项指标均符合Ⅰ类标准；碎石级配曲线位于包络线中部偏下，针片状颗粒含量≤2%，空隙率≤43%，各项指标均符合Ⅰ类标准。成品骨料质量完全满足核电建设高性能混凝土用人工砂石骨料质量要求。

2.4 环境保护

2.4.1 水保方面

在边坡顶部设置截水沟，系统内周边及道路周边设置排水沟，截排水沟最后汇集到集水井，再通过泵抽至水处理系统处理，雨水回收利用。生产废水经处理后回收利用，实现生产区域内雨水和生产废水零排放，解决了水环境保护问题，有效节约了水资源。

2.4.2 粉尘、噪声控制

对系统内主要尘源点如破碎机、筛分机和各料流下料点采取除尘器进行收尘，其他产生粉尘较小的部位采用喷雾灭尘；对主要噪声源如破碎机、筛分机等车间采取全封闭结构进行围挡，改变噪声的传播途径，对所有料流溜槽采取节能降噪溜槽，有效降低厂界外的噪声，确保粉尘和噪声满足国家规范排放标准和要求。

2.4.3 绿化方面

系统场平开挖的边坡采取播撒混合草籽如狗牙根、糖蜜草等，与系统建设同时设计和同时施工，实现了厂区内边坡 100%绿化，把砂石骨料加工厂建设成为现代化的“绿色环保”型加工厂。

3 结语

高性能混凝土由于具有高耐久性、高工作性、高强度和高体积稳定性等许多优良特性，被认为是目前全世界性能最为全面的混凝土，尤其是在超长跨距桥梁、高速铁路、超高层建筑、超大体积建筑、核电、海港建筑、结构复杂建筑等重要工程中被广泛采用，也是今后混凝土技术的发展方向和追求目标。而高品质机制砂石骨料是高性能混凝土必不可少的主要材料，高品质机制砂石的生产需要高技术含量的工艺，高品质人工砂石骨料的绿色环保生产技术具有重大的推广和应用价值。

机拌变态混凝土在大藤峡纵向碾压混凝土围堰中的应用

田福文

（中国水利水电第八工程局有限公司　湖南长沙　410004）

摘要：为解决狭长仓面变态混凝土与碾压混凝土进度的同步性，大藤峡纵向碾压混凝土围堰变态混凝土采用拌和楼集中生产，简化仓内变态混凝土施工工序，达到变态混凝土与碾压混凝土施工进度同步效果。纵向围堰已运行5年，未发生温度裂缝和渗漏。变态混凝土采用拌和楼集中生产，既提高了机械化水平，又释放了仓内掏槽（打孔）、加浆等繁重的劳动力，加快了施工进度，降低了成本。

关键词：机械；拌和；变态混凝土；碾压混凝土；同步

0　引言

碾压混凝土是一种低水灰比、坍落度为零的干硬性混凝土，具有施工快、缩缝少、水泥用量少、造价低、施工环境污染小等优点。自20世纪80年代引入我国以来，经过技术消化、吸收、提高发展到自主创新、创造性地提出了变态混凝土，变态混凝土应用是碾压混凝土筑坝发展史上的重大技术创新。变态混凝土技术于1986年首次应用于岩滩水电站围堰临时工程[1]，1992年首次应用于普定碾压混凝土双曲拱坝永久工程，1998年澳大利亚Cadiangullong大坝首次采用变态混凝土技术，2000年美国碾压混凝土坝专家汉森在碾压混凝土技术讨论会上介绍了变态混凝土，变态混凝土施工技术开始走向世界。目前变态混凝土已经成功应用于沙牌、大朝山、江垭、光照、百色、龙滩、大华桥、黄登和丰满等大型碾压混凝土工程。

变态混凝土是在碾压混凝土拌和物中加入一定比例的灰浆（一般为混凝土体积的4％～10％，如：普定和沙牌4％，棉花滩和李家河二级配6％、三级配4％，江垭10％），使原本干硬性的碾压混凝土变为极低流态混凝土，用插入式振捣器振捣密实[2]。变态混凝土施工技术有效地解决了模板和止水周边、廊道钢筋密集部位以及左右岸岩石接触部位碾压混凝土施工的不便，为全断面浇筑创造了条件，加快了施工进度，缩短了工期。

变态混凝土不同的注浆工艺对施工速度和质量会产生较大的影响，因此选择经济、快速的施工工艺是变态混凝土施工的关键所在。

1　工程概述

大藤峡水利枢纽纵向碾压混凝土围堰长约789 m，由上游段、中间段（纵向围堰坝段）、下游段组成。其中：上游段轴0－349.00～轴0－174.00 m为第1段；轴0－174.00～轴0－024.00 m为第2段，工程施工完成后拆除至36 m高程；中间段轴0－024.00～轴0＋043.00 m，共1个坝段（22号坝段）；下游段轴0＋043.00～轴0＋238.00 m为第4段，长度195 m作为永久建筑物消力池隔墙使用；下游段轴0＋238.00～轴0＋440.26.00 m为第5段，长度202.26，工程施工完成后拆除至22 m高程。

上游纵向围堰为梯形断面，建基面高程20.00 m，顶高程54.30 m，顶宽10 m，长度339.96 m，最大高度34.3 m，基坑侧边坡坡度1∶0.23，靠河侧边坡坡度1∶0.45；下游纵向围堰为梯形断面，建基面高程为7.00、13.00、20.00 m，顶高程43.68 m，顶宽8 m，长度202.26 m，最大高度36.68 m，两侧边坡坡度1∶0.35。

纵向碾压混凝土围堰设计全断面三级配混凝土46.7万 m^3，其中：C20F100W6常态混凝土3.9万 m^3，C_{90}15F50W4碾压混凝土38.3万 m^3，C_{90}20F100W6变态混凝土4.5万 m^3。

碾压混凝土施工采用3 m×3.3 m翻转模板，由于斜面模板拉锚筋长度需要，模板周边80 cm宽变态混凝土调整到100 cm，相应的碾压混凝土量调整为37.2万 m^3，变态混凝土量调整为5.7万

收稿日期：2020-08-11.

作者简介：田福文，陕西人，正高级工程师，从事水利水电施工技术与管理工作.

m^3，变态混凝土相对比平均为 15%，上游段仓面相对最大比为 25%，下游段最大比为 33%。

2016 年 1 月 30 日开始浇筑，2016 年 4 月 30 日全线达到 35.0 m 高程，满足工程 2016 年度汛要求，2016 年 10 月 3 日碾压混凝土浇筑完成。

2 变态混凝土施工工艺

变态混凝土施工工艺主要包括浆液配合比和注浆工艺，浆液配合比直接影响变态混凝土防渗性能和水化热温升，注浆工艺影响变态混凝土施工速度，加浆均匀性直接影响浆液的扩散半径和变态混凝土防渗质量[3]，因此选择经济、快速的施工工艺是变态混凝土施工的关键所在。

2.1 浆液配合比

大藤峡前期砂石系统制砂车间未投产，碾压混凝土细骨料采取外购天然砂，天燃砂中石粉不足部分采用粉煤灰替代，制砂车间投产后采用人工砂。根据原材料性能、碾压混凝土设计技术指标和施工需要，对混凝土配合比进行试验，变态混凝土加浆量按 6% 控制，碾压混凝土和浆液配合比见表 1、表 2。

表 1 $C_{90}15W4F50$ **碾压混凝土施工配合比** （kg/m^3）

项目	级配	砂率	水	水泥	煤灰	砂	小石	中石	大石	减水剂	引气剂
人工砂	三	32	85	68	102	699	446	594	446	1.36	0.425
天然砂	三	34	85	77	94+47	719	433	433	578	1.74	0.436

表 2 变态混凝土浆液配合比

项目	F/%	$W/(F+C)$	水/(kg/m^3)	水泥/(kg/m^3)	煤灰/(kg/m^3)	减水剂/(kg/m^3)	注浆量/%
仓面加浆	50	0.47	557	593	593	3.56	6

2.2 仓内注浆工艺

变态混凝土仓内注浆工艺有垂直注浆法和水平铺浆法[4]。

垂直注浆法是在碾压混凝土摊铺后，在混凝土面上垂直造孔或挖沟槽将浆液注入的施工方法。该注浆工艺广泛应用于永久工程(棉花滩、百色和大华桥顶部造孔加浆，龙滩和思林采用挖沟槽注浆)。大藤峡纵向围堰连接坝段 22 号挡水坝段仓面尺寸(30.0 m×67.0 m)较大，四周 1.0 m 宽的变态混凝土占比相对较小，变态混凝土施工不会影响碾压混凝土施工进度，该坝段变态混凝土采用垂直注浆法。

水平铺浆法有底部加浆、中部加浆和顶部加浆法，底部加浆是在已振捣完的变态混凝土面上加浆，再在其上摊铺碾压混凝土振捣，使浆液向上渗透，直到顶面泛浆，这种加浆方式均匀性好，但振捣非常困难。中部加浆往往与底部加浆联合使用，先在已振捣完的变态混凝土面铺洒 1 层浆液，摊铺 1/2 层碾压混凝土，再铺洒一半浆液，最后摊铺 1/2 层碾压混凝土振捣，使浆液均匀向上渗透。由于分 2 次加浆，浆液渗透路径变短，浆液分散性和均匀性更好，易于振捣密实。顶部加浆(陕西李家河水库大坝和江垭大坝)是在摊铺好的碾压混凝土面上铺洒浆液振捣，振捣容易，但浆液向下渗透困难，均匀性较差，且会出现浆体浮于表面的不利状况，易形成结合面薄弱层。该注浆工艺变态混凝土振捣质量不易保证和防渗效果较差，现在很少应用。

2.3 机拌变态混凝土

纵向围堰上下游段受开挖地质缺陷和固结灌浆影响，碾压混凝土进度较投标阶段有所滞后，为将延误的工期抢回来，碾压混凝土升层 3.0 m 调整为 6.0 m，采用 2 件套 3 m×3.3 m 翻转模板，以加快碾压混凝土纵向围堰上升速度，确保工程 2016 年安全度汛。纵向围堰左右向宽度较窄，自卸汽车、平仓机、碾压机、加浆和起重等大型设备同时作业，不但影响碾压混凝土施工，而且设备运行互相干扰，安全风险大。为减少仓面设备之间干扰，2 套模板在混凝土间歇期利用起重机 1 次安装就位。由于模板支撑杆长度需要，模板周边变态混凝土宽度调整为 2.0 m，导致每一铺层变态混凝土量大大增加。如采用传统的仓内注浆工艺，变态混凝土施工(摊铺、掏槽、注浆和振捣)时间成几何状增加，严重制约围堰上升速度。

为实现工程 2016 年度汛目标，结合武都引水、龙开口、大华桥、甘溪和丰满碾压混凝土大坝变态混凝土施工经验，纵向围堰上下游段变态混凝土采用预加浆机械拌制工艺，即在拌制碾压混凝土时，加入规定比例的水泥粉煤灰浆液，拌制成一种低塑性混凝土，简称机拌变态混凝土。这种新的变态混凝土施工工艺，对大体积变态混凝土的施工质量更有保证。较仓内注浆省去了浆液拌制、掏槽和注浆工序，提高了施工机械化程度，减少了工人数量，降低了劳动强度，提高了施工工效。机拌变态混凝土浆液扩散得更加均匀，易于振捣密实，解决了仓内人工注浆随意性较大等问题[5]。

机拌变态混凝土施工配合比见表3。

表3　C_{90}20W6F100机拌变态混凝土施工配合比(天然砂)　(kg/m³)

级配	砂率	水	水泥	煤灰	砂	小石	中石	大石	减水剂	引气剂
三	33	133	116	116+40	640	268	404	673	2.17	0.022

2.4　机拌变态混凝土施工

拌和楼按照上述机拌变态混凝土配合比进行拌制，拌制好的混凝土采用自卸汽车运输到仓面分堆卸料，仓内小型挖掘机配合卸料和平仓、振捣车振捣密实。靠近模板和支撑杆附近辅以人工铺料、平仓和振捣。

按照中间条带碾压混凝土铺料平仓→右侧变态混凝土卸料、平仓和振捣→碾压混凝土碾压→左岸变态混凝土卸料、平仓和振捣进行施工，每6 m升层完成后，水平层面洒水养护到下一升层开浇，左右岸两侧外露面养护28 d。

大藤峡纵向围堰上下游段模板周边采用机拌三级配变态混凝土，拆模后混凝土外露面光滑，无明显的蜂窝麻面等缺陷，取芯检查结果表明，混凝土内部密实、层间结合很好，抗压强度和防渗等级满足设计要求。

3　机拌变态混凝土注意事项

(1) 机拌变态混凝土配合比设计优先采用中热水泥和高效减水剂，砂石骨料品种与拌和楼固定，不得随意变更，本项目变态混凝土细骨料固定为天然砂，相邻标段拌和楼(该标段处于开挖期，无混凝土拌制)集中拌制。

(2) 机拌变态混凝土的水泥用量(116 kg/m³)大于其相邻碾压混凝土的水泥用量(77 kg/m³)，且加浆充分均匀，宜先施工变态混凝土，再施工相邻碾压混凝土，在2种混凝土之间自然形成1个过渡区。

(3) 纵向围堰结构狭长、变态混凝土占比相对较大，采用小型挖掘机进行摊铺平仓，靠近模板、冷却水管和止水部位人工辅助，且需将大石适当挑出。

(4) 变态混凝土区冷却水管水平间距由碾压混凝土1.5 m调整为1.0 m，竖向间距1.5 m不变，通水时段、流量和时长与碾压混凝土相同。高温时段采用保温被覆盖，最大限度减少太阳辐射热。施工分层缝面蓄水养护或保温被保湿养护，左右侧外露面流水养护。

(5) 变态混凝土水和水泥用量较碾压混凝土有所增加，其温升和干缩相应增大，抗裂性能降低。而变态混凝土恰恰用于围堰左右两侧外露面，直接受气候变化影响较大，因而拆模后需要加强侧面保湿养护。

4　施工总结

(1) 机拌变态混凝土改变了传统的仓面注浆工艺，加浆量更加精确，浆液分布更加均匀，易于振捣密实，变态混凝土均质性得到提高。大藤峡纵向围堰采用机拌三级配变态混凝土，既释放了仓内掏槽、注浆大量劳动力，减少了施工干扰，又解决了因人工注浆量随意性较大和混凝土均质性较差等问题。围堰拆模后外露面光洁美观、无蜂窝麻面，右侧临水面混凝土防渗满足设计要求。

(2) 机拌变态混凝土与碾压混凝土拌和楼分开单独布置，拌和楼无需在2种混凝土之间切换，机拌变态混凝土强度可随仓面需要随时调整，保证变态混凝土与碾压混凝土同步上升。

(3) 连接坝段变态混凝土人工按照碾压混凝土体积的6%仓面注浆，需严格控制变态混凝土的加浆量，减少2种混凝土水化热差异引起的裂缝。

(4) 机拌变态混凝土加浆充分均匀，先施工变态混凝土，再施工相邻碾压混凝土，即很好解决了2种混凝土衔接处的鼓包现象，又可以在2种混凝土之间自然形成1个过渡区，解决了温度梯度过大问题，减少温度裂缝。

(5) 变态混凝土宽度太小，无法有效控制加浆；宽度太大，变态混凝土施工量增大，影响碾压混凝土整体上升进度。因而需要合理规划变态混凝土宽度和变态混凝土注浆工艺。

参考文献：

[1] 庞力平，袁瑶才. 变态混凝土施工技术的应用与发展 [J]. 红水河，2005，24 (2)：93-96.

[2] 黎思幸，魏志远. 关于变态混凝土技术及其研究方向的讨论 [J]. 水力发电，2002 (1)：27-29.

[3] 燕乔，徐枫，莫世远. 变态混凝土成孔注浆浆液扩散研究 [J]. 长江科学院院报，2016，33 (2)：91-93.

[4] 张东成，应东亮. 变态混凝土在RCCD工程中的应用 [J]. 湖北水力发电，2008 (6)：54-54.

[5] 傅建，陈悦，马源青. 机制变态混凝土在碾压混凝土坝中防渗层中的应用 [J]. 人民长江，2015，46 (7)：16-18.

辽宁清原抽水蓄能电站地下工程开挖测量控制

邹浩

（中国水利水电第八工程局有限公司　湖南长沙　410004）

摘要：随着我国新兴能源大规模开发利用，抽水蓄能电站的配置由过去单一侧重于用电负荷中心逐步向用电负荷中心、能源基地、送出端和落地端等多方面发展。新能源的迅速发展加速抽水蓄能电站建设，而地下工程的建设是抽水蓄能电站建设的核心。对地下工程而言，测量控制的重要性不言而喻，如何高效率、高精度完成地下工程部分的测量控制是1个相当有价值的课题。本文主要介绍辽宁清原抽水蓄能电站地下工程开挖控制测量方法，对同类工程具有参考价值。

关键词：地下工程；开挖；测量；控制；洞室；贯通；误差

1　工程简介

辽宁清原抽水蓄能电站位于辽宁省抚顺市清原县北三家乡境内。电站建成后将承担辽宁电网调峰、填谷、调频、调相和紧急事故备用等任务。电站工程为大(1)型一等工程，装机容量1 800 MW，安装6台单机容量为300 MW的立轴单级混流可逆式水泵水轮机。地下工程包括引水洞、地下厂房、主变洞、尾调交通洞、尾调竖井、尾闸交通洞、尾闸室、尾水隧洞、尾水岔洞、施工2号支洞、施工1号支洞、进出水口闸门井等。洞室多、空间位置交错、贯通面多、贯通精度要求高。洞室群三维轴测图见图1。

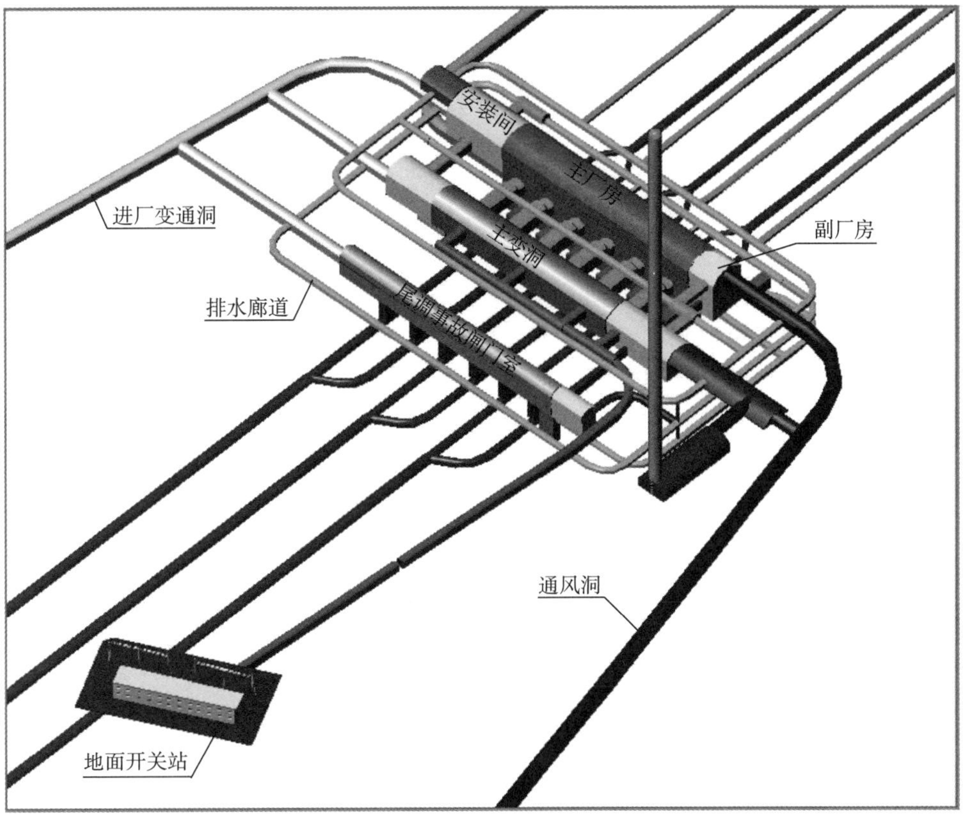

图1　地下洞室群三维轴测图

2　地下洞室控制测量

地下洞室控制测量的基本工作包括：贯通测量技术的设计、建立地面与地下平面与高程控制网。

收稿日期：2020-06-30.
作者简介：邹浩，湖南湘潭人，助理工程师，从事水利水电工程测绘工作.

2.1 抽水蓄能电站地下洞室贯通测量技术设计参数的选择与注意事项

地下工程相向开挖中线的贯通限差不大于表 1 所示（DL/T5173—2012 表 9.1.2）。

表 1 贯通测量限差

相向开挖长度/km	限差/mm	
	横向	高程
<5	±100	±80
5～9	±150	
9～14	±300	
14～20	±400	

控制测量对贯通中误差影响值的限差不大于表 2 所示（DL/T5173—2012 表 9.1.3）。

表 2 控制测量对贯通中误差影响值的限差

相向开挖长度/km	中误差/mm			
	横向		高程	
	地面	地下	地下	地面
<5	±25	±40	±20	±30
5～9	±37	±60		
9～14	±75	±120		
14～20	±100	±170		

由表 1、表 2 发现水电水利规范虽然没明确对纵向限差与中误差做出要求，但是纵向误差相对影响较小，为了体现具体值，纵向限差与中误差按照表 1、表 2 横向的要求一致。

辽宁清原抽水蓄能电站地下洞室群中引水隧洞最长为 3.7 km，长度均<5 km。任何相向开挖的隧洞在施工前，应进行工程导线贯通设计，主要设计点位间距、样式、方向、贯通位置、导线等级。现以相向开挖长度<5 km 水工隧洞为例，通过预设计洞内控制点点位并计算求出下列参数：

$$M_Y = \pm\sqrt{(m_{Y\beta}^2 + m_{YL}^2)} / \sqrt{ng} \tag{1}$$

$$m_{Y\beta} = \pm\frac{m_\beta}{\rho}\sqrt{\sum R_{x}^{2}} \tag{2}$$

$$m_{YL} = \pm\frac{m_L}{L}\sqrt{\sum d_{Yi}^2} \tag{3}$$

式中：M_Y 为洞内导线在贯通面上所产生的总的横向中误差，m；$m_{Y\beta}$ 为由于测角误差产生的在贯通面上的横向中误差，m；m_{YL} 为由于量边误差所产生在贯通面上的横向中误差，m；ρ 为常数，其值为 206265″；m_β 为导线测角中误差，(″)；R_{Xi}、d_{Yi} 为导线各点至贯通面的垂直距离和投影长度，m；$\frac{m_L}{L}$ 为导线边长相对中误差；n_g 为导线组数。

通过对地下工程导线贯通设计计算出满足要求的导线设计参数，用于指导现场实施控制导线的操作。现场实施操作的过程中，外界因素影响不确定性决定了工程导线贯通设计会动态调整，不管怎么调整，应重新做贯通精度计算，结果应满足表 1、表 2 规定数值。

DLT 5173—2012 水电水利工程施工测量规范与 SL52—2015 水利水电施工测量规范两者间在一些限差与标准计算中是有出入的，实施者应根据工程属电力还是水利要仔细区别对待，选择对应的标准。如 SL52—2015 中规定电磁波三角高程测量每点设站法三等观测对向观测高差较差为 $\pm 50D$，D 为平距，单位 km。DLT 5173—2012 中规定对向观测高差较差为 $\pm 35\sqrt{S}$，S 为斜距。在测距作业技术要求中往返较差水利规范规定为 $2(a+bD)$，电力规范规定为 $2\sqrt{2}(a+bD)$，a 为仪器固定误差，b 为仪器比例误差系数。

2.2 地面部分平面高程控制与控制指标

整个抽水蓄能电站施工控制网必须与勘测设计阶段平面坐标系统与高程坐标系统应一致。整个工程使用的二等首级控制网为业主书面移交的测量成果，首级控制点使用前应进行复核，复核无误后方可使用。对于抽水蓄能电站来说，地下工程部分不需要单独建立地面控制网，首级控制网直接用于整个地下引水系统地面部分平面控制和高程控制网。

地下工程部分首先施工的为 2 条主洞，一条为交通洞，另一条为通风兼安全洞，2 条洞全长均为 1.5 km 左右。2 条洞从左右间隔 1 km 左右的山体入口进入，交通洞一侧接至厂房、主变洞、尾闸室底板高程，通风兼安全洞从另一侧接至厂房、主变洞等顶拱顶部分。

首级控制网布设在整个厂区不易被扰动破坏的位置，因外界场地开挖弃渣、树木生长等原因，往往不能直接通视至地下洞室洞入口方向。地下洞室地面控制部分主要就是从首级控制网连接至进洞口部位段测量控制，各洞口增设 1～2 个控制点位。随着时代科技进步，高精度仪器普及，平面控制与高程控制相结合的方法，施工中常常用三等三角高程测量代替三等水准测量，大大提高了工作效率。可先用碎步点控制洞口形成，当洞口进尺至洞内开挖爆破没有飞石落至洞外，在距洞轴线方向，离洞口 40～50 m 且基础稳定位置按照规范要求埋设强制对中的观测墩，从复核后的首级控制点中选取 2 个合适点位，通视至 2 个主洞口且通视距离接近，且不大于后视距离的 2 个点作为起算点。任意 2 通视点间高差常用对向三角高程方法测定，则高差限差应符合 $h \leqslant 8\ s/T \times 10^3$ 的要求，h 为导线边两端点的高差，m；s 为实测边长；T 为该等级导线边长相对中误差的分母数值。

一般平面控制用三角测量或同线附和导线测量，高程控制用同线附和三角高程。从首级控制点观测各洞口施工控制点，测角同步观测，用全圆测回法观测，边长进行对向观测。水平角观测技术、测距要求、电磁波测距三角高程每点设站法应满足水电水利测量规范 DLT5173—2012 相应等级标准。观测的斜距还需经气象改正、加乘常数改正、周期和乘常数修正、斜距化为水平距离的计算、测站和镜站的归心改正、水平距离归算至平均高程投影面上的边长计算。

2.3　地下洞室群的测量控制

由于洞室施工不是同时开始的，各个洞室施工是有时间顺序和逻辑工艺顺序，因此需要把洞室群分解为一个个独立的单洞来看。首先施工的是交通洞与通风洞，该 2 条洞把其他洞室包络在中间，其他洞室施工开口都是从这 2 条洞侧开支洞进入施工。将这 2 条洞作为测量主控洞，此 2 洞的基本导线按照三等导线要求实施与控制，高程控制与平面相结合，用光电测距三角高程代替三等水准测量。洞内施工分基本导线点与施工导线点，施工导线点为在基本导线点上加密进行，基本导线点直线段间隔不宜短于 200 m，弯洞段间隔不宜短于 50 m。基本导线点用于洞室的整体控制与分段校正洞室偏差，沿洞室左右两侧交替布置。基本导线点标志应设置带有强制对中基座的仪器平台，一般布置于洞室两侧排水沟、供风水管的上方，不占路面位置，避免对形成造成安全影响，距离路面 1.2～1.5 m，一般由锚杆埋件与对中盘焊接加固完成，如图 2 所示。

图 2　基本导线强制对中基座

以主控洞基本导线的控制来看，洞室贯通前常用支导线进洞控制，支导线末端点位为最弱点位。随着交通洞与通风洞逐渐进尺，基本导线为随开挖进尺逐渐的延伸。每次延伸为从洞外首级控制点为起算点测量延伸，而非从就近的 2 个导线点延伸。每次延伸从首级控制点测导线延伸，不以支导线方式进入，以附和导线形式进入，每次以进洞方向延伸测至延伸导线的端点，在端点架站反向测出，以出洞方向附和至进洞方向首级控制点。每站进出为 2 次独立计算平差结果，取进出平差坐标结果平均值为最终结果。进入方向为该站左角，出洞方向为该站右角，左角加右角之和减 360°不超过两倍测角中误差，三等网测角中误差位 1.8″，即不超过 3.6″。这样同线附和路线比单向支导线控制测量的优点在于可及时发现前后镜站对中错误与否，避免人为出错造成的事故后果。因每次延伸都是相当重新测量计算控制点位，同时起到定期复核校正控制点位的作用。洞外第 1 站和洞内第 1 站对向观测时难度大，原因是洞内外温差较大，大气湍流会使目标不稳定。洞口处交通流量大，各种机械设备进出频繁。解决的方法为晴天夜间 22：00 后进行观测，夜间气温洞内外相对接近稳定，机械设备影响较小，成像清晰稳定。夜间作业人员设备要注意安全，穿好反光背心，配备强光电筒，做好相应安全防护措施。

当主测洞贯通于厂房时，在贯通面设置一贯通点，从两主测洞分别测出贯通点的结果。把贯通偏差按照距离比例分配至两主测洞的三等导线控制点。在主测洞贯通前，地下洞室群的其他洞室也前后相继开始施工，这些洞室群的控制点则以主控洞三等控制点为依据加密测量的四等导线点。测量方法同主控洞导线测量方法一致，都由支导线变为了同线附和导线，随着洞室的进尺而延伸。当主侧洞的控制点进行贯通偏差改正后，其他各洞室进洞起算点也随之进行调整。主控洞贯通后也要定期进行复核，保证整个洞室群控制的稳定。当其他洞室贯通后也必须进行贯通偏差改正，改正方法与主控洞一致。

3　结语

本文主要是从自身总结经验论述地下洞室开挖测量控制的方法。地下工程的测量控制应遵循先进行洞室的贯通设计，先地面控制再地下控制，从高级到低级原则。不管是主测洞还是支洞与其他洞室，定期检查复核，贯通后进行偏差调整，方能保证地下工程控制满足要求。

沉降变形观测在现浇拱桥水下填石承重平台中的运用

李茂，敖平，刘岩
（中国水利水电第九工程局有限公司三公司　贵州贵阳　550008）

摘要：从满堂支架地基承载力要求出发，通过对水下填石承重平台进行沉降变形观测全过程分析，水下填石承重平台趋于稳定，验证现浇拱圈满堂支架地基能够满足承载力要求。

关键词：水下填石；承重平台；沉降；观测

0　引言

目前，国内外沉降变形观测多用于建筑物以及路基沉降变形观测，以此来反映建筑物沉降变形、评定建筑物的安全性和提高建筑物质量。而通过沉降变形观测来验证水下填石承重平台作为建筑物地基承载体的研究，暂无实例。水下填筑石料修筑承重平台国内外多用于临时围堰挡水，而直接作为地基承载体，因其石料未经碾压，石料密实情况无法检测，不确定性因素太多，难以控制，少有运用。

根据JGJ8—2016《建筑变形测量规范》和《建筑物沉降观测方法》的相关内容，将水下填石承重平台视为建筑物，运用自然沉降方式观测其沉降变形情况。待沉降观测趋于稳定状态时，视为坝体不再沉降，即能满足满堂支架地基承载力要求。

1　工程概况

某水库新建桥梁与老桥拼装修建，新建拱桥主跨采用94.5 m钢筋混凝土箱型拱，桥宽23.5 m，主拱宽19.05 m，桥拱跨度大、拱圈宽，且位于水库内。水库闸坝溢洪道无闸阀，其水位常年变化不大，达到一定高程自动从溢洪道道口泄洪。新建桥梁主拱圈水下深度约6～7 m，淤泥不厚。水库新建桥梁方案经比选，钢管桩与拱架方案因现场场地限制，经济成本偏高，最终选定水下填石筑坝作为满堂支架承重平台现浇拱圈施工方案。

水下填石承重平台利用施工现场石方开挖颗粒石料运输至水库岸，采用进占法从湖岸一侧至另一侧，使用推土机逐步扩宽，直到达到设计宽度，填料高度超出水面50 cm以上，开始采用60 kJ液压强夯机、20 t振动碾压机进行压实，局部进行石料补充。当承重平台压实后，按路基填筑要求分层碾压填筑至设计标高（超出溢洪道道口底标高1.0 m以上）。因水面以下填筑石料无法进行碾压，只能靠填筑水面以上后碾压夯实，而液压强夯机和振动碾压机的作用范围深度为2～4 m，4 m以下的填石密实程度只能靠自身沉降密实稳定。

2　沉降观测方法

水下承重平台作为建筑物，沉降变形观测测定其沉降量和沉降速度。沉降观测点的布置应全面反映建筑物地基变形特征并结合地质情况。观测仪器采用水准仪，其施测采用的技术及精度等级符合规范要求。承重平台自然沉降时，每一个观测周期内应计算沉降量和沉降速度。而沉降是否进入稳定状态，以沉降量与时间关系曲线判定。对重点观测和科研观测工程，若最后3个周期观测中每周期沉降量不大于$2\sqrt{2}$倍测量中误差可认为已进入稳定阶段。一般情况下，软地层二、三级多层建筑物沉降速度为0.02～0.04 mm/d，高层和一级建筑物为0.01 mm/d，则视为坝体趋于稳定阶段。因水下承重平台直接填筑石料未经碾压，其水下承重平台视为软地层，采用软地层判别标准。未达到稳定状态，则继续观测，直到达到为止。

3　沉降基点及沉降观测点的设置

沉降观测基准网以三等几何水准进行测量，其施测采用的技术及精度等级符合（GB/T 12898—2009）《国家三、四等水准测量规范》要求。观测仪器采用DSZ2自动安平水准仪，配合铟钢尺作业。严格执行“三固定，两一致”原则，即观测线路、观测人员、仪器固定；观测时间、观测条件一致。

沉降基准点设置在远离水下承重平台15 m外

收稿日期：2020-02-24.
作者简介：李茂，贵州贵阳人，高级工程师，从事项目施工管理工作；敖平，贵州贵阳人，初级工程师，从事项目施工管理工作.

的水库基岩边，基准点的埋设深度不小于 1.5m，以保证沉降基准点的稳定。按国家二等水准测量的技术要求施测，每站高差中误差±0.3 mm，闭合差±0.6 mm×n0.5。

当承重平台经碾压达到设计标高后，在承重平台上布置 12 个沉降观测点(见图 1)。沉降观测点采用人工挖 1 m 深坑，埋 90 cm 钢筋，砂浆填筑固定，露出钢筋头。砂浆填满后，坑口尺寸为 10 cm×10 cm，其坑口采用钢板覆盖，沉降观测点四周采用锥形筒和围栏进行保护。

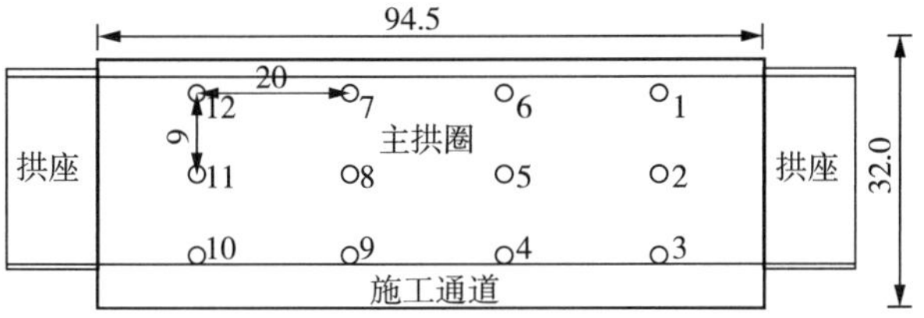

图 1　水下承重平台沉降观测点分布示意图(单位：m)

4　观测数据的采集

水下承重平台沉降观测点设置完后，进行初测。因初期自然沉降较大，待沉降 1 个月后进行复测，再按一定的时间段为 1 观测周期，观测次数与间隔时间应视地基和加载情况而定。承重平台自然沉降时，计算每一观测周期内沉降速度，是否达到稳定状态，未达到则继续观测，直到达到稳定状态。12 个点的平均沉降数据见表 1。

表 1　沉降观测点的平均沉降数据

测次	高程/m	历时天数/d	本次沉降量/mm	累计沉降量/mm	下沉速度/mm
初次	1 262.36	—	—	—	—
第 2 次	1 262.202	30	157.25	—	5.24
第 3 次	1 262.173	7	29.08	186.3	4.15
第 4 次	1 262.138	10	35.58	221.92	3.56
第 5 次	1 262.096	20	41.5	263.417	2.075
第 6 次	1 262.069	16	27.67	291.08	1.73
第 7 次	1 262.06	11	8.42	299.5	0.765
第 8 次	1 262.059	20	1.25	300.75	0.06
第 9 次	1 262.056	17	0.3	301.05	0.02

5　数据结果分析

历时 126 d，水下承重平台 12 个沉降观测点累计平均沉降30.1 cm，最后 1 次沉降观测平均沉降速度为0.02 mm/d。同时绘制沉降量与时间关系曲线判断(见图 2)，最后 1 段已经趋于水平，证明承重平台已不再沉降，进入稳定状态。

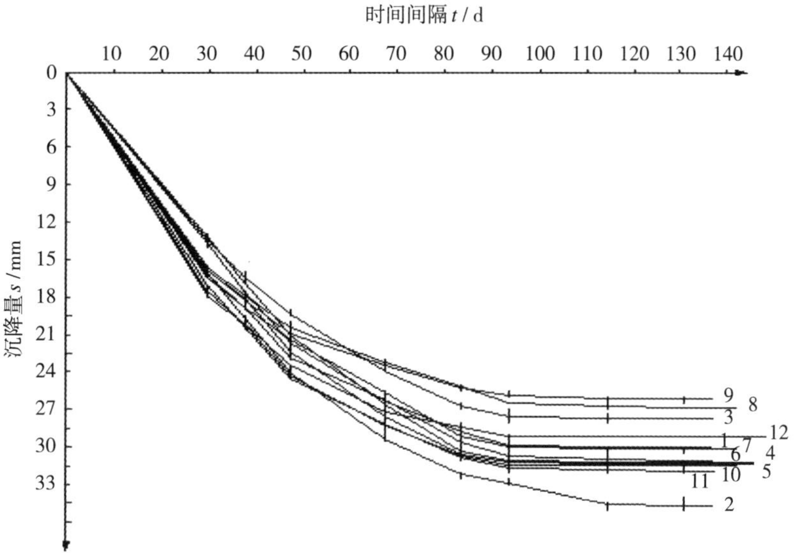

图 2　沉降观测点的沉降过程线

6　沉降加载预测

为了防止承重平台在加载阶段发生突然加速沉降变形的情况，根据支架计算荷载，在水下承重平台上任意取点，特别是跨中部位，采用静荷载试验模拟承重平台受载后的变化情况。

静荷载试验采用维持荷载法加载，试验用承压板为 2.0 m^2 圆形刚性承压板。工程共抽检 7 个点，加载共分 8 级进行，采用逐级等量加载，每级加载量宜为最大试验荷载的 1/8。每级加载后，按间隔 10、10、10、15、15 min 及以后每隔半小时测读 1 次沉降量，连续 2 h 内每小时的沉降量小于 0.1 mm时，则认为已趋稳定，可加下一级荷载。

本次静荷载试验检测结果，经计算、校核后绘制出了 7 个载荷试验点的 $P-s$、$s-\lg t$ 关系曲线（见图 3），均未发生明显的变化点。对本次试验检测结果进行资料汇总整理，并出具了试验报告。满堂支架地基承载力要求大于 234 kPa，而根据图 3，当达到地基承载力要求时，坝体沉降约为 0.44 mm，满足满堂支架地基承载力要求。

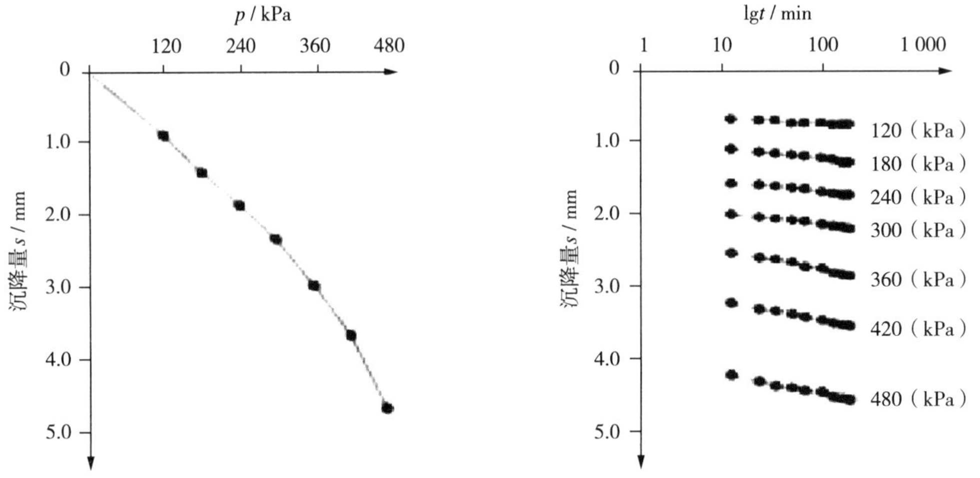

（1）P–s曲线　　（2）s–lgt曲线

图 3　$P-s$、$s-lgt$ 关系曲线图

7　满堂支架及预压加载阶段

（1）当水下承重平台趋于稳定状态后，对承重平台进行高程核定，不能满足高程要求的地方进行填料整平，压路机碾压后进行 30 cm 厚 C30 混凝土分块硬化，防止满堂支架发生不均匀沉降。对每块混凝土两侧中间部分进行重新布置沉降观测点，布置 30 个点，并进行首测。

（2）在分块硬化混凝土上搭设碗扣式满堂支架，纵横向间距 0.6 m×0.6 m，步距 0.6 m，重量约 540 t。支架预压材料按照就地取材原则，采用密封水袋和砂袋配合进行加载。由于是拱圈预压，坡度较大，为了防止水袋滚动，将支架搭设成台阶状。根据拱圈跨度，采用尺寸为长 10 m、宽 5 m、高 3 m 的水袋。考虑到水袋充水宽度为 5 m，将台阶平台宽度设置为 5.5 m，每个台阶可布置 2 条水袋，总共布置 34 条水袋，可配载 150 × 34 = 5 100 t，加载总荷载不足部分采用砂袋进行补齐。每个台阶铺设木方模板，保证水袋不会被损坏。

（3）因预压加载平台较长，每个平台布置 2 个水袋。在充水时，保证 2 个水袋同时进行充水，以保证平台均匀受力。因此，配置 1 个主管及 2 个分管，分管接 2 个水袋，在主管上配置水表。水袋充水加载按照预压总荷载的 60%、80%、100%、110%、120%加载，加载顺序按照拱圈浇筑顺序对称加载，每次加载完成后停顿 24 h，观测加载前后，满堂支架的观测点的变化情况，并记录。待加载 120%沉降稳定后，测读最终沉降值。

（4）沉降观测点设置在每孔拱架中线 1/2 处、1/4 跨、1/8 跨各设置 1 排观测点，观测点每排至少设置 5 个点，可根据实际情况进行加密。因拱桥满堂支架设置了 17 个预压平台，每隔 1 个平台，在平台中间的满堂支架钢管上设置沉降观测点，并用铅垂引至地面悬空，加载前后采用水准仪观测铅垂的沉降值，即为支架的沉降值。历时 13 d，平均沉降 0.9 mm。当加载至 120%时，最大沉降值为 4 mm。

在对满堂支架进行观测的同时也对布置分块硬化混凝土上布置的基础沉降点进行沉降观测，以防加载过程中地基沉降变化而引起满堂支架的变化。经水准仪间隔一段时间进行观测，共历时 60 d，平均沉降 2 mm，沉降速度 0.03 mm/d，均能满足满堂支架地基承载力要求。

8　结论

通过对现浇拱桥水下填石承重平台沉降变形观测，依据观测数据分析，奠定了水下承重平台最终沉降分析可靠性的基础，验证了平台能满足满堂支架地基承载力初步要求，为现浇拱圈施工、监测的控制过程研究提供了技术支撑，也为今后同类型跨河桥梁施工具有指导意义。

参考文献：

[1] DGJ32/J 18—2006. 建筑物沉降观测方法［S］. 南京：江苏省工程建设标准，2006.

·运行与管理·

集控中心计算机监控系统报警信息优化策略研究与实践

简永明

（贵州乌江水电开发有限责任公司水电站远程集控中心　贵州贵阳　550002）

摘要：水电站远程集控中心负责对其监控的电站进行远程监视、控制，根据各流域公司对集控中心职责定位的不同，各集控中心对电站的监视范围和监视职责上有所区别。如何对集控中心报警信息进行优化处理，使报警方式适合公司远程集控（监控）管理方式的需要，在保证监控范围满足工作要求的同时最大限度地提高工作效率，是值得研究和探索的重要课题。文章介绍了乌江集控中心在进行计算机监控系统报警信息优化过程中遇到的问题，采取的优化策略和措施，以及取得的效果。

关键词：水电站远程集控；计算机监控；报警信息；优化策略

1　概述

经过多年的探索与实践，贵州乌江水电开发有限责任公司(以下简称乌江公司)于 2005 年 5 月成立了水电站远程集控中心(以下简称集控中心)，定位是乌江公司梯级水电站调度运行管理的二级机构，主要负责乌江梯级水电站的水库洪水调度和优化调度、电站主设备远程集中监视。2015 年 4 月，乌江干流上的洪家渡、东风、索风营、乌江渡、构皮滩、思林、沙沱和支流清水河上的大花水、格里桥等 9 座水电站全面实现“远控集控、少人维护”管理模式[1]。集控中心负责 9 座水电站 32 台水电机组正常情况下的开停机、有功负荷调整、母线电压调整、主变中性点倒换、AGC 和 AVC 投入退出等常规操作，以及电站全厂失压、水淹厂房、机组顶盖水位过高、机组甩负荷过速等情况下的事故远程应急处理工作。正常情况下，集控中心 3 名远程控制值班人员需要负责对 9 座水电站和 1 座光伏电站(玉龙光伏电站)进行远程监视。

如何对集控中心计算机监控系统报警信息进行优化处理，保证报警信息能够更好地为远程集控工作服务，是集控中心非常关心的重点问题。针对该问题也开展了大量的研究和探索工作，从管理上和技术上采取了一系列行之有效的措施，取得了较为明显的效果。

2　报警信息优化需要解决的主要问题

2.1　报警信息量过大，监视排查存在困难

集控中心成立初期，乌江梯级各电站监控报警信息全部上送集控中心，集控侧监控系统简报窗口开放对集控电站上送所有报警信息的报警，即采取全采、全送、全监模式，造成集控侧报警信息量过大，尤其是温度、振摆、水(油)流测量元件出现设备异常或系统故障时，报警声音连续不断，监控显示屏上报警信息长期处于刷屏状态，值班人员从大量的报警信息中筛选出有效报警信息内容存在劳动强度大、效率低等问题，经常造成重要报警信息不能及时被发现，对集控电站主要设备的运行监视造成严重干扰和影响。

2.2　干扰误报信息麻痹值班人员

集控早期，由于部份电厂存在自动化元件可靠性不高或安装环境恶劣，或部分自动化系统设备整定值配合不合理，造成报警信息频发或误发。监控系统中类似报警信息频繁发出，报警语音和音响的连续不断，使运行人员变得习惯和麻痹，当监控系统有重要异常告警信息发出时，很难被及时发现，延误处理时间，带来严重的安全后果。

2.3　报警信息分级分类存在错误和遗漏

早期集控监控系统报警方式主要是靠报警声音提示加监控简报窗口文字报警信息报出，报警文字信息只靠颜色区分，不便于较长时间保存，容易被后续报警覆盖，报警不够直观，存在报警信息分级分类错误和遗漏的情况，致使从简报窗口中分类查看到的报警信息不够准确[2]。

2.4　各电厂上送的报警信息命名不统一

远程控制的梯级各水电厂，上送集控中心的同一类报警信息存在名称不统一、整定原则不统一，

收稿日期：2019-08-21.

作者简介：简永明，贵州德江人，高级工程师，从事梯级水电站远程集控管理工作．

报警信息发出后的处置要求不完全一致等问题，造成集控中心在各电厂异常告警信息发出后不能按统一的方式进行处理。如开机过程中机械制动未解除，有的电厂报警信息为“制动风闸未落下”，有的电厂报警信息为“机械制动未解除”。需要对各厂的报警范围、整定原则、处置要求进行统一，并结合集控侧规程制度的编写，完善各厂重要报警发出后的统一处置流程。

2.5 需要新增报警内容和报警组合

水电站实现“远控集控、少人维护”后，水电厂厂房不再保留 24 h 值班模式，电厂人员接到集控中心通知后，进入厂房需要一定时间。为了尽可能提前发现设备故障和异常，在原有设备报警整定原则的基础上，需要增加对电厂设备温度、压力等参数趋势发展过程的监视，并在设备运行情况有恶化但未达到电站现场设备原整定报警条件时提前进行趋势报警，为电厂争取更多处置机会和时间，减少发展型故障造成的主设备非计划停运。

为了提高各远控电站母线电压调整合格率，减少因电压偏差造成被电网考核等情况的发生，集控中心必须设置各电站母线电压超限报警，并且根据不同时期电网调度对电压控制的不同要求进行定值调整。

2.6 报警语音存在错误

报警语音曾存在的问题主要有：发出语音报警时无对应文字报警信息；报警系统中语言存在没有使用专业术语的情况，如 220 kV 东干“Ⅱ”回读作东干“i”“i”回，电压单位 kV 未读作“千伏”，而读作英文字母“k”“v”，线路编号 205 读作“二百零五”等；部分文字读音有误，如调（tiáo）速器读作调（diào）速器等。

3 报警信息优化策略和措施

3.1 通过信号梳理和设备整治有效减少报警信息量

根据乌江公司远程集控管理规程和“远程集控，少人维护”管理相关规程和规定，集控中心和各梯级电站分别明确各自的监视职责范围和监视重点。组织商讨数据点过滤原则，明确监视重点，对集控中心计算机监控系统中数据进行重新过滤，将一些不属于集控中心职责监视范围的报警信息从简报窗口中屏蔽掉，同时屏蔽电厂计算机监控系统上送集控的流程报警信号和电厂监控系统上位机自诊断信号，精简简报窗口中的信息内容。对于开关、事故信号、开停机、通道故障、数据链路异常以及其他不及时发现会引起严重后果的重要故障报警信息，在简报窗口中用红色显示，以便于值班人员及时发现和处理。

同时，各远控电站通过加强设备整治工作、重新核实和调整各系统定值、加强对运行机组运行状况的监视和调整、优化机组运行工况等措施后，电站侧的干扰信息和误报信息已大为减少，从源头上有效减少了集控计算机监控系统的报警信息量[3]。

3.2 新增集控声光报警系统，强化重要信息监视

在保留监控系统语音提示报警和简报窗口文字报警的基础上，新增集控声光报警系统，将远控各电站全部事故信号和重要故障信号纳入集控声光报警系统，专设 1 块监控显示屏用于集中显示所有集控电厂声光报警系统电子光字牌(见图 1)。电子光字牌根据电站数分为多列，每列分布 1 个远控电站的多个一级报警光字名称，每个一级报警光字名称下对应多个同类的报警信息内容。

当声光报警系统动作时，对应一级报警光字牌被点亮，同时报警器声音和闪光动作，值班人员通过点击光字牌弹出二级菜单，可以查询二级菜单具体报警动作详细内容。声光报警系统内的报警信息内容可以根据集控职责调整进行相应增减，可以根据工作需要选择性地对某一电站某一类(块)报警信息进行短时屏蔽。

通过新增集控声光报警系统，能够有效地将报警信息中的事故信息和重要故障信息与常规报警信息区分开来，防止漏掉对重要报警信息的监视。

3.3 报警信息重新分类和核对

重新核对集控中心计算机监控系统简报窗口中报警信息的分类情况，将原简报信息中“操作”“自诊断”“事故”“故障”“越复限”“状变”“辅设启停”“AGC 操作”“流程信息”“保护信息”“全部”等各类简报信息分别进行逐一核对，纠正原分类中存在的一些错误和遗漏，保证了简报窗口中信息分类的正确性，实现了在简报窗口中任选单独查看某一类或全部报警信息。同时与按电站进行检索功能配合，可实现按厂站和类别对简报信息进行精确查询。

3.4 对梯级水电站报警原则进行统一管理

乌江公司组织召开专题会，组织集控中心和各远控电站对远程集控各方面的问题进行商讨和协调，对梯级水电站报警原则进行统一管理，统一各电站上送集控的各类组合报警信号名称、报警整定原则[4]，将集控报警信号组点情况表、电厂需增加信息号点表、需清理的上送报警信号等内容以书面通知下发各电厂，并要求各电厂限期完成，实现了各电厂上送集控的同类报警信息命名的统一。

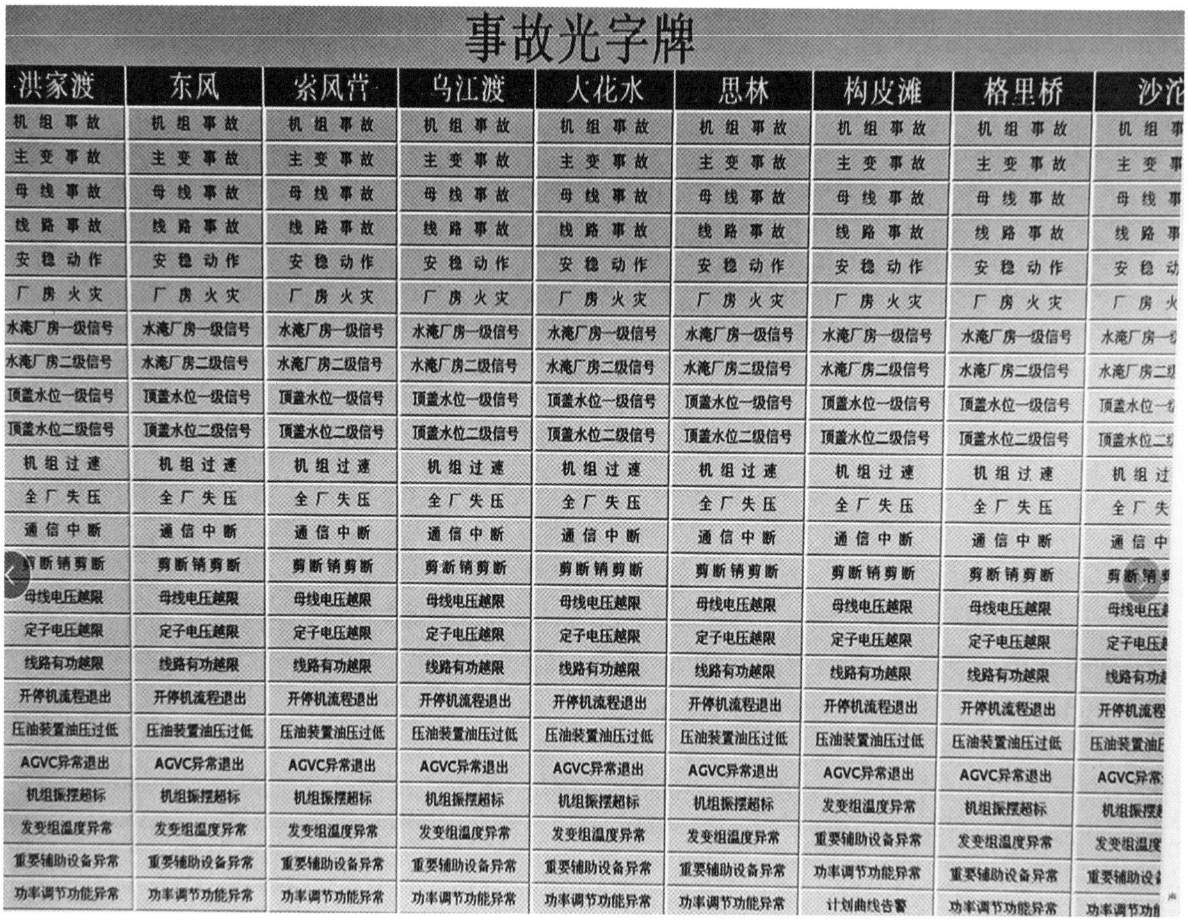

图 1　集控声光报警系统电子光字牌主界面

3.5　根据职责调整，增加设备运行工况恶化趋势报警

2018 年，根据乌江公司深化对远程控制电站现场设备管理的最新要求，集控中心新增加在异常报警方面的报警信息内容。新增加发变组温度异常、重要辅助设备异常、功率调节功能异常三类声光报警信息内容，并增加主变外循环冷却器、机组压油系统等重要辅助设备运行监视画面，放宽对水电厂的监视范围达到提前预警的目的；用于监视发电机各轴承温度、主变绕组温度和油温等温度异常升高，主变外循环电源消失等重要辅助设备故障，机组因调速系统故障引起的有功功率调节异常，或因励磁系统故障引起的无功功率调节异常等。集控中心采取梯度报警和趋势报警相结合的方式，规范流域电厂上送集控中心的温度、水位等重要模拟量信号和励磁系统故障、调速系统故障等重要辅助设备异常信号。在主设备跳闸前及时发出报警，有利于给电厂故障处理争取更多的处置时间。

3.6　新增事故推送快速处置画面功能

在集控监控系统内新增几类典型事故自动推送画面功能。如当某电站出现某类事故时，监控系统自动在对应的监视工位上推出对应快速处置监控画面。如电站出现全厂失压事故时，监控系统自动推出该站“一健开机图”画面；电站出现机组甩负荷过速时，监控系统自动推出该站“一健落门图”画面。新增自动推送画面功能，能够有效缩短值班人员事故处理时间和减小处理出错的概率。

3.7　报警信息按工位分区显示

在集控中心监控简报窗口内，对报警信息按工位和负责电站分区显示[5]。专门负责监视和操作的 3 个工位，正常情况下每一个工位的监视简报窗口只报送本工位负责监视的 3 个或 4 个电站报警信息内容，在简报窗口内将不同电站的报警信息按电站分区域显示(见附图 2)，同一电站显示区域内的重要或一般信息再分开显示，方便报警巡查和监视。同时增加将事故和重要故障报警信息从声光报警系统发出对应报警信息，即在出现事故报警时，该报警信息不仅在监控简报窗口中显示报出，也能在声光报警系统内重点突出报警，方便值班人员在出现紧急事故时能第一时间发现处理。

图 2　简报窗口报警信息分区域显示

3.8　报警语音重新录制

结合集控中心计算机监控系统数据过滤工作，联系厂家人员重新录制报警语音，严格按报警的级别和重要程度区分语音报警和语音提示，对需要用语音报警的信息用标准的普通话报警，保证报警语音所报语音信息正确无误，与简报窗口中的文字报警信息对应无误。

4　结语

乌江公司集控中心自成立以来，在如何确定远程集控监控报警信息范围、改进报警方式等方面进行了大量的探索和研究，经历了从“全采全监”到根据职责需要定监视范围的过程。通过对集控计算机监控系统报警方式进行不断探索和创新，持续对集控报警信息内容进行梳理和优化，有效解决了误报多、干扰大、报警重点不突出等问题，提高了运行人员在事故处理时的快速反应能力，为远程集控运行人员高效值班创造了良好的条件，为乌江梯级电站在“远控集控、少人维护”管理模式下安全稳定运行打下了良好的基础，同时也为其他流域公司开展水电站远程集控报警信息优化工作积累了宝贵的经验。

参考文献：

[1] 陈启萍. 梯级水电站群“远程集控”模式实施探索［J］. 中国水能及电气化，2018（12）：31.

[2] 简永明. 乌江梯级电站集控系统报警信息的分类及处理［J］. 水电厂自动化，2008，29（4）：55-57.

[3] 简永明，徐学增. 浅谈监控系统中干扰信息对运行监视的影响［J］. 水电厂自动化，2007（4）：101-104.

[4] 胥冠军. 澜沧江集控中心计算机监控系统故障报警信息应用及优化探索［J］. 水电站机电技术，2012，35（3）：28.

[5] 胡浩远. 曹德勤. 基于 H9000 系统的集控运行监控报警信息优化［J］. 湖南水利水电，2019（4）：39.

集控中心卫星云图的建设及应用

张孙蓉
（贵州乌江水电开发有限责任公司水电站远程集控中心　贵州贵阳　550002）

摘要：结合乌江梯级流域水库防汛和生产调度的特点，简单介绍乌江集控中心卫星云图系统的组成、功能及应用情况，梯级水库调度人员充分利卫星云图对乌江梯级流域水库优化调度，最大限度发挥电站的效益；阐述系统暴露出的问题，并提出解决方案的初步设想。

关键词：乌江；梯级；卫星云图；利用；设想

0　引言

卫星云图是监测和预警预报流域降水的直观实用的现代化工具，是水库防汛和生产调度不可或缺的重要信息。它在识别天气、监视和预报暴雨及台风等灾害性天气等方面，具有重要作用。由于梯级流域水电站水库调度中，对降雨预报的要求比较高，利用卫星云图对天气和洪水进行假想预报，可以提高假想预报的准确性，充分发挥梯级水库的防洪能力，减轻上下游的洪水灾害，提高水库利用率，在一定程度上最大限度地发挥电站的效益。

贵州乌江水电开发有限责任公司开发建设乌江干流贵州境内河段梯级水电站，已建成共9座水电站，总装机容量达到866.5万kW的大型梯级水电站群。水电站远程集控中心是乌江公司的生产指挥中心，是公司的发电调度控制机构，承担公司优化调度、洪水调度、远程控制、电量营销、火电监管等职能。

1　系统组成

现集控中心卫星云图系统接收和处理风云二号（FY－2）静止气象卫星数据的多功能处理系统。它不仅可以接收和处理云图资料，而且可以处理和分析常规天气观测报告、数字化天气雷达图像等气象资料。系统直接获取卫星的数据格式S－VIS-SR2.0或HiRID，写入硬盘并实时显示三维云图。集控中心水库调度人员利用卫星云图估算和预报梯级流域降水，同时利用精细化卫星云图与乌江流域遥测雨量站信息进行实时降水监测和预警分析。根据乌江公司安全、稳定、经济运行的需要，实现“优化调度”生产管理模式。

1.1　系统硬件

系统硬件由3 m抛物面天线、馈源、低噪声放大器及下变频器（抗干扰）、云图数字接收机、USB数据进机和卫星云图数据处理服务器组成，系统结构见图1。

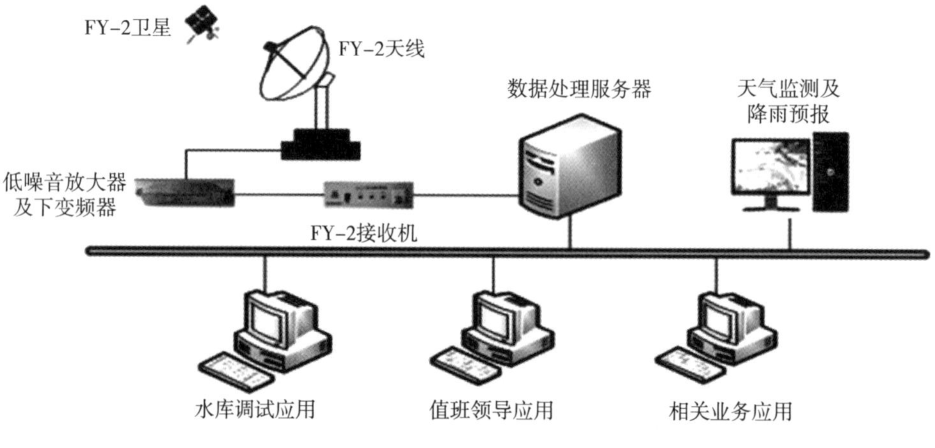

图1　卫星云图系统拓扑图

1.2　系统软件

软件由气象卫星云图接收处理软件、云图定量估算降水和预报软件模块、气象卫星三维云图制作

收稿日期：2019-08-21.
作者简介：张孙蓉，浙江宁波人，高级工程师，从事水电站通信自动化专业技术工作.

软件模块、双星云图产品浏览器软件模块和云图精细化与乌江流域降水监测预报系统组成。软件结构见图2。

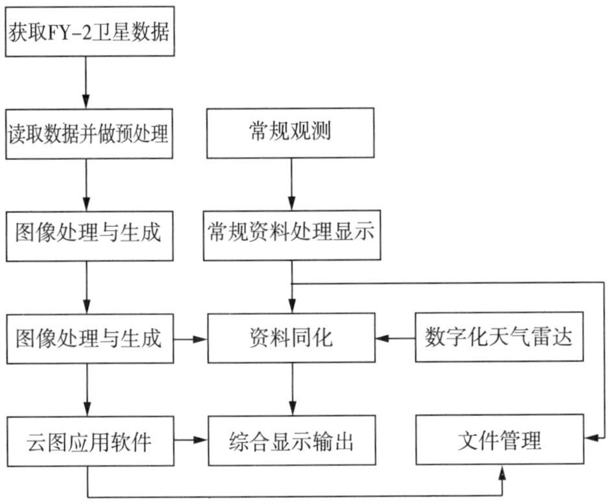

图2　软件结构

2　系统功能

卫星云图能够对风云二号(FY－2)气象卫星的云图数据进行接收实时处理，汛期每30 min接收1次数据，数据进机实时显示图像和扫描线，自动提取卫星参数，形成进机数据参数文件，实时生成位图并存储。经处理后的云图数据，生成1280×1024×24bit的卫星投影红外1、红外2、红外4、三维、水汽和可见光图像文件。根据可见光云图太阳高度角及任意位置点云的返照率计算可见光云图上低于某一给定反照率云的面积，根据红外及水汽云图上任意位置点的云顶温度计算红外云图上低于某一给定温度云的面积。

云图精细化与乌江流域降水监测预报系统结合水情测报系统以WEB页面的方式展示，具有卫星云图、雷达预警、降水预报和台风预报4个模块。卫星云图提供风云2号气象卫星红外1、水汽、可见光图像，以云图估测乌江流域未来1～3 h短时降水。雷达预警能提供乌江流域8个子流域天气雷达基本反射率图像查询显示，根据雷达数据估测瞬时降水。降水预报页面主要提供全国未来短时(1日内逐6 h)及短期(1～3日逐24 h)降水信息，结合地理信息系统（GIS)，查询不同时间段内各个区域的降水分布情况。乌江流域内测站云图参数和降水预报图表显示输出等功能，具有生成可供浏览的图像资料，并具有瞬时降水强度估算、累积降水预报、流域面雨量预报统计等图表功能。台风路径可查询东南沿海及西太平洋最新台风路径实况和预报信息，以及1945年以来历史台风路径，具有台风定位、台风路径显示、台风距离测算。

3　系统的应用情况

集控中心卫星云图系统于2006年建设，2015年10月进行系统改造，2016年12月正式投入运行，系统运行至今情况良好，为梯级流域水库优化调度提供了及时、可靠的决策依据，取得了较好的实用效果。

3.1　降水预报和洪水调度

集控中心在乌江梯级流域水库调度中，根据卫星云图、乌江流域降水监测预报降水情况，结合气象局天气预报，进行天气和洪水假想预报，开展乌江梯级流域的防洪调度。通过识别卫星云图，获取参数以及大气流场等重要气象信息，对强降雨云系进行分析和预报，及时发现暴雨和强对流等灾害性天气。提前做好防洪应急措施，减轻梯级流域水库上下游的洪水灾害。系统改造后，3年内共成功调度洪水98场次，洪水预报合格率100%，达到部颁甲等标准，详见表1。

表1　2016—2018**年乌江梯级水电站各区间洪水场次和精度评定统计**

电站	2016年		2017年		2018年	
	洪水场次	预报平均峰值精度/%	洪水场次	预报平均峰值精度/%	洪水场次	预报平均峰值精度/%
洪家渡	5	93.78	9	93.8	3	89.7
东　风	4	90.53	2	92.7	3	95.13
索风营	2	91.00	3	93.6	3	94.86
乌江渡	4	93.57	7	92.8	1	94.7
构皮滩	3	97.51	8	93.9	—	—
思　林	5	93.82	12	94.3	3	98.46
沙　沱	3	94.64	2	93.1	—	—
大花水	3	96.14	7	94.3	1	94.37
合　计	29	—	50	—	19	—

洪水统计：洪家渡和大花水按大于500 m^3/s、东风和索风营按区间大于500 m^3/s、乌江渡按区间大于1 000 m^3/s、构皮滩和思林按区间大于1 500 m^3/s、沙沱按区间大于2 000 m^3/s。

3.2 优化调度增发电量，提高经济效益

乌江梯级流域水库调度充分利用卫星云图加强天气形势分析，一方面结合实际积极采取梯级水库优化调度措施，及时调整发电运行方式；另一方面合理调配梯级水库发电及检修计划，优化调度增发电量，提高水资源利用率，进而在一定程度上最大限度地发挥各梯级电站的经济效益，从而使乌江公司全面实现了“能耗最低、效益最大”的调度目标，详见表2。

表2 乌江梯级水电站2016—2018年优化调度效益统计

项目	2016年	2017年	2018年
水电电量/亿kW·h	295.9	251.59	263.65
全年来水/亿 m^3	255	270.90	224.03
水能利用提高率/%	4.56	5.14	5.05
增发电量/亿kW·h	11.39	11.7	11.62
经济效益/亿元	3.30	3.39	3.37

4 存在问题

4.1 数据存储问题

由于卫星原始数据存储1次大概是60 M，1 d 28次(汛期48次)，根据服务器硬盘的大小，系统设定自动保存最近3个月的云图数据。以前的原始数据则自动覆盖，造成数据回朔难，无法进行长时间数据对比分析。

解决方案：在集控平台数据库增加卫星数据的存储，卫星云图系统每天定时将卫星数据压缩后，转发到集控数据平台进行存储，数据库可对XML文件、文本文件、图片文件、Word文件、NC文件等多种文件进行数据存储，以便于云图数据查询。

4.2 数字预报精度问题

数字降水预报只有颜色和量级显示范围，没有具体数据，具体降雨量全靠水库调度员的经验进行分析，会带有个人的主观意见，导致不同调度员的调度方式存在一定的差异。

解决方案：建设更加精细化的智慧气象服务平台，将集控卫星云图系统融入其中，实现3 d或更长期的可遇见期逐小时、逐日定量降雨数值预报，降雨量有精准的数据，不需要人为判断的精细化预报服务平台。

5 结论

卫星云图系统在梯级水库调度中起到不容忽视的作用，是一个非常重要的生产管理系统。集控中心下一步继续与专业气象台深度合作，将卫星云图系统与集控水调系统充分融合，利用大数据与云技术，在乌江公司逐步建设基于数字化与智能化的智慧气象服务平台。

参考文献：

[1] 伍昕，王也．智慧气象系统在水库调度中的应用与展望//2019年水电站运行管理和梯级调度控制学术交流论文集［R］．西昌：2019.

恒励磁电流控制方式运行风险分析

穆庆文

(贵州乌江水电开发有限责任公司水电站远程集控中心　贵州贵阳　550002)

摘要：某水电厂1号机运行期间，励磁系统故障，励磁控制由自动恒机端电压调节方式转换至手动恒励磁电流控制方式运行。本文通过对恒励磁电流控制方式下存在的运行风险分析，探讨励磁系统在运行过程存在的问题，提出相应的措施和建议，进一步提高励磁系统的运行安全可靠性。

关键词：励磁系统；恒机端电压；恒励磁电流

0　引言

某水电厂于2015年纳入远程集中控制管理，由集控中心对其进行远程控制。该电厂装机容量600 MW(3×200 MW)，主要承担贵州电网的调峰、调频和事故备用。

该电厂1号机励磁系统采用励磁调节器具有*A*、*B*、*C*三个完全独立的调节通道，其中*A*、*B*通道为自动通道，投自动恒机端电压*AVR*控制模式，保证发电机机端产生恒定电压，*C*通道是辅助备用通道，投恒励磁电流*FCR*控制模式，保证发电机励磁电流恒定。*A*、*B*通道是硬件和软件结构完全相同的微机通道，可完成调节器的所有功能，*C*通道只设有手动方式，主要用于实验(在设备投运或者维护过程中的发电机短路试验)。

1　事件经过

2018年3月6日，该电厂1号机在运行期间，1号机励磁系统功率柜快速熔断器熔断、晶闸管阻熔故障，A套检测系统故障，A套调节器故障，A套脉冲故障，A(B)通道故障，1号机励磁调节器A、B套故障退出，励磁调节器切至备用C通道运行，1号机励磁控制由自动恒机端电压调节方式转换至手动恒励磁电流控制方式运行，导致1号机在手动恒励磁电流控制方式下继续运行。

2　恒励磁电压控制模式和恒励磁电流控制模式运行风险分析

2.1　自动恒励磁电压调节器AVR数学模型分析

正常情况下，励磁调节器*A*、*B*通道投自动电压调节模式，用传递函数描述的自动电压调节器AVR数学模型如图1所示。

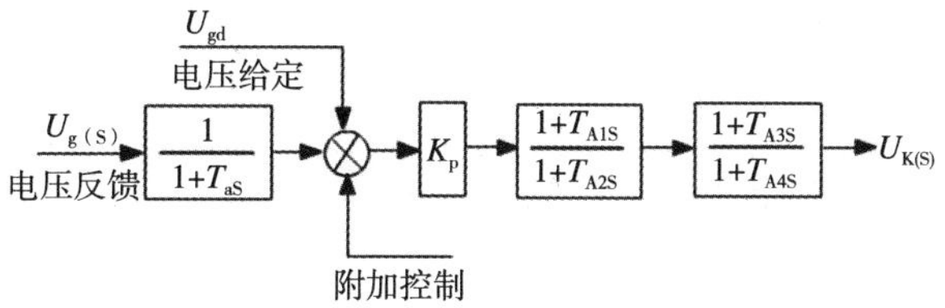

图1　自动电压调节器(AVR)数学模型

此方式是励磁调节器正常工作状态，其控制对象为发电机机端电压，控制过程实现自动调节。此种运行方式，对机组运行和电网系统的稳定是最佳的。根据行业标准要求，自动控制方式下调节器能在空载额定电压的70%～110%范围内进行稳定、平滑的调节。并且保证在机组电压事故性下降时，实现强励功能。在自动控制方式下，励磁调节器内部所有的限制功能，如低励限制器、过励限制器、V/HZ限制器均能正常投入工作，附加控制的PSS功能也将按要求能够投入正常运行。

2.2　手动恒励磁电流调节器FCR数学模型分析

励磁调节器的手动方式FCR为励磁电流负反馈闭环控制，用于维持电流恒定、稳定，对并网运行机组表现为恒无功给定调节。在发电机机端PT回路出现故障、自动电压调节AVR故障、微机电源故障、脉冲故障时，励磁调节器自动切换为手动方式运行，防止励磁系统出现误强励。手动方式主要用于试验(如在设备的投运或维护过程中的发电机短路试验)，或者是作为在AVR故障时的辅助、过渡控制方式，励磁电流调节器的数学模型如图2所示。

收稿日期：2019-08-21.
作者简介：穆庆文，贵州贵阳人，助理工程师，从事水电厂集控运行工作.

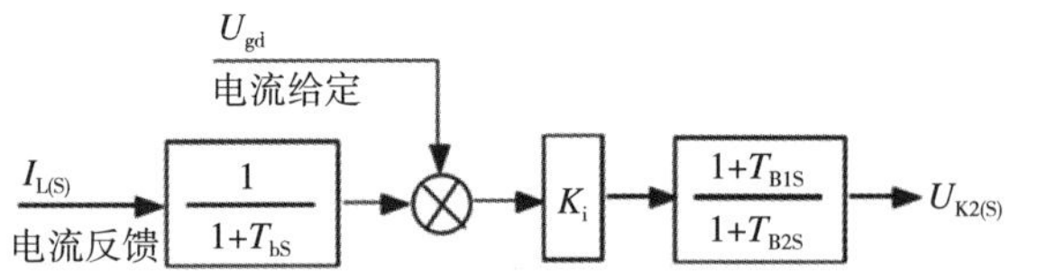

图 2　手动电流调节器(FCR)数学模型

在这种模式下以励磁电流给定值作为调节器的调节基础，励磁电流给定值由控制器或远方直接输入。在手动方式下，运行人员需密切监视发电机运行工况，需根据机组有功负荷变化及系统波动等情况进行适时精心调整，避免发电机失去稳定。由于不是按机端电压恒定方式进行控制，易造成机组运行不稳定，诱发机组振荡，危害电网安全。同时，在手动控制方式下，机组的 PSS 功能将自动退出运行，PSS 抑制系统低频振荡的作用全部失去。因此，在手动控制方式下，运行的时间越短越好。

3　暴露的问题

3.1　励磁系统运行规程不完善

该电厂在规程中未明确规定 C 通道(手动恒励磁调节方式)不允许长期运行外，造成电站运维人员及集控运行人员对 C 通道运行的危害认识模糊，从而把 C 通道当成励磁系统正常运行方式管理。

3.2　励磁系统报警信息不完善

励磁系统转 C 通道运行，励磁调节由自动电压调节转手动恒励磁调节控制方式时，电厂未将自动电压调节模式退出报警信息引入 ONCALL 报警信息及集控声光报警系统，励磁系统故障及异常运行方式转变时不能第一时间提醒运行人员，造成异常信息出现延迟发现和延迟汇报。

3.3　机组正常运行判断依据不准确

正常运行机组除要求负荷能正常调整外，还需满足并网运行技术条件及要求，常表现为把机组能正常调整负荷与机组正常运行概念混淆。在该电厂 1 号机事件中，1 号机自动电压调节控制退出，励磁转手动恒励磁电流调节控制方式及 1 号机 PSS 功能失效后，仅依据机组能正常调整负荷就判断机组能正常运行汇报调度，造成调度误将 1 号机按正常机组进行调度管理，1 号机在该方式下继续运行。根据 DL/T 491—2008《大中型水轮发电机自并励励磁系统及装置运行和检修规程》规定恒励磁电流调节为机组励磁系统的异常运行方式，规定手动恒励磁电流调节原则上不能长期运行，应向调度说明情况并申请停机进行检查。

3.4　机组远控管理不完善

该电厂 1 号机励磁调节器转 C 通道运行后，1 号机能实现远程无功负荷调整，按现行远控管理规程规定不具备退出远控条件，但实际上 1 号机的运行需密切监视机组运行工况，并适时监视系统波动情况，运行中还需根据机组有功变化同步进行无功调整，才能保证机组稳定运行，按现有集控运行只负责电站运行方式监视职责分析，1 号机也不具备远控运行条件。

4　应对措施

针对该电厂 1 号机励磁 C 通道运行在运行管理上所暴露的问题，进一步提高梯级电站安全生产保障水平，集控中心做出以下应对措施：

4.1　开展励磁系统专题讲课

在集控中心开展励磁系统专题讲课，重点讲述励磁调节器的配置和运行管理规定，提高集控运行人员对手动励磁电流调节模式运行风险的辨识和防控管理能力。

4.2　完善梯级电站励磁系统运行规程

结合该电厂所用励磁系统说明书、DL/T 491—2008《大中型水轮发电机自并励磁系统及装置运行和检修规程》、电网并网协议的技术条件及要求、2017 版电网调度管理规程，修编励磁系统运行规程，要求明确手动调节模式允许运行时间和具体应急措施，完善梯级电站励磁系统运行规程。

4.3　完善电站 ONCALL 报警信息及集控声光报警系统

在该电厂 ONCALL 报警信息系统增加机组自动电压调节模式退出报警，集控声光报警系统增加电站机组自动电压调节模式退出报警。

4.4　修编、完善梯级电站远程控制管理规程

在梯级电站远程控制管理规程中增加设备异常信息汇报管理规定，在集控要求电站退出远控的管理规定中增加集控认为需要退出远控的其他情况。

5　结语

通过该电厂 1 号机励磁控制由自动恒机端电压调节方式转换至手动恒励磁电流控制方式运行风险分析，制定相应措施，增强运维人员对其运行方式下的运行风险辨识和防控管理能力，确保励磁系统的安全稳定运行。

参考文献：

[1] DL/T 491—2008 大中型水轮发电机自并励励磁系统及装置运行和检修规程 [S]. 北京：中国电力出版社，2008.

光照水电站转轮裂纹机理与处理技术

李静

（贵州北盘江电力股份有限公司光照分公司　贵州晴隆　561405）

摘要：光照水电站投运以来水轮机一直受转轮裂纹问题困扰，同时给电站的安全生产和经济运行带来了巨大隐患和损失。本课题通过建立了运行工况分析、机理分析、CFD—流固耦合数值仿真计算、材料分析、原型试验验证等五位一体的大变幅高水头转轮裂纹成因分析的技术方法和处理措施，解决了光照水电站转轮裂纹问题，为其他电站转轮裂纹处理提供了借鉴和参考。

关键词：转轮；裂纹；仿真计算；机理；分析

1　背景

光照水电站位于贵州省晴隆县与关岭县交界，是北盘江干流茅口以下梯级水电开发“一库五级”的龙头水电站，是贵州省境内为数不多的具有不完全多年调节性能的大型水电电源点。电站设计安装4台单机容量260 MW的混流式水轮发电机组，总装机容量1 040 MW，设计年均发电量27.54亿kW·h。

光照水电站4台机组投运至今已运行10 a，电厂按照机组状态进行26次不同级别状态检修，在检修中对转轮进行检查发现4台套水轮机转轮叶片均出现不同程度贯穿性裂纹，发生位置集中在上冠与下环叶片出水边处。为解决机组转轮叶片反复出现裂纹，消除机组运行中的安全隐患，提高电站的经济运行水平，同时，为科学分析机组转轮叶片裂纹产生机理，特对电站大变幅高水头的大型转轮反复出现裂纹的机理进行综合分析，根据分析结果制定处理方案并在真机上进行实施验证。

空蚀、泥沙磨损和疲劳裂纹是影响水轮机转轮寿命的三大主要因素，过去人们只是更加注意空蚀和泥沙磨损，而没有把裂纹摆在重要位置。近年来，由于水轮机材料性能和研制水平的提高，空蚀已不再是电站运行维护的主要难题。而受机组使用参数及叶片材料强度提高等影响，裂纹问题已经逐渐突出。随着大量大型水轮发电机组不断地投入运行，机组尺寸的增加以及比转速不断提高，水电机组的运行稳定性及机组关键部件的裂纹及断裂问题成为了国内外水电站安全稳定运行的两大问题。由于水轮机转轮裂纹问题相对比较复杂，难点多，涉及多个学科，需要先进的仪器进行测试等原因，相比于运行稳定性而言，对于水电机组的转轮裂纹问题的认识远远不够深刻。因此，如何解决机组转轮裂纹问题显得十分重要和急迫。本次研究意在科学分析转轮裂纹产生机理，根据研究结果制定处理方案并在真机上进行实施验证，从根本上解决光照水电站转轮裂纹的反复出现的问题，消除机组运行中的安全隐患，提高电站的经济运行水平。

2　转轮裂纹分析与处理

2.1　转轮裂纹产生机理分析

针对光照水电站大变幅高水头的特点，先后从转轮的运行工况、材质、内部流场、叶片静动应力等方面，集成统计对比分析、化学检测、真机试验、CFD流场计算、流固耦合计算等方法进行了裂纹机理综合分析，找出了光照水电站转轮裂纹的产生机理。

2.1.1　设计选型分析

对三峡电厂等国内外转轮裂纹情况进行统计分析，将通过与光照水电站采用同厂家相近型号水轮机的其他电厂的机组运行情况和发现裂纹情况进行对比，从理论上分析转轮在设计上是否存在缺陷和不足。通过分析，转轮满足机组出力要求，选型合理正确。

2.1.2　运行工况分析

主要是开展机组稳定性试验，找出机组稳定运行区、过渡运行区和振动区，然后对机组历史运行情况进行统计分析，对比机组在稳定运行区、过渡运行区和振动区运行时间及占比情况，分析机组振动对转轮裂纹产生的贡献度。2011年5月至2015年

收稿日期：2019-09-12.
作者简介：李静，贵州瓮安人，工程师，从事水轮发电机检修维护工作.

3月期间，电厂分别对4台机组进行了694、702、710、718、726、734、742 m库水位的振动区试验，通过分析40%开度以下的运行区域均属于振动运行区域范围，同时4台机组在低水头、大负荷也存在振动运行区。3号机组振动区域范围较大，振动区分布见图1。

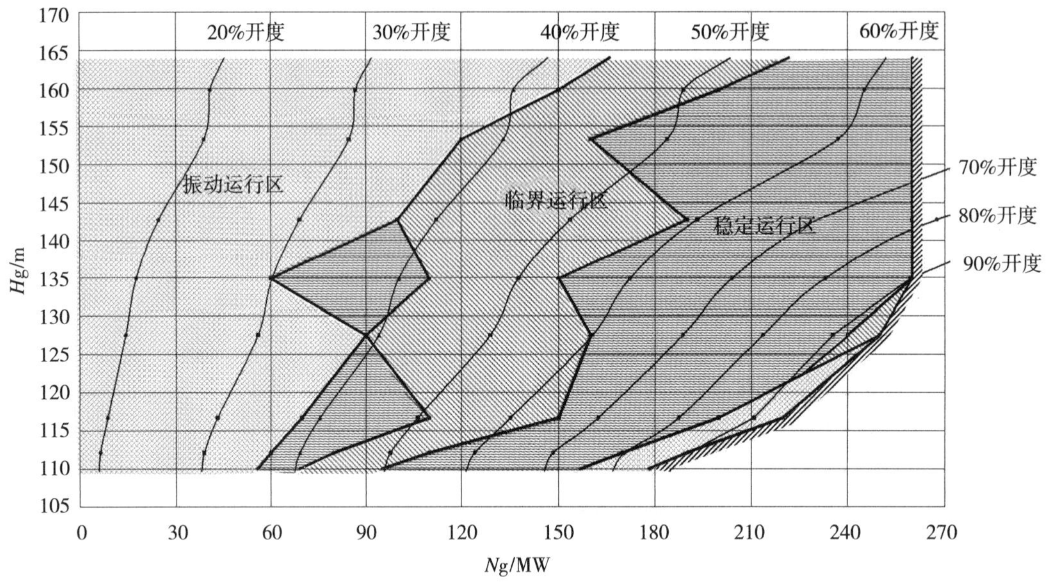

图1　光照水电站3号机组电站水头振动区分布图

3号机组长期处于低负荷运行，振动区域运行，其常年运行工况统计见表1。

表1　光照水电站3号机常年运行工况统计

项目	水头/m						
	112	116	127	134	142	153	159
上游水位/m	694.16	701.5	709.6	717.63	727.16	735.41	743.28
下游水位/m	582.06	584.89	582.08	582.72	584.48	582.11	583.52
最大有功/MW	190	220	248.09	260	260	260	260
最大有功发电流量/(m^3/s)	145.2	160.1	183.3	196.3	193.9	182.3	176.9

2.1.3　材质分析

为分析光照水电站转轮材料是否满足要求，利用2016年4号机组转轮裂纹常规补焊处理机会，对叶片靠近上冠出水边裂纹处取样，进行化学成分、冲击韧性和硬度分析。复核转轮叶片、上冠、下环及焊接材料的材质成分、强度、韧性等，通过复核材质满足设计要求，但存在局部偏析问题，同时局部有气孔现象。

2.1.4　水轮机全流道CFD流场分析

(1) 为了进一步分析各种工况下光照水轮机在不同运行工况下的内部流态情况，根据机组的振动区和实际运行工况，采用ANSYS软件选择了3个水头共9个工况进行内部流动分析及计算。内部流动分析及计算工况见表2。

表2　内部流动分析及计算工况

工况名称	水头 H/m	功率/MW	备注
工况1	135	260	额定水头额定功率
工况2	135	220	额定水头其他功率
工况3	135	160	额定水头其他功率
工况4	135	95	额定水头最小功率
工况5	115	205	低水头最大功率
工况6	115	115	低水头最小功率
工况7	158	260	高水头最大功率
工况8	158	210	高水头其他功率
工况9	158	125	高水头最小功率

(2) 针对上述流动分析得出，低水头条件下水轮机内部流动紊乱，不良流态较为复杂，因此，在低水头条件下对水轮机内部的压力脉动进行计算及分析。计算工况包含低水头大功率($H=115$ m，$P=205$ MW)、低水头低功率($H=115$ m，$P=115$ MW)、低水头其他功率($H=115$ m，$P=165$ MW)。

(3) 基于流固耦合的转轮应力特性分析。针对混流式水轮机采用“顺序耦合法”的流固耦合数值计算实现对转轮叶片应力大小及分布进行计算分析，对转轮强度进行复核。通过对转轮和叶片的动态特性计算，结果表明，转轮与叶片的固有频率有效避开了流体的激振频率，转轮叶片具有良好的动态特性。目前存在的叶片裂纹的根源也不是水力激振和转轮及叶片的共振引起。

2.2 转轮裂纹处理对策

根据裂纹产生的机理，采用在叶片出水边与转轮上冠和下环的连接处加三角块的方式降低叶片的最大应力，同时转移最大应力位置，通过仿真计算，制定适应于光照水电站的“均匀非等厚三角块”(见图 2)转轮裂纹处理对策和方案，对转轮叶片高应力区进行修型和加强处理，改善应力分布，提升抗裂纹能力。为了保证处理质量，优化现场实施方案，明确改造施工过程、工序及现场条件动态调节控制等。

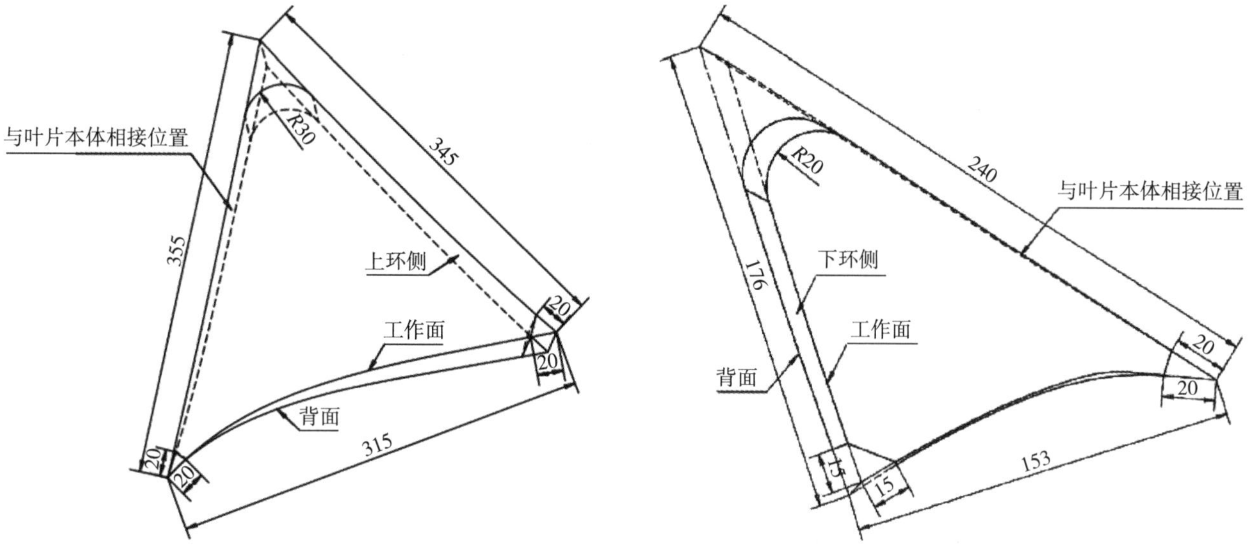

图 2 均匀非等厚三角块结构设计示意图

通过计算 3 个工况的最大应力分别从 125.35 MPa 降低为 97.24 MPa，108.08 MPa 降低为为 83.92 MPa，120.48 MPa 降低为 92.83 MPa。

2.3 转轮裂纹处理及效果验证

2017 年 3—4 月采用“均匀非等厚三角块”对光照水电站 3 号机组转轮叶片实施修型和加强处理，严格按照“PT 检测→划线→等离子切割→切割面打磨→三角块装配→单侧焊缝焊接→清根→清根侧打磨 PT→焊接清根侧焊缝→焊缝打磨→焊缝 UT 探伤→修型抛光”的施工工艺流程，做好现场条件动态调节控制。

裂纹处理后于 2017 年 5 月、2018 年 1 月分别开展机组稳定性试验、水轮机效率试验等真机试验和长时间的实际运行，验证了转轮裂纹处理的方式方法正确，改善了机组稳定运行工况。均匀非等厚三角块处理效果见图 3。

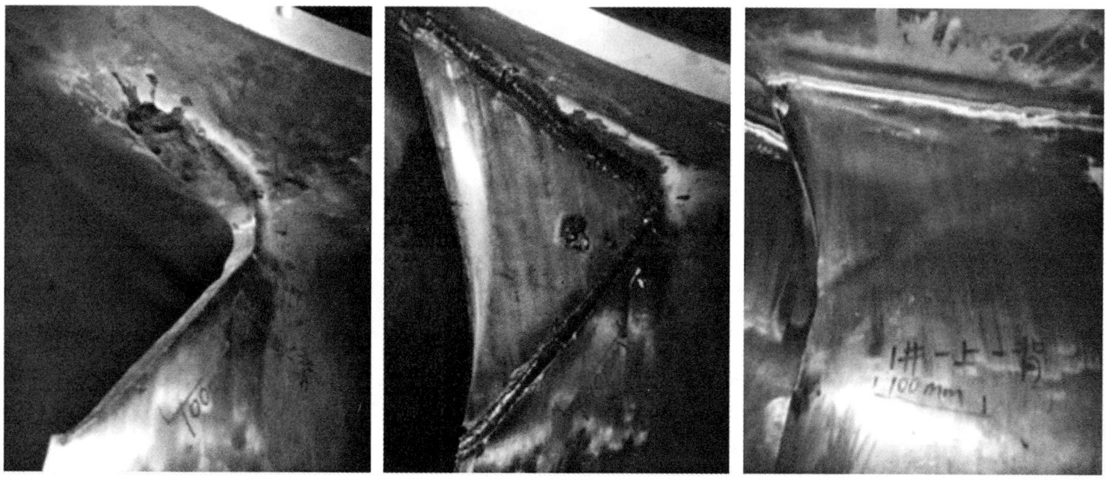
图 3 均匀非等厚三角块处理效果

3 创新亮点

3.1 创新机理分析

针对光照水电站转轮大变幅高水头的特点，从转轮的运行工况、材质、内部流场、叶片静动应力等方面进行集成统计对比分析、化学检测、真机试验、CFD流场计算、流固耦合计算等方法进行了裂纹机理综合分析，找出了光照水电站转轮裂纹的产生机理。

3.2 经济性提升

针对混流式水轮机采用“顺序耦合法”的流固耦合数值计算实现方法，保证计算精度的前提下提升了计算的经济性。

3.3 创新设计思路

基于CFD－流固耦合数值仿真计算优化设计了“均匀非等厚三角块”，根据流场、应力分布对三角块的结构和形状进行设计。

3.4 五位一体分析方法和处理措施

建立了运行工况分析、机理分析、CFD－流固耦合数值仿真计算、材料分析、原型试验验证等五位一体的大变幅高水头转轮裂纹成因分析的技术方法和处理措施。

4 推广价值及范围

水轮机组转轮裂纹问题在国内外电站中普遍存在，而且很多电站的这一问题在其投产运行之后一直未能很好解决，为电站的安全生产埋下了隐患。光照水电站运行水头大幅度变化对转轮裂纹的分析与对策研究为混流式水轮机转轮叶片裂纹处理研究提供了较为完善的新模式，建立了机理分析、数值仿真计算、原型试验多位一体水轮机转轮裂纹的原因分析与解决体系。这一体系不仅成功解决了光照水电站机组转轮长期存在的裂纹问题，保证了安全稳定经济运行，更有助于进一步推进水电机组转轮裂纹问题的理论研究及应用，为其他电站转轮裂纹处理提供了很好的借鉴和参考依据。

5 前景展望

从国内外水轮机组转轮裂纹问题的原因分析和处理过程来看，将涉及到水力、电气、机械等众多的因素，主要方法包括理论分析、数值模拟计算、模型试验和真机试验4个方面。而对于水轮机机组的转轮裂纹问题，国内外尚无统一的评价标准和研究体系。针对机组振动问题，很多电站所采取的措施仅能缓解转轮裂纹问题，但无法对其产生的原因给出科学、合理的解释，给生产带来了极大的安全隐患。因此，从电力生产安全性和经济性角度出发，应从机理、关键技术、诊断处理方式等多个角度深入研究水电机组，特别是运行水头大幅变化下的转轮裂纹问题。

由于水力因素是裂纹产生的直接原因，且有其他多种因素综合影响的结果，但加三角块的方式只是降低叶片的最大应力，转移最大应力位置，改善转轮叶片应力分布，仅消除了裂纹产生的被动因素，因此建议进一步优化机组运行方式，避免机组低水头、低负荷，特别是处于振动区长期运行。

参考文献：

[1] 肖若富，韦彩新，韩凤琴．混流式水轮机转轮的动力学研究［J］．大电机技术，2001（S1）．

[2] 梁权伟，王正伟，方源．考虑流固耦合的混流式水轮机转轮模态分析［J］．水力发电学报，2004（3）：116-120.

[3] 王正伟，罗永要，方源．负荷调节过程中的混流式转轮流固耦合计算［J］．水力发电学报，2005（4）．

[4] 罗永要，王正伟，梁权伟．混流式水轮机转轮动载荷作用下的应力特性［J］．清华大学学报（自然科学版），2005，45（2）：235-237.

[5] 黄文，吴彤峰．水轮机转轮叶片的应力分布及其裂纹成因［J］．实用测试技术，1999（3）：33-34.

[6] 吴广辉，梁武科，王辉斌．基于声发射技术的水轮机转轮叶片裂纹检测［J］．电网与清洁能源，2009，25（4）：58-60.

水电厂调速器锁锭闭锁功能优化

蒋琦

（贵州黔源北盘江董箐分公司　贵州贞丰　562200）

摘要：机组在停机状态下，操作人员若未能拔出锁锭就操作导叶，会将液压锁锭损坏，造成安全事故，严重影响机组的安全稳定运行。为了从根本上解决这一问题，拟对调速器电手动模式下液压锁锭闭锁功能进行改造，即当调速器控制系统检测到液压锁锭拔出信号未开出时，"电手动"模式下自动闭锁导叶动作功能。通过这一改造，大大提高了导叶操作的安全性，最大程度减少了安全事故的发生，无论是从经济效益还是安全生产上都具有深远影响。

关键词：电手动；液压锁锭；开关量；导叶电气开限；调速器

1　某水电厂调速器基本原理简介

某水电厂总装机容量为880 MW，共有4台机组，单机容量为220 MW。1号机组于2009年12月1日投产。

该调速器主要有3种动作模式：自动、电手动、机手动。机组正常开机并网运行时，采用自动模式；而在停机情况下操作导叶时，通常采用电手动模式或机手动模式。调速器的工作原理如图1所示。

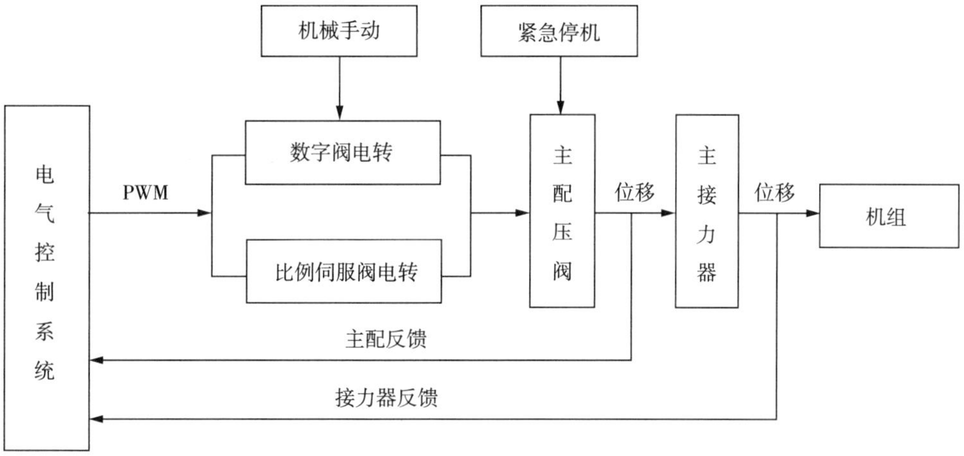

图1　PSWT－100－6.3型调速器系统的工作原理

电信号与接力器位置反馈信号在综合放大器内比较并放大，放大器输出模拟量（－10～10 V）信号使比例阀产生与其成比例的位移。由于电液转换器与引导阀直接连接，而数字阀控制的时候是由放大器输出脉冲信号到高速数字球阀，改变油路来推动引导阀动作，引导阀同时产生位移并通过液压放大器使主配压阀活塞也产生相应的位移，主配压阀因此向主接力器配油并使之移动，直到主接力器位置信号与电气的信号数值相等为止[1]。

调速器由2套高性能法国施耐德MODICON TSX系列控制器（A）和（B）并联构成电气控制的核心，1套德国西门子Siemens S7 PLC作为调速器协处理控制单元（C）。调速器具体参数见表1。

2　"电手动"模式下锁锭闭锁功能优化改造

2.1　当前状况

该水电厂机组在负载运行时，调速器能实现"自动－电手动－机手动"3种模式的无扰动切换。该电手动控制模式的增减导叶开度的精度为0.1%接力器全行程，而机械纯手动控制模式的增减导叶开度的精度为0.3%接力器全行程，即电手动控制

收稿日期：2019-11-11.

作者简介：蒋琦，贵州贵阳人，工程师，从事水电设备维护工作.

表 1　1 号机调速器具体参数

项目	具体参数
调速器型号	PSWT－100－6.3
主配压阀直径/mm	108
调速系统的操作油压/MPa	6.3
调速器工作电源	交流电源输入：AC(220 V±44)，频率：47～52 Hz 直流电源输入：DC(220V±44)
测频方式	PLC 测频、1 路网频、1 路残压和 2 路齿盘
接力器全行程/mm	664
比率增益 Kp 调整范围	0～20
积分增益 Ki 调整范围	0～10
微分增益 Kb 调整范围	0～5

模式的增减导叶开度的精度要高于机械纯手动控制模式[2]。一般情况下，尤其是在机组检修或正常停机时的导叶操作，通常采用“电手动”模式操作导叶。

当调速器切为“电手动”模式后，在操作导叶前，需对导叶电气开限进行修改。将导叶电气开限修改到目标值后，此时无论调速器控制系统有无检测到“锁锭拔出”信号，当操作人员操作导叶时，调速器都会下发导叶动作指令[3]。若操作人员或监护人员未实际检查锁锭的实际位置，很有可能使锁锭损坏，造成严重的安全生产事故。为了从根本上解决这一问题，拟对调速器电手动模式下液压锁锭闭锁功能进行改造，即当调速器控制系统接收到“锁锭拔出”的信号后，才允许动作导叶[4]。

2.2　具体改造情况

此次改造的原理是将“锁锭投入”和“锁锭拔出”信号作为判断在“电手动”模式下导叶动作的逻辑，写入调速器 PLC 控制程序，以实现调速器“电手动”模式下的锁锭闭锁功能。调速器在“电手动”模式下，导叶动作要通过设置导叶电气开限来实现，故通过闭锁导叶开限来实现锁锭闭锁功能。

2.2.1　PLC 控制程序优化升级

该水电厂调速器 PLC 控制程序里，“锁锭投入”及“锁锭拔出”信号均为开关量信号，只有“0”和“1”两种状态。当控制输出为“0”时，判断逻辑为“非”，即不动作；当控制输出为“1”时，判断逻辑为“与”，即动作[5]。

此次改造在调速器 PLC 控制程序里增加 1 对开关量：锁锭投入输入点(DI _ LIT %I0.2.12.0)和锁锭拔出输入点(DI _ LOT %I0.2.13.0)。新增锁锭投入滤波输出地址：DSF _ LIT %M1755 及锁锭拔出滤波输出地址：DSF _ LOT %M1756，和相对应的锁锭投入接口地址：RM _ II _ LIT %M556、锁锭拔出接口地址：RM _ II _ LOT %M557。并增加了锁锭闭锁功能的逻辑控制程序：

(1) TDSF _ LIT (IN：=DI _ LIT，PT：=t＃500 ms，Q=>DSF _ LIT)；TDSF _ LOT (IN：=DI _ LOT，PT：=t＃500 ms，Q=>DSF _ LOT)；此程序段的意义为：将开入点“锁锭投入”及“锁锭拔出”分别赋值给调速器内部的“锁锭投入监视器”及“锁锭拔出监视器”，并对该信号进行滤波。

(2) RM _ II _ LIT：=DSF _ LIT；RM _ II _ LOT：=DSF _ LOT；此程序段的意义为：将滤波后的“锁锭投入”及“锁锭拔出”信号赋值给调速器内部的运行管理器，使其参与调速器的控制。

(3) IF(RM _ II _ LIT OR NOT RM _ II _ LOT) AND RM _ II _ LOT<100 THEN RM _ CS _ OL：=0；END _ IF；此程序段的意义为：在“电手动”模式下，当锁锭投入置为“1”或锁锭拔出置为“0”，且导叶开度小于 1%时，那么导叶电气开限输出为 0%，即导叶不动作。

2.2.2　调速器外部相关电气接线优化

程序优化后，在调速器 A、B 机 PLC 开关量输入及输出模块内增加“锁锭投入”及“锁锭拔出”控制信号接点，使得这 2 个开关量信号参与调速器 PLC 控制。

为了区分“锁锭投入”及“锁锭拔出”信号指示，此次改造将“锁锭投入”指示灯更换为红色指示灯，“锁锭拔出”指示灯为绿色指示灯，更加清晰地对操作人员进行指示。

2.3　改造后的试验

机组在停机状态下，导叶开度为零，液压锁锭在“投入”位置，将调速器切为“电手动”模式，导叶电气开限为零。此时修改导叶电气开限，导叶电气开限未发生变化。通过电手动模式下导叶开度增加指令增加导叶开度，导叶开度未发生变化。具体情况如图 2 所示。

将液压锁锭拔出，此时“锁锭拔出”指示灯亮，导叶开度为零，调速器在“电手动”模式。此时修改导叶电气开限，导叶电气开限会变化到目标值。通过电手动模式下导叶开度增加指令增加导叶开度，导叶能够在 0 与电气开限目标值之间动作。具体情况如图 3 所示。

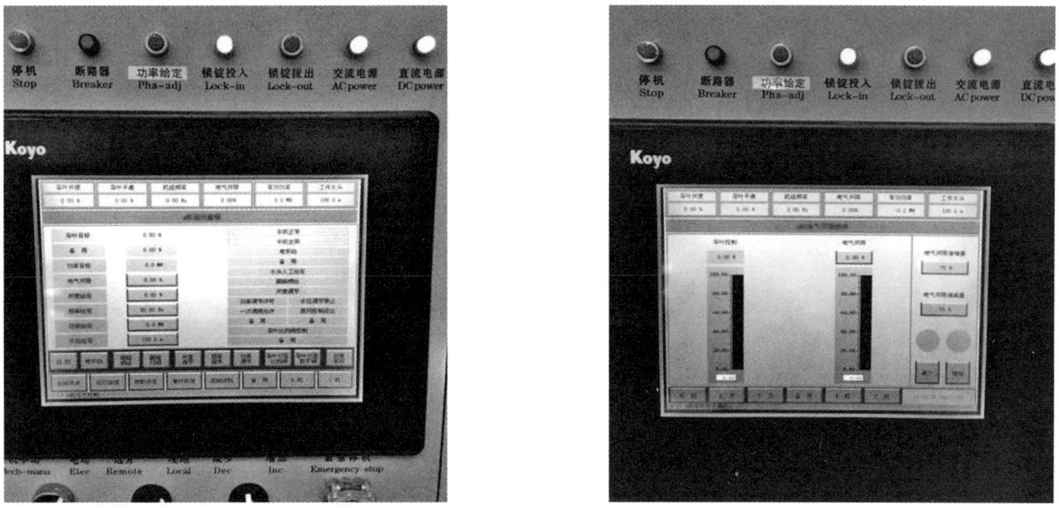

图 2　液压锁锭接入、电手动模式下调速器控制画面显示

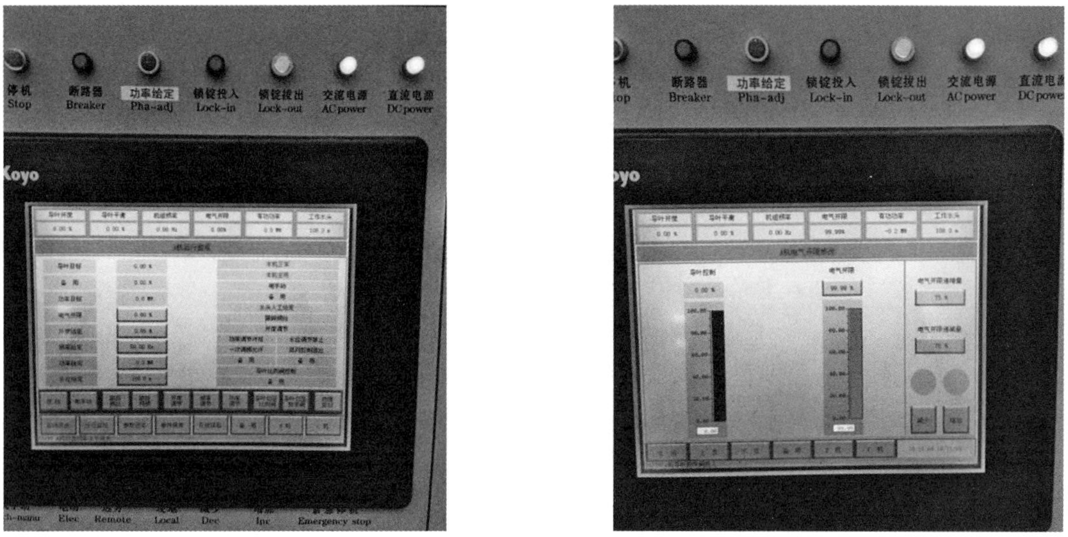

图 3　液压锁锭拔出、电手动模式下调速器控制画面显示

通过试验验证：当液压锁锭投入时，“电手动”模式下导叶电气开限不变化，导叶不动作；当液压锁锭拔出时，“电手动”模式下导叶电气开限能变化到目标值，导叶动作。在“电手动”模式下实现了液压锁锭对导叶的闭锁功能。试验结果统计见表 2。

表 2　“电手动”模式下液压锁锭闭锁导叶功能的试验结果

项目	导叶电气开限动作情况	导叶实际动作情况
液压锁锭投入	不动作	不动作
液压锁锭拔出	动作	动作

3　结论

此次调速器液压锁锭闭锁功能的优化升级改造，通过将“锁锭投入”及“锁锭拔出”信号作为操作导叶电气开限的依据，从而实现了对导叶动作的控制。改造完成后经过多次试验，反复验证了这一功能的可行性及必要性，它已在该电厂的机组上投入运行。可以说，这一功能的使用，不仅从根本上解决了因工作人员的误操作而导致的锁锭损坏事故，大幅度地提高了经济效益，保证了安全生产，同时，也为相似水电站的“电手动”模式下锁锭闭锁功能的推广起到了良好的促进作用，具有比较深远的意义。

参考文献：

[1] 武汉三联水电控制设备有限公司. PSWT 比例数字冗余式水轮机调速器 [Z]. 武汉，2005 (9).

[2] 詹克秀. 水电站调速器的电气故障与处理技术 [J]. 山东工业技术，2014：24.

[3] 占小涛，张晓宏，张俊发. 水轮机导叶开启和关闭规律探讨 [J]. 人民长江，2019 (9)：89.

[4] 张勇. 水电站调速器液压系统故障分析 [J]. 四川水力发电，2019：03.

[5] 吴名钢. PSWST-PLC 型调速器在水电站的应用 [J]. 电力安全技术，2014：04.

思林发电厂工作密封条更换工艺的改进

郑伟

（乌江渡发电厂　贵州遵义　563104）

摘要：工作密封是水轮机的关键装置，需要定期对工作密封条进行更换。本文针对传统检修工艺的不足，提出了改进措施，大大提高了工作效率，节约了检修工期和检修成本。

关键词：工作密封；检修工艺；改进

1　概述

水轮机工作密封的作用是机组运行时有效地阻挡水流从主轴与顶盖之间间隙上溢，防止水轮机导轴承及顶盖被淹，维持轴承和机组的正常运行。思林发电厂工作密封为轴向水压机械密封，密封条为HWG2082Mo，带有磨损量指示器，允许磨损量为12 mm。密封水水质要求为生活用水，水量为150～230 L/min。供水水压要求为1.0～1.5 MPa，经主轴密封供水系统调节后，进入密封条内的水压约为0.3～0.6 MPa，密封间隙（水膜厚度）为58～92 um。运行时应注意观查水量、水压及磨损量的变化，同时注意漏水量的大小。机组检修时，需对不合格的工作密封条进行更换。本文针对传统检修工艺的不足，提出了改进措施。

工作密封结构如下：

（1）工作密封由滑环、密封环(由4瓣组合而成)、密封条(由8瓣组合而成)和支撑环等组成。

（2）不锈钢滑环分为4瓣通过螺栓把合于转轮法兰上。

（3）密封环可以作轴向移动，用来补偿密封条的磨损量。通过防转装置固定在特定位置上，同时它还起着机械性限制磨损量的功能。磨损量可通过带磁环的线性位移传感器测得。

（4）不锈钢弹簧均匀分布在密封环的圆周上，将密封条压靠在滑环上。密封条在自身的重量和尾水压力的作用下压靠在滑环上。

（5）运行时，密封条在密封水的压力作用下受到向上的力，当密封条向上与向下的力取得平衡后，在滑环和密封条之间形成58～92 μm厚的水膜，这样两者无直接的接触进而延长密封条的使用寿命。

（6）密封漏水集在集水环中，自流排入厂房集水井。

2　传统更换工艺存在的问题

根据思林发电厂工作密封结构的性质，工作密封条更换只能在机组大修的时候进行。更换时，水导轴承已拆卸，工作密封水箱、支撑环、推力环等已拆除。一般情况下，都是在顶盖吊出机坑后进行更换，最好是在顶盖回装前将工作密封条更换完成。若顶盖回装后再更换工作密封条，因空间狭窄，导致操作不方便，工作效率低，直接影响检修工期。

2.1　传统更换密封条的方法

（1）密封环不分瓣，用2个葫芦将工作密封环吊起，拆除旧的工作密封条。

（2）检查清扫工作密封槽。

（3）将第1条新的密封条放入密封槽中，对应好工作密封润滑水孔和固定螺丝孔，检查无问题，取出密封条，工作密封槽底部打上密封胶，装入密封条，上牢固定螺丝。

（4）将第2条密封条紧挨着第1条密封条试装，检查润滑水孔和固定螺丝孔对应，不能对应时，将密封条端面进行打磨后再试装。试装成功后，密封条之间端面清理干净后涂环氧树脂，密封槽底部打上密封胶，装入密封条，上牢固定螺丝。

（5）用同样的方法将剩余的6块密封条装入密封槽中，完成密封条的安装。

（6）清理干净密封条上的密封胶、凸出来的环氧树脂等。

（7）清理干净滑环。

（8）落下葫芦，将密封环落在滑环上，用塞尺检查密封环与滑环间的间隙应小于0.02 mm。

（9）若间隙不合格，将测量间隙的数据分段标

收稿日期：2019-12-23.

作者简介：郑伟，贵州余庆人，助理工程师，技师，从事水电厂机械检修工作.

注，拉葫芦将密封环提到一定的高度，用锉刀、纱布打磨高点。反复测量、处理几次，直至间隙合格为止。

2.2 传统更换密封条的不足

传统更换密封条的方式存在以下不足：

(1) 拆除旧的密封条前，没有测量密封间隙。

(2) 更换密封条前没有检查滑环固定螺丝是否松动，没有测量滑环水平。

(3) 更换密封条前没有检查密封环合缝螺丝是否松动。

(4) 用2个葫芦提密封环，容易导致密封环变形，影响密封条间隙的调整。

(5) 用塞尺测量，对处理高点没有明确的部位，不利于处理。

(6) 密封槽底部打密封胶，由于密封胶厚薄难以控制，导致厚薄不均，增加密封条的波浪度，增加处理间隙的难度。

(7) 由于操作空间受限，工作人员仰视处理密封面，操作难度大、效率低，更换工作密封条要4个人7 d的时间，直接影响检修工期。

3 工作密封更换工艺的改进

为了提高工作效率，对密封环与密封条的结构和安装工艺进行了研究。密封环是4瓣，工作密封条是8条，正好2条密封条装在1瓣密封环上，密封条上的润滑水孔、螺丝孔正好和密封环上的一一对应。在下一次的检修中，将密封环分瓣解体，将密封环解体后反置。将密封条装入密封环后在放回滑环上组合密封环，大大节约了工期，将以前的7 d时间缩短到2 d完成。

改进后的密封条的更换步骤如下：

(1) 拆密封环合缝螺丝，将其分成4瓣，反置其密封环，拆除旧的工作密封条。

(2) 修整并清理工作密封槽及组合缝。

(3) 然后将8块密封条分别装于4瓣密封环上，确认密封环和密封条各自的供水孔开口位置一致，结合面应没有任何间隙。在密封条的侧面打密封胶，紧固螺栓涂上乐泰锁固胶后旋入。

(4) 在分瓣面处，密封条应与密封环分瓣法兰面同平面，不允许凸出其表面，凹于其平面处待组合分瓣的密封环后填充环氧树脂。

(5) 检查滑环固定螺丝是否松动，检查清理滑环密封面。

(6) 将密封环分瓣(已与密封条把合在一起)放到滑环上。

(7) 分瓣法兰面进行脱脂并涂抹乐泰，贴合上法兰面后塞入锥销，预紧螺栓并用乐泰锁固，清除分瓣面上多余的乐泰胶。

(8) 用4个葫芦将滑环提起一定的高度，清理二者接触面，然后平稳地将密封环安装于滑环上并用塞尺检验其内外密封表面。其总密封面应有2/3保持紧密接触没有间隙，不允许间隙大于0.02 mm。若间隙不合格，将密封环吊起在滑环上涂上黑墨水(不选用涂粉笔的方式，因为粉笔有颗粒，测量效果不明显)，然后放下密封环并转动几圈，再次移开后，密封条表面上的凸出点便显露出来。研磨、锉平并刮削光滑。重复进行几次保证其大轴密封表面比第1次安装时结合更加紧密。

4 工作密封更换注意事项

工作密封的更换容不得半点马虎，每一个细节都需要工作负责人的细心检查。

在对HGW材料的形状和质量进行全面试验后发现，新制材料板在制成后6个月内会发生变形。若存放不当，材料形状也会发生变化。在上述时间里，试样的长度每300 mm缩短了0.6 mm。在实际生产中，嵌入密封环采用稳定(如前所述放置6个月后)的材料，以减少变形。

工作密封环合缝螺丝一定要上牢靠，用4个葫芦平稳地起吊密封环，防止密封环变形，影响密封间隙的调整。

5 结语

思林发电厂工作密封为轴向水压机械密封，安装工艺的改进具有以下优点：一是将密封环分瓣反置安装密封条，便于操作，提高了工作效率。二是密封条与密封环的密封胶由底部改为侧面密封，避免了由于密封胶厚薄不均引起的密封条波浪变形，避免了间隙调整的难度。三是在滑环上涂上黑墨水，然后放下密封环并转动几圈，再次移开后，密封条表面上的凸出点便显露出来，使得高点一目了然，提高了工作效率。四是检修时间由7 d缩短到2 d，大大节约了检修工期和检修成本。通过一次大修工作密封条更换验证，此方法行之有效，对同类工作密封更换具有一定的借鉴作用。

大型水电厂 WiFi 认证系统的开发及应用

张洪莉

（天生桥一级水电开发有限责任公司水力发电厂　贵州兴义　562400）

摘要：针对如何有效管理天生桥一级水电开发有限责任公司水力发电厂 WiFi 用户问题，天一电厂设计开发了 1 套基于 MAC 地址认证的无线管理系统。本文就设计思路、借助的开发平台及如何开发进行了描述。开发的系统不仅有效帮助了管理员对无线终端用户的管理，还大大提高了电厂的网络安全性。

关键词：认证；系统；流程；搭建；开发

0　引言

天生桥一级水电开发有限责任公司水力发电厂（下文简称“天一电厂”）位于珠江流域红水河上游的南盘江上，地处广西、贵州、云南三省（区）交界，是我国红水河水电资源梯级开发的龙头电站，国家“八五计划”的重点建设项目，是“西电东送”工程南线的骨干电站。电厂共安装 4 台 300 MW 水轮发电机组，总装机容量 1 200 MW，设计年发电量 52.26 亿 kW·h，水库总库容 102.57 亿 m^3。

2001 年 11 月 18 日，天一电厂挂牌成立，负责电站的生产运行管理。历经 10 多年的运行发展，截至 2018 年 12 月 31 日，天一电厂固定资产净值约 45 亿元，在职员工 198 人，累计发电约 844 亿 kW·h，实现连续安全生产 5 923 天，上缴税费 33 多亿元。该厂先后荣获国家电力公司“双文明单位标兵”、中国电力企业联合会“全国优秀电力企业”、广东省“五一劳动奖状”等多项荣誉。

1　实施背景

随着无线网络信息技术的快速发展，无线网络成为天一电厂办公不可缺少的网络。随着无线 WiFi 覆盖区域的增加，天一电厂无线用户呈爆发式增长，在线无线用户数由原来的 50 多个增加到现在 300 多个。

无线网络的应用面增大了，但无线安全管理仍停留在原有的基础上，即只需提供无线接入密码 WPA/WPA2 进行认证就可进入天一电厂无线网络。如何有效管理无线用户、构建无线网络安全空间成了天一电厂迫切要解决的问题。

2　设计思路

众所周知，MAC 地址是网络设备中不变的物理地址，如同身份证上的身份证号码，具有全球唯一性，基于 MAC 地址的接入控制就成了最直接、最有效的控制手段。天一电厂采用了基于 MAC 地址认证，来加强无线 WiFi 终端接入的安全。

天 ·电厂采用了 2 套不同厂商（思科与华为）的无线 WiFi 系统，对于所有无线接入设备都需在 2 套 WiFi 系统中增加 MAC 地址。但无线控制器增加本地 MAC 地址存在一定的上限（上限值为 1 024 条记录）。当无线控制器设备中的 MAC 地址数量超出上限，新终端 MAC 地址将无法增加，只有删除无线控制器设备中现有的 MAC 地址。但无线控制器上现有的 MAC 地址无法与用户进行关联，无法从无线控制器设备中获得哪些 MAC 地址最近使用过，只能够随机删除。为解决这一难题，电厂采用了开源的 Freeradius＋Mysql 进行了开发。

3　系统开发环境部署

3.1　前端环境

前端环境需求采用 Linux＋Apache＋Mysql＋PHP，此组合是 Linux 中运行 PHP 环境较常见的组合。此组合优点为安全性能好、防御功能强大、性能高、可扩展性强。

ThinkPHP 是 1 个开源的 PHP 框架，是为了简化企业级应用开发和敏捷 WEB 应用开发而诞生的，能够解决应用开发中的大多数需要。

3.2　后端 radius 部署

后端服务采用开源的 Freeradius 系统进行搭建。Freeradius 是 1 个模块化、高性能并且功能丰富的 1 套 Radius 程序，包含服务器、客户端（radius client）、开发库和一些额外的相关 radius 工具。

收稿日期：2019-10-23.

作者简介：张洪莉，贵州兴义人，工程师，从事水电厂自动化工作.

3.3 数据库

Radius 认证系统采用 Mysql 数据库，Mysql 是最流行的关系数据库系统，在 WEB 应用方面也是最好应用软件之一。天一电厂通过在 Mysql 数据库中增加相应的字段，来实现更多可自定的功能及需求。增加的字段有：

(1) 终端最后一次认证时间。

(2) 终端与用户的关系。

(3) 认证成功与失败日志。

(4) 用户无线 WiFi 流量排名。

(5) 用户及终端信息的添加与删除。

3.3.1 数据库创建

在 mysql 数据库中创建 radius 用户及 radius 数据库，创建命令如下：

```
CREATE DATABASE IF NOT EXISTS radius DEFAULT CHARSET utf8 COLLATE utf8 _ general _ ci;
CREATE USER 'radius'@'localhost';
SET PASSWORD FOR 'radius'@'localhost' = PASSWORD('radpass');
GRANT ALL PRIVILEGES ON radius. * TO 'radius'@'localhost' WITH GRANT OPTION;
FLUSH PRIVILEGES;
```

3.3.2 数据库导入

将 freeradius 文件夹下的 mysql 数据库文件导入至 radius 数据库中，导入后默认表及表功能定义如下：

(1) radcheck 用户检查信息表。

(2) radreply 用户回复信息表。

(3) radgroupcheck 用户组检查信息表。

(4) radgroupreply 用户组回复信息表。

(5) radusergroup 用户和组关系表。

(6) radacct 计费情况表。

(7) radpostauth 认证后处理信息，可以包括认证请求成功和拒绝的记录。

radius 数据库存放于 mysql 数据库中，radius 数据库下的所有表结构均可按照用户的需求进行调整。这为后期前端页面开发过程中实现查看当前在线用户数、记录终端 MAC 地址最后上线的时间等功能，需要修改 radius 数据库对应表的相关字段，提供了便捷。

3.4 在线用户数查看

在无线终端进行认证时，radius 服务器会收到 3 种状态 Start(开始)、Interim－Update(临时更新)、Stop(停止)。通过 3 种状态值则可以判断当前终端的实时状态，知道当前所有用户在线情况。

3.5 如何获取终端认证日志信息

通过修改/usr/local/etc/raddb/mods－config/sql/main/mysql/queries. conf 文件，将 Acct－Status－Type 的状态值写入 radacct 的 Status 字段中，以获取存储状态值。

在修改时需要注意，各种状态下的 sql 语句均需要进行增加，增加完成后在 mysql 中查看 radacct 表的状态。

3.6 如何快速获取当前终端状态

由于 radacct 表为记帐表，同一个终端在该表中会存在多条信息，为了更快更方便获得当前终端的状态值，将该状态值传递至 1 个 MAC 地址唯一的表中进行存储，以方便后期查询使用。在 radcheck 表中存有终端 MAC 地址的唯一信息，将 radacct 表由来自 radius 协议写入过来的记账数据时，通过 mysql 自带的触发器，将该状态信息更新至 radcheck 表中。

通过 radcheck 查看的效果如图 1 所示。

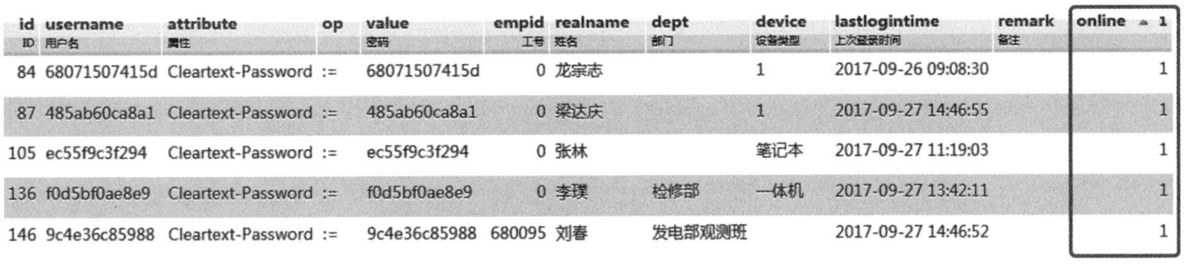

id ID	username 用户名	attribute 属性	op	value 密码	empid 工号	realname 姓名	dept 部门	device 设备类型	lastlogintime 上次登录时间	remark 备注	online
84	68071507415d	Cleartext-Password	:=	68071507415d	0	龙宗志		1	2017-09-26 09:08:30		1
87	485ab60ca8a1	Cleartext-Password	:=	485ab60ca8a1	0	梁达庆		1	2017-09-27 14:46:55		1
105	ec55f9c3f294	Cleartext-Password	:=	ec55f9c3f294	0	张林		笔记本	2017-09-27 11:19:03		1
136	f0d5bf0ae8e9	Cleartext-Password	:=	f0d5bf0ae8e9	0	李璞	检修部	一体机	2017-09-27 13:42:11		1
146	9c4e36c85988	Cleartext-Password	:=	9c4e36c85988	680095	刘春	发电部观测班		2017-09-27 14:46:52		1

图 1　通过 radcheck 查看的效果图

在 radcheck 表的 online 字段中，0 表示离线、1 表示在线，通过执行 select count(*) from radcheck where online = 1 SQL 语句则能够统计出当前所有在线用户数。

3.7 如何记录终端 MAC 地址最后上线的时间

随着智能终端设备的普及，越来越多的智能终端将通过无线连入天一电厂网络，那认证系统中将存放越来越多的终端用户信息。如何及时清除僵尸无线终端，天一电厂 WiFi 认证系统开发的另一重点在统计无线终端最后一次上线的时间，以来查询近 3 个月或 6 个月未上线的终端，并进行删除。

radpostauth 表是存放认证后的处理信息，包括认证请求成功和拒绝的记录及对应的时间（见图 2）。

id	username	pass	reply	authdate
1	74de2b8d1168	74de2b8d1168	Access-Accept	2017-09-19 17:08:13
2	485ab60d0c67	485ab60d0c67	Access-Accept	2017-09-19 17:17:19
3	485ab60d0c67	485ab60d0c67	Access-Accept	2017-09-19 17:18:55
4	485ab60cb8ed	485ab60cb8ed	Access-Accept	2017-09-19 17:24:50
5	70788b31bd90	70788b31bd90	Access-Reject	2017-09-19 17:55:34
6	70788b31bd90	70788b31bd90	Access-Reject	2017-09-19 17:55:36
7	70788b31bd90	70788b31bd90	Access-Reject	2017-09-19 17:55:38
8	849fb5759789	849fb5759789	Access-Reject	2017-09-19 18:02:04

图 2 radpostauth **表格式**

在图 2 中 reply 字段，有 Access－Accept 与 Access－Reject 两种状态，Access－Accept 表示该终端认证成功，Access－Reject 表示该终端认证失败。通过获取 Access－Accept 的状态，将对应的 authdate 字段内的认证时间更新至 radcheck 对应的记录以获取无线终端最近上线时间。

实现方式：首先在 radcheck 表中创建 lastlogintime 字段，用于存储 radpostauth 传递过来的日期，再 radpostauth 通过 mysql 的触发器去更新 radcheck 表中的 lastlogintime 字段值。

触发器代码编写如下：

```
CREATE TRIGGER `t _ after _ on _ radcheck` AFTER INSERT ON `radpostauth`
FOR EACH ROW IF (UPPER(NEW. reply) = UPPER('Access－Accept')) THEN
    UPDATE radcheck SET lastlogintime = new. authdate
        WHERE UPPER(username) = UPPER(new. username);
END IF
```

通过以上开发，radius 认证系统已满足天一电厂 WiFi 认证需求。实现了思科无线控制器、华为无线控制器的统一认证，实现了当前各终端的状态（在线、离线）的记录、无线终端最后一次认证的时间等功能。

4 前台管理界面开发

freeradius 的部署后仅为 radius 服务，供各无线终端进行认证。在管理 radius 认证数据需要直接操作数据库，不方便天一电厂管理人员维护。天一电厂通过 PHP 开发语言进行了前端认证管理界面的开发。

在前端认证界面中需要实现如下功能：

（1）查看各服务的运行状态（Apache、Mysql、Radius）。

（2）统计当前在线用户数。

（3）统计本季度上线的用户数。

（4）统计当前使用无线的流量排名。

（5）用户终端的添加、修改、删除。

（6）查看认证日志。

（7）NAS 设备的添加、修改、删除。

5 认证系统优点

2017 年年底，天一电厂完成了基于 MAC 地址认证无线管理系统的开发，2018 年年初正式投入使用。经过 1 年的运行，此认证系统运行稳定、操作简单、安全性高，大大减少了天一电厂管理员工作量，提高了天一电厂网络的安全性。此认证系统推广性也非常强，适合所有单位的无线管理。目前此认证管理系统仅用于无线的认证管理，在后期天一电厂将有线终端也接入至该认证系统，以实现网络的统一管理和维护。

5.1 部署简单

WiFi 认证系统对服务器硬件资源要求较低。天一电厂采用的 1 颗两核 CPU、4G 内存、100G 硬盘服务器来部署认证系统。管理员通过成熟的 LNMP 脚本快速部署了 Apache＋MySql＋PHP，利用 yum 工具快速安装了 freeradius 认证服务。经过 1 年的运行，认证系统运行稳定，使用情况良好。

5.2 成本低

此认证系统服务器采用的 CentOS 操作系统，CentOS 是 linux 操作系统，目前是免费的。Freeradius 为开源软件，开发人员可借助此开源软件进行需求的开发，也无需购买此软件。LNMP 脚本已较成熟，可在网上免费下载。

5.3 管理方便

5.3.1 维护量小

天一电厂认证服务器采用的虚拟服务器，虚拟服务器相对实体服务器维护工作本来都要少很多。服务器操作系统是 CentOS 操作系统，CentOS 是一款可靠性高、兼容性强、生命周期长的操纵系统，需要维护的工作非常少。

5.3.2 登录便捷

管理界面录采用 B/S 结构，B/S 最大的优点就是可以在任何地方进行操作而不用安装任何专门的软件，只要有 1 台能上网的电脑就能使用，客户端零安装、零维护。因此管理员只需通过浏览器即可完成大部分维护工作。

5.3.3 操作简单

管理员通过可视化界面简单操作即可完成增减用户工作，无需对无线控制器做任何操作。

5.4 统计功能强

可通过姓名、部门、状态、登录时间等了解 Wifi 用户信息，大大提高了管理员的效率。

也可统计出实时在线终端数、近 1 个月与近 3 个月的在线时长、当前或当月终端流量排行等。若需统计更多信息，可在 mysql 数据库增加相应的字段即可完成。

5.5 安全性高

天一电厂原无线 WiFi 通过 1 个 SSID 就可以访问天一电厂网络(内部和互联网)。为了增加其网络安全性，将无线 SSID 由 1 个分为 2 个：一个为内网 SSID，可以访问天一电厂任何网络，认证方式采用 MAC 地址＋WPA/WPA2 密码认证；另一个 SSID 为 Guest，仅能够访问互联网。任何一个需进入天一电厂内网的设备，必须经过管理员在认证系统进行 MAC 地址认证，保证了无线终端的可控性和可信性，从而也保证了网络的安全性。

沙沱发电厂计算机监控系统数据库数据缺失分析及应对措施

李静，郑明浩，袁泽静，陈彦希，李云峰，李坤，龙勇刚，晏辉，刘周昊

（贵州乌江水电开发有限责任公司沙沱发电厂　贵州沿河　565300）

摘要：文章指出沙沱发电厂计算机监控系统数据库数据缺失问题，分析原因，提出应对措施，并对监控系统定期维护进行整体评价。

关键词：计算机；监控系统；数据缺失；沙沱发电厂

0　引言

沙沱发电厂位于贵州省铜仁市沿河土家族自治县境内的乌江上，电厂总装机容量 1 120 MW，安装 4 台混流式水轮发电机组，电厂 5 回出线由 220 kV 电压等级接入贵州东部电网。

电厂计算机监控系统按“无人值班”原则设计，其总体设计和配置能实现现地 LCU、中控室、贵州省调、乌江流域集控中心监控；实现电站计算机监控系统与贵州省调、乌江流域集控中心计算机监控系统之间远程数据传输和监控的通信；实现电站计算机监控系统与机组状态监测系统、电能计量计费系统、电力系统安全稳定控制系统之间的数据通信；实现电站计算机监控系统与保护装置、励磁系统、调速器、直流系统、公用控制系统 PLC 等之间的通信。

电厂首台机组于 2013 年 5 月开始投产发电，计算机监控系统设备采用国电南京自动化股份有限公司开发的 SD8000 型监控系统。2 台数据库服务器共用 1 套光纤磁盘阵列，磁盘阵列采用美国 Sun Microsystems 公司生产的 StorageTek 2540FC 型产品。

1　计算机监控系统监视和记录功能

电力计算机监控系统的监视功能包括对电能质量和电网安全的监视。电能质量主要包括电力设备故障、动态扰动、静态偏差以及人为误操作等；电网安全则包括电力监控系统在运行过程中对电流、电压模拟量和自控装置运行状态的不间断监视，以便于在供配电设备发生故障时能及时预警，为技术人员检修工作提供便利。

记录功能包括时间顺序记录和故障记录。时间顺序记录模式可对供配电各程序的数据输入、输出状态进行有效记录。当远程集控主站或后台监控系统信号断路时，时间顺序记录模式也能保证数据不遗失。故障记录则是指在设备故障动作前后，对与故障相关的信息数据进行记录，例如电流和电压值，有效提升了检修人员的工作效率。此外，根据记录数据还能为应对措施的拟定提供参考。

2　数据库管理及组态

数据库管理软件采用 MYSQL，用于建立、使用和维护数据库，对数据库进行统一的控制和管理，以保证数据库的安全性和完整性。通过数据库管理系统访问数据库中的数据，数据库管理员也可通过数据库管理系统进行数据库的维护工作。它支持多个应用程序和用户用不同的方法同时或不同时刻建立、修改和查询数据库。数据库提供各节点存储瞬时状态、事件数据、测量值及用于趋势分析和定期报告的数据，以及归档和检索这类数据的管理。

3　监控系统数据库存在的主要问题

沙沱发电厂计算机监控系统已运行 8 年之久，实施查询功能有很多欠缺，特别是很多模拟量和历史曲线无法查询；运行日志报表无法自动获取数据及填报；一览表数据已出现缺失现象。

计算机监控系统作为机组、开关站和公用系统的控制核心，其运行的稳定可靠性直接关系到全厂设备的安全运行；其历史库数据可靠存储和查询，直接影响到全厂发供电设备的事故追忆，因此对历

收稿日期：2019-11-11.

作者简介：李静，贵州贵阳人，助理工程师，从事水电厂二次专业维护工作.

史库数据丢失及历史数据查询问题已严重影响电厂安全运行，需积极制定应对措施，有效解决监控系统历史数据存储问题。

4 监控系统历史库数据丢失原因分析及应对措施

（1）原因分析。

沙沱发电厂计算机监控系统数据库历史数据存储在磁盘阵列中，至今已运行 8 年之久，2019 年 10 月监控系统出现部分数据历史曲线、运行日志报表数据缺失等现象，且 2 台数据库服务器运行正常，磁盘阵列运行正常，数据读写相关进程运行正常。经检查分析发现：沙沱发电厂磁盘阵列数据存储已到达上限，数据库管理服务器不具备对历史数据自动清理功能，虽然在服务器终端中看到读写进行运行正常，但是实际相关数据已无法写入磁盘阵列。

（2）应对措施。

技术人员将 2012—2015 年历史数据进行清理，并重启数据库管理服务器后，数据读写功能恢复正常；历史曲线查询、运行日志报表数据、一览表告警报文也恢复正常。目前沙沱发电厂已对计算机监控系统数据存储检查及清理工作纳入定期维护工作，每年定期对数据库磁盘阵列最早一年数据进行清理，保证数据库服务器及磁盘阵列安全可靠运行，从而确保计算机监控系统历史数据查询，事故追忆功能可靠实现。

5 结语

水电厂计算机监控系统目前已在全国范围内得到广泛应用，其功能及性能上仍然暴露出许多问题。

通过一线运维人员长期对计算机监控系统在实际电力生产中应用并提出有效的应对措施，从根本上消除隐患，可逐步完善电力监控系统存在的不足，进而逐步提高监控系统设备的可靠运行。

参考文献：

［1］DLT1009—2016 水电厂计算机监控系统运行及维护规程［S］.

［2］DLT 578—2008 水电厂计算机监控系统基本技术条件［S］.

［3］DLT 5065—2009 水力发电厂计算机监控系统设计规范［S］.

梯级电厂“远程集控、少人维护”现状分析及对策研究

贺亚山

（贵州乌江水电开发有限责任公司　贵州贵阳　550002）

摘要：目前各流域水电公司大部分实现了远程集控。随着远程集控工作的深入推进，又暴露出一些问题。为确保梯级电厂安全生产，各流域公司为此均在不断总结和改进。本文针对贵州乌江水电开发有限责任公司实现“远程集控、少人维护”的现状进行了分析，提出了对策。

关键词：梯级；电厂；远程集控；对策

1　概述

2015年4月，贵州乌江水电开发有限责任公司（以下简称乌江公司）梯级9座水电厂32台机组的控制权全部移交水电站远程集控中心（以下简称集控中心），乌江梯级水电厂全面实施了“远程集控、少人维护”生产管控模式。

在新的管控模式下，集控中心负责正常状态下水轮发电机组远程开停机、有无功调整、主变中性点地刀远程分合闸、AGC和AVC远程投退；负责全厂失压、水淹厂房、火灾、机组过速等四类异常的应急处置；负责重要事故报警及部分故障报警信息的监控工作。水电厂负责所属全部机电主辅设备、二次系统设备、水工建筑物及泄洪设备设施等的运行、维护和检修管理，实行8 h工作制，24 h责任制，电厂运行人员特别是夜间不再在中控室进行值班监视工作。

2　现状

经过近4年的探索和实践，乌江公司“远程集控、少人维护”工作已基本达到预期目标，集控中心、梯级电厂根据“远程集控、少人维护”管理方式职责分工，建立和完善管理体系，配套了相关管理制度、工作规程及标准、应急预案等，但还存在一些问题。

2.1　电厂异常事故监视过分依赖ON-CALL系统

根据乌江公司“远程集控、少人维护”管理办法，集控中心只负责接收主设备保护动作后跳闸和全厂失压、水淹厂房、火灾、机组过速等信号，而对于瓦（油）温过高、油压装置异常、主变和推力外循环油泵全停等影响机组非停的异常报警信号，集控中心并未纳入其监视范围；电厂无人值守期间通过ON-CALL系统接收一切异常和事故信号。

从职责划分来看是清晰的，但没有考虑电厂在无人值守的情况下，一旦ON-CALLl系统出现故障或电厂人员没有看到ON-CALL信息，电厂和集控都不能及时作出反应，则易造成事故扩大。

2.2　集控中心、电厂存在运行专业弱化现象

实行“远程集控、少人维护”后，梯级大部分电厂相继将运行部门和维护部门合并，实行了“运维合一”，部分电厂甚至取消了值长岗位，仅仅保留了部分运行人员。由于部门和人员合并，维护和运行人员相互制约、监督也随之弱化，导致诸如不严格执行“两票三制”、巡检次数减少、巡检质量下滑、检修安全措施执行不到位、缺陷不登记、消缺不及时、设备验收不完整、操作熟练度降低、对设备的运行及健康状况掌握不及时和关注度降低等情况。

集控中心运行人员均来自不同电厂，对各电厂设备在操作控制中的个体特性差异了解不全面，并且由于工作性质关系不能经常去电厂，对各厂现场设备熟悉程度随时间推移逐步下降；同时由于只从事简单的开停机等操作，只关注是否能够运行，对电厂异常、故障、主辅设备缺陷没有起到值长代表总工程师现场值班的作用，设备隐患不能及时掌握和重点关注，同时认为集控中心只负责职责范围内操作，设备健康与集控中心无关，缺少设备主人意识。

2.3　电厂人员专业技能水平有所下降

实行“运维合一”后，要求掌握的专业技能涵

收稿日期：2019-04-19.

作者简介：贺亚山，陕西渭南人，正高级工程师，主要从事水电站运行、远程集控方面管理工作.

盖多专业，由于时间、精力、学习能力的关系，部分人员在本专业还没有完全掌握的情况下进行多专业学习，与公司要求的“一专多能”差距较大。同时由于待遇、职业规划等问题，电厂有些技术骨干转岗、流失，造成工作质量、效率下降，设备消缺、维护质量不高，工作责任心不强，重复缺陷时有发生，举一反三能力不足。

2.4 缺少提前及时发现设备异常手段

由于运行设备各参数，如机组瓦温、主变油温等在不同负荷下、不同季节都有不同的运行特性，如果采用单一的运行参数去衡量，表面看是在正常范围的，但是也许已发生了异常变化但是没有达到报警值，实际上是存在隐患的。如辅助设备的压油泵、冷却泵、水泵等在同样运行工况下，启停次数、运行时间应该基本是一致的，如果出现了启停次数、运行时间异常，往往是由于异常引起的，但是目前仅仅靠人工是无法提前及时发现。

2.5 技术管理体系化不足

公司生产技术部门目前直接从事水电运行技术管理人员不足，在技术管理方面更多采取出现问题去分析和解决，并且专业配置不齐，对生产管理工作基础管理不牢固、不系统、不全面，未有效组织各水电厂彻底解决设备技术管理中的隐患和难题。目前各电厂计算机监控系统、AGC/AVC 系统、励磁系统、调速系统、保护系统、自动化系统等缺乏统一的技术规范和动作逻辑，增加了管理和事件发生后的难度和成本。

2.6 不满足电厂、电网对应急处理的要求

电网规定“线路跳闸后，负责设备监视的运行值班人员可不待就地检查变电设备，但应充分利用已有监控系统获取的信息并加以分析，在 3 min 内向值班调度员汇报事故发生的时间、天气、跳闸设备等事故概况，在 12 min 内向值班调度员汇报是否发现影响线路强送的设备异常”。

如在无人值班的情况下，为满足“在 12 min 内向值班调度员汇报是否发现影响线路强送的设备异常”仅仅通过监控系统和工业电视判断能否强送存在一定的安全风险，同时集控中心因为安全考虑，未将线路开关的操作纳入其控制范围，也不能满足电网对线路及时强送的要求。现场无人值班，不能有效地在第一时间对相关异常和事故进行处理，可能会造成事故扩大。

2.7 电厂设备、技术条件还需进一步完善

开展“远程集控、少人维护”后，各厂进行了大量的设备改造升级，但是还不能完全满足《水电厂无人值守的若干规定》，还需持续进行。

3 对策研究

3.1 集控中心扩大运行监视范围，作为 ON-CALL 系统的有效补充

集控中心将如不及时处理会造成事故扩大的信号纳入运行监视范围。主要包含：水轮发电机导轴承瓦温异常升高、冷却水中断、强迫外循环冷却设备全停、压油系统油压异常下降等。在异常变化还没有达到告警或跳闸停机前，发出异常变化警告信号，同时将远程诊断平台作为集控中心辅助监视手段，由集控中心进行分析判断并及时进行处置，可以避免由于电厂、集控中心未及时发现信号造成的异常事件。

3.2 强化运行专业，让运行专业回归本质

各水电厂根据生产组织方式保留足够的运行人员，运行人员按照运行职责开展工作，严格执行两票三制，履行好设备巡检和操作、检修安全措施布置、消缺验收、应急处置、现场指挥、工作票办理等职责。

集控中心设置独立值长，履行代表总工程师值班职责，电厂要对发现集控管辖范围内设备缺陷及时汇报，值长全盘实时掌握梯级电厂设备运行健康状况，值长对发现的设备异常和缺陷进行分析、判断，督促电厂及时消缺，负责事故指挥。

3.3 开展人员交流和培训，提升人员技能

建立集控中心、电厂运行人员交叉轮训机制，集控中心、电厂运行人员分别分批次到电厂、集控中心培训，并承担相应的工作职责，掌握集控和电厂的日常运行工作，以达到提升专业技能的目标；分批次将电站控制权切至电厂一段时间，由电厂按“远程集控、少人维护”前开展相关运行工作，以达到人员技能不下降的目标。

各水电厂各专业开展“师带徒”机制，师徒签订目标责任书，对“师带徒”工作开展好的进行奖励；建立技术专家库，打破电厂界限，由技术专家对各电厂进行统一培训，统一考评，并纳入绩效考核。

3.4 通过大数据分析手段，及时发现隐患

通过大数据分析手段，对表面看上去正常的设备的运行参数(如瓦温)、辅助设备单位时间的启停和运行时间(如压油泵、水泵)进行“相互横向对标”和“自我纵向对标”，及时发现运行异常，通过分析异发生的原因，及时发现安全隐患并消除，化被动为主动。

3.5 完善公司技术管理体系，加强技术管理

根据近年来的不安全事件，举一反三，深入分析管理上存在的不足，严格按照生产管理的相关规定开展生产管理制度、应急预案、技术规程及机电图册的修订工作。

改变过去发现问题、解决问题的方式，组织相关技术人员主动梳理管理、设备、人员存在的问题，举一反三，统一相关技术规范、建立各专业人才库、协同作战，专题方式进行研究分析，制定全面、详细的技术标准及流程，并下发各电厂执行。

3.6 厂房保留 24 h 应急人员，应对突发情况

在开展“远程集控、少人维护”时，电厂在厂房保留 24 h 应急处理人员，在满足线路调整后及时汇报，能够及时接收异常、事故信号和接受集控中心调度指令，以便在第一时间对厂内发生的一切异常和事故进行处理，遏制事故扩大，将损失降低到最小程度。

3.7 持续进行设备改造，提升设备健康水平

按照“远程集控、少人维护”设备技术要求，梳理目前没有到达的部分，制定完善计划；以“数字化电厂”建设为契机，提升设备智能化水平，适时开展图像智能巡检和监控、智能综合报警建设工作，做到“智能监控”。

4 结语

水电厂“远程集控、少人维护”目前没有成熟的案例进行复制，各流域集控中心都在摸索和改进中，针对不断出现的新情况要相互交流、不断总结、不断改进，形成一套适应各流域公司实际情况和安全管理的要求，最终目标是实现安全生产可控、在控。

乌江梯级“无人值班(少人值守)”下的调控模式

王安东
(贵州乌江水电开发有限责任公司　贵州贵阳　550002)

摘要：乌江梯级水电站已开发完成，梯级电站的调控模式随着技术水平提升而发生变化。随着乌江梯级“无人值班(少人值守)”的实施，乌江集控探索出适应“无人值班(少人值守)”的调控管理模式，调度运行采用调度、控制分离，明确调度、控制的职责、工作内容及工作方式。该模式使调度、控制工作分工明确、职责清晰，有利于安全生产，也有利于节能调度。

关键词：乌江；流域；梯级水电站；远程控制；管理；模式

1　概况

1.1　乌江梯级概况

乌江发源于云贵高原乌蒙山麓，至西向东折向东北，流经贵州、四川、湖北三省，至重庆涪陵注入长江，是长江南岸最大的一条支流，流域面积 87 920 km^2，全长 1 037 km。

贵州乌江水电开发有限责任公司(以下简称乌江公司)负责乌江干流贵州境内河段梯级水电站群的建设和运营，目前，贵州境内梯级水电站已开发完毕。乌江公司管理运营的电站包括洪家渡、东风、索风营、乌江渡、构皮滩、思林、沙沱和支流上的大花水、格里桥共 9 座电站、33 台机组，形成了总装机容量 869.5 万 kW 的梯级水电站群。

1.2　乌江梯级“无人值班(少人值守)”概况

2013 年，为深化水电运行管理体制改革，促进水电站技术进步，提高安全经济运行管理水平，根据华电集团安排，决定对乌江梯级水电站实施“无人值班(少人值守)、远程集控”管理模式。2013 年 12 月 10 日，集控中心将洪家渡水电站控制权转移至集控，洪家渡现场取消运行值班，只配置必要的生产人员，负责电站现场巡检、操作、维护和应急处置等工作，标志着乌江梯级水电厂“远程集控、少人值守”管理模式迈入新阶段。2015 年 4 月，乌江公司 9 座水电站全面实现“远程集控、少人维护”。

“无人值班(少人值守)、远程集控”管理模式有效改善水电站的管理水平，改善职工的工作和生活环境，提高整个梯级水电站安全经济运行，实现梯级电站水库运用的最优化，多发电量，降低水耗，增加电量收入，实现公司发电效益最大化。

2　调控模式

根据“无人值班(少人值守)、远程集控”需要，集控中心实行调控分离、各负其责的调控模式。主要开展水电站优化调度、洪水调度、电力调度、电量营销以及通信自动化、信息化专业等管理工作，调度运行采用调度、控制分离，分别实行 24 h 值班。

2.1　运行部负责电站远程控制

电站远程控制由运行部负责，设置运行人员 24 h 值班，负责梯级各水电站远程监视与操作，运行部职责及主要工作见表 1。

表 1　集控中心运行部职责及工作内容

部门职责	工作内容
电力运行管理	负责电力运行值班工作。 负责机电设备检修、消缺操作联系。 负责检修申请的一次设备安全措施复核、会签。 负责营销等报表报送。 负责电力运行专业管理工作。
远程控制管理	负责远程控制值班工作。 负责远程控制。 负责事故远程应急处理。 负责站内机组经济运行。

正常状态下操作范围包括：水轮发电机组远程开停机、机组有功和无功负荷调整、主变中性点地刀远程分合闸、AGC 和 AVC 远程投退操作。水电厂事故远程应急处理包括：水电厂全厂失压时，按相关规定远程开机带厂用电；水电厂发生水车室或压力钢管大量异常涌水时，及时通知水电厂，视情况远程停机、关闭进水口闸门(或关闭进水阀)；水电厂机组甩负荷时，负责监视机组转速；当转速上升到过速保护整定值进水口闸门(或进水阀)未自动关闭时，远程关闭进水口闸门(或关闭进水阀)；水电厂水轮发电机组、变压器、GIS 发生火灾时，

收稿日期：2019-04-19.
作者简介：王安东，高级工程师，从事梯级水库调度工作.

及时通知水电厂。

运行部每值设 4 人、5 值 3 倒，值长 1 人，3 名值班员，每名值班员分别负责 3 个厂站的运行监视及操作，实行 24 h 值班，开展公司水电站电力运行、远程控制工作，值班主要职责及工作内容见表 2。

表 2　集控中心运行值班主要职责及工作内容

工作职责	工作内容
值班管理	值长负责当班期间的本值安全管理工作，对本值的安全生产负责。 组织本值人员完成电力运行、远程控制工作。 负责组织本值人员做好文明办公。 负责组织本值人员做好值班原始记录。 负责组织交接班工作，按要求开展交接班。
电力运行和管理	负责接收集控调度指令，向公司水电站下达指令，对指令的及时性、准确性负责。 负责操作票的填写或审核，按票下达指令或监护本值人员下达指令。 负责指挥公司水电站机电设备的检修、消缺工作。 配合集控调度、公司水电站开展异常和事故处理。 做好值班原始工作记录，对记录的完整性和真实性负责。
远程控制和管理	掌握电站远程控制主设备实际运行工况。 负责按相关要求和集控调度指令完成远程控制工作，对远程控制的及时性、准确性负责。 负责对公司水电站事故进行远程应急处理。 负责公司水电站站内机组优化运行。 负责联系计算机监控系统及远程集控有关缺陷的填报和验收。 做好值班原始工作记录，对记录的完整性和真实性负责。
生产报表填报	负责水电站营销等报表的报送和审核。 负责电力运行、远程控制工作报表的编制。
其他	负责公司水电站检修申请一次安全措施复核。 承担部门安排的专项工作。 及时完成部门安排的其他工作任务。

2.2　调度部负责梯级水库调度及优化协调

调度部负责公司梯级水电站运行方式、电力调度、洪水调度、水文气象等专业管理，参与水电量营销等工作。部门职责及工作内容见表 3。

表 3　集控中心调度部职责及工作内容

部门职责	主要工作
运行方式管理	负责分析电力供需形势、流域水情、梯级发电能力。 负责编制和发布梯级长、中、短期运行方式。 负责跟踪协调电网调度落实梯级运行方式。 负责梯级运行方式相关指标的分析与总结。 负责梯级电站影响水库调度重大工程及施工配合管理。 负责梯级电站检修调度协调工作。 负责检修申报人员培训与资格管理。 全面掌握公司水、火电情况，开展水火互济调度工作。
电力调度管理	负责梯级电站电力调度运行值班工作。 负责电力调度信息汇报、发布。 负责分析电网、电厂和水库的实际情况，开展实时优化调度协调。 负责中心自主调度工作。 负责调度运行专业管理工作。
洪水调度管理	作为公司防汛办值班室，负责公司 24 h 防汛值班工作。 作为中心洪水调度办公室，负责中心洪水调度归口管理工作。 负责梯级水库洪水联合调度工作。 负责洪水调度信息汇报、发布。 负责梯级电站洪水调度专业管理工作。
水文气象专业管理	负责与气象部门签订气象预报服务协议。 负责开展短、中、长期水文预报工作、来水预测。 负责梯级水库运行基础数据管理。
电量营销	负责对电网调度、方式、发电专业口径的营销工作。 参与对电网其他专业口径的营销工作。

调度部每值 2 人，1 名调度长 1 名调度员。5 值 3 倒，实行 24 h 值班，开展梯级电站电力调度、洪水调度、水电电量营销工作，值班主要职责及工作内容如表 4。

表 4 集控中心调度部值班职责及工作内容

部门职责	主要工作
负责当班期间的值班管理工作	代表中心履行梯级电站调度管理职能，当值期间负责与电网调度联系，对洪水调度、站间实时优化协调负总责。 负责完成当值工作，做好文明办公管理。 负责办理中心工作票许可手续。 负责做好值班工作记录，对值班记录的完整性和真实性负责。 负责组织交接班工作。
电力调度管理	负责接受电网调度指令，向远程控制人员下达调度指令，对调度指令的及时性、准确性负责。 实时掌握梯级电站运行情况，了解电网相关运行情况，组织本值人员落实中心调度意图，对梯级运行方式进行实时优化协调并进行效益分析。 负责操作票的审核，按票下达操作指令，或监护本值人员下达操作指令，确保电力调度安全。 负责协调梯级电站机电设备的检修、消缺工作。 负责配合电网调度、梯级电站开展异常和事故处理。 争取电网调度授权开展自主调度工作。
洪水调度管理	负责公司防汛值班工作。 实时掌握、分析梯级及相关流域天气预报、雨水情，及时发布预警信息。 负责组织编制水情快报并审核，通知相关人员会商水情。 负责审核洪水调度方案，并汇报部门分管副主任。 负责审核或填写闸门操作票，下达操作指令或监护本班人员下达操作指令，确保洪水调度安全。 负责配合梯级电站对流域河道紧急事件进行处置。
生产报表填报、信息发布	负责收集相关生产信息，按规定进行信息发布。 负责生产信息发布前的审核和发布后的检查。 按要求进行集团公司、公司、中心、电网调度等各类生产报表的审核。
水电电量营销工作	开展与电网调度机构调度人员的“点对点”营销活动。 参加中心、部门组织的电量营销工作。
其他	协助部门其他岗位开展工作。 及时完成上级领导安排的其他工作任务。

2.3 调控分离的特点及优势

梯级电站实行“无人值班(少人值守)、远程集控”后，电站现场已不设运行值班，只配置必需的生产人员，负责电站现场巡检、操作、维护和应急处置等工作，集控中心负责对水电站进行远程监视与操作。

集控中心的角色和职能发生了改变，集控除了要承担原来的角色和职能外，集控已成为各电站的异地值班单位，同时承担对梯级 9 个水电站的远程监视与操作任务，实行调控分离有以下特点。

2.3.1 远程集中控制工作更多、责任更大

乌江梯级实行“无人值班(少人值守)、远程集控”后，各电厂取消运行值班，集控中心集中了梯级 9 厂的运行业务，运行部相当于各厂的异地值班单位，负责原来各厂的运行值班电力调度任务，工作更多，责任更大。

2.3.2 调控分离使分工明确、职责清晰

调度负责梯级水电站运行方式、电力调度、洪水调度、水文气象等专业管理，运行负责梯级各水电站远程监视与操作，分工更为明确，职责也更为清晰，一个侧重调度决策，一个侧重执行，各负其责。

2.3.3 调控分离有利于安全生产

调度侧重运行方式编制、跟踪及优化协调，以及洪水的集中调度，确保不发生因调度原因导致电厂在设计标准内洪水漫坝、垮坝、水淹厂房事故，确保不发生因调度原因导致的电力生产事故；运行部负责梯级 9 厂 33 台机组远程监视，操作工作多、责任大，确保不发生远程操作事故。调控分离使各自任务更为明确，有的放矢做好自己的本职工作，也更有利于安全生产。

2.3.4 调控分离有利于节能调度

调控分离后，调度部主要联系上级电网调度部门，对运行部下达调度指令，进行梯级调度意图的执行，开展优化调度工作。通过保持梯级水库高水头发电降低水耗、直接增加出力、提高负荷降低耗

水率、减少空载耗水等措施开展实时优化工作；汛期进行洪水预报调度，在确保安全度汛的前提下，通过采取补偿调节减少弃水损失电量、拦蓄洪尾等措施开展洪水资源的利用。调控分离使调度人员有更多的精力开展优化调度工作。

3 存在的问题及改进措施

3.1 远控人员不足

运行部每值设 4 人，其中值长 1 人、3 名值班员，每名值班员分别负责 3 个厂站的运行监视及操作，承担着梯级 9 个厂站 33 台机组远程监视与操作，同时还有 1 个光伏电站(玉龙光伏电站)的集中管理任务。根据其工作职责及内容，其承担的工作十分繁重，应做强运行部，丰富其职能和作用，配备足够人员，使其真正成为梯级各电厂的异地值班单位，为公司安全生产发挥重要作用。

3.2 现场人员对调度业务不熟

随着“无人值班(少人值守)、远程集控”的实施，电站现场已不设运行值班，只配置必需的生产人员，负责电站现场巡检、操作、维护和应急处置，电厂在原来由运行人员联系的工作申请、检修申报等调度业务联系中存在业务不熟的情况。

目前乌江集控正在进行“集控中心、梯级电站发电运行专业一体化管理”的探索，开展集控中心与梯级电站发电运行专业之间轮岗培训，提高集控对电厂设备的熟悉程度，同时也加强电厂人员的调度业务水平。

3.3 专业系统的改进

乌江集控各专业系统特别是水调自动化系统、监控系统都是 2005 年集控建成初期建立的，水调自动化系统是基于当时单纯的洪水集中调度而建立的，但现在调度部职能兼顾梯级水电站运行方式、电力调度、洪水调度、水文气象等专业管理，应在原来基础上研究适应相应职能要求的水调自动化系统；监控系统也应进一步完善，研究适合于相应职能的远程集中监视、控制的自动化系统，使其更好服务于乌江梯级远程集中控制。特别是 5G 技术应用后，通过对计算机监控系统、状态监测系统、工业电视系统、水情自动测报系统、水调自动化系统、电能量系统等进一步改造，实现对水电站所有设备设施的“遥信、遥测、遥调、遥控、遥视”功能，实现对梯级各水电厂的全方位监视、控制，最终实现“关门电厂”的愿景。

3.4 未来业务的重构

未来随着通信技术的进步及控制技术的改造和提升，集控中心完全可以实现对水电厂所有设备实施的“遥信、遥测、遥调、遥控、遥视”功能，使集控犹如现场，相关业务可逐步重构。

在现有基础上配备足够运行人员，力争 1 厂 1 人的配置，远控在现有业务的基础上丰富其职，对电厂所有设备实施远程监视控制(可以考虑使用机器人现场巡检辅助)；通过集控中心、梯级电站发电运行专业一体化管理的开展，集控深度参与电厂检修申请的编制、审核工作，提高检修申请申报的质量，促进检修工作的开展；全面接管电力调度业务，调度部原来的电力调度业务剥离出来交由运行部负责，负责按照调度意图开展实时优化工作和生态调度工作。调度部主要进行短、中、长期方式的编制及日调度意图的制定，竞价上网工作，汛期开展洪水调度值班工作以及检修的申报工作等。

4 结论

随着乌江梯级水电站“无人值班(少人值守)、远程集控”管控模式的实施，集控中心为适应这一模式的需要，将原来调控一体化模式调整为调度、控制分离的调控模式，该模式实行调度、控制分离，调度、控制分别实行 24 h 值班、倒班的方式，明确调度、控制的职责、工作内容及工作方式，通过实践该模式使调度、控制工作分工明确、职责清晰，有利于安全生产，也有利于节能调度。该模式对于这种梯级水电厂站较多、实行“无人值班(少人值守)、远程集控”梯级水电厂尤为适用，希望能对其他梯级水电站集控管理提供借鉴，促进行业的共同进步。

乌江渡发电厂水电远程诊断平台的设计与开发

令狐争争

（乌江渡发电厂　贵州遵义　563104）

摘要： 根据近年来水电企业对状态监测的需求与故障诊断技术的发展，乌江渡发电厂设计开发了1套远程诊断平台系统。该诊断平台通过获取厂水电机组设备的运行、维护、检修、试验等数据，根据其变化趋势和相应的历史数据，定期或不定期的对机组运行状况进行综合分析、评估，并借助专家系统，实现故障的预警、分析、诊断，以及设备的寿命预测等。

关键词： 水轮发电机组；故障；诊断；运行；优化；检修；决策

0　引言

乌江渡发电厂位于贵州省遵义市播州区乌江镇，于1977年10月建厂，是乌江干流梯级第4级电站，也是乌江流域梯级开发最早的母体电站，是我国在喀斯特地区自行设计、施工建设的第1座高坝大型水电站，工程设计和施工先后获国家优秀设计奖、国家优质工程奖和国家科技进步一等奖。电站总装机容量1 280 MW，是以发电为主、兼顾防洪和灌溉的综合利用工程，在贵州电网中担任调峰调频任务。乌江渡发电厂机组在运行中不断受到汽蚀破坏、机械磨损及其他机械或电气损伤，导致设备的寿命缩短。电力设备和系统故障后，轻则降低系统生产效率，重则停运，甚至造成灾难性的后果。因此，准确分析和评估水轮发电机组故障对电力系统稳定可靠运行具有十分重要的意义。

1　开发背景

为了防止设备出现故障，能够及时发现缺陷，使机组能够始终处于良好的运行状态，就必须对设备进行维护和检测，并对维护的方法进行仔细分析。此次远程诊断平台开发的目标就是提高设备的利用率，避免设备事故的发生。国外在故障诊断技术研究与实践应用方面都已取得了较成功的经验，包括美国、德国、日本、法国等发达国家都在应用这项技术。相比而言，国内故障诊断技术整体水平相对落后，伴随着国家“十三五”规划纲要的出台和电力市场的深入改革，新形势下电力设备检修模式的变革呼声越来越高，2013年国家能源局发布了水电站设备状态检修管理的行业标准，而国内相关电力企业在改变传统检修模式上也进行了较大胆的尝试，开展了许多有意义的工作，并积累了一些经验。因此，乌江渡发电厂开展水电机组远程诊断平台的开发对实时了解水电设备的运行状态，为各项生产提供辅助技术支持，提高机组的安全经济运行能力具有重大意义。

2　诊断平台功能定位

在系统建设之初，贵州乌江水电开发有限责任公司就确定了要借助“互联网＋”技术，开发包含区域级和电厂级的水电设备远程状态分析与故障诊断平台(水电远程诊断平台)，实现远程异地诊断，打破现有“现场服务，事后服务”的被动诊断为主的服务模式，便于乌江公司内部资源共享和数据、信息、知识交流，实现水电厂设备的远程诊断、维护和运行高效管理。

区域以“管理主体责任、利润中心”为定位，做实、整合区域状态分析和故障诊断数据资源，建设区域级诊断平台，实现对流域各水电厂设备的监测分析、故障诊断，侧重于对厂站级数据的统计、分析、对标等，主要存储厂站级的统计分析结论。厂站以“设备主体责任、成本控制中心”为定位，采集、感知设备生产数据，侧重于本电厂现场设备的监测分析、故障诊断等，对厂站级收集的相关数据均进行就地存储、实时计算和分析。

3　系统架构

平台建设满足电力监控系统安全防护规定要求，遵循“安全分区、网络专用、横向隔离、纵向认证”的原则，采用分层分布式体系结构，系统硬件拓扑如图1所示，平台将建立厂级数据中心，接入电厂监控数据和其他子系统数据，数据平台提供

收稿日期： 2020-03-10.

作者简介： 令狐争争，贵州桐梓人，工程师，从事水电机组机械检修工作.

实时数据和历史数据查询服务接口。

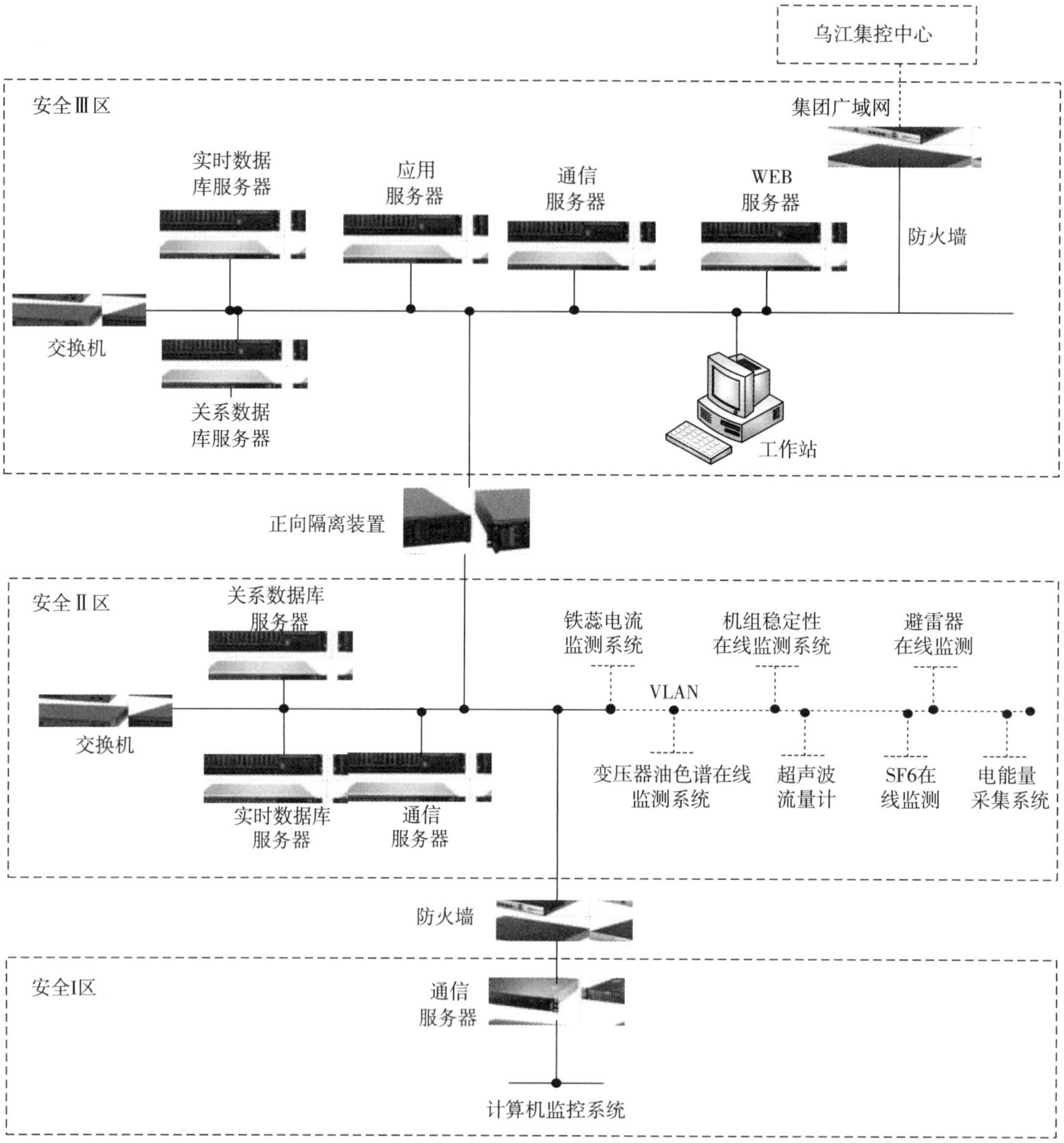

图 1　系统架构图

服务器节点、功能特性描述见表 1。

表 1　服务器节点、功能特性统计

区域	编号	节点名称	功能特性
安全Ⅰ区	1	通讯服务器	负责与安全Ⅰ区的系统通讯。
安全Ⅱ区	1	实时数据服务器	Ⅱ区实时数据服务器，存储采用磁盘阵列。
	2	关系数据服务器	Ⅱ区关系数据库，存储Ⅱ区关系型数据。
	3	数据通信服务器	经网络隔离装置与安全Ⅰ区、安全Ⅲ区的数据通讯，采集/传输数据。
安全Ⅲ区	4	实时数据服务器	Ⅱ区实时数据服务器，存储采用磁盘阵列。
	5	关系数据服务器	Ⅲ区关系数据库，存储Ⅲ区关系型数据。存储采用磁盘阵列。
	6	应用服务器	应用服务器用于运行平台应用和后台服务，如报告、评分系统、预警报警服务，根据应用负载和机器性能情况来部署应用。
	7	对外通信服务器	负责与安全Ⅲ区的系统通讯。
	9	Web 服务器	Web 前端的发布。
	10	维护工作站	工程师站，用于平台的维护工作。

4 诊断平台基础功能开发与应用

对水电机组运行设备远程诊断通常依据诊断模式的选择以及对数据的分析，为了保证诊断的准确性，远程诊断平台通过获取厂水电机组设备的运行数据，根据其变化趋势和相应的历史运行数据，定期或不定期的对机组运行状况进行综合分析、评估，并借助专家系统实现故障的预警、分析、诊断，以及设备的寿命预测等功能。

基础功能核心模块包括综合信息、状态监测、能效分析、运行优化、检修决策、系统管理等模块，见图2。

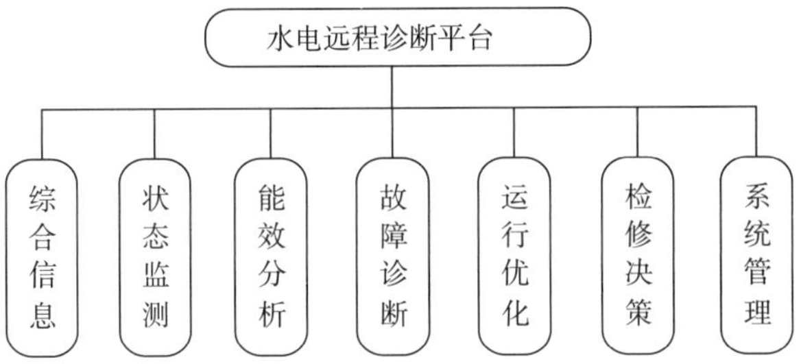

图2 功能开发与应用

4.1 综合信息

综合信息作为平台首页和电厂的展示窗口，主要展示电厂概况介绍、机组装机容量、机组历史发电量、上下游水位、当前蓄能、全厂能效状态、年利用小时数以及安全运行天数以及报警信息的滚动播放。主要为平台高级用户提供直观的电厂生产情况总览。

4.2 状态监测

状态监测主要对电厂的主要设备及用户在诊断平台数据服务模块中所建立的设备监测对象进行实时监测，展示内容包括机组状态总览、报警信息查询、电气主接线图、机组实时状态、状态评价报告、评价历史状态以及对比分析等信息。

状态总览包含机组的运行状态、机组健康状态、主变健康状态以及机组实时负荷等信息；报警信息查询包含全厂报警信息的历史简报搜索功能；电气主接线图可以实时显示全厂电气主接线中设备的运行参数；实时状态包含各个机组的水轮机、发电机、振摆、主变以及开关站的状态监测信息，并可用不同颜色来区分机组的运行状态量；状态评价报告可以根据机组的状态评价情况给出合理建议并出具报告；评价历史状态包含对机组设备评价状态的历史值状态查询；对比分析功能包含对机组状态监测测值的对比分析功能，帮助用户判断决策。

4.3 能效分析

能效分析对电厂的经济性指标进行数据加工处理，经济指标包含机组水轮机效率、耗水率、导叶漏水率、引水损失率以及水能利用率等信息。根据机组效率、发电量、利用小时数、耗水率、弃水量等指标对机组进行综合效益分析和评价；通过适当的方式展示机组当前效益评价结果，并支持机组历史效益评价结果的查询；通过适当的方式突出展示评分较低的机组综合效益评价结果，并对机组综合效益评分较低的原因进行分析，给出合理的优化建议，并生成对应能效分析报告。

4.4 故障诊断

故障诊断对电站主设备已发生的报警信息和故障进行监测分析与统计分析，了解电站各主设备的报警和故障情况。故障诊断模块包括故障诊断、故障分析、故障统计以及故障诊断报告等功能。

故障诊断模块支持对设备事件故障信息查询、报警信息处理等功能；可以根据自身需求选择提取任意时段内的设备报警信息和故障统计结果，以及报警或故障时刻前后的设备的基础参数内容；该模块可对电站主设备已发生的报警信息和故障进行监测，并追踪故障的进展。

故障分析模块可分析电站主设备报警或故障时刻点前后的主设备基础参数，对可能引发此报警或故障的原因进行比较科学的分析；通过选择特定时间段内的设备报警信息和故障发生时刻报警测点的数据曲线；可以对离线故障进行手工录入，并按照正常在线流程进行故障追踪处理。

故障统计模块实现按类型合理统计出每台机组的故障停机原因、停机时间、故障维修时间、持续故障时间等信息。

故障诊断报告模块可以根据机组设备的故障诊断情况和处理流程自动生成故障诊断报告。

4.5 运行优化

运行优化可对机组的经济性和适用性进行评价，通过机组运行时间、振动区运行情况以及机组经济性指标综合确定机组运行的优先顺序，以辅助用户进行决策。该页面具有运行优化总览、安全运行分析以及经济运行分析等信息。

运行优化总览模块可以查看机组运行时间、机组开停机次数、振动区运行时间、耗水率以及导叶漏水率等信息，并可对这些信息进行图表分析和处理，给出机组优先运行顺序，辅助用户决策。

安全运行分析模块可以结合机组主要设备的健康状态、机组运行时间、振动区运行时间等运行指标，评判出机组安全运行指标，并给出机组运行适用性指标的运行优化建议。

经济运行分析模块可以结合机组耗水率、机组水轮机效率等经济性指标以及机组能效状态，评判出机组经济性指标，并给出机组运行顺序的运行优化建议。

4.6 检修决策

检修决策可对机组的状态监测量、能效分析信息以及机组设备的能效健康状态进行综合性评价，给出机组设备的检修建议，并可对机组的检修台账、检修结果进行管理和分析显示。检修决策页面具有状态评价、检修建议、检修计划、检修评价、机组总览、机组设备总体分析报告、振动区运行时间以及检修历史资料库管理等信息。

状态评价模块对机组健康状态和能效状态以及机组检修后的运行参数进行深度展示，用于辅助机组检修决策；检修建议模块可根据机组健康状态和能效状态以及机组检修后的运行参数，给出机组检修合理化建议；检修计划模块可以根据检修建议，录入计划检修日期和工期等信息；检修评价模块可以根据机组的检修前后状态进行对比分析，对检修结果进行综合性评价；机组总览模块可以统计机组的检修历史和检修类型；机组设备总体分析报告模块可以根据机组检修建议、检修计划、检修评价等信息，出具机组设备的检修总体分析报告；振动区运行时间模块可以根据机组状态监测信息，对机组在振动区运行时间进行统计分析；检修历史资料库模块可以根据对以往的检修计划进行台账录入和管理。

4.7 系统管理

系统管理是平台的管理窗口。系统管理员通过该页面可以实现个人信息管理，角色管理，单位、用户管理，通知公告管理以及系统配置等功能。包括个人登录信息、基本信息、个人照片、注册信息等进行查询、编辑和修改；系统管理员对用户的增加、删减和密码初始化，查看通知公告。

5 结语

水电机组故障诊断技术可以简单地概括为“以合理的数据采集和数据分析为必要条件，以合适的人工智能技术为手段对机组状态进行评估，以指导机组检修为目的的一项综合性科学技术”。水电机组生产厂家、在线状态监测系统厂商、水电企业以及研究机构均做了不同程度的探索研究，虽取得了一定的成果，但系统状态评估与故障诊断的能力还处在初级阶段，还不完善，还达不到预期。进入新时代，新科学技术不断发展和应用，使预测、评估、决策等越来越精准和科学，电厂也将持续在状态评估与故障诊断方面开展工作，充分总结运行检修维护经验，继续发展系统功能，最终为推进状态检修技术而努力。

水轮发电机组剪断销剪断原因分析

郑攀登

（乌江渡发电厂　贵州遵义　563100）

摘要：针对水轮发电机组运行中以及开停机过程中剪断销出现剪断情况进行分析，找出致使剪断销发生剪断的直接原因并提出解决措施，可为发生同类问题的水电站提供借鉴。

关键词：水轮机；拐臂；剪断销；接力器；压紧行程；端面间隙

1　概述

剪断销作为水轮机导叶传动机构的机械保护装置，其主要作用是当导叶间有异物卡阻且剪断销剪切面所受到的力矩大于其剪断力矩时剪断销剪断，报警装置发出信号，此时，故障导叶拐臂脱离连接板的传动控制，其他导叶仍可以正常工作，可以有效防止事故范围进一步扩大。

2　剪断销剪断原因分析及处理

剪断销在正常运行工况下，其剪切薄弱断面所受力矩为导叶传动机构操作力矩与抗磨环摩擦力矩之差。当其所受力矩超过剪断工况（操作力矩为额定操作力矩的 1.5 倍）时的力矩时，剪断销剪断，主副拐臂联动失效，导叶脱离控制环的控制。剪断销剪断后根据实践经验初步判定其原因，主要有信号装置误报、导叶间有异物卡阻、机组参与系统一次调频任务频繁操作导水机构导致剪断销疲劳磨损、拐臂抱紧螺栓预紧力矩不足，导致作用在剪断销上的力矩过大、剪断销设计制造与实际运行工况不符（剪切断面尺寸不合适）、导水机构安装调试过程中轴径与轴套配合间隙不符合设计规范、接力器及控制环水平超标等。经过分析之后，初步认定引起导叶剪断销剪断的因素主要有以下几点。

2.1　剪断销信号器故障误报

剪断销信号器是用来监视水轮机导叶连杆的剪断销是否断裂，采用陶瓷或脆型聚笨已烯材料制成，分为常开、常闭式 2 种。剪断销信号器装于剪断销的轴向中心孔内，当剪断销剪断时信号器弹出并发剪断销剪断信号到上位机。常用的剪断销信号器有 CJX 常开式和 JX 常闭式，常开式信号器剪断销剪断时其动触头在弹簧作用下接通触点，发出信号；常闭式信号器采用脆性材料，利用环氧树脂封浇内部电路，具有较好的防潮和绝缘性，使用时将信号器串联，与报警装置联接，剪断销剪断时常闭触点断开导致剪断销剪断信号发出。由于水车室顶盖部位环境潮湿，容易造成信号器连接处受潮接触电阻变大，当电阻超过整定值时信号器动作发告警信号造成误报。

机组运行中发剪断销剪断报警信号后，值班人员应立即向调度汇报，申请尽量减少机组负荷的变化，并及时通知操作人员现场检查确认剪断销是否确已剪断，经检查若系因剪断销信号报警装置故障引起，及时通知专业班组对其回路检查处理；若剪断销确已剪断，应查明原因并及时更换剪断销。

2.2　导叶间异物卡阻

部分电站由于上游水库管理不善或拦污栅效果不佳导致树枝等杂物进入引水管道时，可能会造成卡阻导叶现象。当相邻导叶之间被树干、石块等异物或蜗壳内部焊接部件脱落造成卡阻时，剪断销所受剪切力大于剪断力矩时导致剪断销剪断。判别是否由于异物卡阻导叶需在做好安全措施后，打开蜗壳进人孔检查，经检查后若是异物卡阻导致剪断销剪断，应清除异物，更换剪断销；同时检查进水口闸门前拦污栅是否完好，拦污栅损坏需及时更换。

2.3　剪断销设计剪断力矩与实际运行工况不符

剪断销在正常运行工况下，其剪切薄弱断面所受力矩为导叶传动机构操作力矩与抗磨环摩擦力矩之差，当传动机构操作力矩为额定操作力矩的 1.5 倍时，剪断销将发生剪断。但当实验出现偏差导致剪断销设计剪断力矩偏小时，将会造成剪断销频繁剪断现象发生。

由此原因造成剪断销频繁剪断的例子也有很多，比如乌江渡水电厂一号厂 3 台机组在增容改造后的 2007—2008 年间共发生剪断销非正常剪断 19

收稿日期：2020-01-10.

作者简介：郑攀登，河南周口人，从事水电厂水轮机组运行维护工作.

次，其中开机过程中剪断9次，运行中发生剪断销剪断10次。其机组由天津阿尔斯通公司设计制造，增容改造后的剪断销设计剪切断面过小，与真实工作情况相差较大，导致了剪断销频繁剪断现象发生。经重新设计计算后，将原剪断销剪切断面直径由Φ36 mm改为Φ41 mm后，经过剪切试验合格，投运正常[1]。

2.4 机组参与一次调频任务导叶动作频繁

一次调频是水轮发电机组调速系统频率特性的固有能力，厂站机组根据系统侧频率的变化而自动调整活动导叶开度改变机组出力，以维持系统频率稳定。一次调频对于维持系统安全稳定运行是十分重要的，电力系统要求已投运并入电网运行的机组具备一次调频功能，但水电机组投入一次调频功能后，系统频率的波动将会引起机组频繁调整导叶开度，导水机构动作频繁，将造成剪断销发生上浮及疲劳损伤，严重者将导致剪断销发生剪断。参与一次调频的机组，运维人员应加强对水轮机剪断销的巡检，并在机组小修中检查剪断销疲劳损伤情况，补充备品，及时更换使用工况较差的剪断销。

2.5 拐臂抱紧螺栓预紧力矩不足

水轮机导叶开度调整是通过传动机构的操作力矩克服装置摩擦力矩、导叶水力矩来实现的，其中摩擦环和剪断销是实现导叶主副拐臂之间传动的结构。其作用在抗磨环上的摩擦力矩可通过抱紧螺栓调整，若在安装调试阶段由于调整不当致使抱紧螺栓预紧力矩过小，此种情况将会导致机组在运行中或开停机过程中，剪断销所承受力矩过大，当剪断销承受力矩超过极限值时剪断销剪断。

2.6 控制环与接力器水平不一致导致导叶受力不均衡

按照水轮发电机组安装技术规范[2]，主副接力器推拉杆水平值和控制环水平值应不超过0.1 mm/m，且接力器和控制环水平应一致，从而实现接力器活塞杆带动控制环水平旋转达到开关导叶的目的。若在运行中由于接力器与控制环之间水平不一致，即二者之间存在一定角度，此情况下若机组在运行中，势必会将控制环原有的水平旋转运动变为带有倾斜角度的旋转运动，导致导叶受力不均匀，容易造成部分剪断销剪断。此种情况处理时需检查控制环抗磨块磨损情况以及轴向和径向间隙，调整接力器、控制环水平，更换磨损严重的抗磨坏，并调整轴向、径向间隙。

2.7 导叶端面间隙不规范，开关导叶存在卡阻现象

为减少水轮发电机组停机备用状态下的导水机构漏水量，机组在设计制造时往往会增加导叶密封装置，导叶端部密封一般采用金属条密封，也有电站不设置端面密封。导叶端面间隙按照上端面间隙60%～70%、下端面间隙30%～40%设计，但在实际运行中，由于密封铜条的磨损会造成端面间隙增加，蜗壳内杂物容易进入导叶端面间隙内，增大导叶开关时的摩擦阻力；若在设计制造时，端面间隙过小，容易造成导叶和导水机构之间摩擦阻力增大，有可能导致剪断销弯曲、断裂[3]。此种情况需依靠拐臂端盖调整螺栓和端面间隙调整板来调整导叶上下端面间隙，并用塞尺检查，应符合机组安装设计规范。

2.8 主副接力器压紧行程不一致

接力器压紧行程是指机组导水叶在全关状态下，导水叶受到水的压力和导叶立面弹性密封作用下，以及导叶拐臂变形及各销轴间存在间隙等，导叶有向开侧运行的趋势，为避免由此引起的导水机构漏水现象，当接力器关闭之后还要继续关闭一段行程，以使导叶全关后有几毫米的压紧量，抵消上述原因导叶向开侧的位移量。主副接力器压紧行程不一致时，接力器带动控制环旋转关闭导叶时，由于两侧接力器压紧行程存在偏差，当一侧全关到位时，另一侧仍会继续关闭一定位移量，而此时，控制环处于单边受力状态，易产生倾斜，带动拐臂向上运动，易造成剪断销受力过大或变形而发生剪断[4]。

调整接力器压紧行程时，需将接力器活塞处于全关位置，然后连接力器推拉杆，向导叶开侧方向移动压紧行程位移量，调整之后需经过试验测量主副接力器压紧行程，二者偏差不超过规定值。

3 结语

剪断销剪断是水轮机常见故障之一，电站运维人员应熟练掌握故障处置措施和更换方法，熟知常见的剪断销剪断原因，以提高事故处理效率；同时应该加强对机组的维护管理，减少机组故障停运率，为设备安全稳定运行提供保障。

参考文献：

[1] 汤隆. 乌江渡发电厂水轮机剪断销非正常剪断原因分析 [J]. 贵州水力发电，2010，24 (6)：61-62.

[2] GB/T856—2003 水轮发电机组安装技术规范 [S]. 中华人民共和国国家质量监督检验检疫总局，2003.

[3] 韦辰侪. 乐滩电厂水轮机活动导叶端面、立面间隙调整 [J]. 红水河，2015，34 (4)：45-47.

[4] 郭光海. 水轮机剪断销剪断研究 [J]. 机电工程技术，2015，44 (9)：138-140.

大中型水轮发电机碳刷打火与温度异常升高原因分析及处理

田征前，王志宝

（贵州乌江水电开发有限责任公司沙沱发电厂　贵州铜仁　565300）

摘要：针对水轮发电机运行中碳刷打火、温度异常升高的原因进行了分析，制订处理方案并实施，最后对实施后取得的成果进行总结。

关键词：碳刷打火；温度异常；原因分析；处理措施

0　引言

沙沱发电厂位于贵州省铜仁市沿河土家族自治县，属于乌江干流梯级第 9 级电站，是第 2 批“西电东送”的“四水六火”工程之一，是国家“十一五”能源发展规划、电力发展规划的水电工程，也是乌江干流开发贵州境内最后一个梯级电站，被誉为“圆梦工程”。电厂装机容量 112 万 kW(4×280 MW)，水库总库容 9.21 亿 m^3。于 2006 年 5 月开工建设，2013 年 6 月 13 日 4 台机组全部发电。

1　碳刷的作用

碳刷也叫电刷，作为一种滑动接触件，在许多电气设备中得到广泛的应用。碳刷应用材质主要有石墨、浸脂石墨、金属(含铜、银)石墨。碳刷是电动机或发电机或其他旋转机械的固定部分和转动部分之间传递能量或信号的装置。

碳刷的缺陷与异常中最为常见的有异常打火、温度升高等情况。碳刷严重打火易造成发电机转子滑环正负极短路故障，碳刷温度过高将烧损转子回路并引起短路或接地故障。

2　碳刷打火、温度异常的原因分析

2.1　集电环表面检查

对 4 台机组集电环表面检查，检查情况见表 1。

表 1　4 台机组集电环表面检查情况统计

集电环表面	1 号机组	2 号机组	3 号机组	4 号机组
锈蚀	无	无	少量	无
毛刺	无	无	无	无
油污	无,但灰尘非常严重	无,但灰尘非常严重	无,但灰尘非常严重	无,但灰尘非常严重
螺旋槽倒角	光滑	局部稍差	光滑	光滑
氧化膜	负极未形成	负极未形成	负极未形成	负极未形成
集电环表面	有少量 1～2 mm 直径凹坑	有少量 1～2 mm 直径凹坑	碳刷接触表面有划痕	碳刷接触表面有划痕

由表 1 分析得出，集电环表面光洁度稍差，致使负极集电环未形成氧化膜，在运行中容易吸附粉尘，致使集电环表面存在高点或凹点，接触不良，碳刷温度升高后易造成打火。

2.2　原因分析

由于励磁电缆集中布置于导电环端部，电流分配不均，致使靠导电环端部的碳刷通过的电流稍大，温度相对偏高，是造成碳刷打火温度升高原因之一。

2.3　电流测试

对 4 台机碳刷发热时总励磁电流、负极最高温度碳刷电流、负极最低温度碳刷电流、正极最高温度碳刷电流、正极最低温度碳刷电流、负极碳刷最高温度、负极碳刷最低温度、正极碳刷最高温度、正极碳刷最低温度进行测试，结果如表 2 所示。

分析得出，负极碳刷通过的电流差异较大，最高为 265 A。因碳刷通过的电流不均衡，运行电流大的碳刷负载大发热量高，是造成碳刷打火温度升高的重要原因。

收稿日期：2020-03-04.
作者简介：田征前，助理工程师，从事电力高压试验工作.

表 2　4台机组碳刷发热时电流测试结果统计

机组	总励磁电流/A	负极最高温度碳刷电流/A	负极最低温度碳刷电流/A	正极最高温度碳刷电流/A	正极最低温度碳刷电流/A	负极碳刷最高温度/°C	负极碳刷最低温度/°C	正极碳刷最高温度/°C	正极碳刷最低温度/°C
1号	1 496	246	42	104	43	119	61	86	58
2号	1 557	248	48	110	45	116	62	84	57
3号	1 595	265	55	122	48	133	68	96	70
4号	1 614	260	53	120	55	127	67	89	65

3　处理前碳刷运行情况

3.1　4台机组普遍存在的现象

（1）负极集电环、碳刷比正极温度高。

（2）负极碳刷发生打火现象。

（3）靠近励磁引线的几个碳刷温度较高。

3.2　机组碳刷打火温度异常升高历史温度记录

2014年5月份期间，根据碳刷运行巡视记录，总体情况如下：碳刷运行温度随并网时间延长、负荷增大普遍增高，特别是励磁电流增大时部分碳刷温度升高较明显，个别碳刷温度存在超标的现象，且负极有打火情况发生。

4　碳刷打火、温度异常升高的处理措施

（1）针对集电环难形成氧化膜问题，在机组检修中，将集电环拆除，对集电环表面进行加工处理，使集电环表面光洁度满足要求。处理前：集电环表面光洁度完全不能满足运行需求，光洁度极差，且存在凹凸点。将集电环拆除，对集电环表面加工倒角后，集电环表面光洁度经处理后满足运行要求。采取此措施后，碳刷不再打火，但靠近导电环端部的碳刷温度还是偏高于其他位置的碳刷。见图1。

（1）处理前

（2）处理后

图1　集电环表面光洁度处理前后对比

（2）针对励磁电流分布不均问题，改变集电环励磁电缆的接入方式，将励磁电缆平均分布布置于导电环上。处理前：正、负极6根励磁电缆分别集中布置于正、负极导电环端部。处理后：正、负极6根励磁电缆分别平均分布于正、负极导电环上。采取此措施后，靠近集电环上附近的碳刷温度总体不再偏高，但随着机组励磁电流的增大，其他位置的碳刷仍然存在部分温度异常升高的情况。

（3）针对碳刷通过电流差异较大的问题，采取将正、负极碳刷数量由初始设计的30个增至56个，增大碳刷的总量，同时根据碳刷的增加量重新制作导电环，并进行安装。处理前：正、负极碳刷分别为30个，分别布置于正、负极导电环上。改造后：将正、负极导电环更换改造，增长导电环的周长，分别增加正、负极碳刷至56个，将碳刷布置于正、负极导电环上。采取此措施后，随机组负荷的调整及励磁电流的增大，所有碳刷温度不再发生温度异常升高的现象。

5　结语

沙沱发电厂集电环打火(环火)、碳刷发热经过上述处理后，问题得到有效解决，为该厂机组长周期安全稳定运行夯实了坚实的基础。

某水电厂定子汇流环支撑螺杆过热分析与处理

彭昌文，邓毅

（贵州乌江水电开发有限责任公司沙沱发电厂　贵州铜仁　565300）

摘要：针对定子汇流环支撑螺杆套管碳化现象进行分析，提出了切实可行的处理方案，并进行了创新改造，为有效防止因定子汇流环支撑螺杆过热问题而造成机组非计划停运，避免事件的进一步扩大，保证机组的安稳运行具有重大的意义。

关键词：定子汇流环；支撑螺杆；发电机

0　引言

定子汇流环也指汇流排(铜环引线)，大容量的发电机定子绕组一般由多个绕组并联而成，通过定子绕组汇流排完成并联。

水轮发电机定子汇流环支撑螺杆过热、碳化严重会导致发电机定子汇流排导体主绝缘降低，击穿接地引起定子烧损，因此，为了有效防止定子汇流环支撑螺杆过热现象的发生，保证主设备的安全稳定运行，特对定子汇流环支撑螺杆过热现象进行分析与处理。

1　基本情况

在机组检修过程中发现某水电厂发电机定子汇流环支架螺杆套管有严重发热后碳化变色的现象，拆除螺杆发现：螺杆通杆变色严重，绝缘套筒受热后碳化严重，汇流环支架层间绝缘垫块穿孔处受热碳化。现场调查发现 1～4 号机组均有此类情况发生，穿心螺杆烧损情况见图 1。

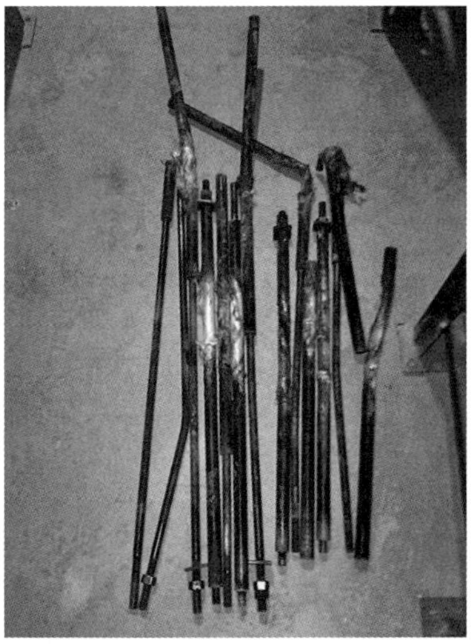

图 1　穿心螺杆烧损情况

2　原因分析

2.1　初步分析

定子汇流环引出线处附近电流大，电磁场较强，使用的支撑螺杆及螺母与大电流导体距离较近，由于电磁感应产生较大的涡流损耗，导致发热。

2.2　原因查找

专业人员进行现场调查，发挥集体优势，集思广益，针对 1～4 号发电机定子汇流环支撑螺杆碳化发热问题，从人员、设备、材料、环境、方法 5 个方面进行原因分析，并运用鱼刺图总结、归纳，见图 2。

2.3　主要原因

在专业组讨论后，结合厂家的分析报告，确定导致 1～4 号机定子汇流环支撑螺杆碳化发热的主要因素是支撑螺杆材质为导磁金属材料。

3　处理过程

针对已确认的主要因素，专业组进行多次讨论，制定出了完整的实施对策如下：

（1）将原定子汇流环支撑螺杆更换为不锈钢材料 1Cr18Ni9Ti 材质的螺杆。

（2）将已碳化的绝缘垫块改造并更换。

（3）将已碳化的绝缘套管进行更换。

（4）在支撑螺杆的螺杆、固定螺母处打螺纹锁固胶和涂刷 9130 红瓷漆，在已更换的不锈钢支撑螺杆处粘贴测温片加以监视。

收稿日期：2020-03-01.

作者简介：彭昌文，工程师，从事电力高压试验工作；邓毅，助理工程师，从事电力高压试验工作.

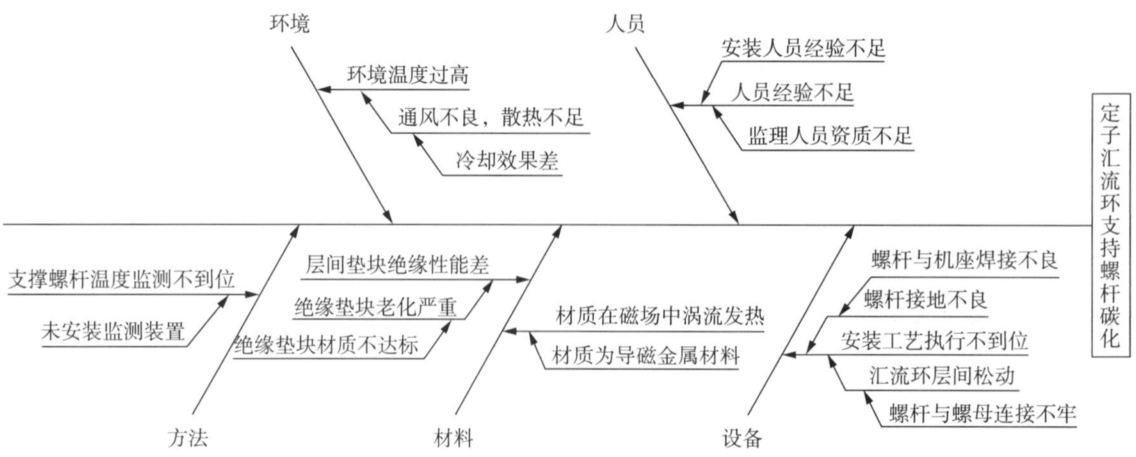

图 2　某电厂定子汇流环支撑螺杆碳化分析鱼刺图

3.1　将原定子汇流排支撑螺杆更换为不锈钢材料 1Cr18Ni9Ti 螺杆

将原定子汇流排支撑螺杆更换为不锈钢材料 1Cr18Ni9Ti 螺杆，更换前后对比见图 3。

更换前

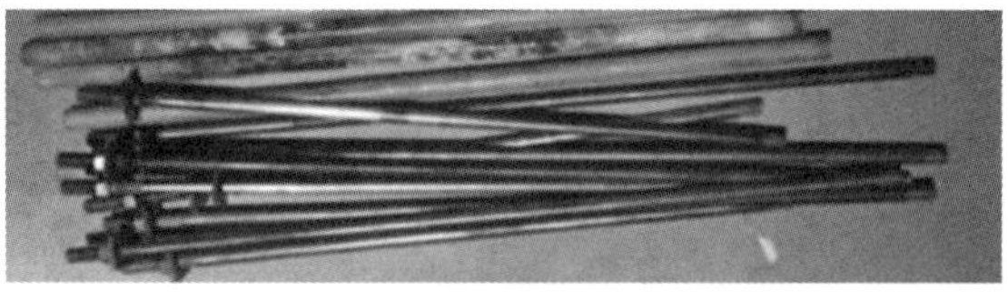

更换后

图 3　螺杆更换前后对比

3.2　将已碳化的绝缘垫块改造并更换

针对定子汇流排层间垫块为“凹”形设计，无法直接取出，只能锯断拆除。为了保证螺杆、绝缘套管、层间垫块能更好回装，将原有层间垫块设计为长方体，垫块间的间隙单独设计为小长方体垫块进行支撑，见图 4。

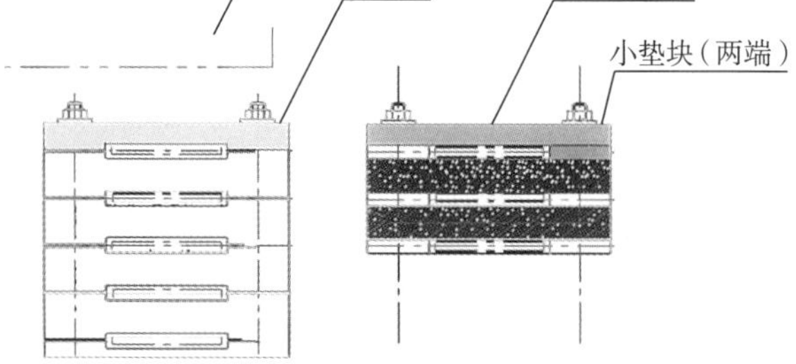

图 4　层间垫块改造

3.3　将已碳化的绝缘套管进行更换

将已碳化的绝缘套管进行更换，更换前后对比见图 5。

更换前

更换后

图 5　绝缘套管更换前后对比

3.4　粘贴测温片

在支撑螺杆的螺杆、固定螺母处打螺纹锁固胶和涂刷 9130 红瓷漆，在已更换的不锈钢支撑螺杆处粘贴测温片加以监视，见图 6。

处理前

处理后

图 6　粘贴测温片前后对比

3.5 小结

专业组根据实施对策历时 4 年完成了 1～4 号机组定子汇流环螺杆的处理，实施过程见表 2，支撑螺杆处理前后对比见图 7。

表 1 实施过程统计

时间	机组	检修性质	处理阶段	备注
2013-10-21	2 号机	C 修	第 1 阶段	第 1 阶段主要更换发电机出口、中性点严重烧伤碳化和中度烧伤碳化的支撑螺杆；第 2 阶段主要更换发电机出口、中性点以外的支撑螺杆（不包括支墩下方）；第 3 阶段更换定子机座支墩下的支撑螺杆。
2013-11-09	1 号机	A 修	第 1 阶段	
2014-02-16	4 号机	C 修	第 1 阶段	
2014-03-31	3 号机	C 修	第 1 阶段	
2014-10-16	2 号机	C+D 修	第 2 阶段	
2014-12-01	4 号机	B 修	第 2 阶段、第 3 阶段	
2015-03-02	1 号机	C+D 修	第 2 阶段	
2015-03-31	3 号机	C 修	第 2 阶段	
2015-11-07	2 号机	A 修	第 3 阶段	
2016-11-04	3 号机	A 修	第 3 阶段	
2017-11-06	1 号机	B 修	第 3 阶段	

处理前

处理后

图 7 支撑螺杆处理前后对比

4 总结

本文介绍了关于定子汇流环支撑螺杆过热的分析及处理过程。近年来根据各项措施的实施情况，利用机组停机机会对 1～4 号机定子汇流排支撑螺杆进行检查处理、持续跟踪、现场确认，未发现有发热、碳化、温度过高的现象。

定子汇流环支撑螺杆过热的有效处理，使得发电机定子汇流排导体主绝缘击穿接地引起定子、转子烧损的风险得到了有效的控制，保证了主设备的安全稳定运行，且对于类似水轮发电机情况的处理提供了借鉴。

参考文献：

[1] 陈化刚. 电力设备预防性试验方法及诊断技术 [M]. 北京：中国水利水电出版社，2009.

[2] DL/T 596—1996，电力设备预防性试验规程 [S]. 北京. 中国电力出版社，1997.

110 kV 油浸式电力变压器油气套管内渗分析与处理

安愿

（贵州北源电力股份有限公司正安牛都分公司　贵州正安　556431）

摘要：本文介绍了油浸式套管电力变压器在运行中出现轻瓦斯频繁动作，再经主变油色谱分析、预防性试验、阀门状态检查、油枕胶囊检查、红外成像等，用记录机组负荷、主变油温、套管气室压力、轻瓦斯动作时间等综合分析判断，准确找到故障点，并对采取的措施、排查处理过程、方法等进行了介绍。

关键词：变压器；油气套管；瓦斯；继电器；SF6 气体

1　轻瓦斯动作现象

在冬天的一次骤然降温中，某厂主变发轻瓦斯动作信号，运行人员现场检查确认轻瓦斯动作，并采取排气措施，排气后仍有气体产生，轻瓦斯继续动作。记录显示，最多一天动作次数为 29 次，同时发现主变高压侧套管气室 SF6 气体压力降低，在发电机开机发电和不开机发电的情况下，观察油温和瓦斯报警关系，发现油温在 35°C 以上时不产生轻瓦斯气体，排气后报警消除，在 35°C 以下时轻瓦斯动作，排气后会连续产生瓦斯气体，轻瓦斯报警频繁动作。

主变主要参数见表 1。

表 1　某厂主变技术参数

项目	技术参数
厂家	保定天威集团特变电气有限公司
额定容量/kVA	25 000
额定电压/kV	121 2×2.5%/10.5
额定频率/Hz	50
相数	3
极性	负极性
阻抗电压(标么值)(在 40MVA 下)	10.5%
中性点接地方式	直接接地
连接组别	YNd11
短路阻抗	10.3%
空载损耗/kW	19.0
空载电流	0.158%
负载损耗/kW	104.4
高压侧出线套管	
厂家	北京泛美雷特科技有限公司
套管类型	玻璃纤维浸环氧树脂电容型油/SF6
型号	EBRG－126/630－1250
额定电压/kV	126
额定电流/A	630～1 250

2　轻瓦斯动作原因排查

(1) 轻瓦斯动作后，取油样送当地电科院检验，结果显示油耐压、水分、介质损耗检测合格，油中溶解气体测试合格，排除主变内部故障。

(2) 对主变进行常规电气试验，结果未发现异常，排除主变绝缘受潮和绕组连接缺陷。

(3) 对 1 号主变的所有阀门进行检查，发现主变排油阀、加油阀、抽真空阀、呼吸器检修阀、抽真空检修阀、散热器油循环阀等均在正常工作状态，不存在错误开启或关闭情况。

(4) 呼吸器油位检查正常，拆开油枕胶囊与管道连接口，用电筒查看胶囊里面干燥清洁，胶囊张开与油面接触良好，未发现胶囊有破损造成油面和空气接触情况。

(5) 对主变器身及套管进行红外测温成像检查，温度显示正常，观察主变绕温及油温正常，不存在整体或局部过热现象。

(6) 打开主变的所有排气孔进行排气检查，在排 C 相套管时有气体溢出，量和压力较大，油枕油位指针在 7 左右，不存在少油问题。主变已投运 4 a 多，也不可能有窝倒气存在，也未发现有进气的地方，排除了外部进气的可能。

(7) 结合 1 号主变高压侧油气套管结构，发现在主变轻瓦斯动作时主变高压套管气室压力减少，分析可能套管存在内渗，带压的 SF6 气体进入主变向瓦斯继电器移动，导致轻瓦斯动作。用 SF6 气体检漏仪对瓦斯继电器排出的气体进行检测，显示最大值达 186 ppm，证实瓦斯气体为 SF6 气体。

收稿日期：2020-03-01.

作者简介：安愿，贵州思南人，工程师、技师，从事水电站运行维护工作.

3 采取的措施

经多方面排查，确定主变瓦斯气体为SF6气体，来至主变高压套管气室，原因为主变高压侧C相油气套管内渗，当主变压力和套管SF6压力不平衡时，套管气侧向油侧灌气造成。采取措施如下：

（1）因主变高压侧套管气室SF6气体在温度低时向主变灌气，造成气室压力降低，电站备足SF6气体，要求运行人员加强监视套管压力，在压力降低到0.45 MPa后及时通知维护人员补气。

（2）经过记录负荷、温度、套管气室压力、天气、轻瓦斯动作频繁情况等综合分析，找出主变油温度和气室SF6压力的平衡点为油温在35 ℃以上，套管气室不向主变进气。采取尽量每天开单机运行措施，让主变油温保持在35℃以上运行。

（3）轻瓦斯动作后，安排运行人员及时排气，防止气体聚集过多，气体量和压力达到一定值时，造成重瓦斯保护误动作。

（4）与厂家联系沟通，并对出现的轻瓦斯动作排查情况及可能存在的C相套管内渗进行分析判断，确定是套管缺陷造成SF6气体进入瓦斯继电器，导致轻瓦斯保护动作，并制定更换套管处理方案，在合适的时间申请停电更换处理。

4 处理过程

（1）SF6气体回收。用SF6气体回收装置对主变高压侧母线筒*A*、*B*、*C*三相气室进行回收至零压，对其相邻隔离开关气室进行回收至0.2 MPa。

（2）变压器油回收。用变压器滤油机对油枕进行回收至高压套管油端手挖盖以下。

（3）更换高压套管。拆除主变高压侧*C*相母线筒、拆除导体并清理、更换吸附剂、密封圈及清理密封连接部位；打开变压器油端*C*相手挖盖，打开油端电缆连接部位，拆除高压套管；连接油端电缆，安装*C*相导体与母线筒。

（4）高压套管气端充SF6气体。对主变高压侧母线筒*A*、*B*、*C*三相气室进行抽真空，真空度达到45 Pa；并充SF6气体至额定压力0.52 MPa，对其相邻隔离开关气室进行充SF6气体至额定压力0.52 MPa。

（5）高压套管油端滤油。用滤油机导入到储油罐后，用高真空滤油机进行变压器油过滤，采用油箱自循环，做好油箱密封。滤油机的出口温度不应低于50 ℃。滤油机出口油温最低50 ℃，最高不宜超过70 ℃，实际温度在66 ℃。变压器滤油30 h，真空度达到－0.08 MPa，静止24 h，油温正常后进行补油至额定值。

（6）SF6气体系统检漏。对SF6气体充放气阀及接口、主变高压侧C相母线筒连接部位及高压套管气端连接部位、母线筒端面及吸附剂盖板、密封检查良好，未发现有漏气现象。

（7）微量水分监测。主变高压侧母线气室96.63 uL/L，隔离气室99.01 uL/L，均小于规程标准150 uL/L。

（8）试验检测。送油样检查，色谱、水分、耐压、介损等试验结果正常。通过电气预防性试验，绝缘、介损、直流电阻、泄漏电流符合标准。

静止24 h后主变投入运行正常。

5 解体油气套管后发现的缺陷情况

对主变*C*套管进行解体，并结合油气套管结构分析，油侧和气侧经法兰连接，两法兰中间是末屏，套管由环氧树脂浇筑，漏气点只能在两法兰油气隔离之间，经详细检查发现油气隔离两法兰和环氧浇筑粘连处有微小裂纹。

6 思考及建议

（1）注意收集图纸、试验报告等相关出厂资料交资料室存档保管，保证设备资料的完整性，为以后方便查找设备故障及备件制作提供依据。

（2）加强现场设备安装监督管理，提高施工人员的责任心，确保设备的安装质量。

（3）加强设备监造工作，对设备制造过程及工艺、试验、出产检验等进行全程跟踪，发现不合格的设备、配件及时协调处理。

（4）加强设备运行分析工作，对出现的现象做好记录，多维度分析，精准找到故障点并及时协调处理，避免发生设备事故。

7 结语

通过近1年的运行，经过了冬天气温骤降和油面温度低于35 ℃的考验，未发现主变套管气室SF6气体压力降低和轻瓦斯动作情况，主变轻瓦斯动作原因得到了彻底查清和解决，保证了设备安全可靠运行。经咨询厂家及电力系统部分专家，油气套管内渗造成轻瓦斯频繁动作的案例并未出现过。本案例的所有排查及处理方法，可提供给发生类似设备故障的单位作参考。

参考文献：

[1] DL/T596—1996 电力设备预防性试验规程［S］. 北京：中国电力出版社，1997.

[2] GB/T7252—2001 变压器油中溶解气体分析与判断导则［S］. 北京：中国电力出版社，2001.

某水电厂调速器抽动故障分析及处理

胡明，李明忠

（贵州乌江水电开发有限责任公司沙沱发电厂　贵州沿河　565300）

摘要：介绍了某水电厂调速器抽动故障现象，通过深入分析水轮机调速器故障原因，针对电磁比例阀驱动板特性不稳定的情况制定了处理措施，有效降低了水轮机调速器的故障率，提高了水轮发电机组运作的稳定性和可靠性。

关键词：水电厂；调速器；抽动；故障

1　概述

某水电厂装机容量为 4×280 MW，设计多年平均发电量 45.52 亿 kW·h，年平均利用小时数 4 064 h。4 台机组采用 WDT-150-6.3 型数字式微机型电液调速器，控制系统由自动通道和手动通道组成。压力油经滤油器过滤后通过紧急停机电磁阀，一路进入主配引导阀，另一路进入 2 个电液比例阀手动操作阀，三阀并联，还有一路通过单向阀进入辅助接力器。比例阀为自动工况使用，手动操作阀为手动工况使用，其中 2 个电液比例阀冗余控制，互为备用，由双系统切换阀进行切换。自动和手动工况的选择由截止阀进行切换。

正常运行时，紧急停机电磁阀与手自动切换阀均为通路，主配引导阀接通压力油。当电气控制部份发生故障时，调速器切至手动状态，辅助接力器可由手动操作阀控制，实现手动操作。在事故情况下，紧急停机电磁阀动作，使辅助接力器上腔接通排油，同时切断了控制油路的压力油源，使主配活塞快速上移，实现紧急停机。2016 年 5 月某日，水轮机组压力油罐压力偏低动作，启动主用油泵运行，压力油罐压力过低动作，启动备用油泵运行。5 min 后，油压装置 2 台主油泵相继故障停运。随后，压力油罐压力降至 5.3 MPa，上位机发“油压装置事故低油压动作”、“水机事故停机动作”，该机组水机事故停机。

2　调速器抽动检查分析

该机组调速器抽动期间，油压装置 1、2 号压油泵频繁启停，在运行超时后故障停泵。该调速器持续抽动，油压装置 2 台油泵因故障而停止给压油罐补油，压油罐压力降至事故低油压动作值，该机组水机事故停机，详细检查分析如下。

2.1　调速器故障数据分析

查询计算机监控系统历史曲线，该机组压油罐压力在停泵压力 6.3～5.54 MPa 间来回波动，压油罐油位随之变化，有功负荷在 270～252 MW 间来回波动，导叶开度在 92%～96%间来回波动。

压力油罐油位、回油箱油位等变化与压力油罐压力成对应关系，变化正常。2 套导叶反馈实际值与调速器调节输出指令显示一致，导叶反馈跟随调速器调节输出指令正确。查询历史信息一览表，压油罐压力降至 6.1 MPa 时，增压泵运行，压力继续下降至 5.9 MPa 时，主泵运行，压力继续下降至 5.6 MPa 时，备泵运行，2 台压油泵均启动后压力能恢复至正常压力 6.3 MPa，各台油泵均按照控制指令启停，无异常。该机组压力油罐压力越低限反复动作，1、2 号压油泵频繁启动，2 台压油泵执行油压装置轮换程序正确。有功功率只作为显示，未参与控制，因此有功功率不会影响控制。

压油罐压力和油位曲线见图 1。

2.2　现场检查分析

现场检查油压装置及各台油泵控制方式均正确，油压装置控制定值与现行自动化装置定值一致，各台油泵均按照控制流程自动启停，压油泵按照轮换程序轮流启停。

调速器系统各设备及管路接头无渗漏，透平油颜色正常。在作好相关安全措施后，分别将 2 套比例阀解体检查，比例阀各处无损伤、锈蚀，阀芯动作灵活，无卡涩现象。

调速器 2 套导叶反馈正确，自动控制元件及回路正常，未发现芯线压接不良情况；电源模块及回

收稿日期：2020-03-04.

作者简介：胡明，贵州湄潭人，工程师，从事水电站自动化专业工作；李明忠，贵州遵义人，工程师，从事水电站自动化专业工作.

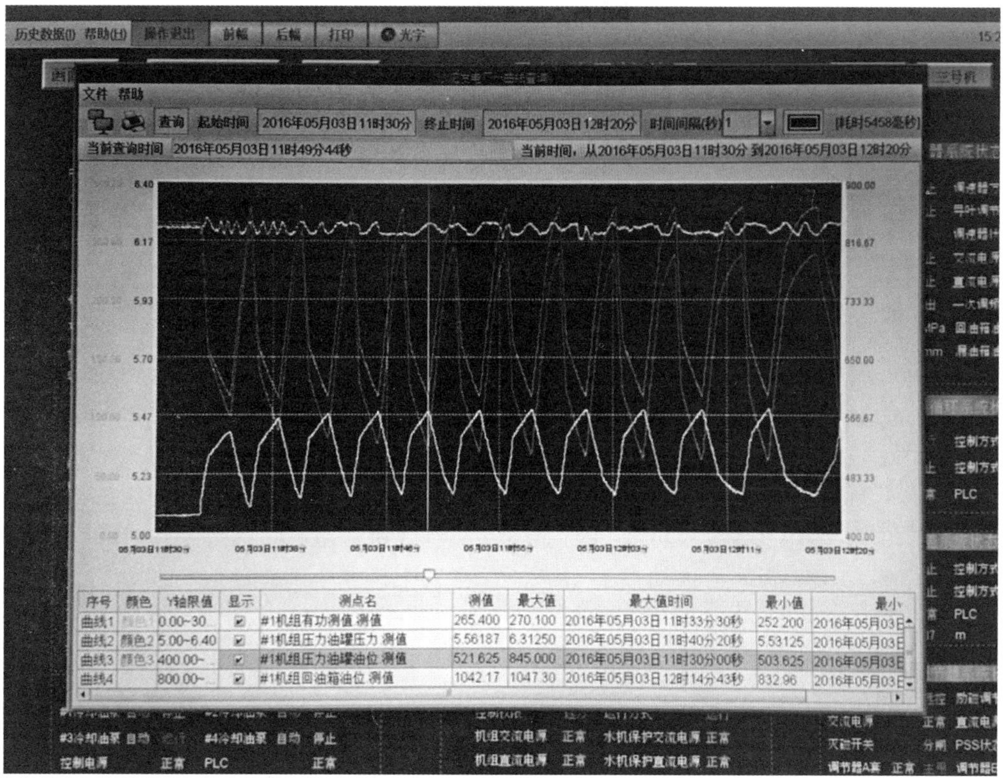

图 1　压油罐压力和油位曲线

路未发现发热现象。2 套 PCC 硬件运行指示正常，无告警或其他异常情况，对不同导叶开度下的调节输出电压进行测量，测量数据见表 1，发现 A/B 套 PCC 调节输出电压均基本相同且无跳变，由此排除 PCC 异常的可能。

表 1　调速器 PCC 输出电压检查情况统计

给定机频/Hz	导叶开度/%	A 机调节输出电压/V	B 机调节输出电压/V
49.60	19.50	−3.71	−3.70
49.60	32.50	−6.08	−6.08
49.60	37.25	−6.96	−6.95
49.60	73.10	−10.01	−10.02
49.60	82.80	−10.01	−10.02

2.3　调速器程序分析

调速器程序中设置有硬件故障、双反馈均断线、并网无机频、空载无机频、开机故障、PT 故障、网频故障、功率故障、导叶随动故障、导叶反馈 1 断线、导叶反馈 2 断线共计 11 个保护功能。但调速器抽动时，调速器控制柜面板无任何故障报警，故判断调速器保护功能不是导致调速器抽动的原因。

结合调速器控制柜面板信号，检查调速器程序未发现异常情况。

2.4　开机试运行检查

在检查调速系统各部分无明显异常后，开机至空转状态进行试验。试验证明，无论是 A 机阀 1(指 A 套 PCC、比例阀 1，以下类似)、A 机阀 2、B 机阀 1、B 机阀 2 运行，调速器均有抽动现象，但将调速器切至机手动后，调速器立即停止抽动。

综上检查分析可知，调速器油压装置压油泵启停正确、事故低油压压力开关动作正确，调速器机械部分、反馈元件均无异常，调速器程序无异常，因此，判断调速器抽动的原因是比例阀或比例阀驱动板故障。

3　调速器抽动试验分析

在作好相关安全措施后，通过调整调速器 2 套比例阀导叶随动参数(包括开放大、关放大、开补偿、关补偿)，观察比例阀线圈电流变化情况与调速器抽动的关系，但多次调整比例阀随动参数，调速器抽动现象时好时坏，不能彻底消除，比例阀线圈电流监测情况见表 2。

表 2　调速器比例阀线圈电流监测情况

调速器状态	比例阀 1 线圈电流/A			比例阀 2 线圈电流/A			是否抽动	主用阀
	开方向	关方向	差值	开方向	关方向	差值		
机手动	0.036	0.098	0.062	0.128	0.450	—	否	阀 1
自动	0.260	1.200	0.940	0.300	0.400	—	是	阀 1
机手动	0.188	0.393	—	0.244	0.473	0.229	否	阀 2
自动	0.233	0.419	—	0.245	1.276	1.031	是	阀 2

从表 2 看出，若比例阀开、关方向线圈电流差值较大时，调速器就存在抽动现象。随后，对调速器比例阀导叶随动参数经过数十次调整，当调速器不抽动后，导叶反馈就不能很好的跟随调节输出，调节品质不满足规程要求。后将 2 套比例阀更换为备品，调整导叶随动参数再次进行试验，虽然有静态试验、空载摆动及扰动试验数据均合格的情况，但调速器稳定时间不长，随后又出现了抽动现象，且无论如何调整导叶随动参数，也不能恢复正常。

调整比例阀驱动板上扰动分量，检查扰动分量是否对驱动板的性能存在影响，但是经过数次调整，比例阀输出性能也并未发生明显变化。将 2 套比例阀驱动板更换为备品，经多次调整参数后，比例阀运行状况仍未发生明显变化。随后，参数已经达到调整极限，比例阀仍不能达到可运行状态。

综上，调速器抽动的原因是比例阀驱动板特性不稳定，其工作性能发生飘移产生变化所致，影响驱动板参数不能与比例阀相匹配，最终造成导叶接力器发生抽动。

4　处理措施及建议

4.1　处理措施

因该电磁比例阀驱动板特性不稳定，伺服比例阀动态品质及稳定性相比电磁比例阀要优良，将电磁比例阀改造为自带驱动器伺服比例阀，无需频繁修正运行参数，可有效解决因参数设置不合理造成接力器抽动的问题。

调速器改造为伺服比例阀后经试验验证，调速器静态转速死区、永态转差系数及非线性度均满足规程要求；在静态和负载工况下的故障模拟性能均合格；在机组开机、停机、增减负荷等操作过程中，调速器动作正常；调速器空载的扰动性能和频摆指标均满足规程要求。

调速器改造为伺服比例阀后运行至今，机组开机、停机、增减负荷等操作过程中，调速器动作正常，未再发生调速器抽动现象。

4.2　建议

水轮机调速器是水电厂重要的控制系统，在关键部件的设备选型方面宜考虑成熟稳定、抗干扰较强的。水轮机调速器的抽动故障具有偶发性、突发性的特征，导叶反馈会随调速器抽动而变化，因此，根据调速器抽动时导叶反馈变化幅度及频率，可在控制程序中增加调速器抽动故障的判据，在发生调速器抽动故障时及时发出故障告警信号，以提醒运维人员及时采取措施防止调速器持续抽动，进一步提升电网安全可靠性。

5　结语

本文通过深入分析某水电厂调速器抽动故障原因，针对电磁比例阀驱动板特性不稳定的情况制定了处理措施，实施并经试验验证合格后投入运行，运行 2 年有余，未发生抽动故障。因此，将电磁比例阀改造为自带驱动器伺服比例阀，有效降低了水轮机调速器的故障率，提高了水轮发电机组的稳定性和可靠性。

参考文献：

［1］王韧. 水轮机调速器抽动故障及解决措施［J］. 科技资讯，2016（03）：33-35.

调速器系统分段关闭装置故障分析及处理

郑伟

（乌江渡发电厂　贵州遵义　563104）

摘要：针对乌江渡发电厂2号机A修后调速器关机时没有拐点现象，对分段关闭装置进行了详细的分析，并提出了处理和防范措施，消除了安全隐患，保证了机组的安全稳定运行。

关键词：调速器；分段关闭；装置；故障；分析；处理

1　概述

乌江渡发电厂位于遵义市播州区乌江镇，一号厂装机3×250 MW，机组型号为HLF132A1－LJ－525，调速器型号为PSWT－150－4.0。水轮机导叶分为2段关闭，第2段关机时间为8.95 s，能够保证事故停机时导叶快速关闭，避免机组转速上升过高甚至飞逸；总关机时间为15 s，能够避免导叶关闭过快而造成的抬机现象；拐点为30%。

在乌江渡发电厂2号机A修做调速器开关机试验时，出现关机时间无拐点现象。本文针对分段关闭装置未能实现分段关闭的原因作出详细分析，且采取有效的处理和防范措施。

2　分段关闭装置结构及工作原理

2.1　分段关闭装置的结构

调速系统分段关闭装置由液控单向节流阀、可调节流装置、分段凸轮装置、先导行程阀及控制管路组成。在系统中液控单向节流阀和可调节流装置设置成并联管道，使一部分回油自由通过，因而使液控单向节流阀阀体可以做得很小。分段关闭先导行程阀为二位三通液压阀，用于控制液控单向节流阀活塞的上升及下降，液控单向节流阀在导叶第2段关闭过程中起到节流阀作用。

2.2　分段关闭装置的工作原理

调速系统分段关闭装置安装于导叶接力器开腔操作油管上，当导叶关闭时，导叶接力器开腔内的透平油自液控单向节流阀和可调节流装置经主配压阀回流至集油槽，液控单向节流阀与分段关闭先导行程阀通过管路连接。

分段凸轮固定在接力器传动机构回复轴上。在分段之前，先导行程阀下部滚轮不与凸轮接触，先导行程阀阀芯在弹簧作用下弹出复归，先导行程阀压力油P接通液控单向节流阀控制油管A，液控单向节流阀上活塞在压力油A的作用下带动下活塞克服弹簧作用力向下移动，液控单向节流阀的过流面积增大，导叶以较快的速度关闭。

当接力器关闭到回复轴上的凸轮顶住先导行程阀下部滚轮并上升时(即拐点位置)，先导行程阀换向，液控单向节流阀控制腔A的压力油来油瞬时截断，液控单向节流阀控制腔A内积油通过先导行程阀排油T，液控单向节流阀节流活塞在弹簧的作用下，迅速上升至液控单向节流阀上方调整螺栓整定的位置，液控单向节流阀过流面减小，于是接力器在关闭过程中开始分段实现慢关机。第2段关闭时间的长短通过调整液控单向节流阀调整螺栓进行调整，液控单向节流阀调整螺栓向上调整，使液控单向节流阀的过流面积减少，当下活塞的端面接触阀壳时过流面积为零。

同理可知，当在拐点以下开导叶时，来自主配压阀的压力油进入液控单向节流阀控制腔A上活塞上端，上下活塞在压力油作用下克服弹簧力向下移动，液控单向节流阀过流面积达到最大，主配压阀关闭后液控单向节流阀活塞上下腔压力平衡，下活塞在弹簧力作用下重新顶到上活塞的活塞杆，所以液控单向节流阀仅在第2段关闭导叶时起到节流作用。

3　故障现象及原因分析

乌江渡发电厂2号机A修进入调试阶段，调速系统建压正常，机组做调速器开关机试验时，从现场测得关机时间波形图和数据得出，关机时间无拐点现象，分段关闭时间曲线为1条直线，分段关闭装置未能实现分段关闭。

(1) 核实先导行程阀拐点位置，检查先导阀行

收稿日期：2020-03-10.

作者简介：郑伟，贵州余庆人，技师，助理工程师，从事水电厂水轮发电机组检修维护工作.

程阀的动作情况，重新测定调速器关机时间，试验结果为拐点位置正确、先导行程阀动作正常，从而排除了拐点位置不正常和先导行程阀未正常动作的可能性。

(2) 检查在更换液控单向节流阀密封时是否改变了液控单向节流阀上方的调整螺钉、在回装液控单向节流阀时是否进入了异物或装配工艺不当情况，和工作负责人沟通后，确认液控单向节流阀上方调整螺钉的位置没有改变，并将调速系统管路排油，拆下液控单向节流阀进行检查，未发现任何异常现象。

(3) 技术人员把问题锁定在可调节流装置位置是否改变，和工作负责人沟通后，检修人员在更换密封时，拆下了可调节流装置，并且未做记号。在第 1 次安装时，厂家对可调节流装置进行了标记。根据厂家提供的记号信息进行查找，发现 2 号机可调节流装置上的记号错位。

综上所述，调速器分段关闭装置故障是由可调节流装置位置改变导致的。

4 处理措施

根据故障原因，将调速系统油管路排油、拆下可调节流装置，检查发现可调节流装置节流面积达到最大。根据液控单向节流阀和可调节流装置并联管路及管道大小分析，液控单向节流阀已失去节流阀作用。按照记号重新装配，调速系统管路充油后测定调速器关机时间，分段关闭装置动作正常，关机时间出现拐点，从全开到 30%开度用时 8.93 s；从全开到全关，总用时 13.8 s。因为存在安装误差，可调节流装置过流面积比第 1 次安装时的过流面积大，所以导致总关机时间变小。将液控单向节流阀上方调整螺钉向上调整，使第 2 段关闭的过流面积变小，增加总关机时间。最后测定调速器关机时间，从全开到 30%开度，用时 8.93 s，从全开到全关，总用时为 14.9 s，满足机组调保计算的要求。

5 经验总结

调速器分段关闭装置故障造成乌江渡发电厂 2 号机调试时间增加，检修费用增加。可调节流装置位置改变是导致调速器关机时间曲线无拐点故障的直接原因。检修管理人员根据机组检修中暴露出来的问题进行整改，吸取教训、总结经验、全面提高检修管理水平，使检修质量可控在控，对机械设备检修工作提出如下要求：

(1) 开好班前会，落实好关键点、危险点。班前会中检修管理人员向检修工作人员交待好当天工作的关键点、危险点和检修工艺措施，避免由于工艺不到位，造成不良的返工或损坏设备和人身安全。

(2) 查阅资料、了解原理，清楚拆卸方法，杜绝盲目拆卸。拆卸机械设备之前，检修人员应先查阅相关技术资料、图纸或咨询相关技术人员，了解设备的工作结构原理、拆卸程序、方法及拆卸工具，为顺利拆卸打下基础。对资料欠缺，无法查询的设备，可采用试拆法，边测量分析、边判断、边试拆，并作好现场记录。

(3) 做好标志、重视对比。拆卸之前必须先作标志，按原装配位置在零部件上作好标注（不得在配合面上打印），部分设备的原始标高、水平线、中心线、间隙及与相邻不动设备的相对尺寸等需做出详细记录。设备回装后进行现场测试，确认与原标志、数据以及其他记录完全相符。

(4) 落实检修“WH”点（质量控制点），把好质量关。设备安装检修到关键步骤，检修管理人员对检修的质量进行验收，未验收或验收不合格的，不能进行下面的工作。

在满足试验条件下，对拆卸回装的设备试运行，及时发现问题，及时处理，防止设备投入运行后给机组及其他设备运行带来安全隐患。

6 结语

分段关闭装置的拐点位置和导叶关闭时间直接影响机组导叶的关闭规律，关闭规律的好坏又直接关系到机组在甩负荷过程中能否满足调节保证计算的要求。经过调整分段关闭装置液控单向节流阀、可调节流装置，乌江渡发电厂 2 号机组调速器分段关闭装置消除了安全隐患，满足运行要求，保证了机组的安全稳定运行，同时为同类分段关闭装置的故障处理提供了借鉴。

参考文献：

[1] 唐凯，谭剑辉．柘溪水电厂 8 号机组事故配压阀和分段关闭阀的改造 [J]. 水电站机电技术，2014，37 (3)：105-107.

O形橡胶密封在水电机组中的应用探讨

刘浪

（乌江渡发电厂　贵州遵义　563104）

摘要：水电厂机组设备主要由水轮机、发电机、变压器以及油、水、气等辅助系统组成，设备密封件主要使用在机组轴承、油系统、技术供水系统、气系统等压力管进和阀门处。现在实践中主要使用O形橡胶对其进行密封。若在使用过程中有对密封的材质、规格型号选择不当或安装工艺不规范等，会导致渗漏。

关键词：密封圈；渗漏；橡胶；机组

1　概述

水电厂机组设备主要由水轮机、发电机、变压器以及油、水、气等辅助系统组成，设备密封件主要使用在机组轴承、油系统、技术供水系统、气系统等压力管进口和阀门处。目前水电厂用到的O形密封圈或O形密封条主要是丁晴橡胶，丁晴橡胶是丁二烯和丙烯腈的共聚体，是O形密封圈最常用的材料，具有良好的机械、耐油性能。耐油这一特性通常由其所含丙烯晴来决定的，一般为18%～50%，低度的丙烯晴保证了低温性，但耐油性受影响，随着丙烯晴的含量提高，则低温性降低，耐油性增强。在设备检修或维护过程中，由于对密封的材质、型号规格选择不当及安装工艺不规范等因素，导致密封的使用出现渗漏。正所谓小密封大问题，常因为某个部位1个小密封出现渗漏，造成大量设备返工检修或是运行设备大范围停运，直接影响机组检修工期或机组经济运行，更不利于机组状态检修的实施。

从乌江下游机组运行情况、机组检修时检查O形密封使用情况看，机组设备使用O形密封存在一些问题，从而导致设备在运行中存在不同程度的渗漏情况。然而设备密封渗漏会直接影响机组的安全稳定运行，轻则造成资源浪费、环境污染，增加检修维护量，重则导致机组设备损坏、机组非停等。如某电厂机组运行时由于事故配压阀控制油管突然发生泄漏，造成事故配压阀动作，机组甩负荷停机；某电厂机组连续2次接力器推力杆密封圈处漏油等。

结合机组设备检修、运行对水电厂典型O形密封渗漏原因进行分析，并进一步优化密封的应用。

2　O形密封渗漏原因分析

O形密封安装在沟槽和被密封面之间，有一定压缩量，由此产生的反弹力给予被密封的光滑面和沟槽底面以初始的压缩应力，从而起到密封作用。当被密封的液体压力增大时，O形密封的变形也随之增大，从而传递给密封面的压力也增大，密封的作用也增大。这就是O形密封具有良好密封能力的原因。

O形密封虽然密封可靠，但如果不正确使用，也会发生泄漏，通常有以下几种情况：

2.1　安装偏差

O形密封的沟槽尺寸存在较大偏差，尤其是深度尺寸偏差过大时，使O形密封安装后压缩变形量不足而影响密封能力。一般O形密封安装后压缩变形量应在20%左右(槽深×1.2＝O形密封线径，考虑到压缩后O形密封截面会变型铺开，槽宽一般为线径的1.3倍左右或O形密封的截面面积占矩形槽槽宽的70%～85%)，截面尺寸大时压缩相对变形量较小，而截面尺寸较小时压缩相对变形量则较大。

2.2　O形密封规格尺寸选择不当

造成O形密封圈安装后压缩量过小或过大，密封圈压缩量过小不能起到密封作用，而压缩量过大密封无弹性更能加快密封老化、变硬。特别是在以往的机组检修中当拆下设备密封面时，经常发现密封完全老化，且密封槽完全填满了密封，是典型的密封圈当密封垫使用。

2.3　物理损坏

O形密封在安装时，密封圈损坏产生渗漏，主

收稿日期：2020-03-10.

作者简介：刘浪，贵州遵义人，工程师，技师，从事水电厂机组检修工作.

要由于密封未能完全进入密封槽，密封面及密封槽有高点、毛刺等，在安装过程中就已经将密封损坏。

2.4 O形密封的材质不适用于密封介质而被腐蚀后失效

水电厂使用的O形密封主要是丁晴橡胶材质，在透平油介质中必须选用耐油O形密封。丁晴橡胶的耐油性能主要与丙烯晴的含量有关，且在使用前必须检查O形密封的生产日期或者是否在保质期内。有时会存在O形密封质量差或者存放时间较长等原因，O形密封耐油性能不好，安装使用后较短时间内就存在老化、变硬等现象。

2.5 O形密封圈使用时间太久后老化变质，弹性降低后而失效

在设备大修时都应该对O形密封进行更换，防止O形密封圈使用时间太长，密封性能降低。根据不同的运行环境可能会加快O形密封圈的老化变质、损坏等，更应该结合机组大小修针对性进行更换或选用密封性能更佳的材质(比如氟橡胶材质具有更好的耐温、耐腐蚀性能)。

2.6 O形密封粘接缺陷

部分非标件O形密封圈是在现场使用O形密封条进行粘接的，主要用于不能直接使用O形密封圈的部位，比如机组各轴承油槽组合面、顶盖密封面、主轴密封组合面等；部分可以直接使用成型O形密封圈的部位也有少量采用粘接的方式。特别注意的是O形密封条制成的非标准规格尺寸的密封圈只使用于静密封部位，不能用于动密封部位。

O形密封圈在实际粘接的过程中，切口一定要平且成45°倒角，用来切口的刀具要锋利，切口时一刀切下去，有胎具的使用专用胎具切割，切口部位不能有油污，新鲜的切口不要用手触摸，接口面积要保证全接触，涂抹的胶水要适量，不能有结瘤，粘接好的接口应平直，不能有错口等。

从以上原因分析，密封失效渗漏主要是O密封材质、规格选择不当以及安装不规范等。

3 水电厂O形密封圈主要材质

密封件材料应满足密封性能的要求，由于压力、介质的不同，以及设备的具体工作条件不同，要求密封材料具有较强的适应性。对于制造密封件的材料，一般具有如下基本特性：材料的致密性好，不易泄露介质；有一定的机械强度和硬度；压缩性和回弹性好，永久变形小；具有良好贴合密封面的柔韧性；抗腐蚀性能好，在酸、碱、油、水、气体等介质中能长期工作，其体积和硬度变化小，且不粘附在金属表面上；摩擦系数小，耐磨性好且不对金属表面造成磨损。

水电厂主要使用的O形密封材质有丁晴橡胶、氟橡胶及氢化丁晴橡胶，几种密封材料的组成、性能特点对比见表1。

表1 水电厂主要使用的O形密封材质对比

材料名称(代号)	组成	特点	用途
丁腈橡胶(NBR)	丁二烯和丙烯腈的共聚体。	优点：耐汽油及脂肪烃油类的性能优良；耐热性、气密封、耐磨性和耐水性等均较好。 缺点：耐寒性及耐臭氧性较差，强度和弹性较低，耐酸性较差，电绝缘性不好，耐极性溶剂性能也较差。	主要用于制造各种耐油制品，如耐油的胶条、密封圈等。
氟橡胶(FKM)	含氟单体共聚而得的有机弹性体。	优点：耐高温可达300 °C，耐酸碱、耐油性能优良，抗辐射及高真空性能优良；电绝缘性、力学性能、耐化学品腐蚀、耐臭氧、耐大气老化作用良好，是综合性能较好的特种合成橡胶。 缺点：价格昂贵，耐寒性差，弹性和透气性较低。	主要用于制作耐真空、耐高温，耐化学腐蚀的密封件。
氢化丁晴橡胶(HNBR)	由丁腈橡胶进行特殊加氢处理而得到的一种高度饱和的弹性体。	优点：良好的耐油性能，良好的耐热性能，优良的耐化学腐蚀性能，优异的耐臭氧性能，较高的抗压缩永久变形性能；同时氢化丁腈橡胶还具有高强度、高撕裂性能、耐磨性能优异等特点，是综合性能极为出色的橡胶之一。 缺点：不耐极性溶剂。	主要用于制造耐油的胶条、密封圈等。

4 O形密封圈选择应考虑的因素

4.1 工作介质和工作条件

在具体选取O形圈材质时，首先要考虑与工作介质的相容性，还须综合考虑其密封处的压力、温度、连续工作时间、运行周期等工作条件。若用在旋转场合，须考虑由于摩擦热引起的温升，不同的密封件材料，其物理性能和化学性能都不一样，

同时还需根据负载类型是静密封还是动密封进行选择。

4.2 O形密封圈的硬度

O形圈材料硬度是评定密封性能最重要的指标，O形圈的硬度决定了O形圈的压缩量和沟槽最大允许挤出间隙。因此，O形密封圈硬度的选择是比较重要的，如设备使用的密封圈硬度低可能出现密封圈剥落，甚至横向切断，增加硬度后密封圈效果理想。硬度低，安装方便，但容易出现剥落、安装损伤、挤出甚至压力爆炸；硬度过高，安装不方便。通常O形圈硬度40～90 IRHD，但在使用中一般70 IRHD是比较合适的。

O形密封圈硬度值可用邵氏硬度计法(邵尔A硬度)和便携式橡胶国际硬度计法(IRHD硬度)测量，2种方法都是试件在一定的压力下挤压出现的凹痕(邵尔A硬度是截头圆锥体、IRHD硬度是球体)，方法不同测量数据也不一样。邵尔A硬度与IRHD硬度值对照见表2。

表2　邵尔A硬度与IRHD硬度值对比

邵尔A硬度	60	70	80	90
IRHD硬度	63	73	83	92

备注：允许偏差：±5。

4.3 挤出间隙

最大允许挤出间隙 g 与系统设备介质压力、O形圈截面直径以及硬度有关。通常，工作压力 P 越高，最大允许挤出间隙 g 取值越小，如果挤出间隙 g 超过允许范围，就会导致O形密封圈挤出甚至损坏。挤出间隙见图1。

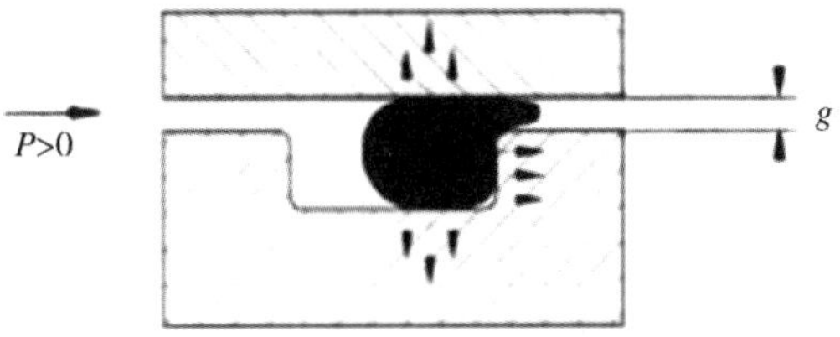

图1　挤出间隙示意图

O形密封圈最大允许挤出间隙见表3。

表3　最大允许挤出间隙

材料硬度	压力/MPa	O形圈截面直径/mm				
		1.78	2.62	3.53	5.33	7.00
邵氏硬度A70	≤3.50	0.08	0.09	0.10	0.13	0.15
	≤7.00	0.05	0.07	0.08	0.09	0.10
	≤10.50	0.03	0.04	0.05	0.07	0.08
邵氏硬度A80	≤3.50	0.10	0.13	0.15	0.18	0.20
	≤7.00	0.08	0.09	0.10	0.13	0.15
	≤10.50	0.05	0.07	0.08	0.09	0.10
	≤14.00	0.03	0.04	0.05	0.07	0.08
	≤17.50	0.02	0.02	0.03	0.03	0.04
邵氏硬度A90	≤3.50	0.13	0.15	0.20	0.23	0.25
	≤7.00	0.10	0.13	0.15	0.18	0.20
	≤10.50	0.07	0.09	0.10	0.13	0.15
	≤14.00	0.05	0.07	0.08	0.09	0.10
	≤17.50	0.04	0.05	0.07	0.08	0.09
	≤21.00	0.03	0.04	0.05	0.07	0.08
	≤35.00	0.02	0.03	0.03	0.04	0.04

4.4 压缩永久变形

在负载作用下O形密封圈不仅是弹性体，而且也会出现永久的塑形变形。O形密封圈在安装沟槽中使用一定时间后取下将不会恢复到原来的形状，会保持一定的永久性变形。按照标准规定的检测方法变形量应在0%～100%之间，0%是理想状态、100%是最差情况。压缩永久变形量 d 可由下式确定：

$$d=(b_0-b_2)/(b_0-b_1)\times 100\%$$

式中：b_0——原始厚度(即截面直径 W)；b_1——压缩状态下的厚度；b_2——释放后的厚度。

通常，为防止出现永久的塑形变形，O形圈允许的最大压缩量在静密封中约为30%，在动密封中约为20%。

4.5 压缩量

O形密封圈安装在沟槽里，为保证其密封性能，应预留1个初始压缩量。对于不同的应用场合，通常建议在静密封中约为15%～30%，而在液压动密封中约为10%～20%，而在气压动密封中约为4%～12%。计算公式如下：

$$\delta=(D_1-D_2)/D_1\times 100\%$$

式中：δ——O形圈压缩量；D_1——密封圈线径；

D_2——是密封槽深度。

4.6 拉伸与挤压

O形密封圈安装时允许有一定程度的拉伸与挤压，若拉伸和压缩的数值过大，将导致O形圈截面过度增大或减小，影响其密封效果。在径向孔密封安装时，O形密封圈会受到拉伸，最大允许拉伸量为6%，因为拉伸1%相应地使密封圈截面直径减小约0.5%。在轴向轴密封安装时，O形密封圈会受到挤压，最大允许周长挤压为3%，超过3%会使O形密封圈在沟槽中扭曲。

O形密封圈拉伸和挤压计算公式：

$$拉伸=(d_3-d_1)/d_1\times100\% \qquad <6\%$$

$$挤压=(d_a-d_4)/d_a\times100\% \qquad <3\%$$

式中：$d_a=d_1+d_2$；d_1——O形密封圈内径，mm；d_2——O形密封圈截经，mm；d_3——径向孔密封中安装沟槽底径，mm；d_4——径向轴密封中安装沟槽底径，mm。

4.7 沟槽填满率

O形密封圈安装沟槽常用矩形面积应大于O形密封圈截面面积约25%，当O形密封圈与化学物质接触而引起体积增大，使得安装沟槽有足够空间，以及介质压力作用O形密封圈表面，提高所需接触压力以达到较好的密封效果。安装沟槽填满率W应在70%～85%之间，其计算公式如下：

$$W=A_1/A_2\times100\%$$

式中：A_1——O形密封圈截面积；A_2——安装沟槽面积。

5 O形密封安装要求

密封圈的检修安装工艺是影响密封性能的重要原因，密封安装前应做到如下几点：

(1) 检查密度件不能损坏、表面光滑无凸凹、裂痕等缺陷，若有微小伤痕，就可能导致明显的漏油、漏气。

(2) 替换型号、规格、标准等要相同，要严格按照要求选用相同型号、规格、标准的密封圈，以确保密封要求。

(3) 检查密封件是否在保质期内，接近过期或已过期密封件会直接影响使用寿命和密封效果。

(4) 密度件与密封槽清理干净、密封部位不能有高点、毛刺以及密封件不得有划伤和损坏，在唇部涂抹些润滑油，不能硬质敲入，先将密封圈压入沟槽，再逐渐完全、均匀的捋压而入。

(5) 密封件受力均匀，不能存在咬边和剪断密封件，达到无损伤安装。

(6) 对螺栓拧紧力大小必须达到要求，对称拧紧螺栓，受力均匀，保证把合面间隙小于最大挤出间隙。

6 总结

通过对O形密封圈损坏泄漏原因进行分析，找出造成密封圈失效的原因，根据不同的原因更一步选择更佳的O形密封，了解O形密封圈选择时应考虑工作介质和工作条件、O形密封圈的硬度、挤出间隙、压缩永久变形、压缩量、拉伸与挤压、沟槽填满率等因素，保证O形密封圈在使用过程中充分发挥良好的密封性能。同时，在设备检修、维护中，严格按照检修规程、安装工艺更换密封圈，确保了密封效果。水轮发电机组检修中，特别是在对压力系统检修时，对各密封部位，一定要严格控制检修质量，使其达到相应压力条件下技术要求，才能保证检修机组的安全运行。

明渠非恒定流特征线法数值计算与应用

徐茂宇

（乌江渡发电厂　贵州遵义　563104）

摘要：输水系统在遭遇突发事件或者工况转换时，输水明渠的过渡流态为明渠非恒定流。从严格意义上讲，自然界或者水利工程中绝大多数明渠水流均为非恒定流。运用特征线法对明渠非恒定流的运动规律进行研究计算，对于洪水预报、水库调度、灌溉渠道流量调度等有着重要的实际意义。

关键词：明渠；非恒定流；特征线法；数值计算

1　应用背景

乌江渡发电厂大坝泄洪时，由安装在尾水平台处的水位计测出尾水位高程，通过“流量一尾水位”关系曲线估算下游河道水位。由于下游河道流经乌江镇主要区域，河道宽阔，影响范围大，如若遇到非常洪水，仅通过安装在大坝尾水平台处的水位计来估算整个下游河道洪水过程，容易产生较大误差，对防汛减灾产生不利影响。

2　子明渠非恒定流数值计算原理及方法

明渠非恒定流的基本问题是确定水力要素（如流量 Q 或流速 v）与水位 z 或水深 h 沿流程 s 和随时间 t 的变化规律，建立如下具体表达式：

$$\begin{cases}Q=Q\ (s,\ t)\\ z=z\ (s,\ t)\end{cases}\qquad \begin{cases}v=v\ (s,\ t)\\ h=h\ (s,\ t)\end{cases}$$

圣维南方程组就是表征明渠非恒定流水力要素随时间和空间变化的函数关系式。特征线法是计算圣维南方程组的一种常用方法，将圣维南方程组转化为特征方程组，利用特征线网格法或矩形网格法求解。由于特征线网格法所建立的特征线网格很不规则，不便于进行计算机数值求解，现多采用矩形网格法，如图 1 所示。

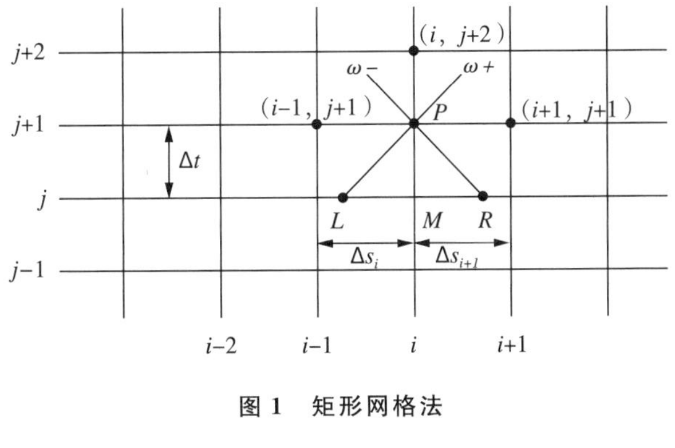

图 1　矩形网格法

这一方法是将求解域的距离 s、时间 t 平面划分成许多矩形网格，网格的交点称为结点，使微分方程的连续问题离散化，用有限个矩形网格点代替原连续区域，用数值积分或数值微商（差分法）来逼近微分方程，建立网格函数的代数方程组，通过迭代计算，在离散点（结点）上求解网格函数的值。对明渠非恒定流问题而言，圣・维南方程组的数值求解结果就是结点断面的时间间隔的水位 z、流量 Q 等水力要素。

3　明渠非恒定流数值计算实例

3.1　基础资料

如图 2 所示，某梯形断面渠道，下游与一水塘相接，已知：渠道长度 $L=4\ 000$ m，底宽 $b=8$ m，边坡系数 $m=1.5$，粗糙系数 $n=0.025$，底坡 $i=0.000\ 9$，通过流量 $Q=15\ \mathrm{m^3/s}$ 时渠中为均匀流，其水深 $h_0=1.26$ m，这时渠道末端断面水位与水塘中水位平齐，其后末端断面水深 h_d 与流量 Q 变化关系为 $h_d=0.6+0.056Q-0.0008Q^2$。

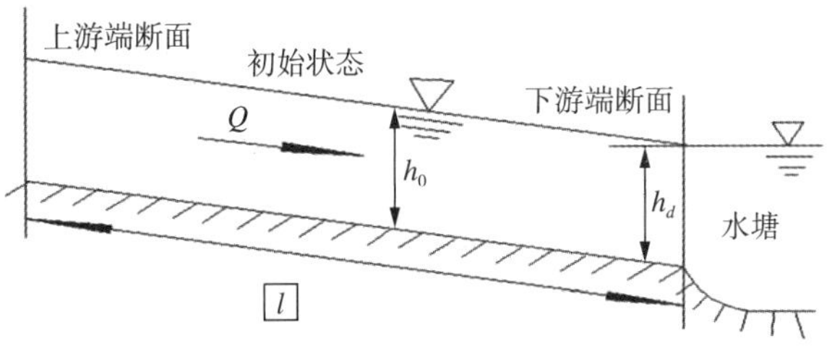

图 2　渠道示意图

今在渠道的上游流域降一场大雨，在上游端断面测得洪水过程如表 1 所示，用特征线法编写程序，计算各时刻各断面的水深、流量。

收稿日期：2020-03-10.

作者简介：徐茂宇，四川绵阳人，助理工程师，从事水工观测工作.

表 1　上游端断面洪水过程

时间 t/s	0	60	180	240	300	360	420
流量 $Q/(m^3/s)$	15	17	21	23	25	25	24
时间 t/s	480	540	660	720	780	840	900
流量 $Q/(m^3/s)$	23	22	20	19	18	17	16

3.2　编程计算步骤

(1)根据算例要求，将初始边界条件(如渠道底宽 b、边坡系数 m、底坡 i 等)编入程序中。

(2)将该渠道分段，选取合理的距离步长 ds 和时间步长 dt，这 2 个参数需要满足柯朗稳定性条件，即：

$$\frac{\mathrm{d}t}{\mathrm{d}s} \leqslant \frac{1}{v+a}$$

式中：$a=\sqrt{g\dfrac{A}{B}}$，其中：g——重力加速度，A——渠道过水断面面积，B——渠道底面宽度；v——渠道该断面流速。

(3)运用矩形网格法，使原来的微分方程的连续问题离散化，用网格的格点代替原来的连续区域。

(4)按照二阶精度格式求解圣·维南方程组的方法编写程序，得出所有计算断面水力要素。

编程后，执行程序将会在桌面生成名为“计算结果”的该算例的计算结果文本，表 2 为经过优化后的部分计算结果。

表 2　特征线法计算结果

时段 t=0 s			时段 t=60 s			时段 t=120 s		
断面/m	水深/m	流量/(m^3/s)	断面/m	水深/m	流量/(m^3/s)	断面/m	水深/m	流量/(m^3/s)
0	1.26	15	0	1.300 3	17.000 0	0	1.357 6	19.000 0
400	1.26	15	400	1.260 0	14.901 1	400	1.286 7	16.279 6
800	1.26	15	800	1.260 0	14.901 1	800	1.260 0	14.890 2
1 200	1.26	15	1 200	1.260 0	14.901 1	1 200	1.260 0	14.890 2
1 600	1.26	15	1 600	1.260 0	14.901 1	1 600	1.260 0	14.890 2
2 000	1.26	15	2 000	1.260 0	14.901 1	2 000	1.260 0	14.890 2
2 400	1.26	15	2 400	1.260 0	14.901 1	2 400	1.260 0	14.890 2
2 800	1.26	15	2 800	1.260 0	14.901 1	2 800	1.260 0	14.890 2
3 200	1.26	15	3 200	1.260 0	14.901 1	3 200	1.260 0	14.890 2
3 600	1.26	15	3 600	1.260 0	14.901 1	3 600	1.259 5	14.903 2
4 000	1.26	15	4 000	1.258 2	14.943 8	4 000	1.256 7	14.897 4

时段 t=360 s			时段 t=420 s			时段 t=480 s		
断面/m	水深/m	流量/(m^3/s)	断面/m	水深/m	流量/(m^3/s)	断面/m	水深/m	流量/(m^3/s)
0	1.578 0	25.000	0	1.580 8	24.000 0	0	1.571 8	23.000 0
400	1.477 1	22.557	400	1.510 1	22.871 8	400	1.523 8	22.631 9
800	1.377 3	19.157	800	1.422 4	20.619 8	800	1.453 3	21.088 5
1 200	1.313 4	16.975	1 200	1.343 6	17.931 2	1 200	1.379 7	19.119 5
1 600	1.278 7	15.653	1 600	1.296 6	16.333 3	1 600	1.319 0	17.037 8
2 000	1.265 1	15.156	2 000	1.272 3	15.388 7	2 000	1.285 0	15.885 6
2 400	1.260 0	14.889	2 400	1.263 3	15.066 1	2 400	1.268 0	15.215 3
2 800	1.259 8	14.889	2 800	1.259 7	14.889 0	2 800	1.261 9	15.005 8
3 200	1.259 3	14.888	3 200	1.259 2	14.887 6	3 200	1.259 1	14.886 0
3 600	1.258 2	14.883	3 600	1.258 0	14.880 1	3 600	1.257 9	14.878 1
4 000	1.255 6	14.864	4 000	1.255 5	14.860 9	4 000	1.255 4	14.857 7

4　结论与应用

从输出的计算结果可以看出，利用特征线法可以得到该渠道内任意时段、任意断面的水深 $h(i,j)$与流量 $q(i,j)$。

将乌江镇主要区域内的下游河道建立为数学模型，实地测量河道长度 L、边坡系数 m、底坡 i，粗糙系数 n=0.025。考虑到天然河道底面一般为凹凸不平，而河道水面近似平整，则可将乌江渡发电厂机组满发状态时下游河道水面作为该数学模型的底面，底面宽度 b 为水面平均宽度，初始水深 h_0=0。末端面水位 z 与流量 Q 的关系可以通过“数据采集→作出关系曲线→数据拟合→求出关系方程”等步骤求得。

泄洪前确定泄洪流量 Q，利用特征线法进行计算，在乌江渡发电厂机组满发状态保持不变(即数学模型中底面宽度 b 不变)的前提下，可以计算出河道内任意时间段、任意断面的水位 $h(i,j)$与流量 $q(i,j)$，该结果对该厂洪水预报、水库调度等有着重要的实际意义。

乌江流域梯级水电站检修核心能力的构建

张围围，潘剑
（贵州乌江水电开发有限责任公司　贵州贵阳　550002）

摘要：乌江流域梯级水电站检修机组数量众多，维修管理工作量大。电站在电力系统中地位重要，对机组的可靠性和安全性要求高，培育流域梯级电站检修核心能力，实现检修工作的标准化、规范化，以高可靠性、高经济性的检修手段，保障电站设备的安全、可靠、稳定运行势在必行。

关键词：流域；检修；核心；构建

1　概述

贵州乌江水电开发有限责任公司是国内组建的第一家流域水电开发公司，按照“流域、梯级、滚动、综合”的开发方针，开发完成乌江干流贵州境内 7 座水电站和清水河 2 座水电站，水电装机容量共 869.5 万 kW，水电机组 33 台。其水电机组的检修和电气试验工作主要依托乌江公司上、下游修试中心开展，从 2012 年开始，上、下游修试中心圆满完成了乌江流域水电检修任务 46 台次，平均每年检修机组 5～6 台次；完成应急机组检修项目 7 次，以及各类众多发变电设备高压、热工和保护试验等，同时上、下游修试中心积极发展区域外甚至是国外水电检修业务。

2　构建乌江流域梯级水电站检修核心能力的必要性和发展思路

随着乌江流域各梯级电站开发完成，电站机组检修任务已达到最大饱和度。培育流域梯级电站检修核心能力，实现检修工作的标准化、规范化，以高可靠性、高经济性的检修手段，保障电站设备的安全、可靠、稳定运行，是公司赋予上、下游修试中心的重要职责和使命。按照公司中长期规划，将乌江流域水电站创建为世界一流水力发电企业的目标要求，梯级水电检修核心能力建设工作的必要性日益凸显。

基于流域梯级水电站的检修技术难度大、生产任务重、管理要求高的特点，确定上、下游修试中心流域梯级电站检修核心能力建设的发展思路：按照公司最新确立的修试中心职能定位为依据，建设流域梯级电站检修的核心能力。采取基于可靠性为中心的精益维修策略，以提高设备故障诊断、分析和检修能力，提高发供电设备可靠性。结合公司发展，不断优化检修策略和检修组织结构，提高检修项目方案编制、组织实施及成本控制管理能力，加快人才培养，通过技术和管理创新，形成一支具备流域梯级电站检修生产策划与管理能力和应急响应及处置能力的国内一流的水电检修中心。

3　核心能力构建内容

3.1　顶层战略规划构建

顶层战略是企业根据内外部环境的状况，为不断获得新的竞争优势对企业经营发展目标的途径和手段的总体谋划。专业化的水电检修队伍应切实把握本行业关键技术的发展方向，本企业的发展规划，以及内外部市场变化的规律，结合自身特点，抓住改革发展的机遇，发掘自己专业化的优势，科学合理地确定水电检修的发展战略目标。战略发展的目标要立足“高质量服务流域内机组检修、积极拓展域外新业务增长点”，不断增强核心业务发展能力，发挥整体优势，不断增强检修业务的市场竞争能力、技术创新能力和管理创新能力。

3.2　实施精细化检修管理

精细化管理的中心目标是降低成本，而降低成本的手段是消除一切浪费，不断追求精益求精和不断改善去掉检修环节中一切无用的东西。精细化管理是提高企业管理水平、增强企业核心竞争力的重要方法。乌江流域梯级电站检修核心能力建设以及流域检修生产任务能否顺利实施完成，必须要依赖一个高效有序的检修生产组织管理体系，检修工作的单点单面部门内部管控模式已经暴露出电站之间检修信息不畅，电站与检修间独立管理；组织机构传统，受制于电站管理导致检修主观能动性弱；管

收稿日期：2020-06-10.
作者简介：张围围，贵州毕节人，工程师，从事水电厂技术管理工作；潘剑，贵州遵义人，工程师，从事水电厂安全生产管理工作.

理职能传统，跨部门障碍导致协同效率较低；分散检修管理方式，使得流域检修综合效益低，检修资源存在浪费，不能实现流域检修规模化效益。

以流域梯级电站检修专业化、集约化的组织机构为基础，通过实施水电检修组织扁平化管理，完善水电检修管理模式，将水电站机组检修变为梯级流域机组检修。按照现代项目管理方式方法，通过构建一个高效运转组织体制和建立一个规范高效管理机制来实施流域梯级电站的精细化管理。

3.3 培养流域梯级电站检修专业优秀人才

人才的培养直接关系到流域检修能力的高低，结合乌江公司争创世界一流水力发电企业的发展规划需求，对流域梯级电站检修专业人才能力和素质培养提出了更高的要求，流域梯级电站检修需要从管理人才、专业技术人才、专业技能人才3个方面入手。管理人才是统筹流域梯级电站检修的领头人，除了掌握基本专业基础知识外，还需要通过学习项目管理、人力资源、安全文明施工、财务与工程经济等方面提高；专业技术人才是流域梯级电站检修工作的主心骨，需要从专家型人才、复合型人才入手，通过掌握检修技术核心能力、检修技术与管理创新、检修安全管理创新、机械和电气一、二次检修技术与管理等多角度多专业发展；专业技能人才是流域梯级电站检修工作的生力军，也是流域梯级电站检修的主要执行者，专业技能人才需要熟练掌握1种检修工种，并另外通晓两种工种，能够在工作需要的情况下迅速熟练掌握。

3.4 推进检修工作标准与规范化

目前众多发电企业相继开展“三标一体化”管理，在流域梯级检修管理中，可引入“三标一体化”管理，以程序文件和作业指导书的形式对生产、管理过程进行控制。通过引进标准化管理体系，制定切实可行的管理改善措施，流域梯级检修人员质量意识不断提高，标准化管理水平逐年提升，实现了检修质量、安全、工期与环境的全方位控制，使检修工作由经验式的粗放型管理向标准化管理的方向不断迈进。

为不断促进流域梯级检修标准与规范化，需要强化设备检修管理标准和作业标准。例如，目前2个修试中心和水电厂之间都有自己的一套检修作业文件，也在生产实践中有诸多的应用。但在对作业文件的合理组织、科学管理方面还有许多不足，需要进一步地科学规划。在优化检修和远程诊断策略指导下，通过加强检修作业文件的管理和可执行度，将可以大量节省维修成本和效果，提高设备检修工作的效率。

另外，为了使保证体系和监督体系运行顺畅，减少扯皮，目前国内部分发电企业还在大修过程引入外部监理制，聘请国内有经验的监理机构作为第三方直接参与大修管理。监理制的引入不仅提高了对大修安全质量的控制，同时也促进了各水电厂和检修中心管理水平的提高。

3.5 构架1套流域检修信息共享平台

为了满足流域梯级电站检修远程交流、业务管理、信息查询、资源共享等需要，应该要求创建1套全流域共享的信息化管理平台。该平台主要对全流域梯级电站检修文档管理、重大检修缺陷管理、检修设备仪器管理、设备技术资料管理、检修工器具和物资管理和检修标准、规范、工艺共享管理等，用信息化手段来带动生产自动化以及管理现代化水平，从而提高生产管理效率，降低人力资源成本，提高设备及物资使用率。

3.6 树立水电专业化检修品牌服务意识

专业化的检修公司必须树立品牌服务意识，品牌服务是设备检修专业化拿下市场的有力武器。树立品牌意识，包含着企业文化的成分，是无形资源与信任。品牌与企业效益紧密相连，与员工切身利益相连。如果没有品牌意识，就永远打不响自己的品牌，劳动力价格就永远只能在低水平运行。市场就是要优质服务，

服务是效益关键，好的服务就能带来更大的市场。在竞争激烈的市场机制运作下，谁拥有优质的服务，谁就拥有了客户，就拥有了公司发展的基础。优质服务是根本，在服务工作中，只有服务考虑周全、精细，才能得到客户的认可。

4 结语

乌江流域梯级水电站核心能力构建，通过一段时间的实施后必然会带来核心能力建设提升，并通过探索以可靠性为中心的精益检修策略，开展项目管理试点，检修精细化管理水平、资源配置能力及工作效率进一步提升。检修核心能力建设水平的不断提高，为开展流域梯级水电站检修奠定了坚实的基础。

参考文献：

[1] 胡锁钢. 流域检修企业人力资源互动的探讨［C］. 全国大中型水电厂技术协作网年会，2018.

[2] 何洪波. 对水电企业检修市场化的" 三步走" 构想［C］. 全国大中型水电厂技术协作网年会，2019.

水电站自动化技术及其应用探究

周九道
（贵州乌江水电开发有限责任公司构皮滩发电厂　贵州余庆　564408）

摘要：随着信息技术的不断发展，各种先进的信息技术被不断地应用到水电站管理过程当中，水电站的自动化程度逐年提高。通过自动化技术能够进行自动检测、自动控制和自动决策，可有效保障水电站的安全稳定运行。本文在此基础上就水电站自动化技术应用的相关问题做了一些探索，以期为我国水电站自动化行业的发展贡献一份力量。

关键词：水电站；自动化；技术；稳定；运行

1　背景

为了满足基础建设的需要，我国水电站建设的数量呈现出逐年增加的趋势。自动化技术也被广泛地应用到水电站当中，提高了水电站的自动化和智能化水平，保障水电站始终能够运行在稳定的状态。通过传感器以及智能化算法能够对于机组和辅助设备进行有效的监控，观察设备的状态是否运转正常，从而更好地发送相应的执行指令。另外，随着信息技术的进一步应用，水电站的智能化水平越来越高。

2　自动化技术特点

2.1　加强对系统的监视

自动化技术的应用能够进行实时监测和诊断，实时发现系统中可能存在的安全隐患，更好地促进系统安全稳定运行。另外，通过自动化技术的应用能够保障系统始终运行在稳定状态下，更好地提高水电站生产效益。这里以设备检测功能为例，安全监测的实现主要依赖于传感器技术、通信技术以及控制技术的发展，能够通过传感器网络收集系统运行过程中的各种参数，包括转速、稳定、角速度等物理参数，通过对这些参数的实时分析，从而了解到机组设备或者辅助设备的实时运行状态；通过分析设备运行的状态来反映出水电站系统运转的状态，从而制定相应的执行方案，使水电站能够正常运转。

2.2　自动操作技术

自动化技术的发展一方面表现在自动化技术的发展，另一方面表现为自动化设备逐渐朝着智能化的发展。自动化设备可以全天候自动化完成相关操作，包括操作开关、报警、通讯等。另外，自动化技术的发展能够更好地完成信息融合和多层级控制，能够将水电站中各个子系统进行有效的组织，主要包括了排水系统、供电系统以及压缩空气电能系统等，通过系统之间的相互耦合和配合，能够确保系统之间的相互交互、有条不紊地运行。

2.3　故障诊断技术

传统的设备和加工过程主要依靠人工进行维护和管理。但是随着自动化技术和智能诊断技术的发展，能够对于设备运行和管理进行自动检测和自动诊断，能够发现系统运行过程中的一些异常，能够及时中断相关动作，减少对设备进一步的破坏。另外，很多智能传感器被应用于自动化系统，能够对于系统运行过程中相关参数的搜集和分析，包括了电流、电压、功率因子等参数，根据参数的判断来分析系统是否工作正常，从而将相关状态反馈给系统端，及时了解到系统运行的实际状态，从而更好地反馈给管理人员，及时掌握系统整体运行的状态。

故障诊断技术是未来发展的重要趋势，能够更好地提高系统运行效率和运行周期，减少系统出现故障的概率。

2.4　增强信息处理灵活性

自动化技术对于信息处理的灵活性很强，主要得力处理算法和传感器技术的发展。传统技术的发展能够为信息处理提供可靠的数据，只有保障了信息来源的可靠性，那么信息处理才是有意义的。另外得力技术信息处理算法的提高，例如滤波技术、数据增强技术、数据融合技术以及人工智能技术。通过对于原始数据的处理，能够发现信号中传达出的本质信息。很多信号在时域中很难处理，但是通

收稿日期：2020-07-20.
作者简介：周九道，湖南祁东人，助理工程师，从事水电厂运行工作.

过傅里叶变换、小波变换等能够将信号放在频域中进行分析和处理，从而得到他们想要的结果。

随着硬件技术的发展，使得信号处理不仅能够在软件上完成，还可以通过定制化芯片的方法来完成相应的信号处理工作，例如可以将算法集成到专用芯片上，这样能够有效提高信号处理的速度，从而满足不同场合的需求。信号的处理既可以在软件上完成，也可以在专用的芯片上完成，可以有效提高信号处理的速度。并且随着智能硬件的发展，各种信号处理的芯片需求越来越大，这种信号处理速度的增加主要得力于架构的不同，芯片的架构能够完成数据并行化处理，这和传统的串行处理存在着很大的区别。这种定制化处理可以将信息处理模型的面积做好很小，从而满足不同场合的需求。

3 加强自动化技术应用的几点建议

3.1 建立紧急停机系统

水电站中的机组设备或者辅助机械设备都是大型机械设备，需要很多设备处在高速运转状态，而且运行环境往往是高压、湿度大等环境，如果哪个环节没有加以控制，就很容易出现安全事故，甚至威胁到操作人员的人身安全。因此需要基于自动化控制技术来创建紧急停机系统来保障水电站生产运行环节的安全性。具体而言，如果在哪个环节出现故障需要及时进行停机操作，从而将事故控制在一定的范围之内。不仅于此，还可以根据停机系统来建立各个装置的联动性，使得各个装置处在一个稳定运行的状态当中，一旦某一环节出现故障，能够将各个信息反馈到其他的环节，从而保障系统始终处在稳定的运行状态当中。

3.2 加强自动化控制系统的应用

自动化系统主要是由 PC 端、分布式控制系统、PLC 控制器组成。在水电站的 PC 端，需要通过加强继电保护设计以及加强智能化检测系统的应用来有效提高 PC 端的安全性和可靠性，从而使得控制端输出信号和输入信号更加稳定，保障控制的稳定性和可靠性。分布控制系统是为了满足不同的控制任务和控制需求，根据系统的复杂度将执行任务或者执行设备更好地进行分层或者划分，保障输入指令控制的可行性和安全性。将通信装置、控制站以及主机 PC 端进行相应的链接，保障控制执行功能能够相互协调以及更好的划分，从而完成分布式控制。PLC 控制器是完成整个系统的运算和控制的核心单元，需要根据任务需求设计完善的控制算法，然后通过控制器发出相应的控制任务。未来为了更好地保障水电站智能化发展，需要不断加强自动化系统分布式设计，减少核心系统运行的压力，保障控制命令更好地得到执行，提高系统响应时间。

3.3 绿色化方向发展

自动化系统在运行过程中还产生大量的能量消耗，同时还容易对于生态系统造成一定的破坏。我国不断进行产业结构调整，逐渐淘汰高能耗和高污染的一些行业。为了更好地促进自动化技术在各个行业中的应用，需要不断进行产业结构调整，通过应用更加先进的自动化技术来提高系统的自动化水平，提高能量利用效率，减少不必要的能源消耗。

绿色化方向是水电站控制发展的一个重要趋势。在发展过程中要重点探究绿色材料、绿色技术的应用，从根本上提升自动化系统运行的效率。未来随着 EDA 技术和智能化技术的发展，使得整个系统的运行都能够运行在一个稳定状态，系统能够对于每一个环节运行的状态以及功耗进行有效的监控和反馈，来不断调整系统运行的状态，使得系统始终运行在最佳效率，在提高系统安全稳定运行的同时，最大程度提高系统运行的经济性。

4 结语

综上所述，自动化技术被广泛应用到水电站当中，极大地保障了水电站运行的安全性和稳定性。在未来发展自动化技术过程中，还需要考虑到技术的绿色性和经济性发展，更好地发挥自动化技术的优势。

参考文献：

[1] 陈永兴. 水电站自动化技术及其应用 [J]. 智能城市，2019，5 (9)：180-181.

[2] 陈怡帆. 浅谈水电站电气工程自动化技术及其应用 [J]. 数字通信世界，2018 (1)：133，61.

[3] 伍春荣，欧阳海. 电气自动化技术在水电站中的应用分析 [J]. 自动化应用，2018 (3)：120-121.

[4] 夏书军，程志武，周晓东. 自动化技术在电力系统配电网中的应用 [J]. 中国新技术新产品，2010 (2)：128.

[5] 谢勇. 水电站自动化技术及其应用 [J]. 科技创业家，2013 (16)：69.

某水电厂计算机监控系统功能完善及程序优化

郑明浩，李明忠，袁泽静

（贵州乌江水电开发有限责任公司沙沱发电厂　贵州铜仁　565300）

摘要：计算机监控系统是整个水电厂自动控制的中枢系统，监控系统程序的完善及可靠性是实现机组自动控制的关键环节。某水电厂投产初期监控系统程序存在缺陷，导致水电站机组时常发生开停机失败等情况，经过多年的分析讨论，不断对计算机监控系统的功能完善、程序优化，有效避免了机组因监控系统程序缺陷原因导致停机的情况，并提高了机组开停机成功率。文章介绍了某水电厂计算机监控系统上下位机程序的优化及功能的完善，其完善方法可为相似水电厂计算机监控系统提供参考。

关键词：计算机；监控；系统；程序；优化；功能；完善

0　引言

某水电站于2006年5月16日正式开工，2013年4月20日下闸蓄水，2013年5月11日首台机组发电，2013年6月13日4台机组全部投产发电，总装机容量1 120 MW(4×280 MW)。其计算机监控系统由南京国电南自公司生产。

计算机监控系统在水电厂由于涉及的设备量多、面广，受工期和人力等多种因素影响，往往在电厂新建时期不容易做到使监控系统程序和功能完善，只能依靠投产后组织各方面的人力、物力来解决后续问题。本文针对此类问题，对计算机监控系统逐渐完善过程中所做的一些重要改进完善工作进行总结。

1　计算机监控系统功能完善

1.1　增加机组剪断销剪断及压油装置油压过低报警后退出该机组单机AGC功能

水电厂实际生产运行过程中，剪断销是机械传动中超过一定力矩能够剪断的键销，是导水机构的安全装置，剪断销上加工了1个危险断面，在正常操作力作用下，剪断销能正常工作，当达到剪断应力，剪断销连同装在其中的信号装置在危险断面剪断并发出信号，该导叶脱离控制，其他导叶仍可正常转动，起到保护其他导叶的作用。因为剪断销剪断后水轮机有部分导叶不受控，会造成水力不平衡的情况，并引起水轮发电机组震动，所以在水轮机导叶发生剪断后要尽量维持导叶开度不变，避免负荷频繁调整将导叶剪断的范围扩大。

压油装置是为水轮发电机组调速器系统供给压力油的装置，是控制调节机组导叶开度、进行负荷调整的重要辅助设备。当机组在运行中出现调速器油压低于规定值的情况，则将影响机组正常调节，如果此时继续频繁进行负荷调整将使油压进一步降低，甚至引发事故低油压停机，导致事故范围扩大。

针对以上问题，某水电厂在计算机监控系统中增加剪断销剪断报警和压油装置油压过低报警退出单机AGC的逻辑，有效避免发生以上故障后频繁的负荷调整导致事故的进一步扩大。

1.2　计算机监控系统增加趋势报警功能

某电厂对每个发变组单元单独做2个温度综合报警点判据(开关量)送集控中心，包含上、下、水导轴承温度以及推力温度、主变温度、励磁变温度，集控中心收到该综合报警后在监控系统推出相应单元温度画面。如果温度升高(在正常运行值和偏高值之间)，集控中心收到信息后电话提醒电厂；如果温度偏高，集控中心收到信息后电话提醒电厂，并在运行规程中明确应急处置；如果温度过高，电厂监控系统自动跳闸。

对每个发变组单元的主变外循环冷却器、推力外循环全停等重要辅助设备异常信号增加综合报警点判据(开关量)上送集控中心，集控中心收到该报警信号后通知电厂。

对每台发电机励磁系统、调速系统中影响有功、无功调节的相关信息(譬如不在自动状态、LCU调试按钮、励磁C通道等)增加综合报警点判据(开关量)上送集控中心，集控中心收到该报警信号后通知电厂。

收稿日期：2020-03-04.

作者简介：郑明浩，贵州贵阳人，助理工程师，从事水电厂生产工作.

1.3 增加主变中性点地刀自动分、合闸流程

某水电厂原主变中性点接地刀闸能在机组开停机时自动合闸，当有2个及以上主变中性点地刀在合闸位置时，需要手动操作分开部分主变中性点地刀，以保证只有1个中性点接地。通过增加主变中性点刀闸自动分合闸流程，有效避免了操作次数过多误操作的风险，同时满足“远程集控”的技术要求。

1.4 增加灭磁开关联跳发电机出口开关功能

当灭磁开关动作时联跳发电机出口开关，是在发电机运行过程中灭磁开关因励磁系统故障跳开的情况下，发电机只有等失磁以后才能由失磁保护跳开机组发电机出口开关，现改为灭磁开关动作时联跳发电机出口开关，实现不等机组失磁保护动作而同步跳闸。

2 计算机监控系统程序优化

2.1 调速器油压装置事故低油压信号双接点判断

某水电厂原监控系统下位机机组PLC程序中油压装置事故低油压导致水机事故停机的判据为非停机态时机组油压装置事故低油压(开关量)动作并延时2 s，机组油压装置事故低油压压板投入的情况下开出水机事故停机流程，增加模拟量进行双接点判断后，避免了误动作的可能。

2.2 对顶盖水位超高信号双接点判断

某水电厂原监控系统下位机机组PLC程序中顶盖水位超高导致水机事故停机的判据为机组非停机态时机组顶盖水位超高(开关量)动作并延时2 s，机组顶盖水位超高压板投入的情况下开出水机事故停机流程，增加模拟量进行双接点判断后，避免了误动作的可能。

2.3 机组轴承油槽油位上、下、水导、推力油位过低双接点判断

某水电厂原监控系统下位机机组PLC程序中轴承油槽油位上、下、水导、推力油位过低信号导致机组及辅助设备故障停机的判据为机组非停机态时机组水导轴承油槽油位过低(开关量)、机组上导轴承油槽油位过低(开关量)、机组下导轴承油槽油位过低(开关量)、机组推力轴承油槽油位过低(开关量)任一条件满足并延时2 s，在机组轴承油槽油位异常压板投入的情况下开出机组及辅助设备故障停机流程，增加模拟量进行双接点判断后，避免了误动作的可能。

2.4 机组PLC程序停机流程优化

某水电厂原监控系统下位机机组PLC程序停机流程中，在投入事故配压阀后，其转速在延时90 s仍不能小于20%时，停机流程则退出，存在安全风险。现改为投入事故配压阀后，其转速在延时90 s仍不能小于20%时，应关进水口闸门，待转速低于20%，停机流程继续执行。

2.5 机组PLC程序中主轴密封水流量中断或压力过低超时程序优化

某水电厂原监控系统下位机机组PLC程序中主轴密封水流量中断或压力过低超时，导致水机事故停机的判据为机组非停机态时机组主轴密封水压力正常(取反)或1号机组主轴工作密封水压力不大于0.2 MPa，并机组主轴工作密封水流量过低动作时，延时5 s，在机组主轴密封水中断且压力过低超时压板投入的情况下开出水机事故停机流程。上述可见，主轴密封水流量中断或压力过低超时延时较小，存在误动作的风险，故我们将延时5 s改为30～60 s，提高了可靠性。

3 改进建议

(1) 软件人性化方面跟不上当下的先进水平(如面向对象等技术的应用方面)以及系统在数据库、画面、报表、顺控的编写和组态方面比较复杂，在维护方面较为麻烦，建议系统软件及应用软件及时升级。

(2) 历史数据库历史趋势的记忆上存在缺陷，经常记录不全，计算机重新启动后数据全部刷新从头开始，建议优化解决历史数据库的结构，优化数据刷新及续取方式。

(3) 系统在统计上的功能较少，建议厂家多增加一些统计功能，方便用户查询。

4 结语

综上所述，某水电厂在厂家完成监控系统的调试安装后，也就是计算机监控系统实用化工作的开始，只有监控维护人员根据实际生产情况和产品特点不断地对监控系统进行维护和完善，这样计算机监控系统才能更好地服务实际需要。

机组开机过程中风闸上腔不排气原因分析及处理

郑攀登[1]，吴恒[2]

（1. 乌江渡发电厂　贵州遵义　563100；2. 中铁十五局第四工程有限公司　河南郑州　450000）

摘要：乌江渡发电厂3号机组在开机过程中曾发生机组制动风闸下落后上腔不排气现象，导致自动开机流程不能继续执行。本文针对出现此种现象的原因进行分析论证，并采取相应处理措施，以提高机组开机成功率。

关键词：水电厂；开机；流程；风闸；空压机；压力开关

1　概述

乌江渡发电厂3号水轮发电机组由天津阿尔斯通水电设备有限公司设计制造，发电机型号为SF250—40/10350，机组制动装置由8组16块制动风闸、2台低压气机、气罐和管路等附属设备组成，制动块通过支墩置于下机架支腿上，制动系统正常工作压0.6～0.8 MPa，单台制动器最大顶起重量80 t[1]。3号水轮发电机组活动导叶未设计断面密封，长期运行后导致机组在停机状态下漏水量较大，为防止机组发生蠕动现象，其在停机状态下制动器风闸处于顶起状态[2]，机组收到开机令后，风闸制动解除，机组开机流程见图1。

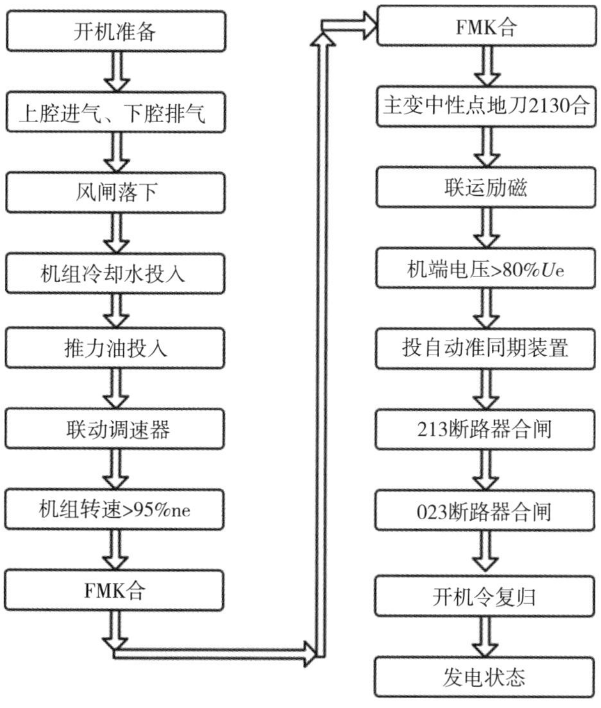

图1　3号机开机流程示意图

2019年12月至2020年1月期间，3号机组在开机过程中，多次出现开机流程执行至风闸落下后上腔无法排气，导致开机流程不能顺利进行，需运行人员通过上位机单步操作风闸上腔排气后方可继续开机流程，严重影响机组的开机成功率。

2　风闸上腔不排气原因分析

通过与上位机事件一览表中正常开机流程进行对比，发现上腔不排气的开机流程执行风闸落下动作后便终止流程，正常开机时其下一流程为风闸下腔无压动作，同时在上腔排气程序中判有下腔无压开关量接点，故初步认为是风闸下腔无压接点未动作导致上腔排气流程未执行。

风闸下腔无压接点开关量定值为0.05 MPa，即当下腔压力值小于0.05时无压接点接通，上腔排气流程执行，故分析接点未接通原因系由压力变送器故障、风闸上下腔之间串气导致下腔压力值大于0.05 MPa，从而造成下腔无压接点未能接通。

2.1　机组开机程序卡阻

机组开机时，若开机流程恰好执行至风闸落下后出现程序走死[3]，此时将出现风闸上腔无法排气现象，但重启程序后仍出现上腔不排气现象，说明并非程序卡阻导致，故排除此原因。

2.2　下腔无压压力开关故障

下腔无压压力开关是采用高精度、高稳定性能的压力传感器和变送电路，再经专用CPU模块化信号处理技术，实现对气体压力信号的检测、显示、报警和控制信号输出的装置。下腔无压压力开关动作原理是当下腔压力小于0.05 MPa时，无压开关接点接通。3号机风闸上腔排气的判断逻辑是下腔无压开关接点动作且下腔压力模拟量小于0.05 MPa，若压力开关故障时，即使下腔压力小

收稿日期：2020-01-10.
作者简介：郑攀登，河南周口人，助理工程师，从事水电厂水轮发电机组运行维护工作；吴恒，安徽合肥人，从事建筑工程设计施工工作.

于 0.05 MPa，其压力开关接点未接通，也可能会造成上腔无法排气。3 号机首次出现开机过程中上腔不排气现象时，分析系由此原因引起，但更换下腔无压压力开关之后，开机过程仍出现上腔排气不动作现象，故排除此项原因。

2.3　电磁阀故障

正常情况下风闸上下腔供排气由电磁阀根据电气信号自动控制，3 号机制动系统见图 2，其中阀门 Q308 乙、Q302 为上腔进、排气常开球阀，阀门 Q308 甲、Q303 为下腔进、排气常开球阀，上下腔进排气管路的开和闭靠上下腔电磁阀控制。若电磁阀出现故障，导致下腔排气状态下 Q308 甲仍与供气管道连通，此时下腔可能会存在一定压力；同样，若上腔电磁阀故障时，风闸在顶起状态下，上腔也会存在一定压力。为检验此分析的正确性，将机组控制权切至厂站侧，并做好安全措施：上位机下开机令，观察机组开机流程执行至风闸落下后上腔未自动排气，此时开启阀门 Q305、关闭阀门 Q308 甲，观察下腔仍有压力且数值未变化，证实下腔供排气电磁阀并未发生故障；在机组停机状态、风闸自动模式下，开启阀门 Q307、关闭阀门 Q308 乙，观察上腔仍有压力且数值未变化，证实上腔供排气电磁阀并未发生故障。

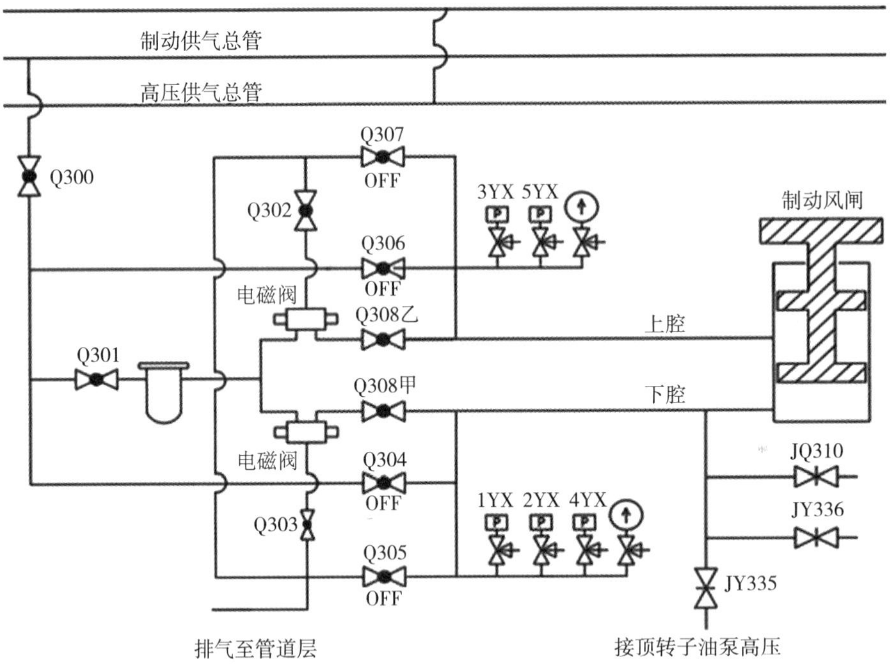

图 2　3 号机制动系统示意图

2.4　风闸上下腔串气

3 号机风闸为三腔三活塞油气分离，立销导向新型制动风闸，同时供停机刹车和客服停机后机组大轴蠕动用。其三腔包括上下气腔（开停机时落、顶风闸）和油腔（供检修时顶转子），其三腔之间通过活塞和密封条互相隔离密封，经过一定时间运行或气体中含有固体杂质导致上下腔之间活塞密封条磨损后，风闸上下腔会发生串气现象。开机过程中，风闸下腔排气、上腔进气，在此过程中，若存在上下腔串气，下腔势必会存在一定压力，当压力值大于 0.05 MPa 时认为下腔有压，其无压接点无法接通，此时虽然风闸落下，但上腔排气不会动作，即上腔无法排气[4]。

为证实是否由串气导致开机过程上腔不排气，做开机试验，监视机组开机状态画面中上腔进气之后下腔压力数值，经试验发现上位机下腔压力数值保持在 0.06～0.08 MPa 之间变动，与现地制动柜压力表示值一致；同时检查发现机组在停机状态下，制动柜有明显串气声，上腔压力 0.06 MPa，同时通过对比上位机历史记录时间一览表发现，停机时机组制动用低压气机启动频繁，每 30 min 启动 1 次，不符合正常情况下 45～60 min 启动 1 次标准，此情况也证实了因为风闸串气导致气体流失，低压气罐压力下降变快导致气机启动频繁。综合以上情况，初步认为风闸串气是导致上腔无法排气的原因之一。

3　处理措施

3.1　更换串气风闸活塞密封

机组风闸共 8 组 16 个，其中供排气管路与单台风闸之间连接处未设置阀门，要确认某台或某些风闸存在串气，需要逐台将供排气管解开，并顶、落风闸，观察上下腔压力和制动柜排气声。如果在解开某台风闸上下腔进排气管后，试验中上下腔压力正常且制动柜处无排气声时，说明此台风闸存在串气现象，将风闸拆下解体更换活塞密封。但此项工作无法在机组备用状态下进行，拟在机组检修期处理。

3.2 上腔排气程序修改

因风闸串气暂时无法解决，经研究先更改上腔排气程序，保障机组能够正常开机。原3号机上腔排气程序中判有下腔无压开关量接点(DI75 _ FZ _ XQWY)，因风闸存在串气现象，开机过程中，下腔仍有0.06 MPa压力，大于下腔无压定值(0.05 MPa)，下腔无压接点未导通，导致上腔排气流程未执行。为保证开机成功率，拟对上腔排气逻辑修改为下腔压力模拟量(AI20 _ ZDFZXQYL)与下腔无压开关量接点(DI75 _ FZ _ XQWY)并联，替代原下腔无压开关量接点(DI75 _ FZ _ XQWY)，作为3号机风闸上腔排气的判断逻辑。程序修改后上腔排气逻辑程序图见图3。

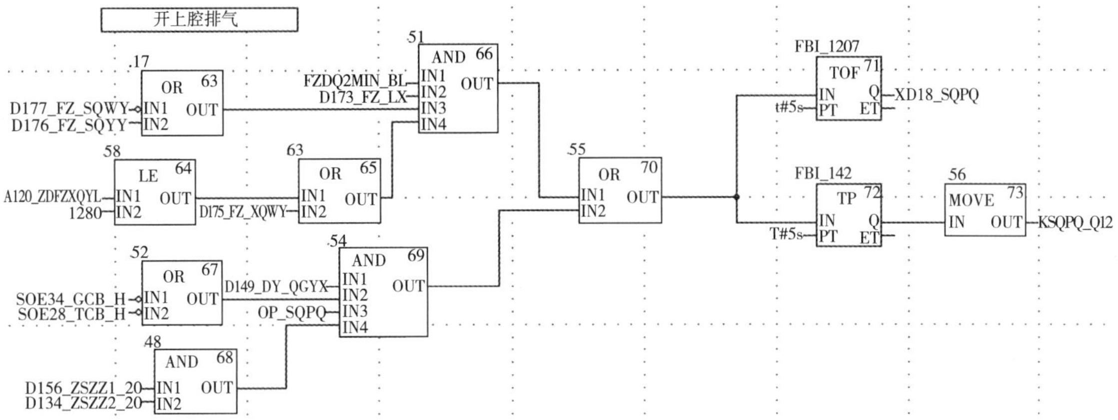

图3　程序修改后上腔排气逻辑程序图

AI20 _ ZDFZXQYL为制动风闸下腔压力实测模拟量，由于风闸下腔压力变送器量程为0～1 MPa，对应码值为0～16 000，风闸下腔压力为0.649 MPa时连接笔记本观察实测码值为10 390，以此折算0.08 MPa（风闸下腔无压整定值）对应码值应为1 280。DI75 _ FZ _ XQWY为风闸下腔无压开关接点(偶发性接点动作不到位即为该点)，当前采用模拟量AI20 _ ZDFZXQYL和开关量DI75 _ FZ _ XQWY取或逻辑接入原回路。

此程序的修改并未解决风闸串气问题，其目的是暂时解决机组开机时上腔不排气问题。在3号机风闸串气未彻底解决之前使用该判断逻辑，串气现象处理正常后，再恢复原上腔排气逻辑程序。

4　处理之后的效果

3号机上腔排气逻辑程序修改之后，经试验自动开机流程正常，投运至今未再发生上腔不排气现象。但由于目前风闸串气问题仍在，需运行专业人员加强对制动系统压力的监视及厂低压气机运行情况，以确保设备稳定可靠运行。

5　结论

水电厂机组在电网中承担着调峰调频作用，开机成功率是电站可靠运行的一个重要考核指标，保障机组全年100%开机成功率应作为电厂重要工作；提高设备可靠性，加强运维人员对设备监视、维护力度仍是保障电力安全生产的主要任务[5]。文章针对机组开机过程中出现的异常问题进行逐步分析，提出合理、科学规范的解决措施，可供同行业工作者作为参考，以提高机组运行安全稳定性，保证机组开机成功率，提升电厂经济效益。

参考文献：

[1] QB/WJD 106. 011—2016，乌江渡发电厂一号厂发电机运行规程 [S].

[2] Q/WJD106. 101—2017，乌江渡发电厂发电机机械检修规程 [S].

[3] 杨洪涛. 天堂抽水蓄能电厂开机不成功原因分析及对策 [J]. 水电自动化及大坝监测，2006，30 (5)：77-80.

[4] 陈喜新. 水轮发电机组风闸制动系统故障分析与流程改进 [J]. 水电站机电技术，2009，32 (5)：60-62.

[5] 刘凯. 关于水轮发电机组自动开停机成功率的提高 [J]. 云南水力发电，2019，35 (3)：141-144.

天生桥一级水电站机组 220 V 直流系统改造

王梦浩

(广东能源集团天生桥一级水电开发有限责任公司水力发电厂　贵州兴义　562400)

摘要：220 V 直流系统在水电站有着非常重要的作用，直流系统接地故障对电力设备的稳定有着非常大的威胁。本文通过优化直流系统的接线方式，增加机组直流系统的绝缘监测装置，准确判断并排除故障，避免设备的不正常动作。

关键词：直流系统；接地；绝缘；监测；接线

1　工程概述

天生桥一级水电站厂级 220 V 直流系统接线方式为单母线分段，2 段母线间设有联络开关；正常运行时，2 段母线分段独立运行，由 1 台充电机承担经常性负荷，同时向蓄电池补充充电，以补偿电池的自放电；每段母线上均装设 1 套微机绝缘监测仪，巡检仪可以采集蓄电池组单节电池电压、环境温度，并将检测到的数据初步处理后传至集中监控器。

机组 220 V 直流系统采用对顶二极管设计，有 2 路进线电源，分别从厂级 220 V 直流系统Ⅰ段和Ⅱ段供给，机组的负荷通过对顶二极管联络运行。

2　改造背景

现有屏柜于 2009 年投运，存在以下问题需要解决：

(1) 设备运行至今已有十余年时间，屏柜内电缆和开关均存在老化现象。

(2) 屏柜内使用对顶二极管切换供电，不符合南网总调 2012 年 12 月 24 日《电厂直流电源切换问题讨论会议纪要》的要求，需要整改。

(3) 屏柜内部没有配备绝缘监测装置，不便于直流接地查找。

(4) 馈线开关分、合信号没能送至全厂监控系统，不便于监视开关状态。

为了保证机组 220 V 直流分配屏供电可靠及解决上述问题，故对其进行技术改造。

3　改造内容

机组 220 V 直流系统已运行多年，盘柜和线路均已老化，而且接线方式不够合理，故对其盘柜整体更换，具体内容如下：

3.1　接线方式更改

机组 220 V 直流系统新的接线方式采用单母线分段方式，分为 2 段，Ⅰ段和Ⅱ段母线电源分别来自 220 V 直流系统 1 号馈线柜和 2 号馈线柜，进线开关分别为 1ZK 和 2ZK，2 段之间设置有联络开关 12ZK，取消对顶二极管切换供电的接线方式，正常运行时，2 段母线分段独立运行，每段母线上分布 22 个馈线开关，2 段母线的负荷互不影响。

3.2　增加集中监控功能

集中监控器装于厂级 220 V 直流充电柜内，负责对机组 220 V 直流系统各段母线的馈线进行监测和数据采集；接收监控中心计算机发送来的命令及参数，并将系统运行状态及参数发送给监控中心计算机。集中监控器作为直流屏内的智能管理单元，负责采集各功能单元输入/输出数据量、状态量，并根据其本身程序控制各单元的运行状态，同时将所得直流屏数据上传至后台。

监控系统采用串行总线结构、分散控制集中管理模式，直流系统中各功能单元均为具有 CPU 的智能化单元，均具有自诊断能力；单元与单元、单元与监控器之间全部是数字通讯且输入输出电气全隔离；任一单元故障时，不会影响其他单元的正常运行。先进的控制逻辑和通讯校验算法，可确保在任何干扰环境下，都不会使系统产生误动[1]。

3.3　增加微机绝缘监测装置

绝缘监测仪主机检测正负直流母线的对地电压，通过对地电压计算出正负母线对地绝缘电阻。当绝缘电阻低于设定的报警值时，自动启动支路巡检功能。

母线监测采用平衡电桥检测法[2]，其原理见图 1。平衡电桥法在绝缘监测仪主机内部设置两个阻值相同的对地分压电阻 $R1$、$R2$，通过它们测得母

收稿日期：2020-06-12.

作者简介：王梦浩，河南郑州人，助理工程师，从事发电厂电气二次设备检修工作.

线对地电压 $V1$、$V2$。

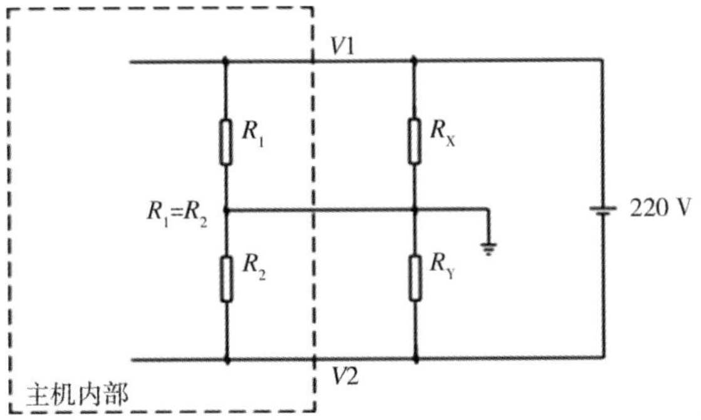

图 1　平衡电桥检测原理示意图

4　项目施工及管理

4.1　设备安装

机组 220 V 直流系统改造涉及整个机组段所有的直流电源，涉及面比较广，风险点主要是触电风险，安全措施只需要断开 2 段 220 V 直流系统进线开关和机组逆变电源盘内 1 路 220 V 交流进线开关，就能保证屏内完全停电。

因机组 220 V 直流全部停电，改造施工期间，对于一些特殊负荷如主变冷却器控制柜、空调控制柜、空调控制柜仅有交流电供电，为避免控制柜交直流电源全失可能导致的 PLC 程序丢失的风险，主变冷却器控制柜、空调控制柜等柜类交流电源开关不得断开，因此要保证上述设备的交流电源供电，尽量不做厂用电倒闸操作。对于 LCU 现地控制柜、进水口事故闸控制柜、过速限制器及接力器锁锭控制箱、灭磁开关合闸电源、励磁调节器柜、调速器电调柜、调速器机调柜、发电机灭火控制柜、发变组故障录波屏、同期装置柜、灭磁开关操作电源、调速器压油装置、制动器及推力轴承气密封控制箱、励磁电制动柜、机组在线监测柜等设备，因改在期间为机组检修阶段，故不对其电源供电有要求。

根据 GB 50171—2012《电气装置安装工程盘、柜及二次回路接线施工及验收规范》的要求[3]，要对电缆绝缘进行测试，要保护好电缆，使用好备用芯，尽量避免重新敷设电缆。要确保满足柜内布线美观，保证直流正负极接线无误，多股铜芯软线需压线鼻子等基本要求，检查电缆屏蔽层接地方式符合标准规范要求，电缆标牌及线芯号头应清晰明了。

4.2　设备调试

首先把厂级 220 V 直流系统的 1 号馈线柜和 1 号充电柜、1 号充电柜和 2 号充电柜、2 号充电柜和 2 号馈线柜之间通过计算机电缆连接，机组 220 V 直流屏与 1 号充电柜通过计算机电缆连接，通过 RS485 通讯将机组 220 V 直流屏的绝缘情况和馈线开关的状态上传到 220 V 直流系统的主机上。

在主机上对 4 台机组的地址进行定义，每台机组对应唯一的 1 个地址，4 台直流分屏地址依次设置为 1、2、3、4，使之做到一一对应关系。对应地址后即可在主机上正确显示直流分屏的馈线开关的状态。

对于直流屏的绝缘监测功能，在机组 220 V 直流屏的两端母线上，分别选取备用开关，在端子上接 1 个 100 Ω 的电阻，模拟直流系统故障信号，通过直流系统两端母线的绝缘监测装置的巡检，找出故障点的位置，准确判断出是正极还是负极。

5　改造后情况

改造后，机组 220 V 直流系统的供电性能更加可靠，相比之前主要体现在以下几个方面：

(1) 母线的接线方式优化后，2 段母线分段运行，重要负荷在 2 段母线上均有，相比对顶二极管设计，更加安全可靠，符合了南网的要求。两端母线互不干扰，也更有利于查找出接地故障。

(2) 机组 220 V 两段母线均安装了绝缘监测装置，更便于查找直流接地故障，一旦发生接地故障，监测装置可准确判断出故障点的位置，实现了“找得快、找的准”的功能。

(3) 在直流馈线状态监测装置主机和监控系统上可清楚地看到每台分机的馈线开关的状态，馈线开关的分合闸状态和脱扣状态在监控系统上可准确地看到，方便了运行人员对设备的监视。

6　总结

天生桥一级水电站机组 220 V 直流分配屏改造后运行正常，可靠性大大提高，各项功能均满足了当前的使用要求，结构更加简单，装置故障率有了明显下降。新的直流装置还能帮助运行人员在故障时迅速判断故障点，及时处理异常情况节省时间，也大大提高了整个 220 V 直流系统的供电可靠性，也提高了负荷设备正常运行的可靠性，解决了以往直流接地故障“找不到、找不准”的难题，也为其他直流系统的改造提供了一定的借鉴作用。

参考文献：

[1] 深圳奥特迅电力设备有限公司. 电力操作电源系统培训手册 [Z]，2015.

[2] 张振兴. 220 V 直流系统常见绝缘异常分析 [J]. 集成电路应用，2018，35 (12)：97-98.

[3] 中华人民共和国国家质量监督检验检疫总局，中国国家标准化管理委员会. GB 50171—2012 电气装置安装工程 盘、柜及二次回路接线施工及验收规范 [S]. 北京：中国计划出版社，2012.

LY-32-Ⅱ型操作箱操作回路设计缺陷分析及处理

王君铖，李琪怡
（乌江渡发电厂　贵州遵义　563104）

摘要：DGT801U型保护是一种数字式发变组保护装置，配置LY-32-II型断路器操作箱，该型号发变组保护装置在全国各大、中、小型水电站应用广泛。在一次直流接地故障处理过程中，发现LY-32-II型操作箱操作回路存在设计缺陷，有可能造成保护误动或开关拒动，严重影响机组安全稳定运行。本文通过直流接地故障的处理和分析，阐明其存在缺陷的原因和缺陷的严重性，并处理成功，其方法对同类型缺陷处理有借鉴作用。

关键词：断路器；操作箱；直流；接地；缺陷

0　引言

断路器操作回路是断路器重要的控制、监视、保护回路，在断路器分、合闸中起着至关重要的作用，是连接保护装置与断路器之间的重要纽带，是故障时刻断路器可靠切除一次电流的重要保证。操作回路设计的好与坏，是影响保护正确动作非常关键的重要因素。

1　故障查找及原因分析

某厂上位机报“一号厂直流Ⅱ段控制母线接地告警”、“一号厂直流Ⅰ段控制母线接地告警”动作，并通过OnCall系统进行广播。

人员到达现场检查发现，直流Ⅰ、Ⅱ段馈线柜绝缘监测装置分别报直流接地告警，装置显示正极对地电阻为0.8 kΩ。经测量，直流Ⅰ段正极对地电压为0 V，负极对地电压为220 V。直流Ⅱ段正极对地电压为0 V，负极对地电压为220 V。初步判断直流回路存在正极接地故障。

通过绝缘监测装置显示测得接地支路为110 kV交直流馈电柜、1号机交直流馈电柜、2号机交直流馈电柜。

鉴于该现象，申请并取得上级集控中心许可后，决定采用分段分部位拉路法来确定直流接地点。当断开013开关操作电源空开、111开关操作电源Ⅰ空开(1号机TCB)，212开关操作电源Ⅰ空开(2号机TCB)时，直流Ⅰ、Ⅱ段控制母线接地告警消失。

本着先次要负荷后主要负荷、电压等级依次抬高的原则，首先对3号厂高变013开关进行停电检查。过程中发现B相开关机构内部用于三相不一致保护的断路器辅助接点接线明显破损，机组在运行过程中震动较大，导致该线破损处与开关柜本体直接触碰，造成直流正极接地。

1号、2号机组采用DGT801U型发变组保护装置，配置LY-32-II型断路器操作箱，分别于2016年2月、3月相继进行换型改造后投入运行。由于保护装置安装于室内，受自然因素、气候因素、环境因素影响而导致绝缘破坏造成直流接地的可能性很低，检查保护柜内接线并无明显破损、接地现象。结合现场检查情况、OnCall告警信号及外界因素综合分析判断，直流回路可能存在互相串电或寄生回路。

通过反复检查回路，核对图纸，发现跳闸回路中大功率继电器2TZ端子11、13分别接入“操作电源Ⅱ负”和“操作电源Ⅰ负”，而继电器内部回路已将11、13端子短接，导致操作电源Ⅰ、Ⅱ互相串电。故当013开关操作回路(直流Ⅱ段)直流正极接地时，直流绝缘监测装置会同时报“一号厂直流Ⅰ、Ⅱ段控制母线接地告警”信号。

2　设计缺陷分析及风险

LY-32-II型操作箱跳闸回路中，手跳、跳闸1回路并联有外置大功率继电器1TZ，手合、跳闸2回路并联有外置大功率继电器2TZ，其目的是增加跳闸回路的启动功率，以满足启动功率大于5 W的设计要求。设计时错误的将合闸回路和操作电源Ⅰ负接入大功率继电器2TZ回路中，导致出现操作电源Ⅰ、Ⅱ“共负”现象。功率继电器1TZ、2TZ回路接线见表1、表2。

收稿日期：2020-03-10.
作者简介：王君铖，工程师，从事继电保护工作.

表 1　大功率继电器 1TZ 接线

继电器端子号	对侧端子号及回路号	作用
1	X：19(212F/2SF－438)	上位机分 212 开关
5	X：20(K113/2SF－255)	母线保护 A 套跳 212 线圈 1
11	X：8，1TZ：13	212 操作电源Ⅰ负
13	1TZ：11	

表 2　大功率继电器 2TZ 接线

继电器端子号	对侧端子号及回路号	作用
1	X：21(K207/2SF－607E)	母线保护 B 套跳 212 线圈 2
5	X：18(212H/2SF－438)	上位机合 212 开关
11	X：10	212 操作电源Ⅱ负
13	X：8	212 操作电源Ⅰ负

在图 1 中，当直流正极接地发生在 A、B 两点时，将 1LJ、2LJ 接点短接，CKJ 继电器励磁动作误跳闸；A、C 两点接地时，CKJ 接点被短接误动作跳闸。同理 A、D 两点，F、D 两点接地，都能造成开关误跳闸，还可能造成误合闸，误报信号等。当直流负极接地发生在 B、E 两点时，CKJ 线圈被短接，保护动作时，CKJ 不动作，开关将不能跳闸且保险将会熔断；同理 D、E 两点接地时，跳闸线圈 TQ 被短接，保护动作时开关拒动，还可能使开关拒合，不能报信号等。

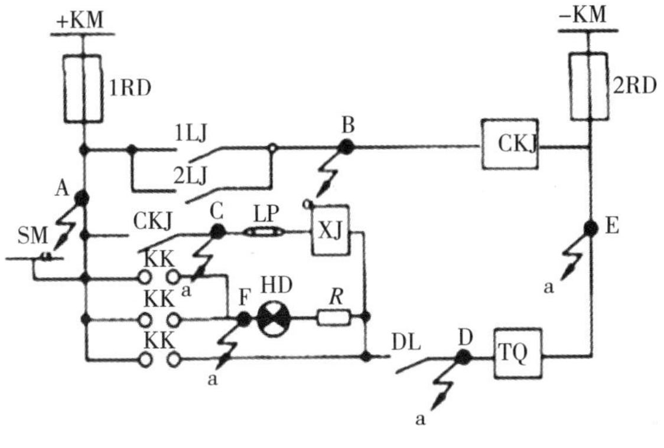

图 1　直流系统接地故障示意图

综上分析，由于设计缺陷，致使 LY-32-II 型操作箱操作回路中存在寄生回路，使操作电源Ⅰ、Ⅱ互相串电。当任一段直流母线发生接地故障时，另一段直流母线也会发生接地故障。若接地故障未能及时消除，机组断路器操作回路再发生一处直流正(负)极接地，就会形成直流系统两点接地，可能会引起保护误动或开关拒动的严重后果，严重影响机组安全稳定运行，对电力系统构成巨大威胁。

3　处理方法及效果

为解决 LY-32－Ⅱ型操作箱操作回路的设计缺陷和运行风险，保证机组安全稳定运行。经分析，对 LY-32－Ⅱ型操作箱操作回路作以下修改：在操作回路中将并联的外置大功率继电器 2TZ 端子 5、13 回路内部接线 X：18(上位机合)、X：8(操作电源Ⅰ负)拆除。经传动试验，断路器跳闸回路、合闸回路、监视回路均正确。在直流Ⅱ段选择 1 个备用空开，采用经 10 kΩ 电阻接地的试验方法，模拟直流Ⅱ段正极接地。经试验，绝缘监测装置报直流Ⅱ段控制母线接地告警，装置显示正极对地电阻为 9.9 kΩ；直流Ⅰ段控制母线对地绝缘完好，显示正极对地电阻为 999 kΩ。

通过试验结果和数据分析，对 LY-32-Ⅱ型操作箱操作回路的改进，从根源解决了操作电源Ⅰ、Ⅱ互相串电问题，达到以下效果：

(1) 消除了 LY-32-Ⅱ型操作箱操作回路存在的寄生回路，保证了机组安全稳定运行。

(2) 满足跳闸回路启动功率大于 5 W 的设计要求的同时，使大功率继电器 1TZ 仅对应跳闸回路 1，大功率继电器 2TZ 仅对应跳闸回路 2，做到一一对应。

(3) 杜绝任一段直流母线接地导致 2 段控制母线同时接地的可能性，保证了非接地控制母线段操作回路的可靠性和保护动作的正确性。

4　结语

断路器操作箱操作回路已经相当成熟，但由于要实现的功能较多，接线形式相对复杂，设计者在设计时难免会出现疏忽。本文针对 LY-32－Ⅱ型操作箱操作回路存在的设计缺陷进行分析，提出了可行的处理方法，并结合现场实际应用加以说明，该方法彻底解决了 LY-32-Ⅱ型操作箱操作回路的设计缺陷，消除了操作回路中存在的寄生回路，为机组稳发、满发提供了可靠的技术保障，保证了电力系统的安全稳定运行，具有推广价值。

参考文献：

[1] 朱新菊，等. 变电站直流系统接地故障分析与处理方法 [J]. 电气开关，2013 (01).

[2] 汪辉宇，肖什飞. 断路器操作箱操作回路缺陷及改进方法 [J]. 电子世界，2014 (23)：53-54.

[3] 杜新华. 电力系统直流接地的危害分析及预防措施 [J]. 中国高新技术企业，2010，30：96-97.

某电厂励磁系统密集型槽型母线三相短路接地的分析与处理

邓毅，陶小龙

（贵州乌江水电开发有限责任公司沙沱发电厂　贵州铜仁　565300）

摘要：介绍了励磁系统密集型槽型母线三相短路接地的分析与处理过程。通过对现场故障部位进行观察以及对运行机组的励磁低压母线槽红外成像检测进行分析，提出了切实可行的处理方案，并进行了技术改造，为有效防止因励磁槽型母线三相短路而造成机组非计划停运，避免事件的进一步扩大，保证机组的安稳运行具有重大的意义。

关键词：槽型母线；故障；分析；技术；改造

0　引言

发电机是将旋转的机械能量转换为三相交流能量的设备，为完成这一装换，除了需要原动机提供动能外，它本身需要可调节的直流磁场，以适应运行工况的变化。产生这个可调磁场的直流励磁电流称为发电机的励磁电流，为发电机提供可调励磁电流的设备，构成了发电机的励磁系统。

密集型槽型母线也称封闭母线槽，是由保护外壳、导电排、绝缘材料及有关附件组成的母线系统。母线槽用膨胀接头、弹簧支撑器、吊装螺栓及压板等支撑、连接、固定。

1　基本情况

某厂励磁系统为EXC9000型自并励励磁系统，其励磁变压器至励磁功率柜之间采用三相三线交流密集型母线槽为电气联接，该三相三线交流密集型联接母线槽选用XP系列产品（型号为XCA0832，Ue=690 V，Ie=2 500 A）。2018年某月某日该密集型槽型母线发生三相短路接地造成机组停机，通过现场对故障部位进行观察以及对运行机组的励磁低压母线槽红外成像检测进行原因分析。

密集型槽型母线烧损情况见图1。

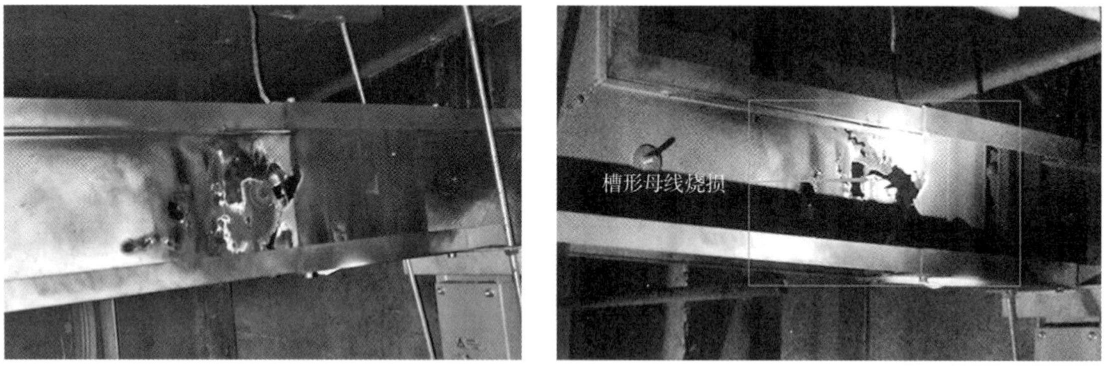

图1　密集型槽型母线烧损情况

2　原因分析

班组人员进行现场调查，发挥集体优势，集思广益，针对密集型槽型母线发生5相短路接地问题，从人员、设备、材料、环境、方法5个方面进行原因分析。

（1）励磁变的低压母线不同于一般的母线，机组无功较高时，励磁电流较大，容易使母排发热，母线槽又是密集型的结构，散热效果相对较差，长时间运行时，热量聚集会造成母排间的绝缘老化，

收稿日期：2020-03-04.

作者简介：邓毅，贵州道真人，助理工程师，从事水电厂电力高压试验工作.

性能下降导致击穿，且该部位的绝缘层(杜邦纳米绝缘纸)非常薄，在穿心螺栓部位易影响绝缘。

(2) 故障点部位的穿心螺栓是铁磁材料，易产生涡损发热导致母排与螺栓接头发热、绝缘性能下降导致击穿。

在班组讨论后结合厂家的分析原因，确定导致密集型槽型母线发生三相短路接地的主要因素是散热不足、绝缘层太薄、涡流发热，导致击穿。

3 处理过程

3.1 电缆选型

方案一：拟将原三相三线交流密集型母线槽全部拆除，采用 6 根 NH－YJV22－0.6/13×240 mm^2 型号的动力电缆，电缆外径 59.4 mm，电缆重量 9.178 kg/m。经与励磁系统厂家(广州擎天实业有限公司)核实，按额定直流励磁电流×国标励磁电流额定 1.1 倍×三相直流转交流换算率＝2 081×1.1×0.816＝1 868 A，选型所用 240 mm 铜芯电缆按 2 A/mm^2 计算＝6×240×2＝2 880 A，选型满足设备技术要求。

方案二：拟将原 XPC AC 1 000 V/2 500 A 三相三线交流密集型母线槽全部拆除，采用 6 根 NH-YJV22-0.6/1 3×185 mm^2 型号的动力电缆。经与励磁系统厂家(广州擎天实业有限公司)核实，按额定直流励磁电流×国标励磁电流额定 1.1 倍×三相直流转交流换算率＝2 081×1.1×0.816＝1 868 A，选型所用 185 mm 铜芯电缆按 2 A/mm^2 计算＝7×185×2＝2 590 A，选型满足设备技术要求。

综合 2 种方案，确定选用方案一。

3.2 电缆槽盒安装

新敷设的励磁电缆电缆槽盒安装路径为原拆除的密集型槽型母线路径。电缆槽盒采用双立柱两侧垂直吊挂(间隔不超过 2 m，拐角处再设立加强立柱)，顶部采用预埋基础板焊接形式固定。桥架吊臂、槽盒安装的各紧固件需紧固到位，禁止松脱。电缆槽盒安装完成后，需在励磁功率柜下方就近与厂房地网连接可靠。

3.3 电缆敷设

励磁电缆敷设应沿电缆槽盒逐根敷设，敷设到位的励磁电缆敷应两端进行标记并一致。每相使用的 6 根电缆应并排敷设，垂直排列整齐并用塑料扎带固定。禁止交叉敷设及在电缆槽盒上圈卷堆放。励磁电缆转弯处应沿电缆槽盒外圆进行转弯，禁止在内圆处直线转弯。敷设中禁止蛮力拖拽，防止损坏电缆绝缘。在拐角处、穿墙处、空洞位置必须按照规范进行防火封堵。

励磁电缆改造完成后见图 2。

图 2 励磁电缆改造完成

3.4 电缆头制作

根据励磁电缆标记再次核相，正确后再进行电缆头制作。电缆头剥开的铜芯线需用酒精进行清理后再上铜鼻子。电缆铜鼻子使用的压接模具应正确，进行压接时每个头需进行 4 道不同方位的压接。电缆铜鼻子穿线后，需进行烫锡处理，然后用绝缘套管将多余的裸露部位进行包裹防护。

3.5 电缆试验及接线

电缆头制作完毕后，每根电缆均需进行绝缘试验并应满足规范要求。每相使用的 6 根电缆，需逐一进行交流耐压试验(根据规范要求可采用直流 2 500 V绝缘试验代替)。试验合格后进行接线，试验数据见表 1。

表 1 电缆绝缘试验结果统计

电缆	A 对 BC 接地/GΩ	B 对 AC 接地/GΩ	C 对 AB 接地/GΩ
1	45.1	64.3	53.8
2	66.4	46.1	65.4
3	78.7	84.1	82.6
4	55.4	65.5	50.5
5	50.6	46.5	49.9
6	63.2	67.5	69.2
相别	A 相	B 相	C 相
钢铠接地	16.2	14.9	15.5

3.6 开机试验

(1) 发电机升压试验过程中励磁电缆均流情况见表 2。

表 2　发电机升压试验过程中励磁电缆均流情况

序号	相别	电流/A			
		25%U_0	50%U_0	75%U_0	100%U_0
1	A	31	65	102	153
	B	32	66	103	156
	C	31	60	100	151
2	A	31	64	101	152
	B	31	63	99	148
	C	31	64	100	151
3	A	32	65	102	152
	B	31	64	101	153
	C	31	63	99	149
4	A	31	64	100	151
	B	31	64	100	151
	C	32	65	102	154
5	A	31	63	99	150
	B	31	64	99	149
	C	31	63	100	151
6	A	30	63	99	148
	B	31	63	99	150
	C	32	67	105	158

(2) 发电机升流试验过程中励磁电缆均流情况见表 3。

3.7　数据分析

励磁电缆技术改造后，根据开机试验时升压升流、电缆载流情况进行数据分析，各相电缆载流趋于平衡，运行正常。

表 3　发电机升流试验过程中励磁电缆均流情况

序号	相别	电流/A			
		25%I_0	50%I_0	75%I_0	100%I_0
1	A	151	173	196	225
	B	155	175	200	229
	C	151	173	195	225
2	A	151	170	195	233
	B	151	170	194	231
	C	151	172	191	234
3	A	155	172	194	233
	B	151	171	197	237
	C	147	169	195	230
4	A	150	172	196	224
	B	152	168	184	221
	C	155	172	197	221
5	A	149	169	190	227
	B	150	167	192	230
	C	151	170	194	231
6	A	149	169	189	220
	B	151	170	191	221
	C	155	177	201	233

4　综合评估

不同时段高负荷运行期间红外温度检测见表 4。

表 4　不同时段高负荷运行期间红外温度检测

机组负荷/MW	励磁电流/A	电缆外壳温度/°C	励磁变低压侧接头温度/°C	励磁功率柜接头温度/°C	环境温度/°C
211	1 446	42	47	32	28
252	1 537	41	45	35	28
257	1650	39	42	31	27
267	1 648	41	50	32	27
273	1 721	38	44	31	27

通过对 1～4 号机励磁变状态监测、红外检测综合分析：1～4 号机励磁变低压侧电缆运行期间整体无异常，各部温度趋于正常，无发热现象，每根电缆三相电流趋于平衡，改造成功。

5　总结

本文介绍了关于密集型槽型母线相间短路接地的研究及处理过程。该项改造工作能满足设备安全稳定运行，已达到预期目标，彻底消除了密集型槽型母线相间绝缘被击穿的安全隐患，确保了励磁回路的正常运行，保证了励磁电流的稳定供给，增强了励磁系统的稳定性，避免了类似事件的发生。为保证机组的安稳运行具有重大的意义，为设备安全生产、经营指标的圆满完成奠定了坚实基础。

参考文献：

[1] 陈化刚. 电力设备预防性试验方法及诊断技术 [M]. 北京：中国水利水电出版社，2009.

[2] DL/T 596—1996，电力设备预防性试验规程 [S]. 北京. 中国电力出版社. 1997.

思林发电厂2号机组A修盘车轴线检查及轴瓦间隙调整

郑攀登

（乌江渡发电厂　贵州遵义　563104）

摘要：介绍了思林发电厂2号机A修期间利用盘车装置对机组轴线质量进行检查，同时调整瓦间隙至设计范围，解决了思林发电厂大修前存在的水导摆度超标等问题。水电站水轮发电机组轴线的质量对机组的安全稳定运行起着重要作用，通过盘车装置找正机组轴线、将机组运行时各导轴承摆度控制在设计的范围内，降低机组因机械、水力、电气不平衡等因素引起的震动，可以保证机组安全稳定运行。

关键词：水轮发电机；盘车；轴线；摆度；导轴承；推力头；镜板；轴瓦

1　概述

思林发电厂位于贵州省铜仁市思南县境内乌江中游河段，是乌江干流的第8级梯级电站。电站正常蓄水位440 m，相应库容12.05亿 m^3，死水位431 m，调节库容3.17亿 m^3，防洪库容1.84亿 m^3，总库容15.93亿 m^3。最大坝高117 m，坝顶全长310 m，坝顶高程452 m，电站额定水头64 m，设计流量460.46 m^3/s。电站设置4台立式混流式水轮发电机组，水轮机型号为HL270－LJ－690，发电机型号为SF262.5－64/15 000，额定功率为262.5 MW，额定转速93.75 r/min，飞逸转速为185 r/min。电厂总装机容量4×262.5 MW，多年平均发电量40.64亿 kW·h。

思林发电厂2号机组为混流半伞式机组，其轴系由发电机上端轴、转子中心体、下端轴、水轮机轴4段轴组成。上下导轴承均布置12块瓦，推力轴承为弹性支撑油箱，共布置18块金属塑料瓦，水导轴承布置8块稀油润滑分块瓦。A修期间通过机组盘车的方式检查推力头或镜板的摩擦面相对于轴线的不垂直度，调整不垂直度到规定范围内；检查机组全轴各段折弯程度和方向，并确定轴线在空间的几何状态；确定旋转中心线，按旋转中心线和轴线的实际空间位置，调整各部导轴承间隙，保证各导轴承与旋转中心线同心，从而起到良好的轴承润换效果，达到长期安全稳定运行的目的。

2　机组轴线调整

2.1　机组中心调整

机组开始盘车之前，需要初定中心，使发电机转子和水轮机转轮处于中心位置。测量发电机空气间隙和转轮上下止漏环间隙以及水导轴承内挡油环和水导轴领间隙，以此数据为参考调整机组上导、水导轴领位置，使得发电机空气间隙和止漏环间隙在允许的范围之内，再将上导、水导处利用4块轴瓦对称抱死轴位，以调整推力轴承受力情况。推力轴承受力调整时需利用电动试压泵顶起转子，调整均匀后在镜板与推力瓦之间涂抹1层猪油，在机组转动时形成油膜，避免盘车时发生干摩擦烧毁推力瓦。猪油涂抹均匀后平稳落下，使转动部分的重量由镜板承受，安装电动盘车装置，检查电机运行状态。在上导轴领摆度测量位置按照逆时针将测点编为1～8号。调整中心时，在机组上导、下导和水导轴领及大轴法兰径向＋X、＋Y方向架设百分表计，在镜板＋X、＋Y处轴向架设百分表计，移动导轴承使得发电机空气间隙和水轮机止漏环间隙在规定值内。

2.2　机组盘车数据分析及轴线调整

通过盘车，测量出上导、下导、主轴法兰和水导轴承处的摆度，根据测量数据计算出各轴承处全摆度、净摆度和相对摆度。思林发电厂2号机组采用电动盘车装置进行盘车，各轴承架设百分表计指针调零。盘车时需先空转1圈，转动过程中各轴承处工作人员注意听有无异常声响，如一切正常且转动1圈之后百分表指针归零，可正式开始记录盘车数据。摆度测量时，机组每旋转45°停下记录各监测位置＋X、＋Y百分表读数。为了验证盘车测量数据的真实性，记录1圈数据后将百分表指针调零，继续盘车1圈并记录数据。第2圈盘车数据应与第1圈相差不大，且各导轴承摆度最大方向需保持一致，满足此条件的盘车数据才是真实有效的。若实际测量2圈数据相差不大，一般取第2圈数据

收稿日期：2020-03-04.
作者简介：郑攀登，河南周口人，助理工程师，从事水电厂水轮发电机组运行维护工作.

进行摆度分析计算。思林发电厂2号机组采取弹性盘车方式，即推力轴承为弹性油箱支撑。机组第1次盘车时抱下导轴承和水导轴承，甩上导轴承，以检查上端轴与转子中心体同轴度。

初次抱下导和水导瓦盘车时，上导最大摆度超标，经过分析计算，排除上端轴与转子中心体之间存在拐点，引起摆度超标的主要原因是上端轴与转子中心体同心度超标，故需要对上端轴进行移轴处理。打松上端轴固定螺栓，在上端轴对称4个方向架设百分表，用千斤顶水平顶上端轴，观察百分表读数。调整结束后打紧固定螺栓，再次抱瓦甩上导进行盘车。最终盘车数据见表1。

表1　机组盘车数据统计

测量工具:百分表　　　　单位:0.01 mm

项目	部位	测点	1	2	3	4	5	6	7	8
百分表读数	上导	X	0	+5	+6	−1	−5	+8	+9	+3
		Y	−4	+2	0	−5	−7	−6	−3	−5
	下导	X	0	+1	+2	+2.5	+1.5	+1.5	+2	+1.5
		Y	−1	0	+1	+1	0	−2.5	−2	−1
	推力头	X	0	−3	−5	−5	−7	−12	−9	−2
		Y	+6	+4	0	+2	+2	−10	−10	−1
	大轴上法兰	X	0	0	0	+1	−1	−2	0	0
		Y	0	−1	0	−1	0	−1	0	0
	大轴下法兰	X	0	0	0	−1	−1	0	0	+1
		Y	0	−1	0	−1	−1	0	−1	0
	水导	X	0	0	+2	+1	0	+0.5	+2	+2
		Y	−2	−1	0	+0.5	−1.5	−0.5	+0.5	0
	相对点		5−1		6−2		7−3		8−4	
全摆度	上导	X	−5.00		+3.00		+3.00		+4.00	
		Y	−3.00		−8.00		−3.00		0.00	
	下导	X	+1.50		+0.50		0.00		−1.00	
		Y	+1.00		−2.50		−3.00		−2.00	
	大轴上法兰	X	−1.00		−2.00		0.00		−1.00	
		Y	0.00		0.00		0.00		+1.00	
	大轴下法兰	X	−1.00		0.00		0.00		+2.00	
		Y	−1.00		+1.00		−1.00		+1.00	
	水导	X	0.00		+0.50		0.00		+1.00	
		Y	+0.50		+0.50		+0.50		−0.50	
净摆度	上导	X	−6.50		+2.50		+3.00		+5.00	
		Y	−4.00		−5.50		0.00		+2.00	
	大轴上法兰	X	−2.50		−2.50		0.00		0.00	
		Y	−1.00		+2.50		+3.00		+3.00	
	大轴下法兰	X	−2.50		−0.50		0.00		+3.00	
		Y	−2.00		+3.50		+2.00		+3.00	
	水导	X	−1.50		0.00		0.00		+2.00	
		Y	−0.50		+3.00		+3.50		+1.50	
相对摆度	上导	X	0.00	1.02	1.22	−0.20	−1.02	1.63	1.83	0.61
		Y	−0.82	0.41	0.00	−1.02	−1.43	−1.22	−0.61	−1.02
	大轴上法兰	X	0.00	0.00	0.00	0.22	−0.22	−0.44	0.00	0.00
		Y	0.00	−0.22	0.00	−0.22	0.00	−0.22	0.00	0.00
	大轴下法兰	X	0.00	0.00	0.00	−0.22	−0.22	0.00	0.00	0.22
		Y	0.00	−0.22	0.00	−0.22	−0.22	0.00	−0.22	0.00
	水导	X	0.00	0.00	0.20	0.10	0.00	0.05	0.20	0.20
		Y	−0.20	−0.10	0.00	0.05	−0.15	−0.05	0.05	0.00

注:盘车时抱瓦为下导瓦和水导瓦。发电机轴摆度:0.03 mm/m,水轮机轴摆度:0.05 mm/m。

根据表1数据可知，进行移轴处理之后，各导轴承摆度均符合国标规范，上端轴与转子中心体轴线质量良好。

为进一步检查水轮机轴与发电机轴的轴线质量，

需要对机组进行抱上导和下导轴承甩水导方式盘车。

测量盘车数据，表明水导相对摆度达到 GB/T8564—2003 水轮机安装技术规范要求，同时满足思林发电厂机械检修规范，水轮机轴线和发电机轴线同心度符合要求。综合 2 次盘车数据可知，机组整体轴线质量较好。

3 机组上导、下导和水导轴承瓦间隙调整

3.1 机组精定中心

测量发电机空气间隙，确定转子中心体位置。移动上导轴承轴领，使得空气间隙圆周分布符合设计规范，各处间隙与平均间隙之差不超过 ± 10%，调整合适后利用 4 块导瓦对称抱上导轴承。测量下止漏环间隙，调整水导瓦楔子板上下位置移动水导轴领，使得止漏环间隙不大于 10% 设计间隙（2.7 mm）。机组检修时，空气间隙最终调整结果见图 1，其中平均间隙 24.9 mm，各磁极处空气间隙为 22.41～27.39 mm；下止漏环间隙调整结果见图 2。

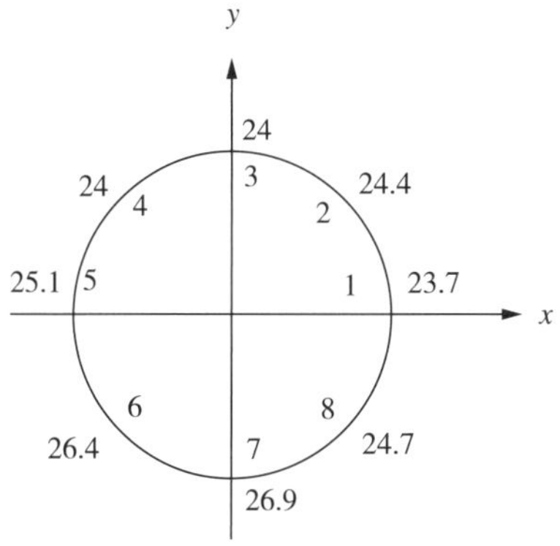

图 1 空气间隙调整数据（单位：mm）

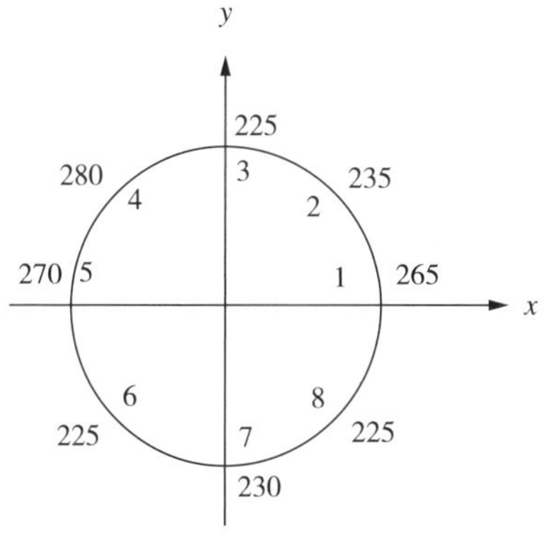

图 2 下止漏环间隙调整数据（单位：0.01 mm）

3.2 上导轴承瓦间隙调整

思林发电厂 2 号机组上导轴瓦单边设计间隙为 0.1～0.25 mm，根据盘车数据以及机组多年运行情况综合考虑，将上导瓦调为同心瓦，并记录各导瓦垫片厚度。各部瓦间隙调整值见图 3。

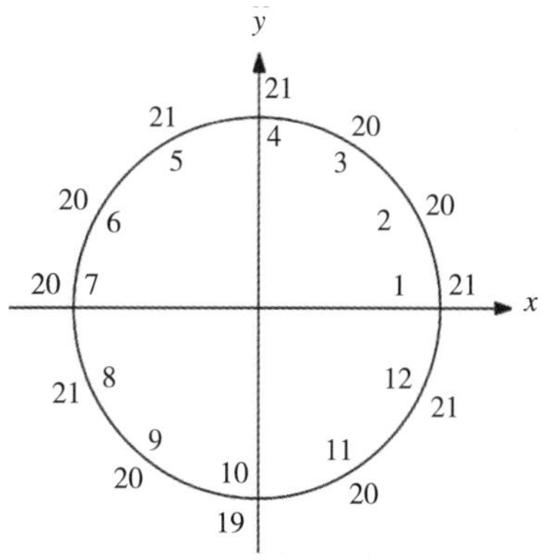

图 3 上导瓦间隙调整值（单位：0.01 mm）

3.3 下导轴承瓦间隙调整

思林发电厂 2 号机组下导轴瓦单边设计间隙为 0.1～0.25 mm，各部瓦间隙调整值见图 4。

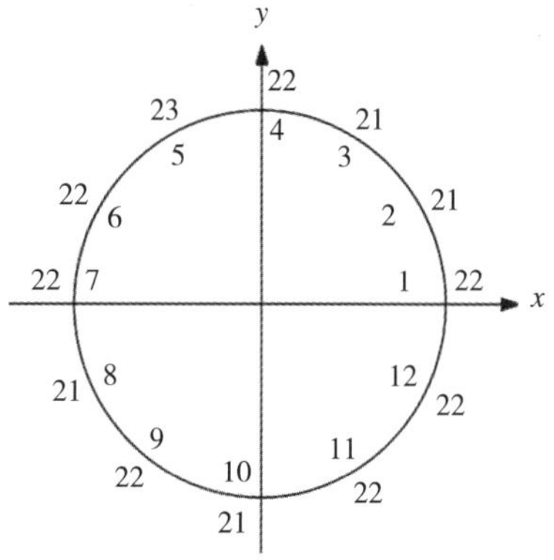

图 4 下导瓦间隙调整值（单位：0.01 mm）

3.4 水导轴承瓦间隙调整

思林发电厂 2 号机组水导瓦为楔子板支撑导轴瓦结构，楔子板比例为 1 : 50，间隙调整时先将导瓦放置在瓦架对应位置，同时将对应编号的楔子板落下并与轴瓦紧靠，以确保轴瓦与轴领间隙为零、楔子板与轴瓦间隙为零，接着通过调整楔子板调整螺栓提升楔子板，其提升高度通过设计间隙与提升高度比为 1 : 50 进行调整，轴瓦单边设计间隙为 0.15～0.35 mm。根据盘车数据以及机组多年运行情况综合考虑，各部瓦间隙调整值见图 5。

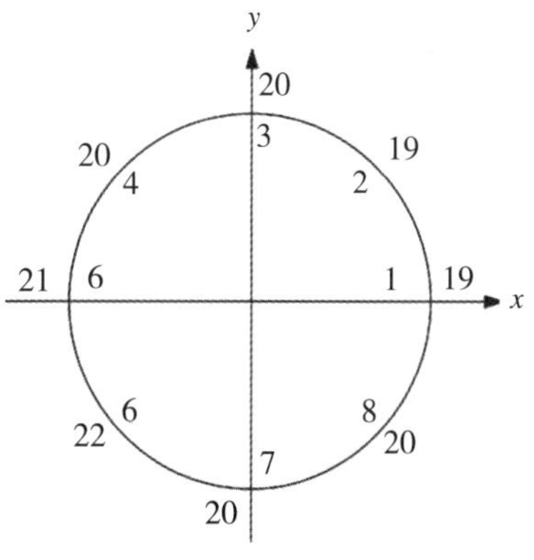

图 5 水导瓦间隙调整值（单位：0.01 mm）

4　机组检修前后各轴承振摆及瓦温对比分析

思林发电厂 2 号机组检修后运行参数见表 2。

检修前 2 号机组总体运行平稳正常。上导瓦、下导瓦、推力瓦、水导瓦的最高温度均未超过允许温度；上导瓦、下导瓦、推力瓦温度趋势对比无上升趋势；下机架、定子机座、顶盖振动均未超过允许值。上导、下导摆度均未超过允许值，水导摆度超标。

表 2　检修后机组各轴承最高瓦温及振摆统计

项目		日期 2019－01－08	日期 2019－01－21	限值
负荷/MW		252.70	249.35	262.5
上导瓦温/°C		40.5/6 号	43.4/3 号	60
下导瓦温/°C		43.2/7 号	44.4/6 号	60
推力瓦温/°C		40.6/11 号	41/11 号	55
水导瓦温/°C		43.3/1 号	46.4/8 号	60
上机架振动/um	水平＋*X*、＋*Y*	22	30	＋*X*、＋*Y*≤110
		27	38	
	垂直	63	62	＋Z≤80
下机架振动/um	水平＋*X*、＋*Y*	15	14	＋*X*、＋*Y*≤110
		12	11	
	垂直	31	30	＋*Z*≤80
上导摆度/um	＋*X*	150	141	≤280
	＋*Y*	165	180	—
下导摆度/um	＋*X*	131	150	≤252
	＋*Y*	146	166	—
水导摆度/um	＋*X*	228	230	≤280
	＋*Y*	252	276	—
顶盖振动/um	水平＋*X*、＋*Y*	12	11	＋*X*、＋*Y*≤90
		10	10	—
	垂直	20	21	＋*Z*≤110
定子机座振动/um	水平＋*X*、＋*Y*	22	25	＋*X*、＋*Y*≤40
		19	22	
	垂直	6	6	＋*Z*≤30

检修前后进行对比分析：检修前机组运行时上导轴承最高瓦温为 46.9 °C，上导轴承最大摆度为 210 um；检修后机组运行时上导轴承最高瓦温为 43.4 °C，上导轴承最大摆度为 180 um。检修前机组运行时下导轴承最高瓦温为 49.0 °C，下导轴承最大摆度为 102 um；检修后机组运行时下导轴承最高瓦温为 44.4 °C，下导轴承最大摆度为 166 um。检修前机组运行时水导轴承最高瓦温为 49.7 °C，水导轴承摆度达到 310 um，超过设计值 280 um；检修后机组运行时水导轴承最高瓦温为 46.4 °C，水导轴承摆度 *X* 方向为 230 um，*Y* 方向摆度为 276 um。通过以上比较可以看出：检修之后 2 号机组各导轴承运行效果良好，机组各导轴承最高瓦温较检修前均有所下降，导轴承瓦受力均匀；水导轴承摆度下降至设计范围之内，对机组运行稳定性有了显著提高。

5　结语

水电站水轮发电机组轴线调整工作是非常复杂且必要的，要求工作人员熟悉掌握机组轴线调整的技术，并能够根据盘车数据对各轴承摆度进行综合分析，计算出轴系调整量，灵活运用轴线调整方法，保证轴线实现准确有效调整。思林发电厂 2 号机组通过汛后检修的方式对机组轴线和导轴瓦间隙进行调整，解决了机组水导轴承摆度超标的问题，为机组长期安全稳定运行起到保障。

参考文献：

[1] 常勇．李家峡水力发电厂 1＃水轮发电机组电气盘车轴线检查及轴瓦间隙调整［J］．青海电力，200（01）．

[2] 胡一栋．SF320-48/12800-G 水轮发电机组导轴瓦间隙调整工艺改进［J］．西北水力发电，2002，18（03）．

立轴式水轮发电机组热风循环不畅原因分析及处理

安愿

（贵州北源电力股份有限公司正安牛都分公司　贵州正安　556431）

摘要：水轮发电机定子、转子是水电站的主要设备，热风循环效果对机组的安全可靠运行有着重要的影响，而循环的冷却效果取决于机组的结构形式。本文通过运行数据分析，查找发电机结构设计缺陷，分析原因，有针对性的对热风循环系统进行改造。

关键词：发电机组；设计；温度；热风；循环

1　概述

贵州北源电力股份有限公司正安牛都分公司位于贵州省正安县 30 km 的牛都坝镇境内，安装 2 台 10 MW 立轴式水轮发电机组，年发电量 0.703 亿 kW·h，电站以发电为主，兼有防洪、灌溉等综合效益。投产以来，由于热风循环不畅致使下导和水车室环境温度高，造成下导和水车室密封垫老化，致使“三漏”严重，一方面增加了设备运行的不安全因素，严重威胁机组的安全运行；另一方面加大了运行维护人员的工作量和人员的不安全因素。由于库容小，为日调节水库，在汛期增加了弃水量，给电站造成较大的经济损失。

设备的技术参数见表 1。

表 1　设备技术参数统计

发电机参数名称	参数	水轮机参数名称	参数
型号	SF10－24/4250	额定容量/kVA	12 500
额定功率/MW	10.3	相数	3
额定电压/kV	10.5	额定电流/A	687.5
额定频率/Hz	50	励磁电流/A	590
励磁电压/V	160	额定转速(r/min^{-1})	250
飞逸转速/(r/min^{-1})	445	绝缘等级	F

2　存在问题及现象

（1）水车室和下风洞温度较高，基本和发电机空冷器的热风温度相差不多，水车室和下风洞设备温度最高温度到达 49 ℃，而其他类似机组温度在 25 ℃左右。

（2）上下及水导轴瓦的冷却水温度较高，导轴承的温度也较高，但经检查其导轴瓦间隙符合要求，其油冷却器的循环水正常，因此推测两者引起温度过高的原因是环境温度过高。

（3）下导油盆托底部托盘合缝经常渗油，检修后正常，当运行一段时间后又出现渗油现象，经分析为环境温度高，导致密封过早老化，密封作用降低。

（4）水车室及下风洞自动化元件长期运行在高温作用下，导致老化较快，使用寿命缩短，甚至部分测量数据出现偏差。

（5）在空冷器全部都在正常运行状态下，长期运行也会导致定子部分温度偏高。

以上原因，可能导致转子、定子绝缘等局部电气绝缘过早老化，存在绝缘击穿隐患；油盆油过早老化，增加更换新油的频率；部分自动化元件在高温作用下老化加快，导致更换速度，增加经济损失；高温对巡检人员造成不适应，可能导致晕倒或窒息的危险。因此，要对该机组进行改造。

3　原因分析及热风改造循环示意图确定

3.1　原因分析

根据该机组的结构特点和原设计图纸，专家组进行理论结合实际的分析，确定造成上述问题主要原因在于机组的热循环方式不理想，冷却效率低、效果差。

收稿日期：2020-03-01.

作者简介：安愿，贵州思南人，工程师，技师，从事水电站运行维护工作.

3.2 原热风循环

通过原转子的部分热风气流因转子下无挡风板的原因，直接绕过了定子和空气冷却器，未经冷却又参与循环。因风压原因，其部分气流进入水车室造成了下风洞及水车室温度高。

原热风循环见图1。

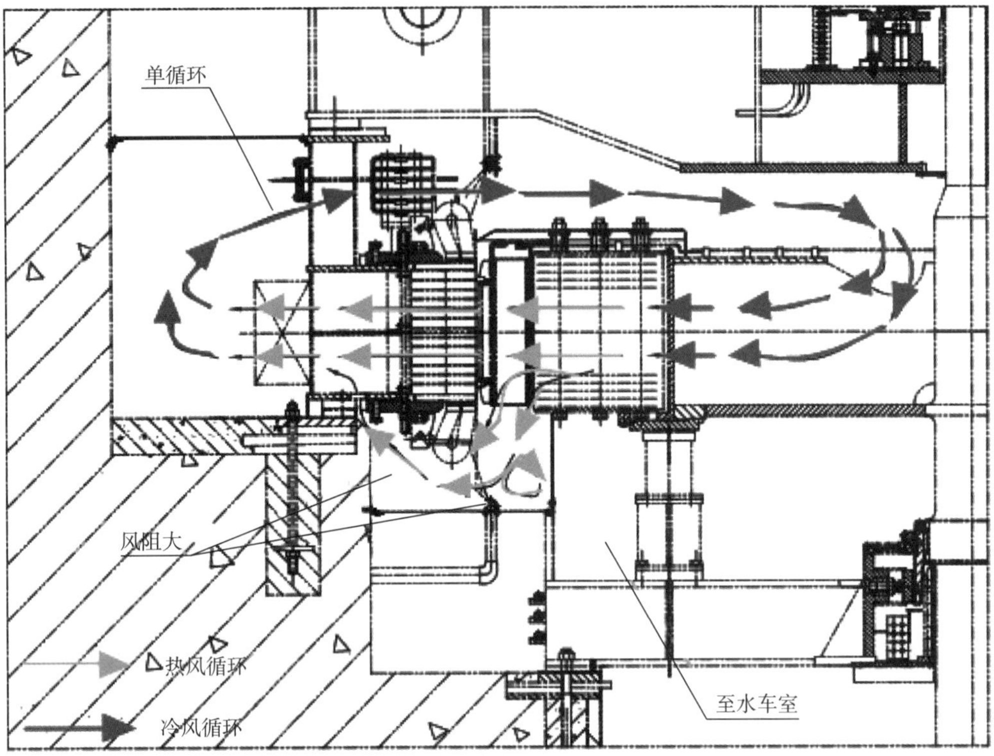

图1 原热风循环示意图

3.3 制定热风循环系统改造方案

由专家提出改造方案，并报原机组设计单位完善和审批后的热风循环见图2。

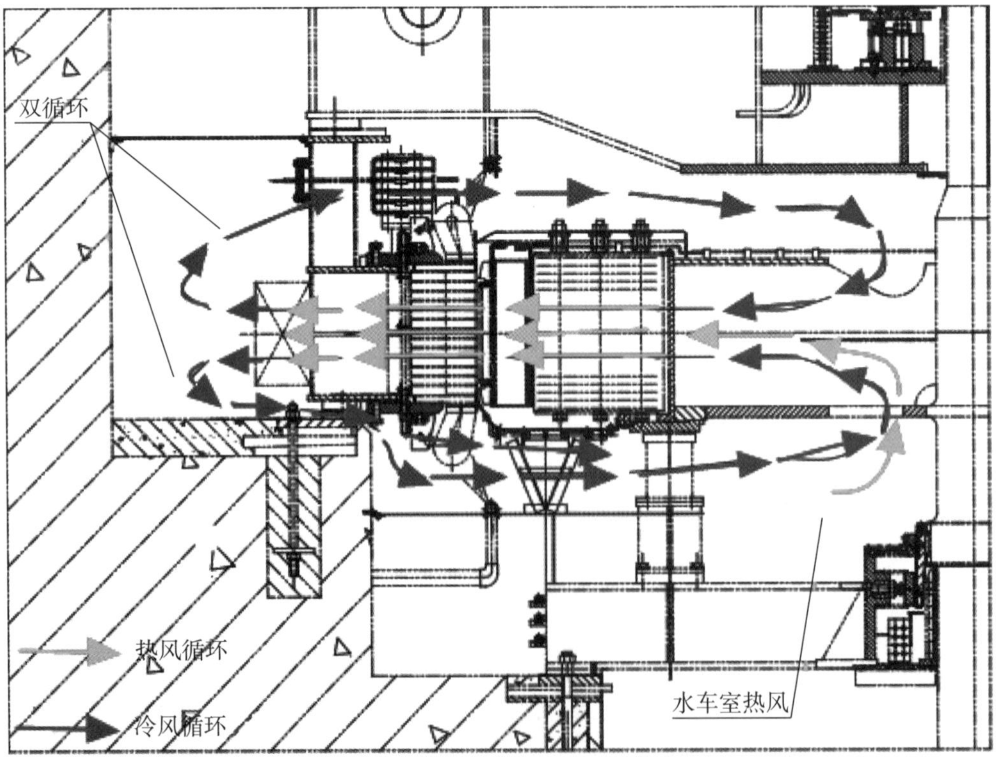

图2 改造后热风循环示意图

4　热风循环系统改造中的具体措施

（1）在转子下环板上开 7 个进风孔，均布在转子下环板，增加风道数量。

（2）在转子支架中间焊接挡风隔板，分割为转子上下进风道。

（3）打开定子下端下环板和定子基础之间的挡风板，增加定子下部的风循环风道。

（4）使用定子堵风板堵住机座下环板上 Φ60 通风孔，同时堵住下环板上 2 个空冷器位置之间的通风孔。

（5）在定子下端部内侧装“定子端部挡板”，改变原来的风道。

（6）更换原来的下导挡风板，改为玻璃钢“V”支撑结构的下导挡风板。

（7）加装下导盖板，改变和延长风循环路径。

5　热风循环系统改造中的主要工艺要求

（1）在转子下环板上开 7 个进风孔，均布在转子下环板，增加风道数量。原来设计风道循环为单循环，主要是通过转子上部进入转子，经过定子到达机组空冷器，现在在转子下环板开 7 个进风孔，将风道改变为双循环，同时带动下导和水车室热风进行循环；施工时可以使用 2 mm 玻璃布板做孔的样板，然后根据计算数据划出孔线，使用火焊沿着画好的孔线切割，为了切割方便先用吸力钻沿着画线钻 1 个 Φ12 mm 的孔。

（2）在转子支架中间焊接挡风隔板，分割为转子上下进风道。为了减少转子上下环板进风孔上下对流造成的风量损失，在转子支架的立筋上安装挡风隔板。根据计算数据，确定安装的高度，改变风道进风的方向；焊接时，考虑到热膨胀情况，隔板为 2 半组成，中间使用连接板焊接，中间的间隙为 10 mm 左右，在整体焊接隔板时只将隔板的左右 2 个侧面焊接在转子支架的立筋上，内侧与主轴之间不焊接。

（3）打开定子下端下环板和定子基础之间的挡风板，增加定子下部的风循环风道。打开定子下端下环板和定子基础之间的 12 块 10 mm×1400 mm 长的挡风板，增加定子下部的风道。

（4）使用定子堵风板堵住机座下环板上 Φ60 通风孔，同时堵住机座下环板上 2 个空冷器位置之间的 120 mm×100 mm 通风孔。在堵住通风孔时，需要将空冷器拆除，总共数量有 24 个 Φ60 通风孔，机座下环板上 2 个空冷器位置之间的 120 mm×100 mm 通风孔为 12 个，焊接时要注意保护定子铁芯和线圈，不能让焊渣进入定子线圈。

（5）在定子下端部内侧装“定子端部挡板”，改变原来的风道。定子下端部内侧装“定子端部挡板”，挡板缺口朝上，挡板的最上端紧靠定子铁芯的最下端，缺口的位置是用来让开定子槽楔，然后使用 Φ2 的玻璃丝绳绑牢在定子线圈上，全圆共 22 块挡板，最后用温室固化胶 793 刷在绑绳上，绑绳全部位置都要刷。

（6）更换原来的下导挡风板，改为玻璃钢“V”支撑结构的下导挡风板；加装下导盖板，改变和延长风循环路径。根据实际测量数据计算确定下导盖板的安装高度，使用千斤顶调整其高度到安装高度，将支撑置于下机架上平面，调整其位置并且配置钢管长度，然后将支撑上端的钢板和钢管焊接为一体，最后将支撑的下端焊接在下机架上，然后在下机架之间的盖板下同样焊接 1 个支撑，支撑下部使用膨胀螺栓固定在机坑上；更换安装下导挡风板，先将整个拼成 1 个圆，微调支撑达到合适的高度，将支撑的下端焊牢在下导盖板上。

6　机组热风循环系统改造中的主要论证计算

6.1　转子下环板开孔大小和位置确定

查阅图纸，可知上环板进风孔为类似梯形，大小估算如下：

$$S_1 = (a_1 + b_1) \times h_1 / 2$$

式中，S_1——转子上环板进风孔截面积大小，mm^2；a_1——转子上环板进风孔近轴端长度，mm；b_1——转子上环板进风孔远轴端长度，mm；h_1——转子上环板进风孔远轴端至轴距离，mm。

根据上环板进风孔的尺寸，下环板开孔位置考虑机组安全和通风量以及切割位置的前提下，可以类比得出下环板进风孔的尺寸数据：

开孔近轴端距离轴长为 150 mm，左右两边距离支架长为 100 mm，则：

$$a_2 = a_1 \qquad b_2 = b_1 \qquad h_1 = h_2 - 150$$

式中，a_2——转子下环板进风孔近轴端长度，mm；b_2——转子下环板进风孔远轴端长度，mm；h_2——转子下环板进风孔远轴端至轴距离，mm。

6.2　转子支架挡风隔板安装高度

根据实际测量，转子上环板上表面距离下环板上表面高为 710 mm，挡风隔板厚度 10 mm，结合风道的特点，则：

$$S_1 = (a_1 + b_1) \times h_1 / 2$$

$$S_2 = (a_2 + b_2) \times h_2 / 2$$

$$h_3 / h_4 = S_1 / S_2$$

$$h_3 + h_4 = h_{总} - h_5$$

式中，S_1——转子上环板进风孔截面积，mm^2；S_2——转子下环板进风孔截面积，mm^2；h_3——挡风隔板距离上环板上表面高度，mm；h_4——挡风隔板距离下环板上表面高度，mm；$h_{总}$——转子上环板上表面距离下环板上表面高度，mm；h_5——挡风隔板厚度，mm。

6.3 下导盖板安装高度估算

$$H_3 = H_1 - H_2$$

式中：H_1——实际测量的原下导挡风板上部距离下机架高度，mm；H_2——新安装的下导挡风板高度，mm；H_3——下导盖板距离下机架的安装高度，mm。

6.4 风量估算

$$Q_1 = (S_1 + S_2)V$$

$$Q_2 = S_1 V$$

$$Q_1 >> Q_2$$

式中，Q_1——改造后风道风量，m^3/min；Q_2——原风道风量，m^3/min；V——测风断面平均风速，m/s；S_1——上环板进风孔截面积，m^2；S_2——下环板进风孔截面积，m^2。

风循环改造之后，增加了风道，风量增加，风量满足效果。

6.5 转子下环板开孔切割方式实验

查阅图纸和实际测量，转子下环板的厚度为 50 mm，采用厚度为 50 mm 的相同铁板作为实验材料，则：

$$t_1 >> t_2$$

$$T_1 \approx T_2$$

式中，t_1——采用气刨切割相同长度的时间，s；t_2——采用火焊切割相同长度的时间，s；T_1——采用气刨切割的距离切割点 150 mm 处铁板的温升，°C；T_2——采用火焊切割的距离切割点 150 mm 处铁板的温升，°C

经过上述比较采用火焊切割的方式安全方便，满足切割要求。

7 改造后的运行效果

(1)改造后，对 2018 年和 2019 年同期采样，机组满负荷运行 8 h，下导环境温度明显下降，由原来的 60 °C 降为 40 °C，基本达到了目标，比改造前降低了 20 °C。水车室环境温度明显下降，由原来的 50 °C 降低为 20 °C，达到了目标，比改造前降低了 30 °C。

(2) 机组改造后定子铁芯温度在 63.4～74 °C 之间，得到了有效的降低。

(3) 改造后，机组运行安全稳定，同时由于风道增加和风量、风速的提高，使定子风沟表面散热系数最大，定子温升也得到降低。

对 2018 年、2019 年同期主要数据进行了采样比较，见表 2。

表 2　改造前后数据对比

项目	改造前测点最大值(2018 年)	改造后测点最大值(2019 年)
出力/MW	10	10
开度/%	85	85
上机架最大水平振动/um	X：9.44，Y：2.38	X：2.19，Y：1.62
上导最大摆度/um	112	46.6
水导轴承最大摆度/um	38.94	18.65
推力瓦运行温度/°C	36	35.2
上导瓦运行温度/°C	38.4	37.6
下导瓦运行温度/°C	42.2	39.3
水导瓦运行温度/°C	49	47.8
定子铁芯最高温度/°C	74	63.4

8 结语

通过热风循环系统改造，使整个风路系统更为合理，下导和水车室风循环得到了优化，经过 1 a 多的运行，其运行效果良好；下导和水车室环境温度明显降低，解决了机组“三漏”现象严重的难题，降低了运行维护人员的不安全因素和工作量，保证了机组长期安全运行。

本案例是一个对已投产运行的存在设计缺陷的机组的大胆改造，一方面说明在充分调研与实践后，对设计的变更是完全有必要的而且是可行的；另一方面，虽然本次改造较为成功，但是在新建工程的设计施工阶段，若能在设计图变成实体之前，就予以完善，会更加完美。无论是在对实体的改造方面，还是在理论探索方面，本案例都值得借鉴。

变压器压力释放阀压力检测装置的设计与应用

孙浩恩
（乌江渡发电厂　贵州遵义　563104）

摘要：变压器的压力释放阀对变压器的保护具有十分重要的作用，本文对变压器压力释放阀的工作原理及校验方法进行简要分析，设计并制作了该压力检测装置，投入使用后，通过检测出的数据来判断压力释放阀是否能够正常工作，在今后的发展过程中，相关工作人员还将对该装置进行完善。

关键词：变压器；压力；释放阀；校验

0　引言

压力释放阀是变压器的重要保护装置，其勿动和拒动都会对变压器的安全可靠运行产生重大影响。变压器内部有故障时会产生电弧，电弧的高温能够分解变压器绝缘油而产生大量气体，这些气体将使油箱内部压力急剧增大。由于变压器绝缘油具有不可压缩性，必须把变压器内部的非正常压力排放出去，否则将造成油箱严重变形爆裂，造成严重事故。压力释放阀经过多年的运行，尤其在恶劣条件下运行，密封会损坏，绝缘性能会降低，此类压力释放阀若继续运行容易产生渗漏、勿报警或拒动。

如某厂 1 号主变压器的型号为 SFP10－340000/220，带有功负荷 315 MW 和无功负荷 15MW，监控显示该变压器的压力释放阀 2 出现动作，轻瓦斯保护出现报警，发现油面温度为 65 °C，绕组温度为 95 °C，油位计指示为 6.7 格，在油箱顶部和油池内都出现了绝缘油喷出的现象，压力释放装置已复归，在瓦斯继电器的内部不存在气体，主变压器的运行声音呈平稳状，呼吸器工作正常，经红外成像检查未发现异常现象，进行油样色谱分析也未发现异常。经现场检查该电厂 1 号主变压器压力释放阀动作故障的发生原因在于主变压器的油枕内部存在气体，且没有实现及时排出，受到高温大负荷运行的影响，使得油位出现了明显的升高，压缩胶囊和油枕内部所存留的空气变成了压力源，压力传送到压力释放阀弹簧之上，最终导致变压器压力释放阀动作故障。

1　工作原理

作为变压器非电量保护的安全装置，压力释放阀是用来保护油浸电气设备的装置，设在变压器油箱顶盖上部，在变压器油箱内部发生故障时，油箱内的油被分解、气化，产生大量气体，油箱内压力急剧升高，安装压力释放阀使变压器在油箱内部发生故障、压力升高至压力释放阀的开启压力时，压力释放阀迅速开启，使变压器油箱内的压力很快降低。当压力降到关闭压力值时，压力释放阀便可靠关闭，使变压器油箱内永远保持正压，有效地防止外部空气、水分及其他杂质进入油箱，且具有动作后无元件损坏，无需更换等优点。

压力释放阀结构见图 1。

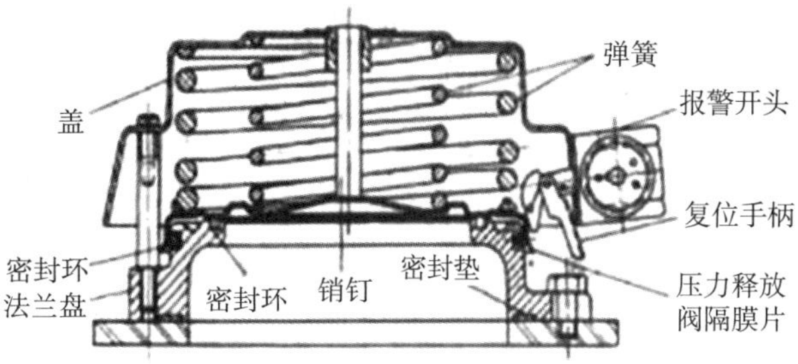

图 1　压力释放阀结构剖面示意图

2　压力释放阀压力检测装置的设计与应用

2.1　压力释放阀的拆装

变压器大小修时，都要对压力释放阀进行拆装校验。压力释放阀拆前要将变压器油放到压力释放阀安装法兰以下，防止在松开法兰时，造成跑油。拆开压力释放阀的顶部防护罩，拆开压力释放阀的微动开关接线，拆线前，作好记号。拆开压力释放阀的紧固螺丝，将压力释放阀拆下，用干净完好的塑料布将接口密封好，防止异物或水份进入变压器

收稿日期：2020-03-10
作者简介：孙浩恩，贵州遵义人，助理工程师，从事水电厂检修维护工作.

内部。安装前，对接口处进行认真清理，检查接口平滑干净无异物后，进行压力释放阀的回装，接口密封处要更换新密封圈。密封圈尺寸要合适，并确认是耐油胶圈。胶圈位置放置合适后，紧固螺丝，螺丝紧固均匀，紧度适当。

2.2　压力释放阀压力检测装置的设计

如图 2 所示，在储油罐中灌满油，将压力释放阀用螺栓固定在校验装置上并保证密封完好，关闭泄压阀门，通过外接压油泵对检验装置进行打压，将油注入储油罐，模拟变压器故障时内部压力增大的环境，直至压力释放阀动作，观察压力表并记录读数，参照规程确定该压力释放阀是否正常。

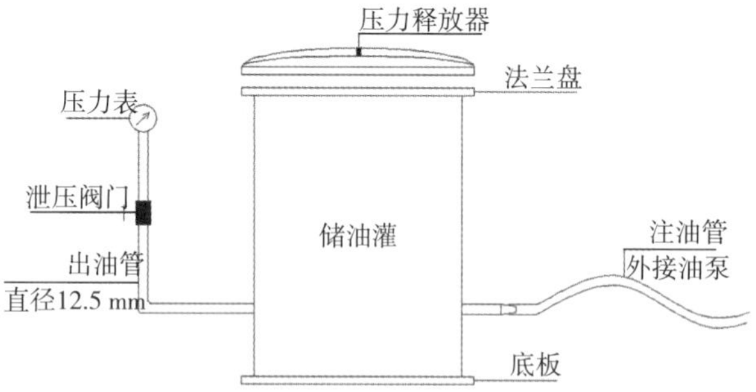

图 2　压力检测装置实物示意图

2.3　压力释放阀压力检测装置的检测方法

（1）外观检查。观察拆下的压力释放阀有无破损，内部弹簧是否形变，密封盖是否光滑，密封圈是否完好

（2）开启压力试验。通过外接压油泵对检验装置进行打压，将油注入储油罐，当压力增大到动作值时，压力释放阀应连续间歇跳动，机械信号与二次信号应可靠动作，连续动作 10 次无异常为合格。

（3）关闭压力试验。压力释放阀动作后停止加压，此时罐内压力仍大于压力释放阀的关闭压力，压力释放阀将缓慢关闭，当压力表指针完全停止后，指针读数即为压力释放阀的关闭压力值，试验次数不少于 3 次，取最低值作为关闭压力值。

（4）时效开启压力。常温下，将压力释放阀静置 24 h 以上(将机械信号与二次信号复归)，再检测开启压力即压力释放阀动作时压力表的读数，检测出的第 1 次开启压力应在额定范围以内，试验方法同开启压力试验。

（5）密封压力试验。通过外接压油泵将油注入储油罐并观察压力表，当压力表读数大于 33 kPa 后停止加压，保持 2 h，压力表读数最终读数应大于 33 kPa。

（6）信号开关绝缘性能试验。信号开关接点处于断开位置，将其中 1 个接点端子接地，在接点间施加短时工频电压 2 000 V，1 min 应不出现闪络、击穿现象。

2.4　压力释放阀压力检测装置的应用

从 2017 年检测装置设计完成至今，对某发电厂 1～3 号主变压力释放阀进行检测，检测结果见表 1。

表 1　主变压力释放阀检测结果统计

压力及标准	1 号主变/kPa	2 号主变/kPa	3 号主变/kPa
时效开启压力(55 kPa±5 kPa)	57.2	56.8	57.8
开启压力(55 kPa±5 kPa)	55.5	55.3	55.4
关闭压力(≥29.5 kPa)	32.8	33.1	33.1
密封压力(≥33 kPa)	34.5	34.5	34.5

各项性能均符合相关标准要求。

3　结语

主变压器作为发电厂内的重要电气设备，其运行、维护与检修工作必须做到认真仔细，根据一些单位对压力释放装置的检验发现，不少产品质量存在问题，因此，必须加强对非电量保护装置的检验工作，同时要准备备品，发现不合格及时更换，以免影响停电时间。在做这个压力释放阀检验装置以前，咨询过一些相关的试验单位，由于该装置需要的压力较小、检验周期较长且数量较少等原因，相关试验单位没有或不提供相应的校验服务，能够检验的单位对送检工作很不方便。综合诸多不利的因素，于是设计并制作了该压力检测装置，投入使用后，通过检测出的数据来判断压力释放阀是否能够正常工作，在今后的发展过程中，相关工作人员还将对该装置进行完善，加强压力释放阀检验监督，严把质量关，保障电力系统的安全可靠运行。

乌江流域水电运行专业管理一体化

徐伟

（贵州乌江水电开发有限责任公司水电站远程集控中心　贵州贵阳　550002）

摘要：总结了3年来乌江梯级“远程集控”管控体系的探索成果，介绍了乌江流域水电运行专业管理一体化的实施背景、内涵、做法与成效，为其他流域远程集控管理提供经验借鉴。

关键词：远程集控；运行；专业；管理；一体化

1　概述

贵州乌江水电开发有限责任公司水电站远程集控中心（以下简称集控中心）主要负责乌江公司机组远程控制、梯级发电优化调度、洪水联合调度、电量集中营销等工作，目前已实现对洪家渡（3×200 MW）、东风（3×190 MW＋125 MW）、索风营（3×200 MW）、乌江渡（5×250 MW）、构皮滩（5×600 MW）、思林（4×262.5 MW）、沙沱（4×280 MW）、大花水（2×100 MW）、格里桥（2×75 MW）共9座电站的远程集中控制，机组32台，总装机容量8665 MW[1][2]。

2015年4月，乌江公司作为中国华电集团公司“远程集控”管理试点单位，梯级9座电站32台机组的控制权全部移交乌江集控中心，梯级水电厂全面实施了“远程集控”生产管控模式[3]。

在新的管控体系经过3年多时间的探索和实践，乌江公司“远程集控”工作已基本到达预期目标，但是从推动水电精益化管理、做优水电运行等工作看，还存在一些差距，为此，乌江集控中心启动了“流域水电运行专业管理一体化”工作，通过管理措施、技术措施、人员提升等系列创新手段，从经济、安全等方面进一步提升了远程集控管理水平。

2　乌江流域水电运行专业管理一体化的实施背景

2.1　乌江流域水电运行专业管理一体化是梯级水电走向“远程集控”模式新阶段的需要

随着乌江流域水电“远程集控”管理模式的不断发展，对集控中心、各水电厂运行设备的自动化程度、监控系统的完善程度、运行人员的工作责任心、安全意识都提出了更高的要求。运行专业管理是“远程集控”集控中心、水电厂安全、经济运行的关键，通过运行专业一体化的系统化、标准化、规范化来达到集控中心、各水电厂安全运行效益的最大化。

2.2　乌江流域运行专业管理一体化是乌江公司水电整体安全效益最大化的需要

2017年以来，梯级水电厂不安全事件持续增多，特别是2017年四季度以来，发生了多起具有人为因素和技术保障系统不完善导致的不安全事件，公司水电安全生产形势极为严峻。

（1）远程集控管理过程监视不足，不能完全起到安全生产的最后一道防线的作用。根据乌江公司“远程集控”管理办法，集控中心只进行正常操作和重要应急处置，发电运行重要参数无过程监视，运行管理过程控制较弱且手段不足，主要有：机组轴承瓦温、油温、主变油温等异常上升无趋势报警，主变和机组推力外循环、压油系统等重要辅助设备无异常报警，一旦处理不及时将造成主设备跳闸、非停，集控中心安全最后一道防线的作用不能有效发挥。

（2）运行人员存在技术能力下降现象，为机电设备安全运行埋下隐患。集控中心运行人员均来自不同电厂，对各电厂设备在操作控制中的个体特性差异了解不全面，对各厂现场设备熟悉程度随时间推移逐步下降。由于只从事简单的开停机等操作，只关注是否能够运行，对电厂异常、故障、主辅设备缺陷、没有起到值长代表总工程师现场值班的作用，设备隐患不能及时掌握和重点关注。

电厂运行人员不进行机组的操作控制，时间过长专业知识及技能下降，在电厂临时操作控制时，不能及时适应和应对，有误操作控制的风险，近年

收稿日期：2020-07-21.

作者简介：徐伟，贵州贵阳人，工程师，从事梯级水电站水库调度工作.

来误操作有所发生。同时电厂运行人员对规程制度掌握和熟悉能力降低，对各级调度规程、操作规程熟悉掌握程度有所下降，不利于开展调度协调及检修预试启动配合工作。

(3) 设备智能化水平不高，影响规范化操作和应急处置。一是应急处置技术措施不够完善。在电厂出现应急状况时，需要停机或落进水口闸门(关进水阀)，正常停机流程无法执行，集控中心无事故停机功能和职责，会造成事故损失扩大。二是设备操作控制自动化、标准化有待提高。操作控制中需要参与的人员较多，如各厂停机流程未实现“一键停机”，在下停机令前需人工操作退 AGC、AVC，手动减有无功到零后才能下停机令，否则会操作失败；部分电厂有功调整单次限值有要求；部分电厂一次调频功能动作导致机组超负荷或进入震动区，不能自动限制或回复正常运行等。运行操作工作量很大，不利于安全和优化调度。

综合上述，乌江公司“远程集控”运行工作虽然取得了一定成绩，但是从管理、人员、设备还需进一步完善。

3 乌江流域水电运行专业管理一体化的内涵和做法

综合以上分析存在的问题，为深化“远程集控”管控，秉承“以需求为导向，以设备健康和人员技能为基础，以持续发展为目标”的管理思路，流域集控中心远程集控运行专业开展深化管理的内涵就是通过对远程集控运行专业管理、人员、设备存在问题进行分析，完善远程集控管理、设备技术措施，运行人员培训机制，做细做优调度管理、远程监视控制工作，确保“远程集控”管理模式更加成熟可靠。

3.1 远程控制一体化，保障远程集控安全

3.1.1 运行设备监控梯度报警一体化

2018 年前，集控中心监控系统只对主设备事故、保护动作出口、全厂失压、水淹厂房等重要信息进行报警，辅助设备运行状态和温度越限信号未接入集控监控系统及声光报警系统，梯级电厂在“远程集控”的管理模式下，ON－CALL 系统若存在漏发信息或 ON－CALL 人员不能及时查看信息，电厂运行维护人员不能及时对设备存在的缺陷或异常进行及时处置，导致远控模式下电厂多次发生因温度保护动作及辅助设备停运造成的机组非计划停运情况，因此，通过总结经验和深入研究，集控中心提出了建立计算机监控系统运行设备温度趋势和远程诊断平台异常报警功能，做到运行设备异常情况下提前预警，提前处置。一方面建立运行设备温度梯度报警，降低了运行异常趋势报警未及时干预，发生由异常发展为故障和事故的问题。集控中心在监控系统中，接入流域各机组轴承的油温和瓦温、主变的绕组和油温等温度实时数值[4]，并按照“正常、升高(在正常运行值和偏高值之间)、偏高(电厂规程明确的报警温度)、过高(跳闸温度)”的设置多级报警值。通过监控系统对实时数据与报警设置值综合判断后，以声光报警的形式对值班人员进行报警提示，值班人员收到报警信号立即与现场进行核对确认，确保报警信息的真实性后，作出相应的应急处理和调整。另一方面建立了运行辅助设备综合报警，避免了影响远程控制的因素。集控中心通过研究，梳理了流域电厂各机组重要辅助设备种类和可能出现的异常情况及要素，将冷却水中断、强迫外循环冷却设备全停、压油系统油压异常下降、厂房底层异常来水、火灾报警等运行参数和重要信号接入监控系统，远控人员利用查看该设备的参数进行综合判断，根据异常情况进行运行方式调整和处理，有效控制辅助设备出现异常的影响范围。

3.1.2 运行安全风险控制一体化

随着远程控制管理工作的不断深入，从已有的工作历程中可以看出在原有的风险管理流程中，公司、集控、电站存在职责不明确、流程不清晰、重点不突出等问题，通过建立风险预警和事故会商机制，有效将事故影响降到最低。

完善和规范运行风险和事故情况的管理体系，一是建立风险预警机制，通过对运行方式、运行设备进行风险分析，及时对电厂发布风险预警并要求开展风险预控和事故预想，在一旦风险事件发生时将损失和影响降至最低。二是建立事故会商机制，在事故发生时，通过启动事故会商，在各专业人员的分析和技术支持下，尽快作出判断和后续建议，为事故正确处理争取时间。

采用风险管理“事先控制”和事故发生时的“事中分析”的方法，坚持闭环管控、坚持科学分析、坚持过程把关的 3 个原则，更好地预防和处置梯级各水电厂事故。

3.1.3 应急处置一体化

通过完善应急处置规程，确保处置科学、合理，梳理现有远程集控操作和应急处置规程，明确机组剪断销剪短、推力油中断、轴承温度异常、压油系统异常、主变温度异常等远程处置方法和流程进行补充完善，确保异常处置安全、规范。

3.2 设备运行一体化，提升智能化水平

3.2.1 应急技术措施一体化

梳理应急处置范围项目、方案、措施和监控系统功能，对现场无人情况下又急需远方处置的，如："远程事故停机""远方落门(或关进水阀)"等紧急操作，完善集控中心和电厂侧监控系统，增加紧急处置功能，在进行远程处置时，由集控中心远程操作处理，确保及时有效。

3.2.2 远程集控设备智能化一体化

通过对集控中心"远程集控"运行特点的全面分析，结合远程集控自动化系统的组成、集控范围、运行方式等几方面，提出远程集控控制系统的构建内容，并针对流域远程集控管理特点的基础上进行相关工作。一是把各电厂的运行特殊要求和限制条件做到集控和电厂计算机监控系统中，由系统自行完成，达到安全、稳定控制。二是集控中心通过乌江公司各级职能部门和各电厂根据《水电厂"无人值班"(少人值守)的若干规定(试行)》[5]，梳理"远程集控"设备技术要求，制定完善远程集控设备的保护和自动化技术措施，保障远程集控设备的安全和稳定运行。

3.3 运行人员培训一体化

随着乌江公司远程集控的快速发展，集控中心和各电厂运行岗位人力资源的需求量不断增加，尤其是电力调度业务联系、远程操作及控制、梯级优化调度、现场电力运行专业知识等运行专业的经验和技能人员，急需采取对应的措施进行改善和调整，因此，通过建立电厂、集控中心人员交叉轮训机制，把电厂、集控中心运行专业人员作为一个整体统筹考虑。一是集中轮岗培训，全面提升运行技能，让梯级各电厂每次安排 1 名运行人员到集控中心进行为期 3 个月运行值班工作，在工作中学习，掌握贵州电网的运行特性和调度规程，规范了调度联系、调度协调及检修预试联系能力。集控中心运行人员轮流到梯级各电厂参与值班，掌握梯级各电厂机电设备运行特性和差异，加强了集控运行人员对现场设备及操作控制中的个体特性差异的掌握，提升了应急处置和运行分析能力，为精益化远程集控和调度奠定基础。通过交叉轮训，弥补了各自短板，实现全公司水电运行专业整体提升并持续保障。二是点对点现场培训，提高电厂现场人员操作能力，集控中心在远程控制管理安排以 15 d 为周期，梯级 9 座电厂轮换进行现地控制，现地控制期间，机组控制权切电厂，所有操作均由电厂运行人员完成。现地控制结束进行总结，查找问题并进行整改，切实提高现场运行人员操作能力。

4 实施效果

(1) 为流域集控调度和控制行业、集团提供借鉴。目前国内流域电厂集控中心远程集控管理都处于摸索阶段，管理模式、管理范围、技术条件各不相同，出现过不同情况的不安全事件，乌江集控的远程集控的深化既不是简单的"中控室搬迁的异地值班"，也不是"仅仅进行远程操作"，而是有效解决了原有集控中心与电厂在远程集控中的定位，并形成了集控中心和电厂的互补与协同作用，因此，具备向其他流域和集团所属水电企业推广的价值。

(2) 深化了流域水电运行风险分级防控管理体制机制。2019 年，由集控中心发起发布的电力调度安全风险预警通知 11 次，预警发出后，集控中心和梯级电站立即从管理、技术、人员上开展了风险应对措施，明确了公司各单位在风险分级管控中承担的角色，强化了各单位的主体责任，同时开展演练，大幅提升了风险应对水平和效率，将一旦风险发生时造成的影响降到最低奠定了基础。

(3) 发挥了电厂远程集控管理模式下的安全保障作用。通过增加发变组温度异常、重要辅设异常、功率调节功能异常的预警和趋势报警，2019 年，集控中心收到 7 次机组瓦温、油温异常和 3 次辅助设备运行异常报警，都及时通知电厂进行处置，避免了主设备跳闸和非停等考核事故的发生。2019 年梯级电站共发生 2 次非停，同比减少 10 次，减少 83.3%，7 家电站实现了"零"非停。

(4) 创造了显著的安全效益。2019 年，集控中心通过远程集控操作，杜绝不规范操作事件发生，公司远程自动开停机 16 281 次，不成功 11 次，远程自动开停机成功率 99.93%，同比上升了 0.07%，负荷调整、AGC/AVC 投退操作 10 万余次，未发生不规范操作引起的不安全事件的。

参考文献：

[1] 胡应权. 贵州乌江梯级水电站群调控一体化探索与实践 [J]. 水利水电快报，2015，36 (04)：42-43，46.

[2] 徐伟，高英. 精益化管理在乌江梯级水库群日调节水库中的实施与成效 [J]. 红水河，2019，38 (02)：30-33.

[3] 陈启萍. 梯级水电站群"远程集控"模式实施探索 [J]. 中国水能及电气化，2018 (12)：29-35.

[4] 周金江. 乌江梯级远程集控深化运行管理实践 [J]. 红水河，2020，39 (02)：100-102.

[5] 左天才. 乌江流域梯级电站无人值班管理模式探索 [C]. 梯级调度控制研究论丛——2012 年学术交流论文集（下册）. 中国水力发电工程学会，2014：269-273.

乌江渡发电厂水轮机剪断销及信号器防护装置的设计制作安装

谭军，李付科

（乌江渡发电厂　贵州遵义　563104）

摘要：本文以乌江渡发电厂1、2、3号机组剪断销及信号器在运行过程中发生上爬后的处理为研究对象，设计制作安装了1套适合于水轮发电机组剪断销及信号器防护的装置。通过在拐臂上焊接带螺纹孔的固定板，并在固定板上安装剪断销防上爬压板，解决了剪断销上爬的隐患；在压板上加工螺纹孔，通过螺栓将信号器限制在固定的位置，这样解决了剪断销信号器上爬的隐患；在压板上加工出沟槽，既可以作为信号器的引出线通道，也可以作为信号线的保护盖板，避免信号线被踩断压断。

关键词：水轮机；剪断销；信号器；防护装置；乌江渡发电厂

1　安装剪断销及信号器防护装置的背景

乌江渡发电厂1、2、3号水轮机是原天津阿尔斯通水电设备有限公司上世纪70年代设计的产品，型号为HLF132A1－LJ－525，于1980年至1982年相继投产。1、2、3号机导水机构传动方式采用耳柄式，每台机各有24块活动导叶，每块导叶分别设置1个剪断销对导水机构进行保护。

受水力因素及水体中杂物影响，水轮机组导水机构在关闭过程中会发生导叶卡阻无法正常关闭情况，此时需要利用剪断销的剪断作用，作为导叶卡阻时的保护装置。即：通过剪断销的断裂，使卡阻的导叶脱开控制环的控制，确保其他导叶在控制环的作用下能够实现正常关闭，并通过信号器发出剪断销剪断信号，及时通知检修人员进行处理，防止事故扩大。

剪断销及信号器装配如图1所示。

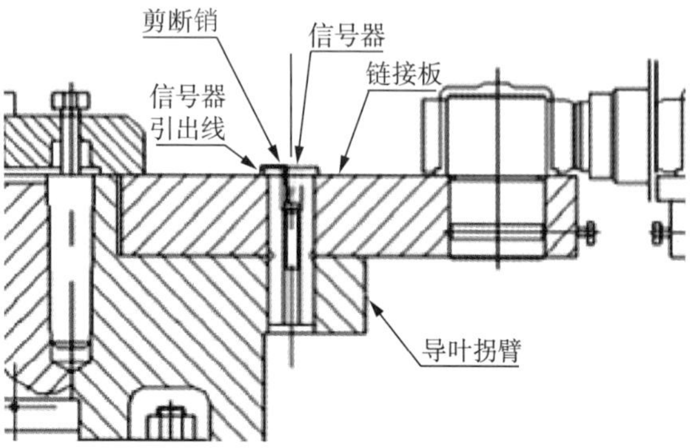

图1　剪断销及信号器装配示意图

由于水轮机组在运行过程中，顶盖和导水机构均会产生振动，且个别导叶双联臂压紧程度偏差、安装高程偏差、控制环水平不均等原因，会导致控制环在转动过程中发生不同程度的上下跳动，这些原因都可能会引起剪断销上爬。剪断销发生上爬后，位置发生了变化，脱离了拐臂和连接板之间形成的剪切面，在发生导叶卡阻的情况下，剪断销不能正常剪断；或者剪断销虽然已经剪断，但是由于信号器因外力原因上爬后高于剪切面，导致信号器没有被剪断，不能发出信号及时通知检修人员进行处理，极易引发机组振摆增大、更多剪断销断裂、机组非停、转轮裂纹，甚至出现顶盖螺栓断裂的严重事故。

通过查询资料显示，乌江流域及其他流域公司的水轮机组，剪断销发生上爬的案例时有发生，因剪断销信号器上爬而未能正确发出信号的事件更是发生了多起，如：乌江渡发电厂1、2、3号机也由于在设计时未考虑到剪断销上爬的不利影响，未设置有剪断销防上爬装置，常发生过剪断上爬的情况，严重时上爬量达到8 mm。剪断销信号器也没有防上爬的措施。

2　剪断销及信号器防护装置的设计制作安装

剪断销及信号器防护装置的设计原则：设计的

收稿日期：2020-03-10.
作者简介：谭军，从事发电厂机械设备检修维护工作；李付科，从事发电厂机械设备检修维护工作.

防护装置应兼具防止剪断销及信号器上爬的双重功能，结构要简单，安装要方便，更重要的是新装置不能对导水机构产生任何不利影响、危害或带来次生隐患。

(1) 剪断销防上爬装置由底板(固定板)和压板组成。在底板上开螺栓孔，在压板与底板上开同心圆孔，通过螺栓将压板固定在底板上；再通过焊接方式，在拐臂上合适位置将底座焊接固定。

底板设计见图 2。

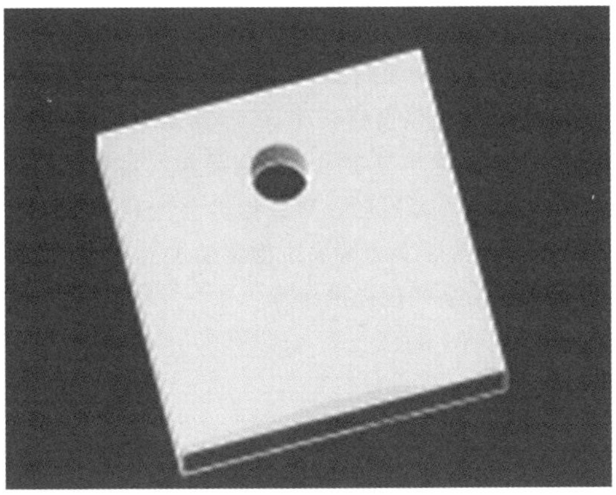

图 2　底板设计示意图

(2) 压板设置成台阶样式。根据剪断销上端面凸台的高度，合理加工压板与底座和剪断销上端面接触厚度，使压板与剪断销上端面和底板上端面均匀受力。

压板设计见图 3。

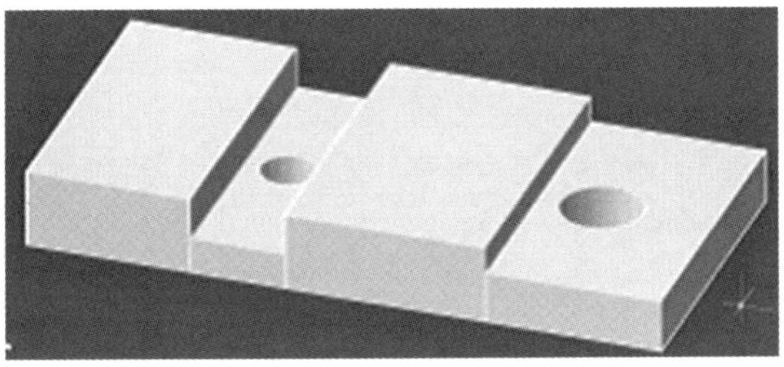

图 3　压板设计示意图

(3) 压板与剪断销上端面中心处加工内螺纹。安装调节螺栓，将信号器固定在合适高度，防止信号器上爬。

(4) 压板设置宽 10 mm、深 5 mm 的凹槽，凹槽中心线穿过螺栓孔中心，方便信号器引出线从凹槽穿过。

(5) 将设计的底板、压板加工并安装后，能够解决因剪断销上爬而无法正常剪短的同时，也解决了信号器因上爬不能发出剪断信号的问题。

防护装置整体图见图 4。

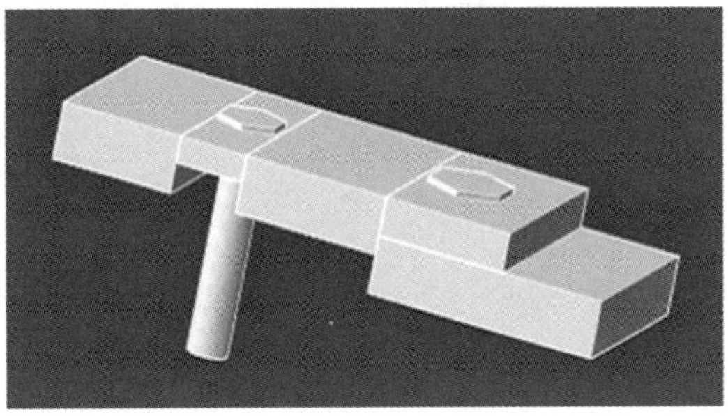

图 4　剪断销防上爬装置整体示意图

3　安装剪断销及信号器防护装置后的效果

水轮机组剪断销防上爬装置能够保证剪断销和信号器在水流冲击和机组振动下，不出现上爬现象，当导水机构出现卡阻时，剪断销能够及时被剪断，同时发出剪断销剪断信号，检修人员及时得到信息，进行现场处置，保障了机组的安全，避免事故扩大。

乌江渡发电厂 1、2、3 号机剪断销防上爬装置从 2018 年 11 月初开始进行设计，并在 2018 年 12 月至 2019 年 4 月机组检修过程中逐次安装了剪断销及信号器防护装置。此装置充分结合 1、2、3 号机的运行情况及现场实际，设计巧妙、结构简单、安装方便，无论机组运行工况如何改变，防护装置始终保持在固定位置，在导水机构发生卡阻时，正确动作，并发出信号。1、2、3 号剪断销及信号器防护装置安装后运行至今，巡视检查过程中没有发生一起剪断销及信号器上爬事件，有力保障了安全生产。

4　结语

剪断销作为水轮机的主要保护之一，是水轮机安全稳定运行的重要保障措施。由于设计方面的原因，部分机组在出厂时并未安装剪断销防上爬的措施，更多的情况是安装了防剪断销上爬的装置，而未有装防剪断销信号器上爬的措施。

根据乌江渡发电 1、2、3 号水轮机设计制作安装的剪断销及信号器防护装置，对水轮机组因各种原因而导致的剪断销及信号器上爬起到了很大的遏制作用，在水电站水轮机组剪断销及信号器的防护上具有较广的借鉴意义。

某电厂发电机出口封闭母线抱箍温度异常分析与处理

陶小龙，邓毅

（贵州乌江水电开发有限责任公司沙沱发电厂　贵州铜仁　565300）

摘要：某水电厂发电机出口封闭母线采用全连式离相封闭母线，额定电压 20 kV，额定电流 15 000 A，额定频率 50 Hz。当发电机正常运行时，发电机出口封闭母线抱箍的温度随发电机的负荷变化而变化，当发电机负荷增加时，抱箍温度随之缓慢增加，最高温度可达 158 ℃（封闭母线及抱箍运行温度应≤70 ℃）；当发电机负荷减小时，抱箍温度也随之缓慢降低，但抱箍温度最低时也有 104 ℃。维护人员为解决封闭母线抱箍温度异常问题，通过分析，得出抱箍周围存在电磁场，使金属抱箍上产生感应电流并形成涡流损耗，导致抱箍温度异常升高。针对金属抱箍周围存在电磁场，维护人员制定出相应的处理方案，方案实施后成功解决了抱箍温度异常升高问题，为封闭母线的安全稳定运行提供了坚实的保障，为遇到类似封闭母线设备问题提供参考。

关键词：母线；抱箍；温度；电磁场

1　概述

某电厂发电机出口封闭母线(简称封母)采用离相全连式离相封母。靠发电机出口侧封母的抱箍温度随发电机的负荷变化而变化。众所周知，当电气设备运行温度远超出自身极限承受温度时，绝缘材料将会急速老化，绝缘性能下降，甚至击穿，造成运行设备烧损被迫停机的情况发生。电厂维护人员就如何将发电机出口封母的抱箍温度降低至正常运行温度展开分析。

2　原因分析

全连式离相封母的结构是将各相母线导体分别用绝缘子支撑，并封闭于各自的外壳之中，单相的外壳本身是相连通的，并在首末端用短路板将三相外壳短接，构成三相外壳回路。母线正常工作时三相负荷电流在每相导体周围产生交变磁场，并在外壳中产生感应环流，根据电流互感器工作原理(电磁感应原理和磁势平衡原理)，每相外壳中的环流与该相母线电流的大小相近、方向相反，所以这 2 个电流所产生的磁场几乎可完全抵消，因此起到了磁屏蔽作用，故其三相负荷电流对附近金属结构件不会引电磁感应现象。

该厂发电出口侧的封母外壳短路板并没有安装在封母外壳的末端(如图 1 所示)，也就是说，靠发电机侧有 1 个封母的抱箍没有在 2 块外壳短路板之间，因此，该抱箍所在的封母段外壳上的感应电流不能形成环流，未能抵消该段母线上电流形成的电磁场，所以在此段的磁泄漏非常大。

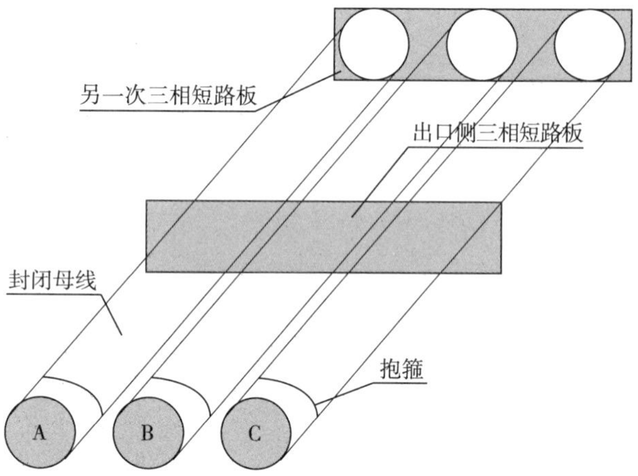

图 1　改造前封闭母线结构示意图

根据电流互感器工作原理(电磁感应原理和磁势平衡原理)进而造成在金属抱箍上形成非常大的感应电流，由于在金属抱箍上有涡流损耗，至使金属抱箍温度居高不下，推理也符合之前的跟踪调查(见表 1)，即抱箍的温度随发电机的负荷变化而变化。

收稿日期：2020-03-04.

作者简介：陶小龙，贵州遵义人，助理工程师，从事水电厂电力高压试验工作.

表 1　方案实施前封母抱箍最高温度统计

负荷相别/MW	A 相封母抱箍温度/℃	B 相封母抱箍温度/℃	C 相封母抱箍温度/℃
140	108	112	104
170	111	118	108
220	129	134	128
240	128	138	140
260	135	140	143
276	130	140	141
280	140	158	146

3　处理措施

通过分析，要从根源上解决抱箍发热问题，就要避免在抱箍上产生感应电流，最好的方法就是将抱箍所在封母段的磁泄漏消除，从而避免在抱箍上产生感应电流。

维护人员制定出以下处理方案：

（1）根据发电机出口封母的出厂资料，查询其尺寸大小，用隔磁材料不锈钢材质的板材制作成三相短路板。

（2）将新制作的三相短路板焊接在封闭母线前端的下方。

（3）再将原来的出口侧三相短路板切割取出。

4　效果检查

方案实施后，发电机出口封母的抱箍就在 2 块三相短路板之间了。由于在 2 块三相短路板之间的封母上产生的感应环流形成的磁场几乎可完全抵消母线上产生的磁场，因此起到了磁屏蔽作用，故发电机出口侧的抱箍不会因电磁感应现象再产生感应电流，也不会因金属抱箍上产生涡流损耗而发热，达到了降低抱箍温度的效果。

维护人员定期对封母抱箍温度进行检测（见表 2），经分析，改造后抱箍运行温度降低至规定范围内（≤70℃），运行温度恢复正常。

表 2　方案实施后封母抱箍最高温度记录

负荷相别/MW	A 相封母抱箍温度/℃	B 相封母抱箍温度/℃	C 相封母抱箍温度/℃
240	34.6	35.2	33.6
276	46.2	46.4	44.5
220	33.5	34.7	32.6
250	38.6	39.4	37.5
283	49.8	48.2	46.8
260	45.2	47.2	44.5

5　总结

发电机出口及中性点软连接是裸露部分，运行时存在很强的磁泄漏，对周围的运行金属元件有一定的隐患，维护人员巡视时可增加发电机出口及中性点周围重点巡视内容。

离相封母的三相可通过品字形排布使相间电磁场相互抵消，从而避免磁泄漏对周围金属元件造成干扰。当离相封母的三相在 1 个平面布置时，应注意封母两端三相短路板的位置设置，三相短路板应尽量靠近封母末端根部，避免产生磁泄漏。

参考文献：

[1] DL/T 596—1996，电力设备预防性试验规程 [S].

[2] GB 50150—2016，电气装置安装工程 电气设备交接试验标准 [S].

[3] 陈化刚. 电力设备预防性试验方法及诊断技术 [M]. 北京：中国水利水电出版社，2009.

纯机械过速保护装置在乌江渡发电厂的应用

肖兴远

（乌江渡发电厂　贵州遵义　563104）

摘要：乌江渡发电厂一号厂3台水轮发电机组由天津阿尔斯通水电设备有限公司制造，二号厂2台机组由东方电机厂制造。5台机组调速器均采用了武汉三联公司提供的微机型调速器，均设有过速限制器，在电气测速装置探测到机组转速达到115％*ne*、140％*ne*时过速限制器动作，导叶快速关闭。本文主要介绍了纯机械过速保护装置在乌江渡发电厂的应用，以及此装置的结构及其原理。

关键词：机械；保护；装置；水轮发；电机

1　基本情况

乌江渡发电厂位于贵州遵义县乌江镇，全厂装机容量125万kW，在贵州电网中承担调峰调频以及“西电东送”的重要任务。

乌江渡发电厂一号厂3台水轮发电机组由天津阿尔斯通水电设备有限公司制造，二号厂2台机组由东方电机厂制造。5台机组调速器均采用了武汉三联公司提供的微机型调速器，均设有过速限制器，在电气测速装置探测到机组转速达到115％*ne*、140％*ne*时过速限制器动作，导叶快速关闭。

目前，大多数水电站都装设了电气过速保护装置，调速器在接到转速信号器发来的机组过速信号时，通过动作事故配压阀先导电磁阀，然后动作事故配压阀关闭导叶，使机组停机，防止机组转速进一步上升。然而，当机组转速装置发生故障、调速器不能接收到过速信号时，过速限制器将无法动作，机组转速将失去控制。此时机组可能飞逸，将危害机组及其电网的安全运行，造成巨大的经济损失甚至人员伤亡。纯机械过速保护装置却能解决这一问题，此装置完全通过机械方式探测机组转速，当机组转速达到整定值时直接动作事故配压阀，关闭导叶，使机组转速不再上升。且此装置维护简单，使用寿命长。

乌江渡发电厂为保证机组的安全稳定运行，在2014年11月至2015年4月期间，给5台机组分别装设了由武汉国测三联水电公司提供的纯机械液压式过速保护装置，并经过试验动作成功。

2　装置结构

纯机械液压式过速保护装置见图1。

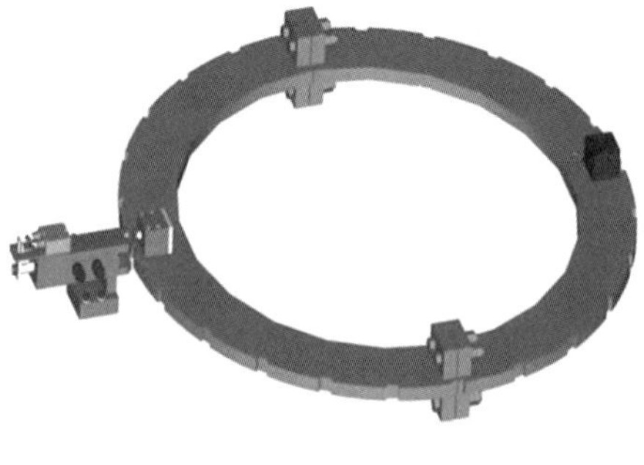

图1　纯机械液压式过速保护装置结构示意图

参数如下：

额定压力：4 MPa

水轮机组类型：混流式

主轴直径：150 mm

额定转速范围：150 rpm

动作转速范围：210 rpm

主轴旋转方向：俯视顺时针

过速动作精度：±1％

液压阀的通径：Φ8

油路接口尺寸：焊接Φ14×2钢管（A、P、T），A为控制油，常通压力油保持，动作后排油；P接压力油；T接回油箱

动作电气开关：装有2对独立的微动开关，开关容量（AC 220 V/10 A 、DC 220 V/0.5 A）

GX－I纯机械过速保护装置主要由齿圈、过速摆锤、控制阀组成，是大型旋转设备的纯机械过速保护装置，可用于水轮发电机组转速升高到过速保护设定值，而此时水电站调速系统发生故障，无法实现水轮发电机组的停机，GX－I纯机械过速

收稿日期：2020-03-10.

作者简介：肖兴远，土家族，重庆黔江人，助理工程师，从事水电厂运行与维护工作.

限制器可利用控制阀切换油路，通过液压系统关闭导叶机构实现机组停机，防止机组发生飞逸事故，确保水轮发电机的安全运行。

该装置具有以下优点：纯机械液压操作，有机械过速电气信号输出供计算机监控；体积小安装调整方便；结构简单，精度高、稳定性好、动作可靠；可与齿盘测速、事故配压阀、调速器等组成机组的过速保护系统。

机械过速保护装置是一种离心飞逸式的纯机械液压过速保护器，它由脱扣器、配压阀、离心探测器、安装环及其附件组成，其中脱扣器和配压阀被组装在一起，是一个整体。

3　装置性能

机械过速保护装置重要部件(离心探测器)为原装进口，该装置采用弹簧柱塞过速摆及紧固圈结构。该装置的动作转速值在产品出厂时已经精确整定(整定误差小于±1%)，不需要现场调试。同时该装置在每次大修拆卸后，能直接重新安装即投入使用，而不需调试。探测器和脱扣器之间的距离能方便调整，使飞摆离心重块与脱扣触发机构间距为1.5～3 mm。装置精度、位置在长期运行后不发生漂移，能克服机组正常摆度、振动的影响。

机械过速保护装置的安装附件有液压阀及行程开关安装支架、把合与固定螺钉(螺栓)、弹簧垫圈、平垫圈、螺母，与装配用 DN15 无缝不锈钢管、90 弯头、活接头、密封垫圈等，以及固定 2 个半圆形紧固的紧固件等相关附件均应成套提供。该装置带 4 对电气接点。

液压阀型式为机组正常工作时，P 口与 A 口相通，过速保护装置动作后，P 口与 A 口不通。关闭离心式机械过速保护装置总供油管时，保证装置不动作。液压阀油接口为管螺纹，液压阀的最大耐压为 10 MPa，通径不小于 Φ10 mm。

过速保护装置系统时滞(包括过速摆动作到过速限制器动作时滞和过速限制器动作到主接力器动作时滞)小于 0.2 s。纯机械过速保护装置防护等级不低于 IP55。试验离心式机械过速保护装置建压、泄压、开关阀门顺序不同、液压阀内漏可能产生的问题，需保证离心式机械过速保护装置的安装不影响机组原有过速保护系统的正常运行。机组安装纯机械过速保护装置后，主轴对装置安装板基础之间的绝缘不小于 0.5 MΩ。

过速保护装置表层油漆颜色为湖兰色，防护底漆为防锈红丹。油质使用合格 L－TSA32＃汽轮机油，所有用油部件在汽轮机油颗粒度不大于 8 级时均可正常运行。离心式机械过速保护装置动作值设定为 140%*Ne*，纯机械液压过速保护装置动作后有明显指示或显示。

4　工作原理

纯机械液压式过速保护装置液压系统见图 1。

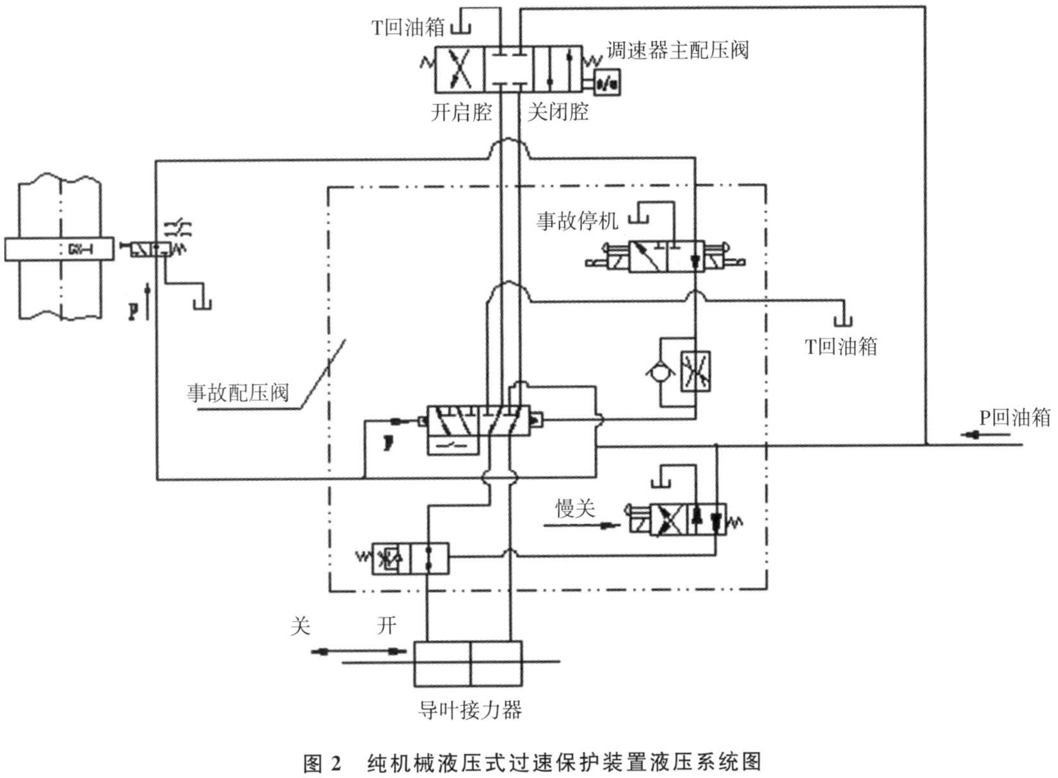

图 2　纯机械液压式过速保护装置液压系统图

水轮发电机组机械过速保护装置的工作过程如下：齿圈分为两半抱紧在水轮机大轴上，当水轮机轴的转速上升到设定的动作值时，过速摆锤在离心力的作用下克服弹簧力的作用向外弹出 6 mm，脱扣器在过速摆锤的作用下移位，控制阀内的阀芯在弹簧力的作用下向内推进，使得控制阀内的油路改变(动作前控制油 A 通压力油 P，动作后控制油 A 通回油 T)。利用控制油 A 可对水轮机调速系统中的事故配压阀等设备进行控制，关闭导叶接力器，同时通过动作开关将信号送至监控系统。

该装置的动作整定值出厂时已经过试验校核，在现场只需按图纸安装不需调整。安装要求过速摆锤于脱扣器之间的距离为 6 mm，现场安装完成后还可在水平方向作调整。

离心探测器的核心元件是弹簧和离心块，弹簧在工厂被事先根据过速动作时的离心力被预压紧。离心探测器通过安装环固定在机组大轴上，并可随大轴的旋转而运动。当离心探测器的离心块在离心力的作用下，离心力大于弹簧的预紧力时，会产生向外的位移，当这个位移量等于或大于离心探测器和脱扣器摆轮之间的安装间隙时，离心块撞击摆轮，使脱扣器产生脱扣动作。

5 运行维护

纯机械液压式过速保护装置现场安装见图 2。

图 3 纯机械液压式过速保护装置现场安装图

离心探测器位于大轴螺栓保护罩上方。转动环被切割为 4 部分，通过 16 颗 16 mm 螺栓连接，同时为了保证转动环在机组运行过程中的稳定，通过 8 个长度分别为 30 mm 点焊焊接在大轴上。脱扣器安装固定在下机架上的支架上，支架与机架通过基础板用螺栓连接，可通过风动进入，便于拆卸。

控制阀安装在事故配压阀处，串联在事故配压阀电磁阀(8DP)与事故配压阀动作管路之间。距离地面 1 500 mm，便于运行维护人员操作维护。

注意事项：

(1) 机械过速保护装置动作后需手动复归脱扣器。

(2) 运行时检查各管路接头无渗漏。

(3) 检修时检查各密封圈完好，对管路进行耐压试验。

6 结语

通过对纯机械过速保护装置的结构原理分析，以及在试验中的动作情况，证明了此装置的可靠性，并在乌江渡发电厂得到了成功应用。

桥式起重机智能化电子控制系统应用

杜海

（乌江渡发电厂　贵州遵义　563104）

摘要：随着信息化技术的发展，传感测控、模拟识别、自动控制等技术得到了深入应用。桥式起重机在无人驾驶的情况下的自动化、智能化也将成为未来发展的趋势。桥式起重机发展在很大程度上取决于电子控制技术，对于电子控制系统的应用，采用传统方法存在研究结果精准度低的问题，无法满足人们需求。为了避免该问题，提出了起重机智能化电子控制系统应用研究。根据桥式起重机智能化电子控制系统原理，分别从力矩限制、速度控制和智能化技术3个方面分析水轮发电机转子起重机的应用情况。

关键词：桥式起重机；智能化；电子；控制系统

0　引言

大型起重机在工程领域最重要、最常用的就是桥式起重机。该机械逐渐向成本低、效率高、大吨位方向发展，同时，管理者对设备自动化程度以及工作安全环境要求也越来越严格。与国外智能化电子控制技术在起重机中应用情况相比，我国引用该技术的工程数量相对较少，因此，为了提高起重机在机械工程方面的工作效率，开发具有先进功能的智能化电子控制系统是必要的。新一代的电子控制系统已经逐渐发展为智能化控制系统，主要是由控制驱动装置、可编程控制器、故障诊断装置和变频调速器等设备组成。智能化电子控制系统有效提高了大型起重机设备的控制精准度，并广泛应用于物料起吊、安装和卸载。

为了实现桥式起重机中吊转子通过主钩进行垂直起升和下降功能，我国大型起重机电子控制系统大都采用机械控制，大大提升了操作者手感，实现机电逻辑控制，在安全属性方面也得到了有效提升，激发了用户对起重机吊转子操作灵活性产生了强烈需求。

1　自动化研究发展现状

国外越来越多的人们投入到了自动化运行的研究中去，PLC、变频器、先进的传感检测设备及智能控制的算法，这些产品已发展到比较成熟的阶段，但是在桥式起重机这一领域的应用还是空白，因此也具有非常可观的发展前景。要实现桥式起重机的自动化运行、路径规划、工作环境的信息采集和判断，自动控制和调速控制是核心技术。

2　桥式起重机智能化电子控制系统原理

桥式起重机应用智能化电子控制系统已经成为目前该领域的核心技术，数字化控制系统主要是由供电设备、配电保护设备、驱动设备、PLC控制设备和故障监控设备组成。通过凸轮控制器档位变化情况控制整个电力设备信号的输入与输出，再由PLC控制设备控制网络变频器，通过该变频器能够有效控制吊转子吊臂的自动伸缩。

由于电子控制系统应用到大型起重机之中，使电机调速、数据通讯、故障自诊、吊具防摇以及条形码技术得到了广泛应用，提高了起重机的柔和性。通过该特质可将微处理器作为核心控制器，引入先进机械自动化水平，保障桥式起重机具备良好的调速性能，满足自动化生产的需要。

2.1　智能化电子控制系统在大型起重机中的应用

桥式起重机中水轮发电机吊转子由两个375 t的主钩进行垂直起升，转子700 t，利用双钩连接在转子吊具上(平衡梁)，再与转子法兰连接，依靠桥机控制吊转子垂直起升。由于起吊中转子与定子的间隙非常小，因此在桥机通过主钩的操作实现转子对准过程中，需要大量工作人员进行监护。

负责控制吊转子全部电信号输入与输出的可控制阀提升端的电磁阀，一旦磁阀转换方向，那么先导泵将会依据电磁阀转动的方向控制阀的换向。主泵的高压油经过控制阀方向转变来控制液压马达的调速，使转子被提起。将转子放下时，手柄输出下

收稿日期：2020-03-10.

作者简介：杜海，贵州遵义人，从事水电厂桥式起重机驾驶及管理工作.

降信号，该信号通过控制阀传递给电磁阀，此时电磁阀转换方向，先导泵同样会根据电磁阀转动的方向控制阀的换向，以此将转子放下。

手柄输出的提升与下降电信号可以控制阀提升端的电磁阀，同时将信号传递给可编程控制器，该控制器将处理好的信号传递给液压泵，以此调节泵的伸缩；发动机工作频率大小取决于压力决定泵的功率，保证吊转子提升与下降速度都在可控制范围内。

2.2 力矩限制的实现

智能化电子控制系统通过力传感器检测大型起重机中吊转子提升和下降时单绳子的拉力，利用角度传感器检测机械仰角，利用 HMI 输入相关工况参数。系统根据上述获取的相关信息，计算实际吊转子需要提升或下降的重量，与内存起重属性数据相比较，实现力限制。

采用在线标定方法，使上述计算过程更为简便，并对机械结构中的参数偏差起到一定补偿作用，使实际起重计算结果更加精准。由于桥式起重机力矩限制的实现，使微控制器能够实时计算吊转子提升和下降时的带载情况，并能计算吊转子工作时达到的主泵压力。吊转子在智能化电子控制系统作用下，主泵压力达到上限，此时吊转子需提升回路压力，彻底消除下滑现象的出现。

2.3 速度控制的实现

受到主泵和发电机影响，系统控制吊转子提升时，主泵的排量逐渐增大，当操作手柄达到一定位置时，主泵排放量将达到最大值。继续搬动手柄时，发电机的排量持续减小，而起重机吊转子速度逐渐增加，当手柄达到最大位置时，起重机吊转子速度达到最大。

发动机最低频率受到最大设定压力限制，当起重机吊转子压力达到设定阈值时，发动机频率将变低；而当起重机吊转子压力超过设定阈值时，发动机频率将升高。

3 仿真实验

采用 MATLAB/Simulink 仿真工具，对大型起重机智能化电子控制系统应用研究结果进行仿真验证。

3.1 仿真参数

参数设置如表 1 所示。

根据表 1 所示参数，进行实验验证分析。

3.2 实验结果与分析

在大型起重机恒定负载条件下，将传统研究方法的吊转子转速动态曲线与所提研究方法的吊转子转速动态曲线进行对比分析，如图 1 所示。

表 1 参数设置

参数	数值
电机功率/kW	2.0
工作电压/V	380
马达频率/Hz	50
电机转速/(r/min)	8 500

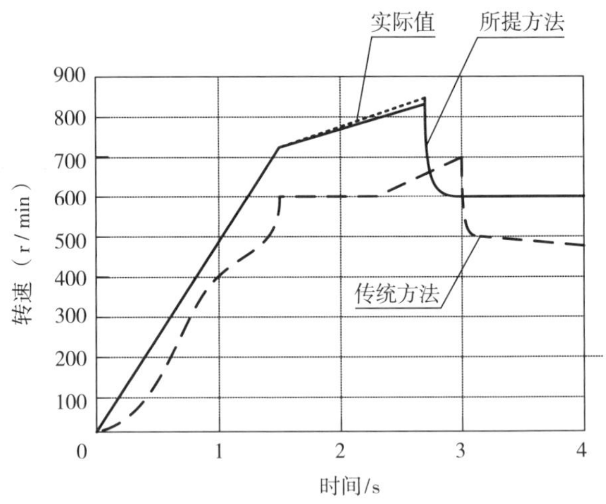

图 1 两种方法控制下吊转子的转速动态曲线

由图 1 可知：采用传统方法在时间为 3 s 时，转速达到最大 700 r/min。而所提方法与实际值都是在时间为 2.7 s 时，转速达到最大。在前 1.5 s 内，所提方法与实际转速一致，虽然在最大值时出现一定偏差，但该误差较小，可忽略不计。由此可知，所提方法转速与实际值更为贴近。

为了进一步说明大型起重机智能化电子控制系统应用研究方法更具有合理性，需将 2 种方法的控制精准度进行对比分析，结果如表 2 所示。

表 2 2 种方法控制精准度对比分析

实验次数/次	传统方法/%	所提方法/%
1	62	95
2	58	97
3	55	96
4	40	95
5	49	97

由表 2 可知：采用传统方法研究结果精准度大都低于 60%，而所提方法的研究结果精准度大都高于 95%。由此可知，采用所提方法的研究结果精准度更高，说明大型起重机智能化电子控制系统应用研究方法更具有合理性。

4 智能化技术的实现

针对起吊中转子与定子间隙小导致转子难对准的问题，在转子与定子之间安装传感器，采用红外线对准方式，将起吊的相关信息传递到桥机上。安装红外电子设备需先确定摄像机数量，保证摄像机品质和监视范围。根据安装的摄像机数量，决定监视范围，因此，需先明确摄像机到监控点的距离，采用 1 080 电视线摄像机，符合监视需求的清晰度。安装过程：在转子底部与下机架机腿找出所对称 4 个垂直点上进行安装，在强电磁干扰环境下，保证红外线设备安装与地隔绝；在安装红外线设备同时，还应充分考虑摄像机是否具备夜视效果，如果设备安装能够选择无线传输方式，就可简化安装繁琐步骤。

定子与转子之间的间隙传感器可由中控室的数据采纳直接反馈到桥机驾驶室，红外线对准方式能够起到辅助标线和定位作用，为吊转子在升降过程中打出 1 条明亮的红线，工作人员在准直的时候，起到定位作用。该技术采用半导体激光二极管，内置优秀电路板，适用于恶劣环境，保证吊转子工作的稳定性，这样能够提高工作效率，减少人员监护，增加安全性。

4.1 桥式起重机自动化技术、信息采集及路径规划

当前最先进的环境感知技术在无人驾驶汽车方面最为明显，对于桥式起重机运行机构、路径规划系统需要完成以下几点。

（1）厂房全地形路径规划。通过安装人机交互界面将起重机工作环境中障碍物信息输入中央处理器，设计出全局规划算法。对环境信息处理和算法得到合理的路径，将关键坐标值输出给下机位进行执行机构控制。

（2）局部路径规划。在运行过程中需考虑到障碍物、意外情况的发生，防止碰撞刮擦，需要对吊钩在任意时刻的周围情况进行检测，当吊钩接近障碍物时，中央处理器应立即做出反应，并通过局部路径规划及时决策，控制执行机构避开障碍。

（3）人机交互。为保证运行障碍物的信息和控制信息的输入和输出，需设计 HMI 接口功能实现路径规划系统与其他系统的通信。

4.2 基于群蚁算法的桥式起重机路径规划

蚁群算法是由意大利学者 Dorigo M. 等人于 1992 年提出的 1 种基于仿真学的模拟进化算法。它根据蚂蚁在寻找食物中搜索最短路径的方法来解决工程中的离散系统优化问题，研究发现，蚂蚁群体在觅食路径中遇到障碍物时，会立即避开，找到到达食物来源的最短路径。

设计工作流程图规划程序见图 2。

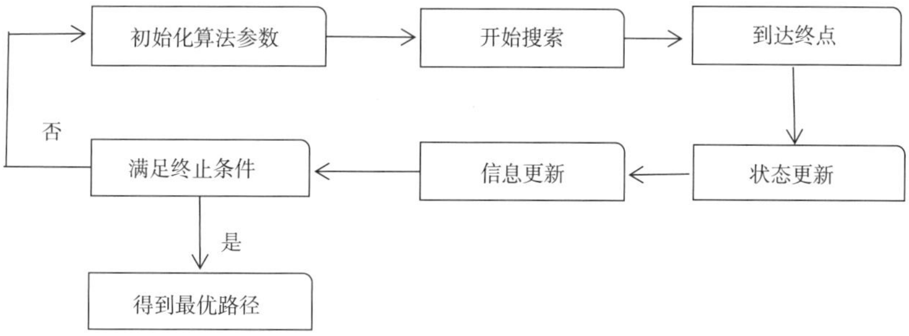

图 2　操作流程图

5　结语

为了提高桥式起重机吊物的工作效率，需在具体应用情况下，采用智能化控制技术体现出智能化电子控制的优越性能。根据上述研究方案，能够有力推进国产大型起重机系列的综合性能优化，并通过仿真实验可知，采用该研究方法的研究结果精准度最高可为 95%，优于传统研究方法。

针对国外大型企业的智能化电子控制技术规模，我国应用规模相对较小，这与实际经济背景是息息相关的。传统研究水平相对落后，设备性能不能满足高效率工作需求，控制技术不完善，不能有效发挥吊转子的实际作用。因此，相关企业应加强培养，进而引进技术人才，为机械领域发展奠定良好基础。

参考文献：

［1］李香伟，刘向超，李候清．超大型履带起重机智能控制系统研究及应用［J］．工程机械与维修，2017，22（3）：48-51．

［2］韩晓玲，王金参，闫思江．起重设备在港口备件智能化仓储系统中的应用［J］．科学技术创新，2017，19（34）：188-189．

［3］张智华，李胜永，朱永祥．港口桥式起重机起升电机拖动系统节能控制研究［J］．电机与控制应用，2018（04）：59-63．

［4］张敏三，刘海龙．基于 Modbus/TCP 协议的塔式起重机无线监控系统［J］．电子设计工程，2016，24（19）：102-104．

思林施工变电站 10 kV 系统故障停电分析及处置措施

杨文斌

（乌江渡发电厂　贵州遵义　563104）

摘要：10 kV 配电网容易发生铁磁谐振引起电压不平衡和过电压，会破坏电气设备的绝缘，甚至会烧毁电气设备。本文通过对铁磁谐振产生原因的分析，提出运维人员在出现铁磁谐振时应采取的具体对策和消除铁磁谐振的技术措施。

关键词：铁磁谐振；电压互感器；电感；电容；消谐措施

0　引言

思林施工变电站 10 kV 配电网随着施工单位及用电负荷的日益增多，网内架空线路、施工变压器相应增加，易造成系统运行参数变化，从而引起含有电感、电容元件的电磁能量振荡转化或传递而造成电网过电压，严重威胁着系统的安全稳定运行。

1　10 kV 系统运行方式及停电经过

思林施工变电站采用 35 kV 、110 kV 两条进线分别带 10 kV I、II 段母线的运行方式，停电前由 110 kV 供 2 号主变器带 10 kV II 段，I、II 段母线联络运行，母线电压平衡，各出线运行正常，系统所带总有功负荷约 6 000 kW。

7 月 1 日 16 时 14 分，10 kV 监控系统发“8H 出线接地报警”信号，值班负责人立即派人检查母线电压及进行各出线的巡线检查，当时母线电压分别为 *A* 相 2.7 kV、*B* 相 6.3 kV 、*C* 相 6.4 kV，开口三角零序电压为 35 V，各出线未发现明显的电流变化。

16 时 28 分，10 kV 2 回、6 回、7 回、9 回出线开关“过流 I 段”动作，开关跳闸。以上 4 回线路跳闸后，检查母线电压仍不正常(*A* 相 2.5 kV，*B* 相 5.7 kV，*C* 相 6.3 kV)，同时 10 kV 母线室内有大量烟雾，为避免事故的进一步扩大，运维人员立即手动断开 10kV II 断母线进线开关，将 10 kV 系统停电。

10 kV 系统停电后，检查发现 10 kV 室内 2 回、6 回、7 回、9 回过电压保护器全部烧毁，I 段母线电压互感器 *A* 相一次保险熔断，II 段母线电压互感器 *A* 相已炸裂，4 回出线电缆接地引线部分烧断，以上 4 个开关柜智能操控装置配套的温湿度传感器及引线也被烧毁。

2　故障原因分析

16 时 14 分，监控系统发 10 kV“8H 出线接地报警”后，通过检查、巡线和施工单位核实，12 回线路上，有一用户的高压计量箱烧毁，且 *A*、*B* 相跌落保险熔断，造成 10 kV 系统接地。变电站发现母线电压 *A* 相较低，*B*、*C* 相较高，计量箱故障时的过渡过程中发生单相接地，电压互感器中性点对地有相电压产生，由于电压互感器的励磁阻抗很大，其中流过的电流很小。当系统接地故障消失后，相当于把导线电荷以接地点通往大地的电流通路切断了，非接地相积累的电荷只有通过电压互感器对地放电，铁芯饱和即满足谐振条件，引发 10 kV 系统产生铁磁谐振。

16 时 28 分因谐振造成 10 kV 系统过电压，使 10 kV 2 回、6 回、7 回、9 回过电压保护器动作放电。经厂家确认此类过压保护器为 TBP－A－12.7F/85 型，保护范围为 2.5 倍额定电压以下，可以在 2 ms 内承受 400 A 电流，即对系统操作过电压保护有效，但不能保护谐振过电压对系统造成的危害，因此当系统发生谐振过电压且谐振又不能及时消除时，该过压保护器必被长时间的过压击穿、烧毁，从而造成以上 4 回 10 kV 出线相继发生相间短路故障。该 4 回 10 kV 出线 I 段过流保护正确动作跳闸，保护有相关动作记录，动作行为正确。前文“8H 出线接地报警”信号动作条件为当 8H 出线保护检测到零序电压(电压互感器二次开口三角电压)超过零序过压定值且零序接地报警控制字投入时发接地报警信号。当系统发生接地故障时，电压互感器二次开口三角将输出较大的电压，

收稿日期：2020-03-10.
作者简介：杨文斌，贵州长顺人，助理工程师，从事水电厂电气高压试验工作.

该电压输出到同段母线所有出线保护装置，因此系统接地时所有出线保护均能检测到同一零序电压。经检查，除8H出线保护外，其余出线保护零序接地报警控制字均未投，因此虽检测到零序电压但不发告警信号。上位机“8H出线接地报警”即说明10 kV系统有1点接地或由于谐振等原因产生了较大的零序电压，而不一定是8H接地，该信号准确定义应该为“10 kV系统接地报警”。

经过对10 kV 2回、6回、7回、9回等出线保护仔细检查发现，电流I段保护即为过电流保护，加速段保护被作为速断保护。以上4回10 kV出线保护实际定值见表1。

表1　2回、6回、7回、9回出线保护实际定值

出线名称	加速段/A	延时/s	过电流I段/A	延时/s
2回	13.67	0	3.05	0.5
6回	60.07	0	14.92	0.5
7回	51.45	0	12.8	0.5
9回	35.25	0	8.8	0.5

电流互感器变比为200/5。2回、9回、7回、6回过压保护器故障造成短路时因速断保护未动，故障持续0.5 s后过流保护即过电流I段正确动作。速断保护不动的原因为该保护装置加速段保护是用于手合或重合于故障的加速保护，不能用于速断保护。另依据现有负荷验算，10 kV各回出线速断保护定值均较高，10 kV出线末端或末端负荷变压器故障时速断保护灵敏度不够。

10 kV I段母线电压互感器二次开口三角接有消谐用的灯泡，当谐振发生时电压互感器三角形接线绕组产生负载电流，将高压保险熔断；但10 kV II段母线电压互感器二次开口三角仍接入原消谐装置(未接消谐用灯泡)，但该消谐装置早已不能正常工作，谐振产生的过电压将该电压互感器A相绕组击穿，造成A相绕组匝间短路被烧毁。

综上所述这次故障的主要原因为10 kV系统馈线发生接地短路事故诱发母线电压互感器铁芯饱和，运行参数变化，产生铁磁谐振，形成铁磁谐振过电压，造成了互感器、过压保护器等设备的烧损。

3　消除铁磁谐振的对策和技术措施

(1) 当出现空母线谐振时，不宜拉开电压互感器的隔离开关，应考虑增大母线电容和并联电感，即合1条空载线路或者空载的变压器来破坏谐振条件，可使三相电压恢复平衡。

(2) 电压互感器二次侧开口三角处可并联消谐灯泡（或选用220 V，800 W，60 Ω标准电阻），定期检查回路中装设的消谐器。

(3) 在恢复送电时，应严格按规程进行操作，确认电压互感器的隔离开关在拉开位置后，才对空母线送电，再合上电压互感器的隔离开关。

(4) 检修人员应尽量将其隔离开关三相同期性调整好。建议采用伏安特性较高、饱和迟钝的电压互感器及电容式电压互感器，以改善技术性能，降低激发谐振过电压的概率。

(5) 减少同一网络中并联电压互感器台数。母线并联运行时，一般要求除在电源侧为了用作绝缘监视而必须将电压互感器高压侧中性点接地外，其他的电压互感器能退出的就退出，不能退出时，将其高压侧接地的中性点断开。目前，部分采用分级绝缘电压互感器的装置变电所由于不具备拆除一次中性点的条件，只能待更换为全绝缘电压互感器后才能取消一次中性点。

4　结语

铁磁谐振是谐振中一种非线性谐振，它包含基波谐振，高次或分次谐波谐振。其表现形式可能是单相、两相或三相对地电压升高，或产生高值零序电压分量，出现虚幻接地现象，或者在电压互感器中出现过电流。其危害轻则引起高压保险烧毁，重则引起电压互感器爆炸、开关柜烧毁，造成母线停电事故。它不仅影响对用户的供电，而且可能造成主设备损坏，严重威胁着系统的安全稳定运行。本文就思林施工变电站一起铁磁谐振引发的设备损坏事件进行了成因分析和对策制定，希望同行吸取经验，加强设备的巡视维护工作，把事故率降到最低。

参考文献：

[1] 凌子恕. 高压互感器技术手册 [S]. 北京：中国电力出版社，2005.

[2] 孟广成. 高电压技术 [M]. 北京：北京科学技术出版社，1989.

大型水电站工程建设中的专项验收管理

李沐春
（贵州乌江水电开发有限责任公司沙沱发电厂　贵州沿河　565300）

摘要：沙沱水电站工程进入验收阶段。以“美丽沙沱建设”为指导，树立“基建为生产服务，为经营服务”意识，针对沙沱水电站工程各项验收的具体特点，根据部门职责和专业分工，专人负责，分工协作。截至2019年12月，项目通过下闸蓄水验收、机组启动验收等阶段验收，也通过了水土保持、消防、枢纽工程、环境保护、劳动安全与工业卫生、工程档案等专项验收。

关键词：工程；建设；专项；验收；沙沱水电站

1　概述

沙沱水电站位于乌江干流下游，为乌江干流开发选定方案中的第9个梯级电站，是国家重点工程，处于贵州省铜仁地区沿河县境内。枢纽工程规模为Ⅱ等大(2)型，枢纽由碾压混凝土重力坝、坝身溢流表孔、左岸取水坝段、坝后式厂房及右岸垂直升船机等建筑物组成。电站以发电为主，其次为航运，兼顾防洪等综合效益。电站装机容量1 120 MW(4×280 MW)，保证出力322.9 MW，多年平均发电量45.52亿kW·h。通航建筑物为垂直升船机，过船吨位500 t。

沙沱水电站于2013年4月20日下闸蓄水，2013年5月11日首台机组投产发电，2013年6月13日全部4台机组投产发电。从2013年至2019年底，沙沱水电站工程通过下闸蓄水验收、机组启动验收等阶段验收，通过水土保持、消防、枢纽工程、环境保护、劳动安全与工业卫生、工程档案等专项验收。经历多次验收，逐步总结形成了一套可行的工程验收迎检方法和成果，以便更好完成沙沱水电站工程剩余验收工作。

2　做法

2.1　验收迎检充分准备，工作分解、逐渐推进

2.1.1　内业资料准备

及时联系上级公司报送验收申请材料，加强与上级公司的联系，以便确定验收时间。建立验收沟通管理体系，采用适当的方法和手段与相关各方进行有效的沟通与协调。

在确定验收时间后，进入“通知”流程。组织各参建单位完成自查，并完成验收自查报告。下发正式红头文件通知各参建单位按时完成验收自查报告，并采取电话、QQ等多种方式通知，考虑到各单位的报告会存在修改情况，通知各单位写自查报告的时间要提前，一般提前1～2个月发放通知。

到提交报告的时间后，进入“检查”流程。各参建单位自查报告先给监理审核，再到业主审核，分土建、机电专业进行审核。安排专人对各单位报告格式、数据和用词进行检查，确保格式统一，数据和用词真实、准确和统一。建立报告三级检查机制，即“施工单位自检→监理单位复检→建设公司终检”。

完成检查后，进入“打印”报告流程。为了确保万无一失，安排专人去打印店旁站并解决过程中遇到的问题。装订好的报告通知各单位盖章，并检查签字页是否签字。

各单位的自查报告是对验收迎检工作的技术总结，在水电站建设后期技术力量削弱的情况下，借鉴、学习和利用已通过验收水电站的报告，可以提高工作效率。针对验收次数多、验收报告多的实际，对验收报告的编写进行均衡分工，避免报告全靠1人编写的情况发生。

2.1.2　现场安全文明施工

在沙沱水电站投产发电阶段，在现场的施工单位较多，采取安全文明施工专题迎检会布置现场安全文明施工整改工作，要求各参建单位领导重视，并反复多次开展现场检查落实情况。不能为了迎检把现场该施工的工作面停下来，加大资源投入。

随着从基建到生产的转变，结合电厂的生产运行管理，安全文明施工管理形成常态化、制度化，

收稿日期：2020-03-31.
作者简介：李沐春，贵州毕节人，助理工程师，从事水利水电工程建设及运行管理工作.

分区域明确部门的管理职责，现场卫生条件逐步改善，为验收迎检工作营造了良好的现场安全文明施工氛围。采取针对性的督促施工单位整改，利用3个“零容忍”检查的手段，根据“管工作必须管安全”的理念，健全“企业→部门→班组”三级安全责任体系。在贯彻“安全生产十大禁令”的同时，发布违章行为及处罚，消灭管理漏洞，防止和减少生产安全事故。

与电厂目前强调规范化相结合开展验收迎检工作，验收注重的是结果，规范化建设不仅注重结果，关键注重过程，要求日常化和经常化。时限的要求不同，验收有规定的限制，而规范化建设重点强调的是在实施过程中的不断完善，是一个长期的过程。通过具体的比较，使员工明白规范化建设的意义和作用，逐步改变了员工的思想观念，真心诚意接受规范化建设工作的推行，更好地完成验收迎检工作。

2.2　验收现场检查过程配合

在专家到现场后，组织各参建单位参加汇报会和通报会，并做好过程中的配合解释，加强与专家的沟通。

做好会议指南，明确每个专家有1个人对接，专家检查内业资料时，按照要求做好反馈和解释。认真听取专家提出的意见。通过专家组的检查和帮助，反思自己的工作，以便不断的提高。

安排年轻同志参加验收过程中召开的会议，通过聆听专家的指导，碎片化的提高技术素质。通过参加各类验收会议的过程，也是专家对参建各方进行培训的过程，使培训推动员工的成长。在陪同专家过程中，不清楚的地方及时学习验收相关规范，以利于逐步改进工作。

2.3　验收检查后整改

在验收检查后，根据专家的意见，制定整改分解表，统筹安排和梳理各项工作，明确建设公司、设计、监理、施工单位的工作，明确责任单位、责任人、整改措施和整改完成时间，确保各项工作有序开展。检查结果通过正式公文发放各参建单位。加强过程控制，每周统计完成情况，发现问题及时沟通、分析和总结，未按时完成的项目按厂(公司)的制度进行考核。整改完成后，形成整改完成报告上报上级公司。

在整改过程中建设执行文化，强化个人与团队执行力，统一全员对执行的理解与认识。厂(公司)针对全员举办执行力培训班，党委班子成员亲自讲课，阐释了能力文化与执行文化的关系和执行理念体系的内涵，介绍提高执行力的方法和管理工具，并用企业内部优秀的执行案例作以示范，为员工提供了1套提高执行力的方法，助推了验收工作的开展。

按照“四不放过”原则，抓工程质量，做到原因不清不放过，责任者和应受教育者未受到教育不放过，未采取防范措施不放过，责任者未受到追究不放过。按照实事求是原则，通过持续不懈的抓整改，沙沱水电站现场的工程形象面貌、安全文明施工形象持续改进，环境越来越美，打造一个清洁安全、高效有序、宜居宜乐的生产生活环境。

完成验收整改的资金来源和筹措，根据工作需要，所需资金从专项验收费用中列支。

2.4　各验收的牵头部门

工程下闸蓄水验收由建设公司工程部牵头；机组启动验收由机电部牵头；水土保持专项验收由副总工程师牵头；消防专项验收由机电部牵头；枢纽工程专项验收由水工部牵头；环境保护专项验收由副总工程师牵头；劳动安全与工业卫生由副总工程师牵头；工程档案专项验收由办公室牵头。“专家带着徒弟抓”，充分发挥了副总工程师的专家引领作用，安排1名年轻同志配合副总工程师承担了多个验收迎检工作，人员精简高效。部门之间密切配合，为了层层传递压力，工程档案专项验收制定验收工作考核方案，制定奖惩机制，对工作推进不力、不作为、慢作为、乱作为、扯皮推诿、推卸责任等行为进行严肃问责追责。严格执行追责问责机制，强化制度刚性执行，特别是对造成严重后果的履责行为，要倒推管理责任，严肃问责追责。对不履责或履责不到位的个人，严肃责任追究，倒逼责任落实。

3　实施效果

通过参建各方的共同努力，截至2019年12月，沙沱水电站工程通过下闸蓄水验收、机组启动验收等阶段验收，通过水土保持、消防、枢纽工程、环境保护、劳动安全与工业卫生、工程档案等专项验收。

随着验收工作的不断推进，现场面貌得到根本性的改变。从2013年通航建筑物开始主体施工，到2017年8月1日，通航工程投入试运行，再到2019年底左岸生产营地主体结构施工完成，整体工程形象面貌越来越靓丽。同时员工精神面貌焕然一新，能力意识不断增强，工作主动性、自觉性大大提高，逐步从被动执行向主动执行、高效执行、创新执行层层转变，对内营造了和谐的工作环境，对外塑造了良好的企业形象。

水电厂合同管理中存在的问题及解决措施

冀道文

（乌江渡发电厂　贵州遵义　563104）

摘要：本文从合同管理的概念谈起，再从生产实践各个方面进行剖析，分析合同管理中存在的问题，根据问题进行了分析，并提出针对性解决措施。

关键词：合同；管理；问题；措施

0　引言

合同管理的理解各有不同，有的合同的订立视为合同管理，有的将合同管理文件管理视为合同管理，有的将加盖印章行为视为合同管理，也有的将审查合同视为合同管理，这些观点都是不全面的，不利于合同有效管理，也不利于合同管理制度的建立和完善。合同管理是指以实现合同价值为目的，以合同为管理对象，依照法律、法规等规定，在合同从准备、谈判、订立、生效、履行、变更、解除、争议解决、终止直至立卷归档整个过程的管理行为。其可分为 3 个部分：事前管理(合同协议书形成过程)、事中管理(合同履行过程)和事后管理(如合同不适当履行时，违约责任的处理等)。

乌江渡发电厂的合同文书主要有三大类，一类是物资采购合同(物资供应类)，一类是服务合同(技术服务和综合服务)，一类是工程合同(材料或物资供应及施工)。合同种类繁多、数量较大及管理制度不健全使得合同日常管理难免存在疏漏和不畅，了解和分析现行的合同审查流程和管理职责有助于合同管理制度的规范化，有助于合规建设的推进和合规文化的建立。

1　存在的主要问题

1.1　合同管理的模式问题

通常情况下，多数单位的合同管理模式一般采用公司法律事务管理部门统一归口管理和各业务部门(合同承办部门)分级管理的模式。法律事务管理部门作为合同的统一管理部门，对合同的签订和履行负有规范、监督、检查和指导的职责：如审查合同文本的合法合规性；获得业务部门所有合同台帐和履约情况统计报告以便用于监督和检查；有权在第一时间获得公司内部和外部自查和他查反馈的意见并提出整改建议；具有和业务部门、相关职能部门及外聘专家就合同审查事项进行沟通的权利等等。但目前乌江渡发电厂合同管理并没有实行各环节归口管理，合同管理职能在计划合同部，管理部门暂未掌握合同履约情况，合同管理管理部门、法务部门、业务部门、相关职能部门之间缺乏有效的沟通机制，合同管理模式为粗放式管理模式。例如，厂内合同文本的编制随意性较大，存在各部门自行编制、格式不统一、各承办人员对同类型和不同类型的关联合同没有统一标准等情况，其不利于合同文本的规范。另外，还存在业务部门对合同的订立、履行和执行的全过程所应担负责任的认识误区，甚至个别观点认为合同管理部门应负合同的全部责任，这些情况都不利于合同的日常规范管理及责任人制度的建立。

1.2　合同管理的制度问题

建立合理的合同管理制度是合同管理规范化、制度化、效率化的前提和基础，合同管理制度应包含合同承办人制度、审核会签制度、审查制度、监督和检查制度、重大合同备案制度等，其主要内容为合同的归口管理；合同资信调查、审查、审批、会签、签订、登记和备案；授权书的签发和管理；合同示范文本管理；合同专用章管理；合同履行与纠纷处理，合同定期统计与考核检查；合同管理人员培训；合同管理奖惩与挂钩考核等。通过建立合同管理制度做到管理层次清楚、职责明确、程序规范，从而使合同的签订、履行、纠纷处理和考核都处于有效的控制状态。目前乌江渡发电厂在合同管理上存在一些问题。例如，没有建立合同归口管理制度；部分项目资信调查存在内容不详实(如资料的准确性、真实性和合法性)、调查程序简单复制

收稿日期：2020-03-10.

作者简介：冀道文，陕西商南人，高级工程师，从事水电厂水工建筑物维护及计划合同管理工作.

及调查结论的同质化；对合同变更、履行缺乏有效监督；合同归口管理部门缺少合同履行资料，以至无法监管；合同示范文本未能有效使用；缺少有效的合同责任人制度、考核机制及奖惩措施等等。

1.3 合同审查的法律建议未能被充分注意

合同审查包括业务审查和法律审查，法律审查是合同管理的核心环节，其审查目的在于解决3个问题：一是合同的合法、合规性，审查内容包括当事人有无签订、履行该合同的民事权利能力和行为能力；当事人的意思表达是否真实、一致；合同是否存在法律规定的无效情形；签字的合同经办人是否获得有效授权。二是合同的严密性，审查内容包括约定条款是否存在违背法律、法规和政策文件的情形；合同当事人的权利、义务之间是否存在冲突；合同应具备的业务上条款是否齐全；文字表述是否确切无误且无歧义。三是合同的可行性和利益性，审查内容包括合同当事人特别是对方是否具备履行合同的能力和条件；预计取得的利益和可能承担的风险；是否对合同非正常履行时可能遭受的经济损失进行预测。目前合同管理上在对待法律审查建议是否被有效采纳上存在一些认识上的偏差。例如，对合同的当事人、内容和形式上提出的法律建议尤其是技术性合同条款，个别人员存在理解上的偏差，从而影响合同风险防范措施的建立。有的业务人员盲目遵从商业习惯，抵制法律事务管理部门对业务工作的正常监督，对潜在的法律风险不管不顾。

1.4 重视静态管理、忽视动态管理，合同履行监控不足

在合同的履行、变更或解除、终止过程中，有效的合同履行跟踪、监督、管理和控制机制的缺乏是合同纠纷多发的主要原因，这也是合同管理的重点阶段。合同履行是指对合同约定的权利和义务的执行，这需要合同承办人的细致周密工作；履行监控是指为保护合同的正当履行而建立的合同执行调整和控制制度。履行监控机制的建立的前提是合同管理机构、人员和职责制度的落实以及合同台账、档案制度的建立健全，如此才能使得合同管理制度化、签约和履行行为规范化。对合同履行的监控存在不足之处，如给与合同谈判等前期阶段的关注度、人员等方面的投入比例，而对合同签订之后的合同履行阶段，则往往存在重视不足、管理不到位等情况。

2 解决措施和合理化建议

2.1 建立合理、有效的合同管理模式

建立健全合同管理制度，要注意3个方面。首先，落实合同管理的机构、人员配备和人员培训，建立合同归口审查和分级管理制度，使合同管理逐步规范化、制度化。其次，明确合同业务部门和承办人、合同审查部门和承办人、合同批准机构和人员及合同归档部门和承办人的职责。最后，规章制度一经制定，除了严格遵照执行外，还应有相应的措施以保证该项制度得以更新，以适应法律法规、政策方面及商业习惯的变化。

合理的合同管理模式不应是静态的，不应是针对某个时点，也不仅仅是某个部门的事务，而应该是动态、连续、相关责任部门共同的管理过程，其中包括对合同相对人资信状况的调查、合同条款的谈判、合同样本的起草和制定、技术性条款的设立、特别条款的约定、争议事项解决机制的设立、合同的签订、合同的履行及争议发生时相关部门的联动等一系列环节。合同的法律审查就是围绕这一系列具体环节而展开的风险预防和实时控制活动，是整个合同管理的核心，但其也离不开相关部门依据各自职责和从各自角度的密切合作。在具体操作上，对合同管理实行归口、分级、划块管理模式；合同归口管理部门为合同一级管理部门，负责为业务部门提供法律服务，建立健全合同管理制度，监督检查和考核合同管理情况，参与重大合同的论证、谈判、起草、审查、签订及合同纠纷的处理，统一管理法定代表人授权委托书和公证事宜，负责合同备案文本的管理，考核合同管理人员，组织合同管理知识培训等；各业务部门为合同二级管理部门，负责本部门的合同立项、可行性调查、文本草拟、签订、履行、争议解决和履行过程中的档案管理等，并向合同归口管理部门定期汇总、上报合同履行情况；相关部门负责合同专用章的使用及合同履行完成后的文本归档工作。

2.2 切实把好项目调查、合同审查和履行监督环节

在谈判和签订合同时，严格审查合同当事人的主体资格、资信情况和履约能力，必要时可向单位要求法律事务管理部门配合协助调查。业务承办人员应对涉及的业务事实详细告知合同审查人员，在对合同背景了解的基础上认真对合同条款加以推敲，确保合同应具备的条款齐全、准确；确保文字表述确切无误，避免条款之间的矛盾性；使用格式合同时应注意避免存在免除其责任，加重对方责

任、排除对方主要权利等情形出现；加强对合同变更、新增程序文件的管理；及时适当履行发送正确的函件等通知义务；重视证据(资料)的保留及保证其有效性；及时行使合同权利以确保诉讼时效；同时还可以建立重大项目和合同专项审查管理制度。

2.3 提高合同管理人员素质

加强合同管理部门和合同管理人员特别对管理层和机构的培训应是单位合同管理的首要任务，如此可以提高全员的合同管理意识，产生“业务未动、法律先行”的全局观念。提高合同管理人员素质首先是做好下列两个方面：一要选好合同审查和管理的专职人员；二要建立岗位责任制，明确责、权、利。除此之外还应加强业务和法律培训，法律培训应侧重《民法通则》《合同法》《担保法》《物权法》《公司法》及《刑法》等基本常识方面。通过学习培训，使得全员都能掌握基本法律知识和签约技巧。例如，能区分和认识到要约和要约邀请的不同构成要件和法律后果；能区别没有代理权、超越代理权和表见代理的差异；能认识无效合同、可撤销合同和有效合同的差别；在合同签署过程中，合同承办人会有意识地看拟盖章的合同全部条款是否与已审查的合同条款相一致，合同对方加盖的公章是否为有效的公章(而不是加盖部门章，分公司是否获得总公司授权，签字的经办人是否有有效的授权书)，加盖的公章是否清晰可辨及拟盖章处的合同主体名称是否与合同约定权利义务一致(如有的合同保证人名称被变更见证人)，在合同文本上修改过的地方对方当事人是否盖公章予以确认；此外，还能加强和提高防诈骗(刑事)、反欺诈(民事)的识别能力等。

2.4 建立静态和动态相结合的合同管理制度

采取静态和动态相结合的管理方式，以减少合同管理中期和后期争议的发生及避免措施建立的滞后性，对合同的履行情况进行全程跟踪。在合同纠纷处理完毕后，单位应对整个事件过程作出评估和总结，在根据成因分清责任基础上实行责任追究制。例如，对合同的履行和资金划付予以监督和管理，通过监督可以知道各类合同的履行情况，及时发现影响履行的原因，以便及时向相关部门和机构反馈，防止或降低违约行为的发生。合同资金的划付、汇入及合同清算作为合同履行的主要环节和内容，可由业务部门、财务部门、合同管理部、法律事务管理部门密切配合把好此环节。

3 结语

纵观当前市场，对合同法律风险的控制，多数单位存在重诉讼、轻预防的心理。事实上，对合同法律风险的控制，一个单位的核心能力并非是其诉讼能力(具有不可控制性)，而应该是合同的管理能力(具有可预期性)。健全的合同管理将能有效地防止决策的随意性、准确地分析和判断交易对手、设计出技术性条款、妥善处理履行中出现的问题、合法合理地解决纠纷等。合同管理能力的提升能有效地避免不必要的争议和诉讼出现，而且相比诉讼，合同管理的成本也小得多，同时，其还能化解不特定的法律风险出现。因此，提升合同管理能力和完善合同管理制度是单位追求的终极目标，是公司合规管理的重要组成部分，是单位“重合同、守信用”企业文化形象的体现，更是公司依法治企和建立现代企业制度的有力保障。

工程项目全过程管理法在水电厂检修、技改项目中的实践探索

郑婷

（贵州乌江清水河水电开发有限公司　贵州贵阳　550002）

摘要：通过对工程项目全过程管理的实践与探索，摸索用于水电厂检修、技改项目全过程管理的方法，在保证机组和生产建筑物安全、稳定运行的条件下，实现效率和资金利用最大化。

关键词：水电厂；检修；技改；全过程；管理

1　概况

我国的项目管理历程还得从20世纪80年代说起。首次引入项目管理的是鲁布革水电站。该电站位于云贵两省交界的深山峡谷之中，是我国“六五”和“七五”期间的重点工程项目，也是中国第1个面向国际公开招投标工程，在20世纪80年代曾创造出多项中国“第一”，被誉为中国水电基础建设对外开放的“窗口”电站。1984年4月，云南鲁布革水电站引水系统工程的施工及主要机电设备实行了国际招标，其中引水系统工程的承包单位日本大成建设株式会社以低于标底价的43%中标，在实际施工过程中以精干的组织、科学的管理、先进与适用技术，比合同计划工期提前了5个月。其成功的原因之一就是在施工过程中成套应用类似工程的施工模块进行项目的预测、分析、控制和管理。

最近几年又提出了全过程项目管理理念，大部分人提到全过程项目管理首先想到的就是工程建设项目管理，但随着水电站运行维护管理水平日益精细化的要求，如：2020年贵州乌江水电开发有限责任公司颁发了《基层单位绩效考核实施细则》，细则中规定了水电站每年的检修、技改完成率分别在90%～95%、90%～100%不被考核，超过年度预算或者未完成的加重考核，同时，检修及材料单项费用计划完成率达到95%并未超过年度预算值的给予加分奖励。从细则的规定上看，目的是激励水电站在提升生产建筑物及设备安全、稳定运行的基础上，用好用足每笔资金。为了提升项目管理的效果和水平，贵州乌江清水河水电开发有限公司引进了全过程项目管理思路，将抓源头、重过程、重后评价的思想理念融入水电厂检修、技改等项目的执行中。通过这一年的实践和探索，一方面确保了检修、技改项目按期完成；另一方面，在保证机组和生产建筑物安全、稳定运行的条件下，实现资金利用最大化。就目前的状况来看，采用项目全过程管理，能明确目标，实施过程中适时对目标及现实情况进行对比分析，一旦出现偏差，及时调整计划以保证目标的实现，项目执行完后进行总结，总结好的经验并吸取失败的教训。

同时，为了很好地完成资金和项目管理目标，在项目实施过程中，提前安排项目启动，按项目的性质、用途和施工条件分月安排采购计划，要求大部分采购工作在10月份完成，为项目实施留下足够的时间。

2　项目全过程管理

2.1　注重抓源头，从项目立项就找对目标

在检修、技改项目启动前需统一目标。项目目标分为质量目标、安全目标、进度目标及投资目标，四大目标既有统一性，又有不统一性。太注重品质、就会增加投资；太注重投资，又会影响品质；太注重工期，又会带来安全风险。应结合现场情况统一目标，确保项目安全、经济、可行。

（1）在检修、技改项目实施前需统一思想。目标统一后，还需统一思想、凝聚合力。采用多部门及人员会签制度，在技术方案、招标申请、立项、招标文件、资质、评标细则、定标及合同会签等审查都采用了多部门及人员会签，做到多人把关，多人参与，通过会签完善细节，统一思想。

（2）拧紧“设计”龙头。设计阶段是项目控制的重点和重要环节，项目的决策与设计质量的优劣

收稿日期：2020-11-16.

作者简介：郑婷，浙江温州人，高级工程师，从事水电站造价及计划管理工作.

对项目最终的结果影响很大，应从源头介入，谨慎审查检修、技改项目技术可行性、造价合理性、财务合规性，保证项目安全、经济、可行。

2.2 重过程管理，采用动态的管理方式，适时调整计划

为了提高过程控制的效果，首先需建立完善的内部制度。没有规矩不成方圆，没有制度管理就没有约束。企业活力虽然来自于许多方面，但是主要是来自于企业制度的设置。如果企业制度非常有利于调动企业中的各种生产要素的积极性，就是最有活力的。要明确责任及激励机制，对员工进行合理分工，明确每个部门和岗位的任务和要求，把千头万绪的工作同成千上万的人对应地联系起来，做到“事事有人管、人人有专责”。

(1) 强化作风建设的口号“马上就办，办就办好”。“马上就办，办就办好”不是以一种话语的方式，而是一个“货真价实”的行动。今天的事今天办，明确的事当下办，能合办的事不分开办，能一次办的事不分次办，对上级交办工作“立即办”，本职工作“高效办”，其他事项“及时办”，能够“马上办”的事情不要“拖着不办”、“过后再办”，从而达到提速增效的目的，把项目的事办好。

(2) 注重过程管理。项目过程包括立项、招投标、合同签订、实施、结决算及竣工阶段，以项目执行全过程为主线，一方面着重关注关键节点进展，监控项目执行情况，细化项目管理要求。另一方面通过 ERP 及建立合同台帐动态跟踪项目的执行，合同台帐应包含项目投资、工期、质量要求、支付条款、支付情况、项目执行情况等，逐月对项目执行情况进行通报，并与项目管理部门协作，将项目计划进度与实际进度进行比较分析，细化项目执行过程，深度挖掘影响项目执行的关键因素、滞后环节、借助经济活动分析会、安全生产会，协商解决方案，明确责任人及下阶段工作重点，严控项目执行。

2.3 重视后评价，总结经验教训，为后续项目提供宝贵经验

项目后评价是指对已经完成的项目的目的、执行过程、效益、作用和影响所进行的系统的客观的分析。通过对投资实践活动的检查总结，确定投资预期的目标是否达到，项目或规划是否合理有效，项目的主要效益指标是否实现，通过分析评价找出成败的原因，总结经验教训，并通过及时有效的信息反馈，为未来项目的决策和提高完善投资决策管理水平提出建议，同时也为被评项目实施运营中出现的问题提出改进建议，从而达到提高投资效益的目的。

项目后评价基本内容包括项目目标评价、项目实施过程评价、项目效益评价、项目影响评价和项目持续性评价。

后评价是对整个项目的一次综合性评价，也是对项目控制的自我总结。一方面总结在整个项目建设期内有效控制、全面管理的经验；另一方面分析自身在全方位控制方面的不足和欠缺，尽可能找出主观、客观原因以致影响全过程管理的因素；再者就是为今后项目建设提供合理、优化的依据，要保证项目质量和进度的前提下，节约资金，获得更大的经济效益。同时，也通过进行项目的后评价使得项目管理工作做到有始有终。

后评价需做好以下几个方面的工作，一是目标与实际指标的差异性分析；二是出现问题的原因分析；三是提出需改进的建议与意见。

(1) 确定项目预期目标是否达到，主要效益指标是否实现；查找项目成败的原因，总结经验教训，及时有效反馈信息，提高未来新项目的管理水平。

(2) 为项目投入运营中出现的问题提出改进意见和建议，达到提高投资效益的目的。

(3) 后评价具有透明性和公开性，能客观、公正地评价项目活动成绩和失误的主客观原因，比较公正地、客观地确定项目决策者、管理者和建设者的工作业绩和存在的问题，从而进一步提高他们的责任心和工作水平。

3 结论

项目管理是一个系统工程，一个项目的成败取决于项目执行的各个阶段，从全局的观念明确项目目标，加强监督，在项目执行的所有阶段进行全过程管理，对于提升项目的整体效益具有十分重要的意义。但在实际实施过程中却存在较多的问题和困难，需要进行长期的摸索和总结，使全过程管理发挥其应有的优势和作用。